C语言

最佳实践

魏永明◎著

人民邮电出版社

北京

图书在版编目（CIP）数据

C语言最佳实践 / 魏永明著. -- 北京：人民邮电出
版社，2025.1
ISBN 978-7-115-64514-2

Ⅰ. ①C… Ⅱ. ①魏… Ⅲ. ①C语言－程序设计 Ⅳ.
①TP312.8

中国国家版本馆CIP数据核字(2024)第105781号

内 容 提 要

本书是魏永明近 30 年来开发和维护 MiniGUI、HVML 等开源项目的经验总结，旨在帮助有一定 C 程序编写经验的软件工程师在短时间内有效提高设计能力和编码水平。全书分为 3 篇。基础篇从可读性和可维护性出发，阐述了如何提高代码的可读性、用好写好头文件、正确理解编译警告并消除潜在问题、定义和使用常量等，介绍了如何有效利用构建系统生成器（CMake）来维护项目；模式篇阐述了常见的 C 程序接口设计模式，说明了如何在 C 程序中解耦代码和数据、利用子驱动程序实现模型、设计可加载模块等，介绍了状态机的概念以及在 C 程序中如何利用状态机实现分词器、解析器等；质量篇从性能和单元测试出发，阐述了如何在 C 程序中避免编写低效代码、进行单元测试、使用常见的单元测试框架等，介绍了高效调试 C 程序的若干技巧和工具。

本书适合从事系统软件、嵌入式或物联网开发的 C 程序员、计算机相关专业高年级本科生和研究生阅读。

- ◆ 著　　　　魏永明
  责任编辑　郭泳泽
  责任印制　王　郁　焦志炜
- ◆ 人民邮电出版社出版发行　　北京市丰台区成寿寺路 11 号
  邮编　100164　电子邮件　315@ptpress.com.cn
  网址　https://www.ptpress.com.cn
  三河市君旺印务有限公司印刷
- ◆ 开本：800×1000　1/16
  印张：26　　　　　　　　　　2025 年 1 月第 1 版
  字数：606 千字　　　　　　　2025 年 1 月河北第 1 次印刷

定价：99.80 元

读者服务热线：(010)81055410　印装质量热线：(010)81055316
反盗版热线：(010)81055315
广告经营许可证：京东市监广登字 20170147 号

推荐语

C 语言历久弥新，仍然是编写系统软件的理想语言。魏永明先生精心打造的这本心血之作紧密贴合一线开发者的常见问题，以经典案例讲解 C 语言编程实践的方方面面，是学生和从业人员学习 C 语言的优秀参考书。

中国科学院软件研究所副所长、总工程师　武延军

C 语言是接近汇编语言的高级编程语言。深入 C 语言，不仅能学习到数据结构、控制结构和内存管理等知识，更能理解计算机的运行机制，从而写出精巧的高性能程序。魏永明是国内第一批开源开发者之一，有着几十年 C 语言编程经验，他把 C 语言的编程最佳实践和心得写成本书。想成为高水平开发者，可以阅读本书来提升编程能力。

Linux Virtual Server 开源项目创始人、阿里云前 CTO　章文嵩

魏永明老师在普及 Linux 及开源软件方面贡献卓著，其多本著作也备受推崇，本书则与他以往的作品有所不同。本书是魏老师多年系统软件开发和维护经验的总结，旨在帮助已经具备一定 C 语言编程基础的读者快速完善设计思维、掌握编码技巧。书中不仅探讨了如何提高代码的可读性和可维护性，还深入讲解了 C 语言编程模式的理解与运用，强调了程序质量与性能优化的重要性。

如今涌现的 Go、Rust 等新兴编程语言各具特色，但在底层系统软件领域，C 语言以其简洁、高效、灵活的特点依然占据着不可替代的地位。然而，这种特点也使得 C 语言在大型软件项目中成为一把双刃剑，若处理不当，则可能为后续开发埋下风险。为此，本书提供了许多宝贵的见解，包括对设计模式的深刻洞察、对状态机机制的剖析、多种测试方法和软件管理工具的应用等。这些内容对于希望进一步提高大规模软件开发能力的学生和工程师而言尤为宝贵。

清华大学长聘副教授、清华大学计算机系软件所副所长　陈渝

C 语言是理解计算机系统的重要工具。C 语言编程是系统编程的核心技术。本书作者从多年 Linux 系统经验出发，层层递进。本书具有很强的工程实用性，堪称"中国版 *Effective C*"。强烈推荐有志成为优秀开发者的人阅读并动手实践。

CSDN 创始人　蒋涛

作为 Linux 内核领域的深耕者，我深知实战经验与技术洞见的宝贵。作者以近 30 年的开源经

验凝结成本书精华，不仅深刻诠释了 C 语言编程艺术，更是通过丰富的实例代码，让抽象概念跃然纸上。本书称得上值得每位追求写出卓越代码的开发者阅读的实战宝典。

西安邮电大学教授、Linux 内核专家　陈莉君

介绍 C 语言的书很多，但它们多数聚焦于介绍 C 语言语法和编程技巧，很少能像本书这样从工程项目的角度全面介绍大型 C 语言项目应该如何规划、设计和实现。本书从基础编码规范讲起，逐步深入到代码与数据解耦的原则，再到自动测试系统的选择和构建，通过详细的用例展示了项目规划和设计技巧，展示了 C 语言编程艺术。

早在 2000 年，我就使用 MiniGUI 编写图形界面 App，当时就对 MiniGUI 的简洁高效印象深刻。如今，魏老师的 HVML 更是将编程艺术推向了新的高度，在一些方面甚至超越了 Linux 内核。本书虽然不涉及 C 语言基础语法，但对于渴望提升编程技能的软件工程师和大型项目开发者来说，无疑是一本不可错过的设计与实践指南。

Linux 内核峰会受邀嘉宾、Linux 内核内存领域年度全球十大贡献者　时奎亮

作为一位长期使用 Rust 和 C++的开发者，我深知 C 语言在构建现代高效软件系统中的地位。本书深入剖析了 C 语言的高级实践和优化技巧，对于精进编程技能具有重要意义。在阅读这本书时，我对 C 语言的深层次理解进一步加深。本书不仅优化了我在 Rust 和 C++开发中的底层效率思维，也加强了我的跨语言架构设计能力。本书通过详尽的案例和实践，为追求极致性能的程序员提供了宝贵的资源。无论您是 C 语言新手还是经验丰富的开发者，本书都能使您的编程技术更上一层楼。强烈推荐阅读。

"深入理解 Android"系列图书作者　邓凡平

C 语言在计算机科学中占据着举足轻重的地位，是软件控制硬件的重要途径。在我二十多年的产品研发生涯中，无论是复杂的多功能复印机还是手机硬件产品，都需要 C 语言程序的驱动。即使是纯软件产品，也离不开 C 语言程序的支持。

本书不仅很好地总结了 C 语言编程的技巧，还充分考虑了实践中的细节，包含从调试到性能优化的方法，是开发人员的宝贵实践指南。

Xcalibyte 和 DeepComputing 创始人　梁宇宁

前　言

C 语言诞生于贝尔实验室。1972 年，Dennis Ritchie 在 Kenneth Lane Thompson 设计的 B 语言基础上发展出了 C 语言。在 C 语言的主体设计完成后，Thompson 和 Ritchie 重写了 UNIX 操作系统。随着 UNIX 操作系统的发展，C 语言也得到了进一步的完善，并在 1989 年诞生了第一个完备的 C 语言标准——C89，也就是广为人知的 ANSI C。尽管 C 语言的诞生和 UNIX 操作系统密不可分，但 C 语言已经成为几乎所有操作系统支持的编程语言，广泛应用于操作系统内核、基础函数库、数据库、图形系统、密码系统、多媒体编解码器等的开发中。因此，在各类编程语言排行榜上，C 语言始终名列前茅。

C 语言广泛应用于系统底层的开发当中，这是因为 C 语言是最接近计算机处理器的编程语言。C 语言可产生接近汇编语言执行效率的机器指令，同时保持非常好的跨平台特性。由于操作系统内核、基础函数库、数据库等大量的基础软件使用 C 语言开发，甚至许多脚本编程语言（如 Python）的解释器也使用 C 语言开发，因此将 C 语言称作人类迄今为止创建的整个软件生态的底座，相信没有人会提出异议。

在笔者看来，C 语言最大的优点在于其设计上的完备性和简洁性。完备性在于开发者可以使用 C 语言实现任何想得到的功能，而简洁性确保了 C 语言特性的稳定。相比其他编程语言，比如 C++，C 语言的关键词（又称关键字或保留字）、数据类型和语法等特性非常稳定。自从 C89 一字不落地被国际标准化组织吸纳成为 ISO/IEC 9899 标准之后，国际标准化组织和国际电工委员会仅在 1999 年、2011 年和 2018 年对 C 语言标准做了一些修正和完善，分别发布了 C99、C11 和 C18 标准（现阶段被广泛接受和使用的 C 语言标准仍然是 C99）。这些标准之间的差异很小，且向后兼容。但假如一名 20 年前的 C++ 程序员穿越到现在阅读最新的 C++ 程序代码，一定会惊呼"宛如天书"！

在半个多世纪的计算机软件发展史上，出现了众多的编程语言，大量的编程语言昙花一现，还没流行就消失在历史的长河中，还有一些编程语言曾经盛极一时，但随后默默无闻。由于 C 语言的特殊地位，我们有理由相信它将会长盛不衰。

近几年，国内开始重视操作系统、数据库、开发工具甚至编程语言等基础软件的国产化，这些基础软件哪一个离得开 C 语言呢？然而，我国有大量程序员任职于互联网公司，日常使用的是 JavaScript、PHP、Java、Python 等编程语言，C 程序员则主要活跃于嵌入式和物联网领域，人数相对较少。

除了人员数量少，算得上"八级工"水平的 C 程序员更是凤毛麟角。笔者在近 30 年的软件开发生涯中，看到过很多 C 程序员，即便是有多年从业经验的程序员，也不能有效使用 C 语言编写程序。尽管很多 C 程序在语法上没有什么问题——毕竟可以运行的程序起码要通过编译器的编译——但在很多方面存在或多或少的问题，具体如下。

❑ 不注重代码的可读性，写出来的代码没有美感和章法。

❑ 不会给函数、变量、结构成员等取名，甚至使用拼音。

❑ 不注重细节，比如定义一个字符数组作为缓冲区，随意填写其大小。

❑ 不严谨，对编译时出现的大量警告视而不见。

以上这些其实都是一些基础性的问题，属于代码可读性和可维护性的范畴，作为一名合格的 C 程序员，必须给予充分重视并纠正。相比起来，这些问题还算好解决。但如果进一步谈到 C 程序的常见设计和实现模式，比如设计接口、解耦代码和数据、利用子驱动程序实现模型、设计状态机等，则绝大多数 C 程序员会感到难以理解和驾驭。

笔者在 1993 年接触 C 语言，起初在 DOS 下开发 C 程序，1998 年年底为嵌入式 Linux 开发窗口系统 MiniGUI，并领导团队持续开发和维护 MiniGUI 开源项目。20 多年来，MiniGUI 一直广泛应用于各类嵌入式设备当中。2020 年，笔者提出了 HVML 编程语言，并领导团队使用 C/C++开发 HVML 编程语言的开源解释器（PurC）和渲染器（xGUI Pro）。在开发 PurC 的过程中，笔者观察到团队成员在使用 C 语言方面的诸多问题，且发现这些问题具有普遍性，于是在 2021 年下半年利用视频号平台发起了一项公益性直播课程"C 语言最佳实践"。此课程的回放随后在 Bilibili 平台上发布，并获得大量好评。2022 年年初，人民邮电出版社邀请笔者将直播课程整理成书，于是便有了本书。

可以说，本书是笔者近 30 年编码经验的总结。全书分 3 篇：基础篇、模式篇和质量篇。

基础篇（第 1 章～第 5 章）从可读性和可维护性出发，阐述了如何提高代码的可读性、用好写好头文件、正确理解编译警告并消除潜在问题、定义和使用常量等，介绍了如何有效利用构建系统生成器（CMake）来维护项目，比如提高代码的可移植性、处理可选的功能模块，以及自动生成某些源代码等。C 语言最为接近计算机处理器，因而可以取得最佳的性能表现，但硬币的另一面则是容易写出一些存在缺陷和安全漏洞的代码。而这些缺陷或安全漏洞往往和程序员编码时不严谨有关。本篇的内容旨在帮助 C 程序员理解不严谨的编码风格和漠视编译警告所带来的风险，从而为写出高质量的 C 代码打下基础。

模式篇（第 6 章～第 10 章）是本书的核心内容，阐述了常见的 C 程序接口设计模式，说明了如何在 C 程序中解耦代码和数据、利用子驱动程序实现模型、设计可加载模块等，介绍了状态机的概念以及在 C 程序中如何利用状态机实现分词器、解析器等。第 6 章介绍的 8 种 C 程序接口设计模式是本书的重点，在其他 C 语言图书中鲜有介绍。本篇的内容旨在帮助 C 程序员开发出具有良好的接口设计且兼顾可维护性和可扩展性的 C 程序。

质量篇（第 11 章～第 13 章）从性能和单元测试出发，阐述了如何避免编写低效代码、进行单元测试、使用常见的单元测试框架等，介绍了高效调试 C 程序的若干技巧和工具。本篇的内容旨在帮助 C 程序员编写兼顾性能的高质量 C 代码。

本书的很多示例代码来自笔者主导的如下两个开源项目。

❑ MiniGUI。MiniGUI 是一个开源的跨平台窗口系统，支持 10 多种操作系统，并提供丰富的小部件/控件和开源应用程序及工具。参见 GitHub 上的 VincentWei/MiniGUI 库。

❑ PurC。PurC 是 HVML 的解释器，HVML 是由笔者提出的一种描述式编程语言。参见 GitHub 上的 HVML/PurC 库。

本书带有配套示例程序，供读者阅读时同步参考，参见"资源与支持"页。完整的示例程序整理在 GitHub 上的 VincentWei/bpcp 库中。

读者亦可扫描书中所附二维码在线查看更多参考资料。

本书使用了如下术语。

❑ 结构体（structure）：用于指代 C 程序中使用 struct 关键词定义的数据结构。

❑ 成员（member）：结构体中的成员；为防止混淆，本书不使用字段（field）这一术语。

❑ 头文件（header file）：特指.h 文件。

❑ 源文件（source file）：特指.c 文件。

魏永明

2024 年 8 月

资源与支持

资源获取

本书提供如下资源：

❑ 配套示例程序；

❑ 本书思维导图；

❑ 异步社区 7 天 VIP 会员。

要获得以上资源，您可以扫描下方二维码，根据指引领取。

提交勘误

作者和编辑尽最大努力来确保书中内容的准确性，但难免会存在疏漏。欢迎您将发现的问题反馈给我们，帮助我们提升图书的质量。

当您发现错误时，请登录异步社区（www.epubit.com），按书名搜索，进入本书页面，单击"发表勘误"按钮，输入勘误信息，单击"提交勘误"按钮即可（见下图）。本书的作者和编辑会对您提交的勘误信息进行审核，确认并接受后，您将获赠异步社区的 100 积分。积分可用于在异步社区兑换优惠券、样书或奖品。

与我们联系

我们的联系邮箱是 contact@epubit.com.cn。

如果您对本书有任何疑问或建议，请您发邮件给我们，并请在邮件标题中注明本书书名，以便我们更高效地做出反馈。

如果您有兴趣出版图书、录制教学视频，或者参与图书翻译、技术审校等工作，可以发邮件给我们。

如果您所在的学校、培训机构或企业，想批量购买本书或异步社区出版的其他图书，也可以发邮件给我们。

如果您在网上发现有针对异步社区出品图书的各种形式的盗版行为，包括对图书全部或部分内容的非授权传播，请您将怀疑有侵权行为的链接发邮件给我们。您的这一举动是对作者权益的保护，也是我们持续为您提供有价值的内容的动力之源。

关于异步社区和异步图书

“异步社区”是由人民邮电出版社创办的 IT 专业图书社区，于 2015 年 8 月上线运营，致力于优质内容的出版和分享，为读者提供高品质的学习内容，为作译者提供专业的出版服务，实现作者与读者在线交流互动，以及传统出版与数字出版的融合发展。

“异步图书”是异步社区策划出版的精品 IT 图书的品牌，依托于人民邮电出版社在计算机图书领域 30 余年的发展与积淀。异步图书面向 IT 行业以及各行业使用 IT 技术的用户。

目　　录

第一篇　基础篇

第二篇　模式篇

第三篇 质量篇

第一篇
基础篇

## 第 1 章

提高代码可读性

对于编程而言，不论我们使用何种编程语言，编写具有良好可读性的代码都应该是程序员始终不变的追求目标。这一目标和追求零缺陷的代码一样重要。一方面，具有良好可读性的代码，通常意味着作者具有清晰的思路，也意味着代码具有较好的质量。另一方面，如今的编程活动越来越趋向于多人协作的模式，程序员经常要使用其他人开发的软件模块，因此需要花费很多时间阅读其他人编写的代码。如果代码的可读性不佳，就会导致其他人很难看懂代码，这无疑会极大地降低工作效率。反之，具有良好可读性的代码则能够有效地成为程序员之间的交流媒介，从而提高协作效率。

Linux 内核创始人 Linus 有句名言——"Talk is cheap, show me the code!"，被网友们诠释为"空谈误国，放'码'过来"。Linus 还有一句名言——"Code is the best document."，意思是"代码就是最好的文档"。这两句广为流传的名言，既从不同的角度阐述了代码本身的重要性，也从侧面说明了编写具有良好可读性代码的重要性。

本章首先定义了不同级别的代码可读性，然后讨论了坏代码的一些共同特点，讲述了编码风格的主要内容，并给出了 C 语言编码风格的一些最佳实践。最后，本章探讨了命名的艺术，亦可理解为取名的一些方法和套路。在讨论过程中，本章还提供了几个非常贴近实际的例子，它们可以帮助读者更好地理解这些概念或方法。

1.1 代码可读性的级别

在讨论如何编写具有良好可读性的代码之前，我们首先讨论代码可读性的衡量标准。按照通俗的说法，代码可读性大致可以分为以下 4 个级别。

（1）初级可读性。代码能够顺利通过编译并运行，也能得到预期的结果。这表明计算机——或者更准确一点，编译器——"读懂"了我们编写的代码。但过了一段时间之后，我们再来查看这些代码时，会发现我们很难一眼看懂这些代码的逻辑和思路。相信初学编程的程序员都有过类似的经历。这便是具有初级可读性的代码。它们不是写给其他人或者三个月之后的自己阅读用的，而只是为了能编译生成可执行程序而已。显然，对其他程序员而言，维护一段连作者自己都看不懂的代码，比重写相同功能的代码还要痛苦很多倍。这种代码可以出现在初学阶段的练习题解答中，但绝对不应该出现在产品当中。

（2）中级可读性。这种代码在经过一段时间（如 3 个月）之后，仍然能被代码作者看懂。但若稍作思考，便可发现代码中存在很多值得改进的地方，因此常常会萌生重写代码的冲动。这意味着代码符合一定的章法，只是远远不够成熟。如果产品代码中存在大量具有中级可读性的代码，则说明产品代码的整体质量有待改进。

（3）高级可读性。这种代码易于被其他程序员理解，并且其他程序员能够在原有基础上做进一步的修改和完善（比如调试和优化），也就是所谓的"看得懂，改得动"。这里说代码"具有高级可读性"，通常意味着代码具有良好、清晰的模块划分和接口设计，也意味着代码作者具有良好的编码风格和命名习惯，只是在具体实现上还有一些不完善的地方，或者还有改进和优化的地方。也就是说，具有高级可读性的代码通常具有良好的可维护性和可测试性。修改这些代码不会对项目的其他模块产生负面影响。因此，编写具有高级可读性的代码，应该是每一位程序员的目标。成熟、严肃、认真的程序员编写的代码至少应该具有高级可读性。软件产品中的绝大部分代码也应该达到高级可读性。

（4）典范级可读性。在正确性、易读性、易用性、执行效率方面已经达到或者贴近最优的代码，删除其中任何一个字符或者修改其中任何一个字母都显得多余，甚至不需要因为编译器的改变而做任何调整或维护。显然，典范级可读性是一种非常高的标准，需要丰富的经验、高超的技巧才能编写，更需要代码作者多年的经验沉淀。让一个软件项目的所有源代码都达到这个标准是不切实际的，但在某些常用且基础的功能模块上，发展、积累或者采纳具有典范级可读性的代码，则相对容易做到。比如，在持续发展了 30 多年的 Linux 内核代码中，就存在大量堪称典范的代码片段。

根据以上代码可读性级别的定义，初级和中级可读性的代码被认为是"坏代码"，编写具有高级可读性的代码是对专业程序员的基本素养要求，而具有典范级可读性的代码应该是所有程序员心驰神往的目标。

举个大家熟知的例子，经典的"Hello, world!"程序的源代码如下：

```
#include <stdio.h>

int main(void)
{
    printf("Hello, world!\n");
    return 0;
}
```

这便是具有高级可读性的 C 语言代码：排版整齐、编码严谨、编译器不会报任何编译警告，而且具有优秀的可移植性，不论使用哪个编译器或者哪个版本的编译器，都能正常编译和运行。但请看下面的代码：

```
int main()
{printf("Hello, world!\n");}
```

这便是具备初级可读性的代码：这段代码的排版没有章法，字符挤在一起不易阅读，没有包含正确的头文件，main()函数的原型定义也不规范。当然，这段代码仍然可以编译并正确运行，但编译器可能会报一两个编译警告。

1.2　坏代码的特点

"幸福的人都是相似的，不幸的人各有各的的不幸。"这句来自经典名著《安娜·卡列尼娜》的名言也可以延伸到编码风格上——"良好的编码风格遵循统一的规范，坏代码各有不同的表现"。话虽如此，但根据笔者对大量代码的观察，坏代码的"坏"大致体现在如下 4 个方面。

❏ 排版：所有与代码的外观相关的问题都可以归于排版问题，比如不正确的对齐和缩进、省略该有的空格导致书写拥挤等。在良好的编码风格中，代码的对齐、缩进、空格都应该遵循统一的标准。

❏ 命名：包括不正确的术语、不符合习惯的名称、错误的时态、使用拼音、含有中文等特殊字符的文件名、命名风格不统一等。C 语言本身虽然是独立的，但在传统上和英语息息相关，因此 C 代码中的命名也应该尽量遵循正确的英语语法和用法习惯。另外，变量和函数等的命名风格虽然没有"唯一正确"的标准，但在同一个程序或者项目中，命名风格应该统一。

❏ 过度使用：不分场合地过度使用某种语法特性。过度使用 typedef（类型定义）便是一个典型的例子。过度使用类型定义，会导致其他程序员在阅读代码时无法快速知悉一个类型到底是结构体、枚举量、指针还是整数。

❏ 注释：注释是一种重要的代码文档工具，可以帮助程序员阅读自己或他人的代码。但是，不规范的注释常常会影响我们对代码的阅读和理解，如注释太多或太少、注释风格不统一、注释太花哨、注释的内容和代码脱节等。

1.2.1 坏代码实例

具有上述这些问题的坏代码可以说是随处可见。程序清单 1.1 是一段 C 代码，它实现了一个简单的链表。

程序清单 1.1　一个简单的链表实现（不良编码风格）

```
typedef struct Linklist{          ◀──  1. 应避免使用 typedef 类型定义。2. Linklist
    const char * elem;                  的命名不当。3. 字符{前应该有空格。
    struct Linklist * next;
}linklist;                ◀── 4. 字符}后应该有空格。5. linklist 的命名不当。

//初始化链表的函数 ◀──     6. 在 C 程序中，应避免使用 C++风格的注释。7. 应避免使用中文做注释。8. //后缺少必要的空格。
linklist * initlinklist();    ◀── 9. initlinklist 的命名不当。10. 函数声明不规范。11. 表示指针的
                                   字符*应该紧贴后面的变量名或函数名。
const char * titles[]={"第 1 章 提高代码可读性","第 2 章 用好写好头文件",
"第 3 章 消除编译警告","第 4 章 常量的定义和使用",
"第 5 章 充分利用构建系统生成器"}; ◀── 12. 书写拥挤，=两边应有空格。13. 未适当换行和缩进。

int main() {    ◀── 14. main 函数的原型定义不规范。15. 用于定义函数体的起始字符{应另起一行。
    // 使用章节标题初始化链表
    printf("初始化链表为：\n");
    linklist *p=initlinklist(); ◀── 16. 赋值运算符=的两边应有空格。
```

```
        display(p);          17. 未事先声明 display() 函    19. 函数体之间应有空行, 以便于阅读。20. 函数原型的
        return 0;            数。18. display 这一术语的   定义不规范。21. 表示函数返回值类型为指针的字符*
    }                        选择不恰当, 应考虑使用 dump。  应该紧贴后面的函数名。22. 字符{ 的前面应该有空格。
    linklist * initlinklist(){        23. 表示变量类型为指针的* 应该紧贴变量名。
        linklist * p=NULL;   //创建头指针      24. 赋值运算符= 的两边应有空格。
        linklist * temp = ( linklist*)malloc(sizeof(linklist));   25. 星号* 和 temp 之间不应
                                                                  该有空格。26. 左括号( 和
        // 先初始化首元节点      27. 使用了不规范的术语 "首元节点"。  类型名称 linklist 之间
        temp->elem = titles[0];                                有多余的空格。
        temp->next = NULL;
        p = temp; // 头指针指向首元节点

        for (int i=1; i<5; i++) {      28. 等号= 和小于号< 的两边应该有空格。
            linklist *a=(linklist*)malloc(sizeof(linklist));
            a->elem=titles[i];
            a->next=NULL;
            temp->next=a;
            temp=temp->next;           29. 以上 5 行中等号= 的两边都应该有空格。
    }          30. 未缩进, 应和定义循环体的 for 语句对齐。
    return p;          31. return 语句之前应有空行, 用于分隔不同的功能块。32. 应缩进。
    }
```

可以看到, 在区区几十行的代码中, 我们罗列了 30 多个问题 (当然, 大多数问题是重复的)。
我们可以将这些问题归纳如下。

- ❑ 排版问题: 排版问题主要表现在对齐、缩进、空格和空行的不恰当使用上。比如上述代码
  在该使用空格的地方没有使用空格, 有些不该使用空格的地方却使用空格。这一方面使代
  码不够清晰和整洁, 另一方面也表现出代码的作者在编码时非常随意。

- ❑ 命名问题: 这段代码中存在明显的命名不当问题。代码中变量和函数的命名既要注意语法,
  也要注意命名风格。在一开始的 typedef 类型定义中, Linklist 这个名称同时存在这两
  个问题。链表的标准英语名称是 linked list, 在把这两个单词组合在一起构成类型名时, 应
  该采用 LinkedList 或 linked_list 这样的形式。类似地, 变量名称 linklist 在风
  格和语法上都存在问题。再如 initlinklist() 这个函数, 其命名也不规范, 几个小写单
  词挤在一起既拥挤又难看。如果使用 init_linked_list() 作为函数名, 用下画线将各
  个单词分隔, 则会明显提高代码的可读性。

- ❑ 语法问题: 这段代码存在两方面语法问题, 一方面是不必要的 typedef 类型定义, 另一方
  面是错误的 main 函数等的原型声明。比如这段代码中定义的链表结构体, 并不需要使用
  typedef 定义为一种新的数据类型, 在代码中直接使用 struct linked_list 作为类型
  名称显然要比使用新定义的类型名称 linklist 更加清晰。原因在于通常我们会将类型定
  义放到头文件中, 当我们在某个源代码文件中阅读到使用 struct linked_list * 的代
  码时, 不需要查看头文件便可知悉该代码定义了一个结构体指针, 而非整数、枚举量或者
  结构体。在本章的后面, 我们将给出合理使用 typedef 的几个建议。另外, 在这段代码中,

int main()的写法并不规范，规范的写法要么是 int main(void)，要么是 int main(int argc, const char *args[])。

☐ 注释问题：这段代码中的原始注释采用了 C++风格的注释（//打头），另外注释内容使用了中文。尽管强制非英语母语的程序员使用英文写注释有些刻板或者严苛，但如果我们考虑到开源大势以及可能的国际交流，尽量用英语书写注释无疑是一种合理的要求。笔者不鼓励在产品级代码中使用中文注释的另外一个原因是，大量的计算机软硬件术语最初源自英文，当我们使用中文时，由于理解或者表述上的问题，就会出现各种偏差。比如在上述代码中，"首元节点"这一术语就显得非常怪异。我们可以轻松理解"首"，这里大概就是指第一个；但"首元"或者"首元节点"是何意？另外，在 C 代码中，仅在简短的行尾注释中使用 C++引入的注释方法，也是应该遵循的一个原则——这看起来有点古板，却是优秀和专业的 C 程序员始终需要遵循的一项传统或者习惯。

1.2.2　妙手理码

拿到坏代码时，一个很好的习惯就是对代码按照编码规范的要求进行整理。这一过程本身就是阅读代码的过程，通过整理，我们可以使代码变得更加清晰易懂，也可能发现并解决一些潜在的问题。

程序清单 1.2 是按照符合惯例的编码风格对程序清单 1.1 中的代码进行修改后的版本。

程序清单 1.2　一个简单的链表实现（整理后）

```c
#include <stdio.h>
#include <stdlib.h>

struct linked_list {
    const char        *title;
    struct linked_list *next;
}

/* Creates and initializes a new linked list. */
static struct linked_list *init_linked_list(void);

/* Dumps the contents of a linked list */
static void dump_linked_list(struct linked_list *list);

/* Destroys a linked list */
static void destroy_linked_list(struct linked_list *list);

static const char *titles[] =
{
    "第 1 章 提高代码可读性",
    "第 2 章 用好写好头文件",
    "第 3 章 消除编译警告",
    "第 4 章 常量的定义和使用",
```

```
    "第 5 章 充分利用构建系统生成器"
};

int main(void)
{
    /* Creates and initialize a new linked list with chapter titles */
    struct linked_list *list = init_linked_list();

    printf("A new linked list has been created and initialized: \n");
    dump_linked_list(list);      // dump the contents

    destory_linked_list(list);   // destroy the list
    return 0;
}

struct linked_list *init_linked_list(void)
{
    struct linked_list *head = NULL;

    /* allocates a node for the head of the linked list */
    struct linked_list *head = (struct linked_list*)malloc(sizeof(*head));

    /* initializes the head node */
    head->title = titles[0];
    head->next = NULL;

    struct linked_list *p = head;
    for (int i = 1; i < 5; i++) {
        struct linked_list *a;
        a = (struct linked_list*)malloc(sizeof(*a));
        a->title = titles[i];
        a->next = NULL;

        p->next = a;
        p = a;
    }

    return head;
}
```

可以看到，修改之后的代码排版错落有致，逻辑清晰，给人一种赏心悦目的感觉。除了排版，我们还在如下 6 个方面对原有的代码做了调整，以便提高代码可读性以及代码质量。

❑ 将 struct linked_list 结构体中的第一个成员（elem）更名为更具实际意义的 title。

❑ 将 init_linked_list() 函数声明为 static 类型，避免命名污染。

❑ 将 display() 函数重命名为 dump_linked_list()，并声明为 static 类型。display 这个术语通常用于在窗口或者页面中显示一个图形，而在本例中，展示一个链表通常意味着将其内容转储（dump）到指定的文件或者标准输出（标准输出本质上也是文件），以便事后查看或者调试。因此，使用 dump 这个术语来命名这个函数，显然要比使用 display 强很多。

❏ 新增 destroy_linked_list() 函数，用于销毁新创建的链表，并声明为 static 类型。原有代码在 main() 函数返回时并未做内存的清理工作。尽管在这个简单的链表实现中不必如此严谨，但作为专业程序员，我们应该养成良好的习惯并逐渐形成条件反射：既然有链表的创建函数，就应该有对应的链表销毁函数。

❏ 在 init_linked_list() 函数的实现中，移除了不必要且易混淆的 temp 变量。

❏ 使用 sizeof(*head) 的写法替代了 sizeof(struct linked_list) 的写法，避免代码行过长。

注意，上述代码中未包含 dump_linked_list() 和 destroy_linked_list() 两个函数的实现，有兴趣的读者可自行实现。

1.3 编码风格的内容

相信读者已经大致了解具有良好可读性的代码应该是什么样子，或者可以大致体会出不同的编码风格对代码可读性带来的影响。

良好的编码风格（coding style）是极其重要的，Linux 内核就是一个很好的例子。由于 Linux 内核的代码需要被成千上万的程序员阅读，因此为了保证代码的良好可读性，Linux 内核在编码风格上的要求可以用严苛来形容。当我们向 Linux 内核提交一个拉取请求（pull request，我们可以将拉取请求理解为对代码进行修改之后的合并请求）时，如果编码风格不符合规定，则不管修改的内容如何，都会被拒绝。因此，我们在编写代码时一定要保证代码具有良好的编码风格。

那么，为了养成良好的编码风格，我们需要注意哪些方面呢？首先，代码应该满足良好的排版规则，包括缩进、空格、换行以及大括号的正确位置等。本章后面将以 Linux 内核的编码风格为例，详细介绍这方面的规则。

其次，代码应该遵循统一的命名规则。常见的命名规则有 K&R 命名法和驼峰命名法两种。K&R 命名法是 Kernighan 和 Ritchie 在《C 编程语言》一书中所采用的命名规则。这种规则用小写形式的单词和下画线组合对变量和函数进行命名，如 this_is_an_integer。驼峰命名法源自匈牙利籍程序员 Charles Simonyi 在微软任职期间提出的匈牙利命名法，因微软在 Win32 API 及其示例代码中广泛采用这一命名规则而广为人知。匈牙利命名法约定了变量的命名由其类型缩写和首字母大写的单词组成，如 iThisIsAnInterger。随后这一命名法被广泛用于其他编程语言，如 Java、JavaScript 等。在使用匈牙利命名法时，由于大写字母通常会凸出来，因此这种命名法在用于其他编程语言时，常被称为驼峰命名法。

> **知识点：Win32**
>
> Win32 是 Windows 操作系统发展到 3.0 版本，开始支持 32 位的 80386 处理器时，微软为 Windows 操作系统设计的底层基础 API 所取的名字，意指针对 32 位平台的 Windows API。

K&R 命名法和驼峰命名法都是常用的命名规则，至于哪个好哪个坏，实在是"萝卜白菜各有所爱"的事情。但是在同一项目中，应该采用统一的规则，一般不建议混用。通常，K&R 命名法在 C 代码中更为常见；而驼峰命名法除在 Win32 代码中之外，在面向对象编程语言（如 C++、Java、Python）中更为常见，但有细微差别，比如在面向对象编程语言中，对属性或方法则经常使用 `setLocale` 这样的命名习惯（即首字母缩写）。

除了变量名和函数名，宏名、枚举常量名、全局变量名也应该遵循统一的命名规则。例如，宏名一般采用全大写形式，为避免混淆，通常会添加一些前缀，并使用下画线分隔不同的单词。枚举常量名则以字母 K 开头，表示常量（常量对应的 constant 一词的发音以 k 打头）。程序内部使用的全局变量，其名称前还会添加一两个下画线作为前缀，这样做是为了防止命名污染，避免一些潜在的问题（如符号冲突、链接错误等）。

知识点：命名污染

通俗来讲，命名污染（naming pollution）就是指"重名"。重复的函数名、变量名、宏名会造成很多问题。简单的如编译警告或错误，或者链接生成可执行文件时报"重复的符号"错误，复杂的如重复的全局变量名和局部变量名导致程序执行异常，这些问题均可能需要程序员浪费大量时间来排查。由于设计上的问题，C 语言一直未引入类似 C++ 或其他编程语言对命名空间（naming space）的支持，这容易导致命名污染的产生。

编码风格的其他规则还包括自定义类型的使用、条件编译的写法、注释的写法，以及一些常见的约定写法。约定的写法通常来自经验的总结，比如如何处理系统可移植性、如何处理处理器架构的可移植性、如何实现国际化和本地化等。

1.3.1　Linux 内核编码风格的一些规定

众所周知，Linux 内核的发展已逾 30 年。作为目前全球使用最为广泛的开源操作系统，一方面，Linux 已经成为使用 C 语言编写大型基础软件工程项目的全球典范；另一方面，Linux 也是目前最为成功的全球性开源协作项目。可以说，Linux 内核是每一位 C 程序员取之不尽、用之不竭的宝库。作为一名 C 程序员，学习 Linux 内核的编码风格，并有意向其靠近，是绝对正确的选择。

参考资料

Linux 内核编码
风格（V6.0）

这里以缩进和注释为例介绍 Linux 内核的编码风格。完整的 Linux 内核编码风格文档，可通过在任意搜索引擎中搜索 `Linux kernel coding style` 阅读。

Linux 内核的编码风格规定，代码的缩进应该采用制表符（Tab），宽度为 8 个空格（和 Windows 操作系统中大多数编辑器或字处理软件常使用 4 个空格不同）。例如：

```
int system_is_up(void)
{
        return system_state == SYSTEM_RUNNING;
}
```

这个规定有什么好处呢？Linux 内核的编码风格还规定每一行代码的长度不得超过 80 个字符。按照"Linux 之父"Linus 的说法，如果代码的缩进或嵌套超过 3 个层次，就要考虑对代码进行重构。因此 8 个空格的缩进可以有效地限制缩进或嵌套的层次，迫使程序员在编写代码时不要采用过多的嵌套或缩进。

当然，8 个空格的缩进要求确实有些严苛，读者也可以酌情在自己的代码中采用 4 个空格的缩进，但 4 个空格应该是底线，再少就不合适了。

Linux 内核的编码风格还禁止采用 C 编程语言的"//"注释方式（这和 Linus 不喜欢 C++编程语言有一些关系）。Linux 内核采用的单行注释形式如下：

```
/* This is a single-line comment. */
```

Linux 内核采用多行注释形式如下：

```
/*
 * This is the preferred style for multi-line
 * comments in the Linux kernel source code.
 * Please use it consistently.
 *
 * Description: A column of asterisks on the left side,
 * with beginning and ending almost-blank lines.
 */
```

除此之外，在 Linux 内核的编码风格中，还特别说明不要针对结构体使用 `typedef` 定义新的数据类型，而应该始终使用 `struct foo` 这样的形式。

作为一个重要的经验性约定，Linux 内核的编码风格要求所有的函数在末尾集中返回。也就是说，应避免在一个函数的头部或中部使用 `return` 语句。因此，我们可以在 Linux 内核的源代码中看到被传统编程教材强烈否定的 `goto` 语句的频繁使用。本章后面将解释这一做法的好处。这类规定属于经验性约定，在某种程度上可以规范某些编码行为，从而提高代码的一致性和质量，属于可维护性的范畴。

1.3.2　其他常见的编码风格

除了 Linux 内核的编码风格，流传较为广泛的还有 GNU 的 C 语言编码风格（后文简称 GNU 编码风格），以及 Win32 编码风格等。

知识点：GNU

　　GNU 是 GNU's Not UNIX 的递归缩写，它是由自由软件基金会（Free Software Foundation，FSF）于 20 世纪 80 年代发起的一个重要的自由软件项目。GNU 项目的目标是开发一个自由的 UNIX 变种 HURD。尽管 HURD 的开发处在停滞状态，但 GNU 项目开发和维护着许多高质量的基础软件和工具，其中包括基础库（Glibc）、编译器（GCC）、编辑器（Emacs）以及各类命令行工具。这些软件至今仍然在我们的软件世界中扮演着非常重要的角色。GNU 项目的大部分软件是使用 C 语言开发的。

GNU 编码风格同样要求每行代码的字符不能超过 80 个，但在排版上和 Linux 内核的编码风格有较大的区别，尤其在缩进、空格和大括号的位置方面区别较大。比如下面这段使用 GNU 编码风格的代码：

```c
int
lots_of_args (int x, long y, short z,
              double a_double, float a_float)
{
  int haha = 0;

  if (x < foo (y, z))
      haha = bar[4] + 5;
  else
  {
    while (z)
      {
        haha += foo (z, z);
        z--;
      }
    return ++x + bar ();
  }

  return haha;
}
```

如果按照 Linux 内核的编码风格，则应修改为如下形式：

```c
int lots_of_args(int x, long y, short z, double a_double, float a_float)
{
        int haha = 0;

        if (x < foo(y, z)) {
                haha = bar[4] + 5;
        } else {
                while (z) {
                        haha += foo(z, z);
                        z--;
                }

                haha = ++x + bar();
        }

        return haha;
}
```

除了排版、注释、语法约定、命名等属于代码可读性范畴的内容，GNU 的编码风格还包括如下方面的一些规定。

（1）系统可移植性：规定了如何处理跨操作系统的可移植性。

（2）处理器可移植性：规定了如何应对不同种类的处理器或处理器架构。

（3）系统函数：规定了如何应对不同平台在标准函数库上的差异。

（4）规定了国际化、字符集、引号的使用以及 mmap 函数的使用等。

这些规定是经验性约定，属于代码可维护性的范畴。

参考资料

1A

GNU 的 C 语言
编码风格

Win32 编码风格并不像 GNU 编码风格或者 Linux 内核的编码风格那样存在一个在线可查阅的版本，而是散见于 Win32 头文件以及各种示例程序中。我们可以将 Win32 编码风格理解成匈牙利命名法的集大成者。

在开源项目 MiniGUI 中，由于其 API 模仿 Win32 而来，因此其编码风格极具匈牙利命名法风格。下面是 MiniGUI 中 ShowWindow() 函数的实现代码。

```c
/*
 ** This function shows window in behavious by specified iCmdShow.
 */
BOOL GUIAPI ShowWindow (HWND hWnd, int iCmdShow)
{
    MG_CHECK_RET (MG_IS_NORMAL_WINDOW(hWnd), FALSE);

    if (IsMainWindow (hWnd)) {
        ...
    }
    else {
        PCONTROL pControl;

        pControl = (PCONTROL)hWnd;

        if (pControl->dwExStyle & WS_EX_CTRLASMAINWIN) {
            ...
        }
        else {
            switch (iCmdShow) {
            case SW_HIDE:
                if (pControl->dwStyle & WS_VISIBLE) {

                    pControl->dwStyle &= ~WS_VISIBLE;
                    InvalidateRect ((HWND)(pControl->pParent),
                            (RECT*)(&pControl->left), TRUE);
                }
                break;
            ...
            }
        }

        if (iCmdShow == SW_HIDE && pControl->pParent->active == pControl) {
            SendNotifyMessage (hWnd, MSG_KILLFOCUS, 0, 0);
```

```
                pControl->pParent->active = NULL;
        }
    }

    SendNotifyMessage (hWnd, MSG_SHOWWINDOW, (WPARAM)iCmdShow, 0);

    return TRUE;
}
```

从上述代码中可以看出，Win32 编码风格的典型特征如下。

❑ 使用匈牙利命名法命名变量，如上述代码中的 `iCmdShow` 和 `pControl`，前者表示整型变量，后者表示指针。

❑ 使用匈牙利命名法命名函数，如上述代码中的 `SendNotifyMessage()` 和 `InvalidateRect()`。

❑ 较多地使用了类型定义，如上述代码中的 `HWND`、`BOOL`、`WPARAM`、`RECT` 等；其中的 `RECT` 是一个结构体，它定义了一个矩形的左上角和右下角两个顶点的坐标。

值得一提的是，上面的代码对字符数超过 80 的行做了绕行处理，但 Win32 编码风格对这一点并不作硬性限制。毕竟 Windows 平台为开发者提供了图形化的集成开发环境，每行字符超过 80 个并不会给程序员带来很大的困扰。另外，由于 Win32 API 和变量名通常较长，因此一行代码很容易超过 80 个字符。

随着 Windows 平台上的主流编程语言从 C 转为 C++，而后又转为 C#，现在使用 Win32 编码风格的 C 代码已经相对少见了。

1.4 提高代码可读性的最佳实践

在 C 语言的编码风格中，最重要的是代码的排版。排版决定了代码是否整洁和美观，对于代码的可读性具有非常重要的影响。

1.4.1 守好 "80 列" 这条红线

在编写 C 语言程序时，我们要守好 "80 列" 这条红线，即每行代码不超过 80 个字符。由于程序结构的限制，像 C++、Java 这样的面向对象编程语言很难坚守这条红线。但由于 C 语言的结构特性，在 C 代码中坚守 "80 列" 这条红线是可行的，而且很有必要。C 程序员应该把每行代码不超过 80 个字符作为金科玉律。

坚守一行代码不超过 80 个字符，起初主要是为了方便在不同的字符终端查看源代码。早期电传字符终端的列数为 80，行数为 25，一旦一行代码超过 80 列，早期电传字符终端就会自动绕行显示，从而导致阅读困难。而如今，坚守 "80 列" 这条红线还可以带来其他额外的好处。

首先，可以防止代码中出现过多的缩进和嵌套。如果代码的缩进层次达到 4 级或更多级，就很容易超出 80 个字符的限制（尤其是当按照 Linux 内核的编码风格，使用每级缩进 8 个空格的制表符时），这就要求程序员放弃太多的缩进或嵌套，而代码的缩进层次不超过 3 级，也正是广大 C 程序员约定俗定的目标。像 C++和 Java 这样的面向对象编程语言之所以难以坚守 "80 列" 这条红线，就是因为程序结构中多了类以及命名空间等新的层次，从而导致代码的缩进层次不超过 3 级几乎不可能实现。

　　其次，如今计算机屏幕的尺寸越来越大，24 寸显示器屡见不鲜。这也逐渐体现出坚守"80 列"这条红线的另一个优势：如果每行代码都不超过 80 个字符，就很容易在同一个窗口中同时查看多个源代码文件，只要在编辑器内竖直分隔显示多个源文件即可。这为程序员的工作提供了不小的便利。

1.4.2 空格、大括号位置及缩进

　　适当添加空格、不滥用空格，对提高代码的可读性和维护代码的整洁性具有很大的帮助。这方面的最佳实践便是采纳 Linux 内核编码风格的相关规定。

　　（1）单目运算符和++、--运算符的前后不加空格，例如像下面这样的写法是正确的：

```
int *p = (int *)&a;
p++;
--a;
```

像下面这样的写法是不正确的：

```
a ++;
++ p;
```

　　（2）函数名称，包括可按函数方式调用的关键字（如 sizeof）和宏的后面，不要加空格，例如像下面这样的写法是正确的：

```
call_me(sizeof(int), MAX(x, y));
```

其中，参数列表中的逗号之后应该添加空格。

像下面这样的写法是不正确的：

```
call_me (sizeof (int),MAX (x,y));
```

　　（3）不要在行尾添加空格。这一点很重要，但很容易被忽视，因为行尾的空格在视觉上是看不出来的。为此，可以修改编辑器的设置，显示行尾的空白字符，比如将行尾的空格显示为灰色的句点。

　　（4）双目运算符或多目运算符的前后，以及关键字（如 if、else、for）的后面一般需要添加空格，例如：

```
if (a && b) {
}
```

但也有一些例外，比如双目的成员访问操作符（.和->）的前后不需要添加空格，例如：

```
temp->next = NULL;
```

　　除空格之外，有关大括号的位置，还有一个建议是遵循 Linux 内核编码风格的相关规定。相较于其他编码风格，Linux 内核编码风格的相关规定最为简洁。但究竟是使用制表符还是使用空格进行缩进，以及缩进宽度是 4 个空格还是 8 个空格，则由读者自行决定。在实践中，相较于将 if、while 等语句后的左大括号（{）单独一行书写，笔者更喜欢将其置于行尾，如下所示：

```
int lots_of_args(int x, long y, short z, double a_double, float a_float)
{
    int haha = 0;
```

```
    if (x < foo(y, z)) {
        haha = bar[4] + 5;
    }
    else {        /* 笔者不太喜欢 } else { 这种写法 */
        while (z) {
            haha += foo(z, z);
            z--;
        }

        haha = ++x + bar();
    }

    return haha;
}
```

1.4.3   指针声明和定义中的星号位置

对于指针声明和定义中的星号位置，C 和 C++的习惯有所不同。对编译器来讲，两种写法都是正确的。例如，下面是 C 语言的风格：

```
void *get_context(struct node *node)
```

而 C++一般采用下面的风格：

```
void* get_context(struct node* node)
```

建议 C 程序员坚守 C 语言的星号使用习惯。但是，相较于选择哪种风格，更重要的是在同一个程序的代码中，应该坚持使用同一种风格，不要在有些地方使用 C 语言的风格，而在另一些地方使用 C++语言的风格。另外，不要使用下面这种兼顾两者但其实又两不像的风格：

```
void * get_context(...);
```

1.4.4   善用类型定义

Linux 内核强烈要求慎用类型定义（typedef），但在某些情形下使用类型定义可以带来很多便利。根据笔者多年的工作经验，应考虑在下列场合使用类型定义。

1. 当需要隐藏类型的实现细节时

可以在函数库的接口定义中使用类型定义，尤其当需要隐藏类型的实现细节时。也就是说，使用接口的程序员不需要关心类型的内部细节。比如，在 Win32 API 中，存在很多称为句柄（handle）的类型，比如 HWND 表示窗口句柄，代表一个窗口对象的值。在内部实现中，窗口句柄可能是一个指针，也可能是一个表示索引的整数。使用 HWND 的程序员不需要关心窗口句柄的内部实现，也不允许应用程序通过窗口句柄直接访问内部的数据结构，而只需要传递某个 API 返回的句柄给其他 API 使用即可。这种情况是使用类型定义的绝佳场合。比如 HWND 就可以用一个和指针等宽的无符号整数类型（uintptr_t）来定义：

```
typedef uintptr_t HWND
```

假定在 Windows 操作系统的内部实现中，HWND 可直接作为指针使用，那么在具体使用时，只要做一次强制类型转换即可，例如：

```
static void foo(HWND hWnd)
{
    WINDOW *pWin = (WINDOW *)hWnd;

    pWin->spCaption = strdup("Hello, world!");

    ...
}
```

2. 对结构体指针类型使用类型定义

可以对结构体指针使用类型定义，并使用_p 或者_t 后缀，例如：

```
struct list_node {
    const char      *title;
    struct list_node *next;
};

typedef struct list_node *list_node_p;
```

使用_p 后缀和_t 后缀的区别是，当结构体的内部细节暴露在外时，意味着外部代码可以访问结构体内的成员，此时使用_p 后缀；反之，当结构体的内部细节被隐藏时，意味着外部代码不可以访问结构体内的成员，此时结构体指针的作用类似于上面提到的句柄，对外部代码而言，结构体指针相当于一个普通的无符号整数值，因而使用_t 后缀。

相比使用句柄的情形，若对结构体指针使用类型定义，则可以带来一个额外的优势：在内部使用时，不用进行强制类型转换。为此，我们在头文件中作如下声明和定义：

```
struct list_node;
typedef struct list_node *list_node_t;

/* Returns the title in the specific node */
const char *list_node_get_title(list_node_t node);
```

然后在内部的头文件或者源文件中，定义结构体的细节并实现相应的接口：

```
struct list_node {
    const char      *title;
    struct list_node *next;
};

const char *list_node_get_title(list_node_t node)
{
    return node->title;
}
```

对结构体指针使用类型定义，即使头文件中声明的结构体名称不变，我们也可以在不同的源文件中为结构体定义不同的内部细节。这将带来极大的灵活性,详见第 6 章。

另外,这种做法在 C 标准库中十分常见,比如 C 标准库中全部大写的 FILE、DIR 等结构体,其内部细节不会暴露给应用程序。但用于描述目录项的结构体的细节则暴露给应用程序,并没有定义新的数据类型。

3. 对枚举类型使用类型定义

对枚举类型使用类型定义并使用_k 后缀,就可以和后缀为_t 或_p 的类型区分开来。例如,下面的代码定义了一个名为 purc_document_type_k 的枚举类型来表示文档的类型:

```
typedef enum {
    PCDOC_K_TYPE_FIRST = 0,
    PCDOC_K_TYPE_VOID = PCDOC_K_TYPE_FIRST,
    PCDOC_K_TYPE_PLAIN,
    PCDOC_K_TYPE_HTML,
    PCDOC_K_TYPE_XML,
    PCDOC_K_TYPE_XGML,

    /* XXX: change this when you append a new operation */
    PCDOC_K_TYPE_LAST = PCDOC_K_TYPE_XGML,
} purc_document_type_k;
```

4. 对结构体类型使用特别的命名规则

如果确实需要对结构体进行类型定义,则可以对类型定义名称采用全大写且不带下画线的命名法,以便提示它是一个结构体的类型定义名称,如 LINKEDLIST。这样就不会与采用全小写加下画线形式的变量名或函数名,以及采用全大写形式但使用下画线的常量名或宏名产生混淆了。

```
typedef struct LINKEDLIST {
    const char      *title;
    struct linked_list *next;
} LINKEDLIST;
```

如果能接受驼峰命名规则,那么也可以使用首字母大写的驼峰命名法来定义结构体的类型名称,例如:

```
struct LinkedList {
    const char      *title;
    struct LinkedList *next;
};

typedef struct LinkedList LinkedList;
```

但这里更推荐不使用后缀来定义结构体的类型名称,因为前面已经对整数类型、枚举类型和结构体指针类型使用了_t 或者_k 等后缀:

```
typedef struct linked_list {
    const char      *title;
    struct linked_list *next;
```

```
} linked_list;

typedef struct linked_list *linked_list_t;
```

在早期的 C 代码中，由于当时的编译器不允许新的类型名称和已有的结构体类型名称相同，因此我们经常会看到下面的代码：

```
struct _LINKEDLIST {
    const char        *title;
    struct linked_list *next;
};

typedef struct _LINKEDLIST LINKEDLIST;
```

或者

```
struct tagLINKEDLIST {
    const char        *title;
    struct linked_list *next;
};

typedef struct tagLINKEDLIST LINKEDLIST;
```

上述代码在结构体的类型名称中使用下画线和 `tag` 作为前缀以示区别，但现在已经不需要这样做了。

作为一个不建议自定义数据类型的例子，我们在新的 C 语言项目中，应避免对整数做类型定义。C99 标准已经在<stdint.h>头文件中针对不同宽度的整数类型定义了新的数据类型，比如 `uint8_t`、`intptr_t`、`intmax_t` 等，因此我们没有必要再自行针对不同的整数类型自定义新的数据类型。

1.4.5 命名规则保持一致

在代码中，应采用一致的命名规则（K&R 命名法或匈牙利命名法），而不能混用命名规则。但是，C 代码更倾向于采用 K&R 命名法。因此笔者建议，除用于接口的函数名称之外，最好在内部的实现代码中统一采用 K&R 命名法，并避免出现像 `spName` 这样的命名风格。用于接口的函数名称采用匈牙利命名法或者带有小写前缀的驼峰命名法具有一定的优势，并且容易把这些接口和系统函数名或者其他函数库的接口名区分开来，从而在一定程度上避免命名污染。比如常用于解析 JSON 的开源函数库 cJSON，其接口定义如下：

```
/* returns the version of cJSON as a string */
const char* cJSON_Version(void);

/* Supply malloc, realloc and free functions to cJSON */
void cJSON_InitHooks(cJSON_Hooks* hooks);

cJSON * cJSON_Parse(const char *value);
cJSON * cJSON_ParseWithLength(const char *value, size_t buffer_length);
```

　　除源代码中的函数名、变量名之外，用于组织源代码的目录和文件的命名规则也需要得到重视。下面给出一些常规建议：

　　（1）仅使用 ASCII 可打印字符（文件系统不允许的字符除外），而不要使用中文、表情符号等特殊字符；

　　（2）使用－连接多个单词而避免使用＿，这一点和 C 代码中的变量名不同；

　　（3）使用全小写的文件名和目录名。

　　如此，`ordered-map.c` 就是合乎上述建议的文件名，而 `ordered_map.c` 就不是合乎上述建议的文件名。

1.4.6　正确书写注释

　　虽然在编译时注释会被编译器忽略，但注释对代码的可读性具有极其重要的作用。代码如果没有注释或者注释很少，那么不仅其他人不容易看懂，即使是代码的作者，一段时间之后再次接触也会一头雾水。但代码中的注释要恰到好处，不宜过多或者画蛇添足。毕竟，如果一段代码的功能是清晰的，变量的命名符合习惯，则代码本身就可以说明其运行逻辑，而不必进行过多的注释。因此，我们更多看到的注释，通常存在于针对接口的说明中，比如函数的功能描述、各个参数的含义、有关返回值的说明、结构体中每个成员的含义等。

　　关于 C 代码中注释的书写，建议如下。

　　（1）为对外的接口提供详细的注释，并采用 Doxygen（或其他文档生成工具，如 GtkDoc）允许的格式来撰写注释。对于函数，应就其功能、参数以及返回值做详细说明；对于结构体，应就其公开的成员做详细说明。现在，越来越多的开源项目采用 Doxygen 允许的格式，以随同代码共存的注释形式来编写和维护接口的说明文档。这既方便开发者阅读，又便于维护，尤其在接口发生变化时，开发者可以在修改代码的同时完成对文档的修改。在本章的后面，读者可以看到采用 Doxygen 允许的格式撰写的接口注释。

　　（2）在不对外的内部模块中，应就文件的功能、内部函数的用途等做简要的注释。除非代码涉及复杂或重要的算法，否则不必过多地撰写注释。这是因为，当我们使用了合乎习惯的命名方法，并掌握了常见的接口设计模式之后，看接口及其实现就能知悉代码逻辑；此种情况下，额外地撰写注释就是画蛇添足。

　　（3）避免使用 C++的注释形式。C++的注释形式（即"//"形式）输入方便，具有一些优点。但是如前所述，代码最重要的特质就是风格统一，因此在 C 代码中还是应该统一采用传统的注释风格。在 Linux 内核以及大多数重要的 C 语言程序中，我们很少看到 C++风格的注释。一个好的习惯是仅在行尾的简短注释中使用 C++风格的注释。

　　（4）巧用 XXX、FIXME、TODO 等短语。XXX 具有告诫意味，表示这段代码非常重要，必须认真阅读。FIXME 一般表示这段代码不够完善，存在提高空间。TODO 一般表示这段代码的功能还不完整，有待未来完成。有些智能的代码编辑器会将注释中的这些特殊短语用特殊的颜色加以显示，以提醒代码的阅读者。

　　（5）学习 Linux 内核编码风格提倡的注释编写风格（见本章前面的内容），而不要添加额外的装饰用字符。

下面的代码片段定义的枚举类型用于区别不同的变体类型，其中两次使用了 XXX 标记，用于特别提醒开发者。在现代编辑器中查看这段代码，XXX 会显示为醒目的红色。

```
typedef enum purc_variant_type {
    PURC_VARIANT_TYPE_FIRST = 0,

    /* XXX: keep consistency with type names */
#define PURC_VARIANT_TYPE_NAME_UNDEFINED    "undefined"
    PURC_VARIANT_TYPE_UNDEFINED = PURC_VARIANT_TYPE_FIRST,
#define PURC_VARIANT_TYPE_NAME_NULL         "null"
    PURC_VARIANT_TYPE_NULL,
#define PURC_VARIANT_TYPE_NAME_BOOLEAN      "boolean"
    PURC_VARIANT_TYPE_BOOLEAN,
#define PURC_VARIANT_TYPE_NAME_NUMBER       "number"
    PURC_VARIANT_TYPE_NUMBER,
#define PURC_VARIANT_TYPE_NAME_STRING       "string"
    PURC_VARIANT_TYPE_STRING,
#define PURC_VARIANT_TYPE_NAME_OBJECT       "object"
    PURC_VARIANT_TYPE_OBJECT,
#define PURC_VARIANT_TYPE_NAME_ARRAY        "array"
    PURC_VARIANT_TYPE_ARRAY,
#define PURC_VARIANT_TYPE_NAME_SET          "set"
    PURC_VARIANT_TYPE_SET,

    /* XXX: change this if you append a new type. */
    PURC_VARIANT_TYPE_LAST = PURC_VARIANT_TYPE_SET,
} purc_variant_type;

#define PURC_VARIANT_TYPE_NR \
    (PURC_VARIANT_TYPE_LAST - PURC_VARIANT_TYPE_FIRST + 1)
```

注意，在上述枚举量的定义中，还使用了将字符串常量和枚举量置于上下两行进行定义的技巧。这一技巧既方便了代码的维护，也能帮助我们在改变一个类型或新增一个类型时，确保对枚举量和对应的字符串常量做同步处理。

1.4.7　优雅编写条件编译代码

条件编译在 C 代码中十分常见。条件编译的常见用途有如下 3 种。

（1）当我们要将自己开发的软件运行在不同的操作系统中时，由于底层标准库在不同操作系统中的实现存在差异，我们需要使用条件编译来处理这种差异。

（2）类似地，当我们要针对不同的处理器或处理器架构编写特定的代码实现时，也需要使用条件编译。

（3）当我们要通过编译时配置选项来控制软件的功能（比如通过配置选项控制包含哪些功能模

块）时，会经常使用条件编译。

如下代码来自 MiniGUI 的头文件，用于判断如何确定 64 位的整数数据类型，其中给出了条件编译的常见用法：

```c
/* Figure out how to support 64-bit datatypes */
#if !defined(__STRICT_ANSI__)
#   if defined(__GNUC__)
#       define MGUI_HAS_64BIT_TYPE    long long
#   endif
#   if defined(__CC_ARM)
#       define MGUI_HAS_64BIT_TYPE    long long
#   endif
#   if defined(_MSC_VER)
#       define MGUI_HAS_64BIT_TYPE    __int64
#   endif
#endif /* !__STRICT_ANSI__ */

/* The 64-bit datatype isn't supported on all platforms */
#ifdef MGUI_HAS_64BIT_TYPE
typedef unsigned MGUI_HAS_64BIT_TYPE Uint64;
typedef signed MGUI_HAS_64BIT_TYPE Sint64;
#else
/* This is really just a hack to prevent the compiler from complaining */
typedef struct {
    Uint32 hi;
    Uint32 lo;
} Uint64, Sint64;
#endif
```

如上述代码所示，条件编译会严重割裂代码的连续性，从而极大破坏代码的可读性。因此，我们应该尽量避免使用条件编译。当然，由于 C 语言主要用来开发底层基础软件，因此 C 程序员难免会因为上面所说的 3 种用途而使用条件编译。为此，下面是 4 条可供 C 程序员参考的处理原则。

第一，使用恰当的注释说明条件编译代码块的作用，如下所示：

```c
#ifdef foo
    ...
#else /* foo */
    ...
#endif /* not foo */

#ifdef foo
    ...
#endif /* foo */

#ifndef bar
    ...
#else /* not bar */
```

```
    ...
#endif /* bar */

#ifndef bar
    ...
#endif /* not bar */
```

上述代码在#else 和#endif 代码行的末尾，使用了恰当的注释来说明条件编译代码块所对应的条件。

第二，在嵌套条件编译时，恰当地使用缩进来表示嵌套关系，如下所示：

```
#ifndef NULL
#   ifdef __cplusplus
#       define NULL             (0)
#   else
#       define NULL             ((void *)0)
#   endif
#endif  /* not defined NULL */
```

第三，避免使用过长的条件编译代码块，确保一个条件编译代码块不超过常见编辑器的最大行数（25～50 行）。

第四，使用构建系统生成器提供的方法实现对软件功能的控制，避免使用条件编译。比如，在实现一个跨平台的文件系统操作接口时，需要考虑到不同操作系统之间（尤其是 Windows 操作系统和类 UNIX 操作系统之间）的巨大差异。这时，我们可以借助构建系统生成器，根据当前所要构建的目标系统，生成对应的构建文件，从而针对不同的目标平台编译不同的源文件。为此，我们可以将针对类 UNIX 操作系统（如 Linux 和 macOS）的代码组织到一个源文件中，如 filesystem-unix-like.c；而将针对 Windows 操作系统的代码组织到另一个源文件中，如 filesystem-windows.c。这样就可以避免在源文件中使用大段的条件编译。

> **知识点：构建系统生成器**
>
> 构建系统（build system）生成器（generator）是用于生成构建 C、C++项目等所使用的构建系统的工具。这里的构建系统通常由一组 Makefile 组成。因此，我们可以将构建系统生成器理解成 Makefile 生成器。常见的构建系统生成器有 GNU Autotools、CMake、Meson 等。成熟的构建系统生成器通常具有跨平台的特征，可以帮助我们针对不同的平台组织我们的源文件，并按照目标构建系统的特性自动生成一些宏，从而提升代码的可移植性。
>
> 有关构建系统生成器的内容，我们将在第 5 章做详细阐述。

1.5　其他有关编码风格的最佳实践

本节阐述的内容从严格意义上讲不属于代码的可读性范畴，而属于代码的可维护性或技巧性范畴。将这些内容置于本节，是因为这些方法或技巧在实践中十分常见，希望读者在看到类似代码的时候不要慌张。

1.5.1　下画线前缀的使用

下画线前缀的主要作用是防止命名污染，因此对静态变量或局部变量使用下画线前缀并无意义。在实践中，我们经常对非公开的 extern 类型（也就是全局）的变量或函数使用下画线前缀，例如：

```
extern size_t __total_mem_use;
```

为一个变量加上一个或两个下画线符号作为前缀，通常表示这个变量是非公开的外部变量。对于静态变量或局部变量，使用下画线前缀只会给其他程序员造成困扰，因此不建议使用。

另外，在结构体的定义中，可能包括一些隐藏（或者保留内部使用的）成员。对于这些成员，我们也可追加下画线前缀。在下面这个结构体（pcrdr_msg）的对外定义中，就包含这样的 4 个成员：

```
/** the renderer message structure */
struct pcrdr_msg
{
    unsigned int          __refcnt;
    purc_atom_t           __origin;
    void                 *__padding1; // reserved for struct list_head
    void                 *__padding2; // reserved for struct list_head

    pcrdr_msg_type        type;
    pcrdr_msg_target      target;
    pcrdr_msg_element_type elementType;
    pcrdr_msg_data_type   dataType;

    ...
};
```

之所以这样做，是因为我们不希望外部模块访问这 4 个仅供内部模块使用的成员。在内部模块中，我们可通过另一个结构体（pcrdr_msg_hdr）来访问这 4 个成员，只需要将结构体 pcrdr_msg 的指针强制转换为结构体 pcrdr_msg_hdr 的指针即可：

```
struct list_head {
    struct list_head *next;
    struct list_head *prev;
};

/* the header of the struct pcrdr_msg */
struct pcrdr_msg_hdr {
    atomic_uint          refcnt;
    purc_atom_t          origin;
    struct list_head     ln;
};
```

1.5.2　错误处理及集中返回

如前所述，Linux 内核的编码风格要求所有的函数应在末尾提供统一的出口，因此我们在 Linux

内核的源代码中看到 goto 语句被频繁使用。实际上，除了 Linux 内核，其他基于 C 语言的开源软件也在使用这一经验性约定写法。

为了直观感受这种写法的优势，我们来看看程序清单 1.3 中的代码。

程序清单 1.3　一个哈希表的创建函数

```
struct pchash_table *pchash_table_new(size_t size,
        pchash_copy_key_fn copy_key, pchash_free_key_fn free_key,
        pchash_copy_val_fn copy_val, pchash_free_val_fn free_val,
        pchash_hash_fn hash_fn, pchash_equal_fn equal_fn)
{
    struct pchash_table *t;

    if (size == 0)
        size = PCHASH_DEFAULT_SIZE;

    t = (struct pchash_table *)calloc(1, sizeof(struct pchash_table));
    if (!t)
        return NULL;

    t->count = 0;
    t->size = size;
    t->table = (struct pchash_entry *)calloc(size, sizeof(struct pchash_entry));
    if (!t->table) {
        free(t);
        return NULL;
    }

    t->copy_key = copy_key;
    t->free_key = free_key;
    t->copy_val = copy_val;
    t->free_val = free_val;
    t->hash_fn = hash_fn;
    t->equal_fn = equal_fn;

    for (size_t i = 0; i < size; i++)
        t->table[i].key = PCHASH_EMPTY;

    if (do_other_initialization(t)) {
        free(t->table);
        free(t);
        return NULL;
    }

    return t;
}
```

上述代码实现了一个用来创建哈希表的函数 pchash_table_new()。在这个函数中，我们需要执行两次内存分配，一次用于分配哈希表本身，另一次用于分配保存各个哈希项的数组。另外，该函数还调用了一次 do_other_initialization() 函数，以执行一次额外的初始化操作。如果第二次内存分配失败，或者额外的初始化操作失败，则需要释放已分配的内存并返回 NULL 表示失败。可以想象，我们还需要执行其他更多的初始化操作，当后续的任何一次初始化操作失败时，我们就需要不厌其烦地在返回 NULL 之前调用 free() 函数来释放前面已经分配的内存，否则就会造成内存泄漏。

要想优雅地处理上述情形，可按如下代码（为节省版面，我们略去了部分代码）所示使用 goto 语句，如此便能起到化腐朽为神奇的效果：

```c
struct pchash_table *pchash_table_new(...)
{
    struct pchash_table *t = NULL;

    ...
    t = (struct pchash_table *)calloc(1, sizeof(struct pchash_table));
    if (!t)
        goto failed;

    ...
    t->table = (struct pchash_entry *)calloc(size, sizeof(struct pchash_entry));
    if (!t->table) {
        goto failed;
    }

    ...

    if (do_other_initialization(t)) {
        goto failed;
    }

    return t;

failed:
    if (t) {
        if (t->table)
            free(t->table);
        free(t);
    }

    return NULL;
}
```

以上写法带来的好处显而易见：将函数中多个初始化操作失败时的处理统一集中到函数末尾，

减少了 return 语句出现的次数，方便了代码的维护。

还有一个技巧，我们可以通过定义多个 goto 语句的目标标签（label），让以上代码变得更加简洁：

```c
struct pchash_table *pchash_table_new(...)
{
    struct pchash_table *t = NULL;

    ...
    t = (struct pchash_table *)calloc(1, sizeof(struct pchash_table));
    if (!t)
        goto failed;

    ...
    t->table = (struct pchash_entry *)calloc(size, sizeof(struct pchash_entry));
    if (!t->table) {
        goto failed_table;
    }

    ...

    if (do_other_initialization(t)) {
        goto failed_init;
    }

    return t;

failed_init:
    free(t->table);

failed_table:
    free(t);

failed:
    return NULL;
}
```

以上写法带来的好处是，调用 free() 函数时不再需要作额外的判断。

在实践中，我们还可能遇到一种写法，就是在进行错误处理时避免使用有争议的 goto 语句，例如：

```c
struct pchash_table *pchash_table_new(...)
{
    struct pchash_table *t = NULL;

    do {
        t = (struct pchash_table *)calloc(1, sizeof(struct pchash_table));
        if (!t)
```

```
            break;

        ...
        t->table = (struct pchash_entry *)calloc(size,
                sizeof(struct pchash_entry));
        if (!t->table) {
            break;
        }

        ...

        if (do_other_initialization(t)) {
            break;
        }

        return t;
    } while (0);

    if (t) {
        if (t->table)
            free(t->table);
        free(t);
    }

    return NULL;
}
```

本质上，上述写法利用了 do - while (0) 单次循环，因为我们可以使用 break 语句跳出这一循环，从而避免 goto 语句的使用。

但笔者并不建议使用这种写法，原因有二。

（1）大部分人看到 do 语句的第一反应是循环。在看到 while (0) 语句之前，很少有人会想到这段代码本质上不是循环，从而影响代码的可读性。

（2）这种写法额外增加了一次不必要的缩进。这一方面会让代码从感官上变得更为复杂，另一方面则会出现因为坚守"80 列"这条红线而不得不绕行的情形。

需要说明的是，在定义宏时，我们经常使用 do - while (0) 单次循环，尤其是当一个宏由多条语句组成时：

```
#define FOO(x)                  \
    do {                        \
        if (a == 5)             \
            do_this(b, c);      \
    } while (0)
```

1.5.3 参数的合法性检查

很多细致的程序员会在每个函数的入口处检查所有传入参数的合法性，尤其是指针。比如，下面的函数会销毁一个映射表：

```
int pcutils_map_destroy(pcutils_map* map)
{
    if (map == NULL)
        return -1;

    pcutils_map_clear(map);
    free(map);
    return 0;
}
```

该函数首先判断传入的参数 map 是否为空指针。可以预期，传入该函数的参数 map 是由名为 pcutils_map_create() 的函数返回的。作为创建对象的函数接口，一般返回空值（NULL 指针）表示失败，返回非空值则表示成功；如果 pcutils_map_create() 函数返回空值，则不用再调用 pcutils_map_destroy() 函数。换句话说，在调用 pcutils_map_destroy() 函数时，除非误用，否则不会给这个函数传递一个空值。

因此，这种判断貌似有必要，但仔细考虑后就会发现意义不大。在上面的代码中，程序将 NULL 作为非法值做了特别处理，但如果传入的指针值为 1 或者-1，它们显然也是非法值，那为何不对这两种情况做判断并返回对应的错误值呢？更进一步地，如何判断一个尚未分配的地址值呢？

实质上，C 语言并没有提供任何能够判断一个指针的值是否合法的语言级能力或者机制。我们所知道的不合法的指针值通常就是 0、-1，以及特定情况下和当前处理器的位宽不对齐的整数值。比如在 32 位系统中，对于指向 32 位整数的指针来讲，任何不能被 4 整除的指针值大概率是非法的。除此之外，我们没有其他有效的手段来判断一个指针值的合法性。因此，这类参数的有效性检查其实是多余的。

再者，在频繁调用的函数中执行此类不必要的参数有效性检查，会大大降低程序的执行效率。

因此，上述代码的最佳实现应该如下：

```
void pcutils_map_destroy(pcutils_map* map)
{
    pcutils_map_clear(map);
    free(map);
}
```

我们没有必要仅针对空值做参数的有效性检查。一方面，这种检查并不能覆盖所有的情形；另一方面，如果我们仅仅需要检查空值这种情形，那么程序会很快因为访问空指针而出错。后一种情况说明调用者误传了参数，在程序的开发阶段，借助调试器，我们可以迅速定位缺陷所在。

但在某些情况下，我们仍然希望在调用这类函数时，对传入的常见非法值 NULL 做一些特殊处理，以便可以及时发现调用者的问题。为此，我们可以使用 assert()。assert() 本质上是一个宏，而非函数，而且这个宏的行为依赖于 NDEBUG 宏。assert() 通常的定义如下：

```
#ifdef NDEBUG
#   define assert(exp)            \
```

```
            do {                    \
            } while (0)
#else    /* defined NDEBUG */
#   define assert(exp)       \
            do {                    \
                if (!(exp))     \
                    abort();    \
            } while (0)
#endif   /* not defined NDEBUG */
```

在上面的代码中，NDEBUG 是一个约定俗成的全局宏，通常由构建系统定义。当 NDEBUG 宏被定义时，意味着程序将被构建为发布版本，assert() 不做任何事情；反之，当程序被构建为调试版本时，assert() 将判断表达式 exp 的真假，若为假，则调用 abort() 函数终止程序的运行。

如此一来，我们可以将上述代码进一步修改为如下形式：

```
#include <assert.h>

void pcutils_map_destroy(pcutils_map* map)
{
    assert(map != NULL);
    pcutils_map_clear(map);
    free(map);
}
```

此外，还有一种针对参数的合法性检查，或者说针对常规条件分支的优化方法，常见于一些优秀的 C 语言开源项目中。程序清单 1.4 列出了 glib（Linux 系统常用的 C 工具函数库，在一些场景中也可写作 GLib）中用于快速验证 UTF-8 编码有效性的函数。

程序清单 1.4 使用 UNLIKELY 宏优化条件分支

```
#define VALIDATE_BYTE(mask, expect)                         \
do {                                                        \
    if (UNLIKELY((*(uint8_t *)p & (mask)) != (expect)))   \
        goto error;                                         \
} while (0)

/* see IETF RFC 3629 Section 4 */

static const char *
fast_validate(const char *str)
{
    size_t n = 0;
    const char *p;

    for (p = str; *p; p++) {
        if (*(uint8_t *)p < 128) {
```

```
                n++;
            }
        else {
            const char *last;

            last = p;
            if (*(uint8_t *)p < 0xe0) {          /* 110xxxxx */
                if (UNLIKELY (*(uint8_t *)p < 0xc2))
                    goto error;
            }
            else {
                if (*(uint8_t *)p < 0xf0) {      /* 1110xxxx */
                    switch (*(uint8_t *)p++ & 0x0f) {
                        ...
                    }
                }
                else if (*(uint8_t *)p < 0xf5) {
                    /* 11110xxx excluding out-of-range */
                    switch (*(uint8_t *)p++ & 0x07) {
                        ...
                    }
                    p++;
                    VALIDATE_BYTE(0xc0, 0x80); /* 10xxxxxx */
                }
                else
                    goto error;
            }

            p++;
            VALIDATE_BYTE(0xc0, 0x80);           /* 10xxxxxx */
            n++;
            continue;
        error:
            return last;
        }
    }

    return p;
}
```

上述代码多次使用了 UNLIKELY 宏，用于判断一些不太可能出现在正常 UTF-8 编码中的字符。这个宏以及成对定义的 LIKELY 宏利用了现代编译器的一些特性，它们可以告诉编译器一个分支判断的结果为真或者为假的可能性是大还是小。利用这两个宏，我们可以协助编译器充分利用处理器的分支预测能力，提高编译后代码的执行效率。

因此，如果非要检查传入参数的有效性，我们可以利用 UNLIKELY 宏，对旨在销毁映射表的代码作如下优化：

```
int pcutils_map_destroy(pcutils_map* map)
{
    if (UNLIKELY(map == NULL))
        return -1;

    pcutils_map_clear(map);
    free(map);
    return 0;
}
```

这样编译器就会认为出现 map == NULL 这一条件的可能性较低，从而在生成最终的机器指令时，通过适当的优化，将可能性较低的条件判断对性能的影响降到最小。

注意，LIKELY 和 UNLIKELY 宏是非标准宏，目前仅 GCC 或兼容 GCC 的编译器支持。这两个宏通常定义如下：

```
/* LIKELY */
#if !defined(LIKELY) && defined(__GNUC__)
#define LIKELY(x) __builtin_expect(!!(x), 1)
#endif

#if !defined(LIKELY)
#define LIKELY(x) (x)
#endif


/* UNLIKELY */
#if !defined(UNLIKELY) && defined(__GNUC__)
#define UNLIKELY(x) __builtin_expect(!!(x), 0)
#endif

#if !defined(UNLIKELY)
#define UNLIKELY(x) (x)
#endif
```

其中使用了 __builtin_expect 这一 GCC 特有的优化指令。

1.6   命名的艺术

在给代码中的变量和函数取名时，要尽量使用正确的英文术语及其简写。

但需要注意的是，不同的领域有不同的术语使用习惯。比如，当我们的代码涉及树形数据结构时，就会经常使用如下英文术语。

❑ node：表示树形数据结构中的一个节点；不要用 item 或 element 表示节点，这两个词的准确含义为条目和元素。

❑ child：表示子节点。

- ❑ sibling：表示兄弟节点，不要用 brother 表示兄弟节点。
- ❑ parent、root：分别表示父节点和根节点，不要使用 father 或者 mother 等表示上一级节点。
- ❑ first、last：分别表示头节点和尾节点。
- ❑ next、previous（或 prev）：分别表示下一节点和前一节点。
- ❑ ascendant、descendants：分别表示祖先节点或子孙节点。

再比如，当我们的代码涉及链表（linked list）这种数据结构时，则会经常使用如下英文术语。

- ❑ node：表示链表中的一个节点。
- ❑ head、tail：分别表示链表的头节点和尾节点。
- ❑ next、previous（或 prev）：分别表示下一节点和前一节点。

针对相应的领域使用正确的英文术语并基于这些英文术语来命名，可以避免很多误解，这是提升代码可读性的一种重要手段。需要特别提醒的是，在有合适英文术语的情形下，要避免使用一些"万金油"名称，如 item、data 等含义广泛的名称。

为变量和函数取名时，还要考虑正确的时态和单复数形式。如前所述，表示链表的变量应该取名为 linked_list 而不是 link_list。又如，双链表可以用 dbl_linked_list 表示。表示单个元素的变量用单数形式，如 node 表示一个节点、child 表示一个子节点。表示多个元素的变量则用复数形式，如 nodes 表示节点数组、children 表示子节点数组等。

在代码中，缩写是十分常见的。采用约定俗成的缩写不仅可以提高代码的输入效率、节省版面空间，而且完全不会影响代码的可读性。但是，要尽量采用约定俗成的缩写，不要自创，更不要使用汉字拼音首字母缩写的名称。C 代码中经常使用的一些缩写如表 1.1 所示。

表 1.1　C 代码中经常使用的一些缩写

缩写	完整单词	含义
nr	number	数量
prev	previous	前一个
sz	size	大小、尺寸
tmp	temporary	临时
dbl	double	双
param	parameter	形式参数（简称形参）
tri	triple	三
arg	argument	实际参数（简称实参）
len	length	长度
argc	argument count	参数数量
max	maximum	最大值
argv	argument vector	参数列表
min	minimum	最小值
conn	connection	连接
buf	buffer	缓冲区

续表

缩写	完整单词	含义
ctxt	context	上下文
ver	version	版本
err	error	错误
id	identity	身份标识

为局部变量命名时，应该尽量采用简洁的名称。例如，i、j、k 一般并不推荐作为变量的名称，但在 for 或 while 循环中，将这 3 个字母作为变量的名称非常方便，不会有任何歧义；而且循环变量一般仅限于这 3 个字母，如果一个循环中还需要更多的循环变量，则说明程序的结构存在问题，需要进行重构。

在局部代码块中，还可以用 n 表示数量，用 len 表示长度，用 sz 表示大小或尺寸，用 p 表示指针，用 tmp 表示临时变量，用 buf 表示临时缓冲区。这些都是约定俗成的简洁名称，不会影响代码的可读性。

对于函数或全局变量的命名，应采用下面的约定。

（1）函数库接口：<type> <lib prefix>_<short phrase>(...)。例如：

```
void mylib_init_linked_list(struct linked_list *p);
```

（2）文件内：static <type><short phrase>(...)。例如：

```
static void init_liked_list(struct linked_list *p);
```

（3）模块间：<type>_<module_prefix>_<short phrase>(...)。例如：

```
void _mymodule_init_liked_list(struct linked_list *p);
```

此外，如果使用的是 GCC 这样的编译器，那么可以在声明模块间接口时添加属性，例如：

```
void _mymodule_init_liked_list(struct linked_list *p)
    __attribute__((visibility("hidden")));
```

这里的 visibility（可见性）属性取值为 hidden，表示这个符号（即函数名）在形成函数库后对外不可见，从而可以有效地防止命名污染。

1.7　实例分析

1.7.1　PurC 函数库头文件

下面通过查看笔者维护的开源 HVML 解释器 PurC 的 purc.h 头文件中的部分内容，来对本章所述的优良编码风格做进一步的解释。

首先是一段 Doxygen 格式的注释，其中包含了文件名、作者、日期、简介、版权声明等信息。注意，Doxygen 格式的注释一般以/**开始。

配套示例程序

1B

purc.h

```
/**
 * @file purc.h
```

```
* @author Vincent Wei
* @date 2021/07/02
* @brief The main header file of PurC.
*
* Copyright (C) 2021, 2022 FMSoft
*
* This file is a part of PurC (short for Purring Cat), an HVML interpreter.
* Licensed under LGPLv3+.
*/
```

之后，作为 PurC 函数库的主头文件，其中包含了其他必要的系统头文件以及 PurC 函数库的其他头文件。然后是一个结构体的定义，该结构体被定义为一个新的数据类型，同时使用 Doxygen 格式的注释来描述其成员的含义。

```
/**
* purc_instance_extra_info:
*
* The structure defines the extra information for a new PurC instance.
*/
typedef struct purc_instance_extra_info {
    /**
     * ...
     */
    purc_rdrcomm_k   renderer_comm;

    /**
     * ...
     */
    const char        *renderer_uri;

    /** The SSL certification if using Secured WebSocket. */
    const char        *ssl_cert;

    /** The SSL key if using Secured WebSocket. */
    const char        *ssl_key;

    /** The default workspace of this instance. */
    const char        *workspace_name;

    /** The title of the workspace. */
    const char        *workspace_title;

    /**
     * ...
     */
    const char        *workspace_layout;
```

```
} purc_instance_extra_info;
```

我们可以清晰地看到，PurC 函数库的接口使用了 **K&R** 命名法。注意上述
结构体中的 `purc_rdrcomm_k renderer_comm` 成员，从类型名使用_k 后
缀可以看出，该成员是一个枚举量，对应的枚举类型则定义在另一个头文件
（`purc-pcrdr.h`）中：

配套示例程序

1C

purc-pcrdr.h

```
/* Renderer communication types */
typedef enum {
    PURC_RDRCOMM_HEADLESS  = 0,
#define PURC_RDRCOMM_NAME_HEADLESS      "HEADLESS"
    PURC_RDRCOMM_THREAD,
#define PURC_RDRCOMM_NAME_THREAD        "THREAD"
    PURC_RDRCOMM_SOCKET,
#define PURC_RDRCOMM_NAME_SOCKET        "SOCKET"
    PURC_RDRCOMM_HIBUS,
#define PURC_RDRCOMM_NAME_HIBUS         "HIBUS"
} purc_rdrcomm_k;
```

回到 `purc.h` 头文件。再往下是宏定义：

```
#define PURC_HAVE_UTILS         0x0001
#define PURC_HAVE_DOM           0x0002
#define PURC_HAVE_HTML          0x0004
#define PURC_HAVE_XML           0x0008
#define PURC_HAVE_VARIANT       0x0010
#define PURC_HAVE_EJSON         0x0020
#define PURC_HAVE_FETCHER       0x0200
#define PURC_HAVE_FETCHER_R     0x0400
#define PURC_HAVE_ALL (             \
        PURC_HAVE_UTILS         | \
        PURC_HAVE_DOM           | \
        PURC_HAVE_HTML          | \
        PURC_HAVE_XML           | \
        PURC_HAVE_VARIANT       | \
        PURC_HAVE_EJSON         | \
        PURC_HAVE_FETCHER       | \
        PURC_HAVE_FETCHER_R)

    #define PURC_MODULE_UTILS       (PURC_HAVE_UTILS)
    #define PURC_MODULE_DOM         (PURC_MODULE_UTILS    | PURC_HAVE_DOM)
    #define PURC_MODULE_HTML        (PURC_MODULE_DOM      | PURC_HAVE_HTML)
    #define PURC_MODULE_XML         (PURC_MODULE_DOM      | PURC_HAVE_XML)
    #define PURC_MODULE_VARIANT     (PURC_MODULE_UTILS    | PURC_HAVE_VARIANT)
    #define PURC_MODULE_EJSON       (PURC_MODULE_VARIANT  | PURC_HAVE_EJSON)
    #define PURC_MODULE_ALL          0xFFFF
```

所有的宏都采用下画线连接的全大写单词形式，并使用 PURC_ 作为前缀；代码行严守了"80 列"这条红线，并通过空行、续行和适当的缩进，让排版整齐，使得整个代码清晰易读。

下面查看其中的 3 个函数接口：前两个用于初始化一个 PurC 实例，第三个用于清理一个 PurC 实例。

```
PCA_EXPORT int
purc_init_ex(unsigned int modules,
        const char *app_name, const char *runner_name,
        const purc_instance_extra_info *extra_info);

static inline int purc_init(const char *app_name, const char *runner_name,
        const purc_instance_extra_info *extra_info)
{
    return purc_init_ex(PURC_MODULE_ALL, app_name, runner_name, extra_info);
}

PCA_EXPORT bool
purc_cleanup(void);
```

这 3 个函数的原型定义符合本章所讨论的编码风格。比如，purc_init_ex() 和 purc_init() 两个函数均具有 purc_ 前缀，表示指针的星号出现在形参名称的前面；为严守"80 列"这条红线，函数原型声明中的参数列表被分行书写；等等。作为 PurC 函数库的公开接口，原头文件中包含了对以上函数的接口描述。

注意 purc_init() 函数被定义为调用 purc_init_ex() 函数的内联函数，因而使用 static inline 关键词来修饰其原型。而_ex 后缀通常用于表示扩展（extended）；也就是说，purc_init_ex() 函数是 purc_init() 函数的扩展版本。

1.7.2　经典的 list_head 结构体及其接口

配套示例程序

1D

list.h

在 PurC 的实现代码中，我们使用了很多经典的开源 C 代码片段。比如本节提到的 list_head 结构体及其接口。

list_head 结构体定义了实现一个双向链表所需的两个指针：

```
struct list_head {
    struct list_head *next;
    struct list_head *prev;
};
```

在使用时，我们只需要将该结构体嵌入表示节点内容的结构体即可。比如，下面的结构体定义了一个待处理的请求，我们可通过其中的 list 成员，将多个待处理的请求组织成一个双向链表：

```
struct pending_request {
    struct list_head        list;

    purc_variant_t          request_id;
```

```
    pcrdr_response_handler  response_handler;
    void                    *context;
    time_t                  time_expected;
};
```

然后便可通过与 list_head 结构体相关的接口来操控这个双向链表，而不需要再针对 pending_request 结构体设计新的链表操控接口。有关 list_head 结构体及其接口的设计和使用，我们将在第 7 章中详细讲述。现在，我们观察 list_head 结构体，其定义具有良好的编码风格：结构体和指针变量的名称采用 K&R 命名法，结构体成员的声明采用 4 个空格的缩进，表示指针的星号位于变量名之前，并且 list_head 和 { 之间的空格也符合规范。

读者可以继续欣赏下面几个围绕 list_head 结构体的接口之定义和实现：

```
static inline void init_list_head(struct list_head *list)
{
    list->next = list->prev = list;
}


static inline bool list_empty(const struct list_head *head)
{
    return head->next == head;
}


static inline bool list_is_first(const struct list_head *list,
            const struct list_head *head)
{
    return list->prev == head;
}


static inline bool list_is_last(const struct list_head *list,
            const struct list_head *head)
{
    return list->next == head;
}
```

注意，我们对 list_is_first() 和 list_is_last() 函数的参数列表做了分行处理，以坚守 "80 列" 这条红线。

观察下面的两个函数：

```
static inline void _list_del(struct list_head *entry)
{
    entry->next->prev = entry->prev;
    entry->prev->next = entry->next;
}


static inline void list_del(struct list_head *entry)
{
```

```
    _list_del(entry);
    entry->next = entry->prev = NULL;
}
```

显然，list_del() 函数调用了_list_del() 函数；_list_del() 函数名的下画线前缀表示这个函数并不是公开的接口，不应该由用户直接调用，list_del() 函数才是用于删除链表节点的公开接口。这展示了针对某些函数名和变量名适当使用下画线作为前缀的意义——通常用来表明这些变量或者函数仅供内部使用。

下面的_list_add() 函数和_list_del() 函数一样，也是内部函数：

```
static inline void _list_add(struct list_head *_new,
             struct list_head *prev, struct list_head *next)
{
    next->prev = _new;
    _new->next = next;
    _new->prev = prev;
    prev->next = _new;
}
```

下面的两个函数才是用于添加节点到双向链表中的公开接口，它们都在内部调用了_list_add() 函数。注意，这两个函数的声明中都包含了 inline 关键字，表示它们都是内联函数，会在原地编译展开，且不会产生函数调用的开销，从而可以提高代码的执行效率。

```
static inline void
list_add(struct list_head *_new, struct list_head *head)
{
    _list_add(_new, head, head->next);
}


static inline void
list_add_tail(struct list_head *_new, struct list_head *head)
{
    _list_add(_new, head->prev, head);
}
```

可以发现，上面这些函数即使没有注释也很容易看懂，比如 list_add() 和 list_add_tail() 函数，前者将一个节点添加到链表的头部，而后者将一个节点添加到链表的尾部。

list_head 结构体及其接口可用于任何需要双向链表的场景，而且这些接口的执行效率很高，代码也非常简洁，几乎不需要任何修改和维护。显然，只要 C 语言存在，这样的代码就不会过时。可以说，这样的代码满足本章最初所说的"典范级代码"的标准。

## 第2章

用好写好头文件

但凡写过 C 程序的人都知道头文件的存在。就算是入门时接触的最简单的 "Hello, world!" 程序，也需要包含 stdio.h 这个头文件。然而在实践中，我们经常会看到很多有关头文件的错误使用情形。当然，错误使用已有的头文件，尤其是系统头文件，通常不会给我们的项目带来严重的后果，因为编译器会通过编译错误和警告及时地提醒我们。但是当我们使用自己编写的头文件，或者使用其他不严谨的第三方头文件时，就有可能遇到一些非常难以定位的问题，甚至经过漫长的排查和摸索，最终发现问题只是因为某个头文件中一处不当的写法造成——这会非常打击我们的信心。

因此，正如我们希望所有 C 程序员将代码写整齐且合乎规范一样，我们也希望所有的 C 程序员能够正确使用已有的头文件，以及编写出漂亮的自定义头文件，并且还会优雅地组织这些头文件。对于专业的 C 程序员来讲，这是一项非常重要的基本功。

在本章中，我们将首先回顾 C 语言头文件（有时简称 C 头文件或头文件）的作用和意义，并深刻理解头文件机制带来的复杂性；然后看一些常见的头文件错误用法，之后我们会给出用好写好头文件的两大原则，并在它们的指导下给出如何使用头文件，以及编写自定义头文件的一些指导性建议。另外，根据项目的类型，采取适当的方法组织和管理头文件也至关重要。因此，在本章的最后，我们结合实际项目给出了组织头文件的一些建议。

2.1 重新认识头文件

2.1.1 头文件的作用

笔者相信，本书的绝大多数读者知悉头文件在 C 语言中的作用和意义。以 "Hello, world!" 程序为例，通常我们如下书写这个程序：

```c
#include <stdio.h>

int main(void)
{
    printf("Hello, world!\n");
    return 0;
}
```

其中包含了 stdio.h 这个头文件——这是因为上述程序用到的 printf() 函数之原型声明出现在 stdio.h 头文件中。在 Linux 系统中，标准 C 库的头文件通常位于/usr/include 目录下。

使用任意编辑器打开 /usr/include/stdio.h 文件，就可以轻松发现 printf() 函数的如下原型声明：

```
/* Write formatted output to stdout. */
extern int printf (const char *__restrict __format, ...);
```

类似地，假如要增强上面的代码，打印圆周率 π 的值，则需要增加一个新的头文件 math.h：

```
#include <stdio.h>
#include <math.h>

int main(void)
{
    printf("PI in the current system: %f.\n", M_PI);
    return 0;
}
```

上面代码中的 M_PI 是一个宏，它定义了一个常量，这个常量定义了 π 的一个近似值。使用任意编辑器打开 /usr/include/math.h 文件，很容易就能找到 M_PI 以及其他常用的数学常量宏的宏定义：

```
/* Some useful constants.  */
#if defined __USE_MISC || defined __USE_XOPEN
# define M_E          2.7182818284590452354   /* e */
# define M_LOG2E      1.4426950408889634074   /* log_2 e */
# define M_LOG10E     0.43429448190325182765  /* log_10 e */
# define M_LN2        0.69314718055994530942  /* log_e 2 */
# define M_LN10       2.30258509299404568402  /* log_e 10 */
# define M_PI         3.14159265358979323846  /* pi */
# define M_PI_2       1.57079632679489661923  /* pi/2 */
# define M_PI_4       0.78539816339744830962  /* pi/4 */
# define M_1_PI       0.31830988618379067154  /* 1/pi */
# define M_2_PI       0.63661977236758134308  /* 2/pi */
# define M_2_SQRTPI   1.12837916709551257390  /* 2/sqrt(pi) */
# define M_SQRT2      1.41421356237309504880  /* sqrt(2) */
# define M_SQRT1_2    0.70710678118654752440  /* 1/sqrt(2) */
#endif
```

现在，读者可以尝试回答下面这个问题：为什么要将这些内容放入单独的头文件而不是直接放到普通的源文件中呢？毕竟也可以按如下方式编写打印圆周率 π 的程序，而不需要包含任何头文件，此时编译器不会有任何错误或警告输出：

```
int printf(const char *__format, ...);

#define M_PI 3.14159265358979323846

int main(void)
{
    printf("PI in the current system: %f.\n", M_PI);
```

```
        return 0;
    }
```

上述不使用头文件的版本增加了对 printf() 和 M_PI 的声明或定义，前者被声明为一个函数并给出了函数原型，后者被定义为一个数学常量宏。

上面这个问题不难回答。因为像 printf() 和 M_PI 这样的声明或定义会被很多 C 程序用到，所以将这些声明或定义用某种方式组织成公共的内容，并通过某种方式引用这些公共的内容，将为代码的书写带来极大的便利。这种方式就是本章讨论的头文件，引用头文件的方法是使用像#include <stdio.h>这样的特殊代码行，其中以#打头的行定义了一条 C 程序的预处理指令。

可以想象，有了头文件的概念，对程序中常用的、不易记忆的常量、字符串等，使用宏定义的方式定义一个常量，并给它一个助记符放到头文件中（如同我们看到的 M_PI 一样），便是自然而言的事情。按此逻辑继续延伸，预处理指令中便出现了头文件和数学常量宏以外的内容，比如带有参数的宏、条件编译，以及用于控制编译器行为的指令等。

众所周知，由于头文件，以及宏、条件编译等的引入，C 程序的编译分为 3 个步骤。

第一步：预处理。在这一步，按照指定的头文件搜索路径找到所有#include 指令中指定的头文件，并就地展开；然后处理其中的宏定义指令#define，以及由#if、#else 和#endif 等组成的条件编译指令；最后生成只有枚举量声明、结构体声明、类型定义、原型声明以及立即数或常量的 C 代码。通常，构建系统会把经过预处理的 C 程序保存在临时文件中。

第二步：编译。这一步执行真正的 C 程序编译，编译器将编译经过预处理的 C 源文件并生成对应的目标文件（object file）。

第三步：链接。将所有的目标文件整合成一个大的目标文件，然后链接默认的 C 标准函数库以及其他指定的函数库，最终生成可执行程序或者函数库。

头文件、宏以及条件编译为开发者提供了一种非常有效的机制，使得开发者可以将代码的公共部分有机地组织起来。这是一种很好的机制，读者在其他编程语言中也能看到类似的机制。

2.1.2   头文件的分类

在阐述 C 头文件的分类之前，我们先简单回顾一下 C 语言本身的演进历史。

众所周知，C 语言诞生于贝尔实验室，由 Dennis Ritchie 于 1972 年在 Kenneth Thompson 设计的 B 语言基础上发展而来。在 C 语言的主体设计完成后，Thompson 和 Ritchie 用 C 语言完全重写了 UNIX 操作系统。随后，C 语言的发展和 UNIX 操作系统的发展息息相关。1989 年，在一众专家和厂商的协作下，诞生了第一个完备的 C 语言标准，简称"C89"，也就是业内常说的"ANSI C"。1990 年，C89 规范被国际标准化组织 （International Organization for Standardization，ISO）接纳，成为一项国际标准（ISO/IEC 9899:1990），按照 C 语言标准的简写习惯，这个标准简称"C90"。在随后的发展中，C 语言标准的演化和标准化一直由 ISO 负责，主要形成了如下 4 个标准。

❑ 1999 年，ISO 发布了 ISO/IEC 9899:1999 标准，简称"C99"。

❑ 2011 年，ISO 发布了 ISO/IEC 9899:2011 标准，简称"C11"。

❑ 2018 年，ISO 发布了 ISO/IEC 9899:2018 标准，简称"C18"。

❑ 2023 年，ISO 发布了 ISO/IEC 9899:2023 标准，简称"C23"。

相比其他编程语言（如 C++），C 语言本身的特性保持了相当的稳定性，这和 C 语言一直遵循"简洁"的设计哲学有关——正因为简洁，C 语言从一开始就足够完备，也便没有了进行太多修订的必要。到目前为止，C99 是使用广泛的 C 语言标准，得到了全球各主流编译、标准函数库厂商以及关键开源项目（如 Linux 内核）的全面支持。

C 语言标准主要包括两部分内容：一是与 C 语言本身相关的特性，如关键词、语法等；二是标准函数库。在 C 语言的演进过程中，语言本身的变化并不是特别大，主要的变化在于标准函数库。每一个新的 C 语言标准都会新增一些接口，同时可能会标记某些原有的接口为废弃接口，以此来确保向前兼容。C 语言标准函数库定义的接口，一般和具体的操作系统或者平台无关。就标准函数库而言，C 语言标准会定义如下内容。

❑ 头文件及其应该定义的内容，如宏、结构体、枚举量、函数原型等。

❑ 暴露给应用程序的结构体之各成员的名称及作用。

❑ 各函数的参数及其返回值说明。

❑ 一些实现上的细节说明等。

因此，作为 C 程序员，除了语言本身，还必须对 C 标准库的头文件以及其中包含的主要内容有完整的认识。下面按照各个 C 语言标准推出的时间顺序列出主要的 C 标准库头文件。

C89/C90 定义的头文件如下。

❑ `<assert.h>`：用于表达式断言的条件编译宏 `assert()`。

❑ `<ctype.h>`：用于判断字符类型的函数，如 `isalpha()`、`isdigit()`、`toupper()` 等。

❑ `<errno.h>`：用于报告错误情形的宏 `errno`。

❑ `<float.h>`：有关浮点数类型以及表达的范围及常量，如 `FLT_MAX`、`FLT_EPSILON`、`FLT_MIN` 等宏。

❑ `<limits.h>`：整数类型的范围，如 `INT_MAX`、`INT_MIN`、`UNIT_MAX` 等常量宏。

❑ `<locale.h>`：本地化工具，如 `LC_CTYPE`、`LC_NUMERIC` 等常量宏，`lconv` 结构体，以及 `setlocale()`、`localeconv()` 等函数。

❑ `<math.h>`：常用数学函数，如 `M_E`、`M_PI` 等常量宏，以及 `pow()`、`powf()`、`powl()` 等数学函数。

❑ `<setjmp.h>`：非局部跳转，也就是长跳转，如 `jmp_buf` 类型，以及 `setjmp()`、`longjmp()` 等函数。

❑ `<signal.h>`：信号处理，如 `sighandler_t` 类型，以及 `signal()`、`raise()` 等函数。

❑ `<stdarg.h>`：可变参数，如 `va_list` 类型，以及 `va_start()`、`va_end()`、`va_arg()`、`va_copy()` 等宏。

❑ `<stddef.h>`：常用宏定义，如 `NULL` 宏，以及 `ptrdiff_t`、`size_t`、`wchar_t`、`wint_t` 等类型。

❑ `<stdio.h>`：标准输入输出，如 `SEEK_SET` 等宏、`FILE` 类型、`stdin` 等全局变量，以及 `fopen()`、`rename()`、`printf()` 等函数。

❑ `<stdlib.h>`：内存管理、程序工具、字符串转换、随机数、算法等，如 `EXIT_FAILURE` 等宏，`malloc()`、`free()` 等内存管理函数，`exit()`、`atexit()`、`abort()` 等程序工具函数，`atoi()`、`strtol()` 等字符串转换函数，`rand()`、`srandom()` 等随机数函数，以及 `bsearch()`、`qsort()` 等算法函数。

❑ `<string.h>`：字符串处理，如 `memcpy()`、`memcmp()`、`memset()`、`strcpy()`、`strcmp()` 等函数。

❑ `<time.h>`：时间和日期工具，如 `clock_t`、`time_t` 等类型，`tm` 结构体，以及 `clock()`、`time()`、`mktime()`、`strftime()` 等函数。

C95 增加的头文件如下。

❑ `<iso646.h>`：逻辑运算符及位运算符的替代关键词，如 `and`、`or`、`bit_and`、`and_eq` 等宏，分别用于替代`&&`、`||`、`&`、`&=`等运算符。

❑ `<wchar.h>`：扩展的多字节及宽字符工具，如 `wcscpy()`、`wcscmp()` 等函数，相当于 `<string.h>`中定义的接口针对 `wchar_t` 类型的对应版本。

❑ `<wctype.h>`：用于判断宽字符类型的函数，如 `iswalpha()`、`iswdigit()`、`towupper()` 等函数，相当于`<ctype.h>`中定义的接口针对 `wchar_t` 类型的对应版本。

C99 增加的头文件如下。

❑ `<complex.h>`：复数运算，如 `complex` 类型，`CMPLX()` 等用于构造复数的宏，以及 `ccos()`、`cacos()`、`cpow()`、`csqrt()` 等用于复数运算的数学函数。

❑ `<fenv.h>`：浮点数环境，如 `fegetexceptflag()` 等用于获取、设置或清除浮点数异常的函数，以及 `fegetround()` 等用于获取或设置圆整方向的函数。

❑ `<inttypes.h>`：整数类型的格式转换，如 `imax_div_t` 结构体，以及 `imaxabs()`、`imaxdiv()`、`strtoimax()`、`strtoumax()` 等针对最长整数类型的绝对值、相除及字符串转换函数。

❑ `<stdbool.h>`：布尔类型相关的宏，如 `bool`、`true`、`false` 的定义。

❑ `<stdint.h>`：定宽整数类型，如 `uint_8`、`int16_t`、`uint32_t`、`int64_t` 等指明位宽的整数类型，`intmax_t`、`uintmax_t` 类型（当前系统最长的整数类型），以及 `intptr_t`、`uintptr_t` 类型（和指针等宽的整数类型）。

❑ `<tgmath.h>`：泛型数学接口，其中定义了用于封装 `math.h` 和 `complex.h` 头文件中声明的数学函数的宏。

C11 增加的头文件如下。

❑ `<stdatomic.h>`：原子操作，如 `atomic_int` 等类型，以及 `atomic_load()`、`atomic_store()`、`atomic_exchange()` 等函数或宏。

❑ `<stdalign.h>`：方便处理对齐的宏，如 `alignas` 和 `alignof`。

❑ `<stdnoreturn.h>`：方便处理不返回的宏，如 `noreturn`。

❑ `<threads.h>`：线程库，如 `thrd_t` 等类型，`thrd_create()`、`thrd_join()` 等线程相关函数，`mtx_lock()`、`mtx_unlock()` 等互斥量相关函数，`cnd_signal()`、`cnd_wait()` 等

条件变量相关函数，以及 `tss_get()`、`tss_set()` 等线程特定存储相关函数。

❑ `<uchar.h>`:UTF-16 和 UTF-32 字符工具,如 `char16_t` 和 `char32_t` 类型,以及 `mbrtoc16()`、`c16rtomb()` 等转换函数。

C23 增加的头文件如下。

❑ `<stdbit.h>`：用于处理类型的字节和位表述的宏，当前尚无标准库支持。

❑ `<stdckdint.h>`：用于执行带检查的整数算术运算的宏，当前尚无标准库支持。

除了 ISO C 定义的接口，我们在为各种操作系统或者平台开发 C 程序时，免不了要用到操作系统特有的接口。比如在 Windows 操作系统中，一般要使用`<windows.h>`头文件，其中定义了几乎所有的 Win32 接口。

但与 Windows 操作系统不同，UNIX 以及类 UNIX 操作系统的阵营曾经非常混乱，分支繁杂：既有相对正统的 System V，也有派生的 SCO UNIX、Soloris 以及 BSD 等分支。由于历史原因，这些操作系统之间存在很多不兼容，这给应用程序的开发带来了很多麻烦。为了解决这个问题，POSIX 标准应运而生。POSIX 的全称为 Portable Operating System Interface of UNIX，最初主要由 IEEE（电气电子工程师学会）发展和维护。其中和 C 语言相关的子标准编号为 IEEE 1003.1（又称为 POSIX.1），具体可划分为如下子项。

❑ IEEE 1003.1：系统基础接口。

❑ IEEE 1003.1a：系统接口扩展。

❑ IEEE 1003.1b：实时。

❑ IEEE 1003.1c：线程。

❑ IEEE 1003.1d：实时扩展。

❑ IEEE 1003.1e：安全性。

❑ IEEE 1003.1f：透明文件访问。

❑ IEEE 1003.1g：协议无关服务。

❑ IEEE 1003.1h：容错。

知识点：POSIX 标准的其他内容

除了 POSIX.1，POSIX 标准实际还包含了从 POSIX.1 到 POSIX.22 的一系列标准族，主要标准如下。

❑ POSIX.2：Shell 和工具标准，其中定义了操作系统必须提供的 Shell 和工具程序。

❑ POSIX.3：测试和验证标准。

❑ POSIX.5：对应于 POSIX.1 的 Ada 语言接口。

❑ POSIX.9：对应于 POSIX.1 的 FORTRAN 语言接口。

POSIX 相关标准后来被 ISO 接纳并成为 ISO 标准，其标准的主编号为 ISO/IEC 9945。2009 年，ISO 将各项 POSIX 标准统一纳入 ISO/IEC/IEEE 9945:2009 标准管理；该标准在 2021 年经过最终审阅并确认，其后每 5 年重审一次。

POSIX 标准定义的 C 语言接口中，有一部分和平台无关且相对通用的 C 语言接口被组织到标准 C

函数库的头文件中，并通过功能测试宏暴露给应用程序，比如 strdup() 和 strndup() 函数 [详见 IEEE 1003.1-2008 标准（标准编号中的 2008 表示发布年份，相当于版本号）]，这两个函数可以通过<string.h>头文件暴露给应用程序。而 POSIX 标准定义的其他 C 语言接口则被组织到新的头文件中。下面是一些常用的 POSIX 标准头文件。

- ❑ <unistd.h>：包含 UNIX 以及类 UNIX 操作系统中常用的宏、常量、类型定义及函数声明，如 uid_t、gid_t 和 pid_t 类型，以及 access()、alert()、open()、write()、read()、close() 等函数声明。
- ❑ <dirent.h>：用于目录项操作的接口，如 DIR 类型、dirent 结构体，以及 opendir()、readdir()、closedir() 等函数声明。
- ❑ <fcntl.h>：文件控制相关接口，如 creat()、open() 和 fcntl() 等函数声明。
- ❑ <pthread.h>：POSIX 线程相关接口，如 pthread_t 类型，以及 pthread_create()、pthread_exit() 等函数声明。
- ❑ <semaphore.h>：信号量相关接口，如 sem_t 类型，以及 sem_init()、sem_open()、sem_wait()、sem_post()、sem_destroy()、sem_close() 等函数声明。
- ❑ <mqueue.h>：消息队列相关接口，如 mqd_t 类型，以及 mq_open()、mq_send()、mq_receive()、mq_close() 等函数声明。
- ❑ <regex.h>：正则表达式匹配相关接口，如 regcomp()、regexec()、regfree() 等函数声明。
- ❑ <poll.h>：与 poll() 函数相关的定义，如 POLLIN 常量宏、pollfd 结构体，以及 poll() 函数声明等。poll() 函数可用于在指定的文件描述符上等待特定的读写事件。
- ❑ <strings.h>：字符串操作函数，如 strcasecmp() 和 strncasecmp() 函数。
- ❑ <libgen.h>：用于文件路径操作的函数，如 basename() 和 dirname() 函数。
- ❑ <syslog.h>：系统日志相关接口，如 openlog()、syslog() 和 closelog() 等函数声明。
- ❑ <aio.h>：异步输入输出相关接口，如 aio_write()、aio_read() 等函数声明。
- ❑ <iconv.h>：字符集转换函数，如 iconv_open()、iconv() 和 iconv_close() 函数。
- ❑ sys/*.h：系统调用专用的数据类型、常量等。

其中，通过 sys 目录引用的常见头文件如下。

- ❑ <sys/types.h>：系统数据类型。
- ❑ <sys/select.h>：与 select() 系统调用相关的数据类型及函数声明。
- ❑ <sys/ipc.h>：进程间通信相关接口。
- ❑ <sys/mman.h>：mmap() 系统调用相关接口。
- ❑ <sys/shm.h>：共享内存相关接口。
- ❑ <sys/msg.h>：消息队列相关接口。
- ❑ <sys/sem.h>：信号量相关接口。
- ❑ <sys/socket.h>：套接字相关接口。
- ❑ <sys/wait.h>：进程同步相关接口。

❏ <sys/stat.h>：文件状态相关接口。

❏ <sys/time.h>：时间相关接口。

POSIX 标准定义的 C 头文件之完整清单及详细描述，可在互联网上查阅 POSIX 标准官方文档。

参考资料

POSIX 标准
C 头文件清单

除 IEEE 和 ISO 正在为 POSIX 标准努力之外，成立于欧洲的 X/Open Group 公司（后于 1996 年和 OSF 合并为 The Open Group 基金会）制定了 Single UNIX 规范，也在致力于建立一个单一的 UNIX 技术规范，并管理 UNIX 商标的使用许可：如果某公司要在其操作系统中使用 UNIX 这一商标，则必须满足规范的要求，也就是业内常说的 X/Open Portability Guide（X/Open 可移植性指南，简称 XPG）。我们可以将 XPG 看成 POSIX 标准的超集；简单理解就是，XGP 标准及其后继者 Single UNIX 规范，在 POSIX 标准的基础上定义了若干扩展接口或工具。

参考资料

Single UNIX 规范

一般而言，XGP/Single UNIX 规范是 POSIX 标准的超集，而 POSIX.1 是 ISO C 标准的超集。但值得一提的是，以上各标准并不是割裂的，而是互相影响着。比如上面提到的 strdup() 和 strndup() 函数，在 C23 中就被纳入 ISO C 标准。

除以上标准定义的头文件之外，C 程序员还可能在开发中使用操作系统内核提供的一些头文件，以利用操作系统内核提供给应用程序的特定功能。以 Linux 操作系统为例，如果要利用 Linux 内核提供的抽象输入设备，就需要使用 Linux 内核的如下头文件。

❏ <linux/version.h>：Linux 内核版本信息。

❏ <linux/keyboard.h>：Linux 内核针对键盘设备的相关接口。

❏ <linux/input.h>：Linux 内核针对抽象输入设备的相关接口。

需要注意的是，这类头文件通常不具有可移植性。也就是说，Linux 内核的头文件无法在使用 BSD 内核的操作系统（如 macOS）中使用。而在 Windows 操作系统中，则可能需要使用 Windows DDK（设备驱动程序开发包）提供的头文件。

除标准 C 函数库头文件、操作系统或内核相关头文件之外，开发者还会经常使用其他第三方的 C 函数库，比如：

❏ 使用最为广泛的压缩和解压缩函数库，对应的头文件为<zlib.h>；

❏ GNOME 通用工具库 glib，对应的头文件为<glib.h>；

❏ 嵌入式窗口系统 MiniGUI，对应的头文件为<minigui/minigui.h>；

❏ HVML 解释器 PurC，对应的头文件为<purc/purc.h>。

应用程序也可以定义自己的头文件，我们通常使用#include "..."形式的预处理指令来指定应用程序自己的头文件；而#include <...>形式的预处理指令通常用于指定安装到系统中的头文件。

2.1.3 头文件机制的复杂性

显然，在 C/C++程序的世界中，头文件无所不在，但头文件的使用也引入了一些复杂性。我们首先来看看包含头文件的源文件在经过预处理之后有何变化。

1. 冗余内容

C 程序的预处理器（preprocessor）通常命名为 cpp，C 程序可独立调用并输出经过预处理的源文件。比如，在 Linux 操作系统中，针对上面打印 π 且使用头文件的源文件（假定名为 hello-pi.c）执行下面的命令：

```
$ cpp hello-pi.c -o hello-pi-cpp-full.c && wc hello-pi-cpp-full.c
 1664   7257 62194 hello-pi-cpp-full.c
$ cat hello-pi-cpp-full.c | sed '/^#/d' > hello-pi-cpp.c && wc hello-pi-cpp.c
 1477   6250 53350 hello-pi-cpp.c
```

配套示例程序

2A

hello-pi-cpp-full.c

然后查看 hello-pi-cpp.c 文件的大小和内容，可以看到其大小为 53 KiB，有近 1500 行。需要说明的是，在上面的命令行中，我们使用 wc 命令统计了源文件中的文本行数，并使用 sed 命令删除了 hello-pi-cpp-full.c 文件中包含的调试用信息，否则这个文件会更大。另外，在使用 GCC 编译器时，使用 -E 选项执行 gcc 命令的效果和直接执行 cpp 命令的效果是一样的：

```
gcc -E -o hello-pi-cpp-full.c hello-pi.c。
```

程序清单 2.1 给出了 hello-pi-cpp-full.c 文件中的几段典型内容。需要说明的是，头文件和源文件中原有的注释被预处理器全部过滤掉了，中文注释是笔者添加的说明。

程序清单 2.1　预处理之后的源代码

```c
/* 以下代码来自 stdio.h。 */

typedef long unsigned int size_t;
typedef __builtin_va_list __gnuc_va_list;

/* 如下给出了一些常用的整数类型的定义，它们具有 "__" 前缀，表明仅供内部使用。*/
typedef unsigned char __u_char;
typedef unsigned short int __u_short;
typedef unsigned int __u_int;
typedef unsigned long int __u_long;

typedef signed char __int8_t;
typedef unsigned char __uint8_t;
typedef signed short int __int16_t;
typedef unsigned short int __uint16_t;
typedef signed int __int32_t;
typedef unsigned int __uint32_t;

... /* 此处略去大量其他的类型定义。 */

/* 如下这些针对结构体的类型定义，全部具有 "__" 前缀，也表明仅供内部使用。*/
typedef struct
{
```

```
    int __count;
    union
    {
        unsigned int __wch;
        char __wchb[4];
    } __value;
} __mbstate_t;

typedef struct _G_fpos_t
{
    __off_t __pos;
    __mbstate_t __state;
} __fpos_t;
typedef struct _G_fpos64_t
{
    __off64_t __pos;
    __mbstate_t __state;
} __fpos64_t;

struct _IO_FILE;
typedef struct _IO_FILE __FILE;

struct _IO_FILE;

/* 下面是我们熟知的 FILE 结构体的类型定义。 */
typedef struct _IO_FILE FILE;

struct _IO_FILE;
struct _IO_marker;
struct _IO_codecvt;
struct _IO_wide_data;

... /* 此处略去大量结构体的类型定义。 */

/* 下面是我们熟知的标准输入、标准输出和标准错误所对应的 3 个全局变量的声明。*/
extern FILE *stdin;
extern FILE *stdout;
extern FILE *stderr;

/* 下面是几个常用的标准 C 函数的原型声明。 */
extern int remove (const char *__filename)
    __attribute__ ((__nothrow__ , __leaf__));
extern int rename (const char *__old, const char *__new)
    __attribute__ ((__nothrow__ , __leaf__));

... /* 此处略去其他数量众多的函数声明。 */
```

```
/* 下面是我们常用的格式化输出函数的原型声明。*/
extern int fprintf (FILE *__restrict __stream,
        const char *__restrict __format, ...);
extern int printf (const char *__restrict __format, ...);
extern int sprintf (char *__restrict __s,
        const char *__restrict __format, ...) __attribute__ ((__nothrow__));

... /* 此处略去来自 math.h 头文件的大量代码行。 */

/* 我们自己写的代码在这里。*/
int main(void)
{
    printf("PI in the current system: %f.\n", /* M_PI 被替换为下面这个立即数。 */
                                    3.14159265358979323846
                                        );

    return 0;
}
```

显然，上面那个在不使用头文件的情况下，只有区区 5 行有效代码的程序，在使用头文件之后，可以展开成超过千行代码的程序，而其中真正起作用的代码仍然只是那 5 行。

这是头文件机制复杂性的第一个方面：引入了大量的冗余内容。

2. 头文件保卫宏

接下来，我们尝试读懂 Linux 系统的 Glibc 基础库中的 stdio.h 头文件。

程序清单 2.2 给出了 stdio.h 头文件的开头和结尾部分（为节省版面，文件头部的版权信息被简化）。

> 配套示例程序
>
> **2B**
>
> stdio.h

程序清单 2.2   `stdio.h` 头文件的开头和结尾部分

```
/* Define ISO C stdio on top of C++ iostreams.
   Copyright (C) 1991-2022 Free Software Foundation, Inc.
   This file is part of the GNU C Library,
   which is licensed under LGPLv2.1+. */

/*
 *  ISO C99 Standard: 7.19 Input/output <stdio.h>
 */

#ifndef _STDIO_H
#define _STDIO_H     1

#define __GLIBC_INTERNAL_STARTING_HEADER_IMPLEMENTATION
#include <bits/libc-header-start.h>

__BEGIN_DECLS
```

```
#define __need_size_t
#define __need_NULL
#include <stddef.h>

#define __need___va_list
#include <stdarg.h>

#include <bits/types.h>
#include <bits/types/__fpos_t.h>
#include <bits/types/__fpos64_t.h>
#include <bits/types/__FILE.h>
#include <bits/types/FILE.h>
#include <bits/types/struct_FILE.h>

#ifdef __USE_GNU
# include <bits/types/cookie_io_functions_t.h>
#endif

#if defined __USE_XOPEN || defined __USE_XOPEN2K8
# ifdef __GNUC__
#  ifndef _VA_LIST_DEFINED
typedef __gnuc_va_list va_list;
#   define _VA_LIST_DEFINED
#  endif
# else
#  include <stdarg.h>
# endif
#endif

... /* 略去中间的内容。 */

#include <bits/floatn.h>
#if defined __LDBL_COMPAT || __LDOUBLE_REDIRECTS_TO_FLOAT128_ABI == 1
# include <bits/stdio-ldbl.h>
#endif

__END_DECLS

#endif /* <stdio.h> included.  */
```

乍一看，stdio.h 头文件中充斥着大量的条件编译以及各种宏的定义，并且包含了很多其他的头文件。

我们可以看到，stdio.h 头文件中的实质性内容夹在如下两条预处理指令之间：

```
#define _STDIO_H    1
```

```
... /* 略去中间部分。 */

#endif /* <stdio.h> included.  */
```

其中第一条预处理指令涉及的宏_STDIO_H，通常被称为"头文件保卫宏"（header guard），也称"头文件卫士"，用于避免头文件的内容在单次编译过程中，也就是编译某个源文件时，被重复包含多次。

当头文件被多次包含在同一个源文件时，第一次包含将因为_STDIO_H 宏未被定义而得以完整包含其内容。也就是说，#endif 指令之前的内容，包括#define _STDIO_H 1 指令，会参与正常的预处理过程。处理的结果是，_STDIO_H 这个宏有了定义。因此，等到之后再次包含该头文件时，就会因为_STDIO_H 宏已被定义而跳过其中的内容，从而避免出现数据类型、结构体等被重复定义的错误。

除了一些仅供内部使用的头文件，我们还可以在绝大多数头文件中看到头文件保卫宏的存在。

不仅仅涉及头文件保卫宏，我们还看到一对宏出现在 stdio.h 头文件的头部和尾部，如下所示：

```
#ifndef _STDIO_H
#define _STDIO_H    1

#define __GLIBC_INTERNAL_STARTING_HEADER_IMPLEMENTATION
#include <bits/libc-header-start.h>

__BEGIN_DECLS

... /* 略去中间部分。 */

__END_DECLS

#endif /* <stdio.h> included.  */
```

显然，__BEGIN_DECLS 和 __END_DECLS 是两个不带参数的宏，它们会被展开为合法的 C 语言语句。这两个宏具有相似的命名风格，且使用相同的后缀（_DECLS），因而可以推断，这两个宏的定义可能存在于 bits/libc-header-start.h 头文件中。不过，在继续分析这个头文件的内容之前，我们先看看保存这个头文件的目录。

3. 头文件搜索目录

在 x86 架构的 Linux 系统中，上述头文件的完整路径是/usr/include/x86_64-linux-gnu/bits/libc-header-start.h。刚才说过，对于像 stdio.h 这样的头文件，编译器默认会在/usr/include 目录下查找，但编译器是如何通过#include <bits/libc-header-start.h>这条预处理指令找到/usr/include/x86_64-linux-gnu 目录下的 bits/libc-header-start.h 头文件的呢？

这涉及 C 语言头文件的搜索目录以及系统头文件和应用头文件的搜索方式。绝大多数读者已经知道，我们在#include 指令后使用尖括号指定的头文件（如#include <stdlib.h>），会被编译器视作系统头文件并在系统头文件的搜索目录下查找；而我们在#include 指令后使用双引号指定的头文件（如#include "foo.h"），会被视为应用头文件，编译器将首先在源文件所在的路径中搜索，之后才在系统头文件的搜索目录下搜索。

系统头文件的搜索目录可通过如下两种方式来指定。

（1）内置于编译器内部的头文件搜索目录。

（2）通过-I 选项指定的额外的搜索目录，优先级通常高于内置的搜索目录。

若在 Linux 系统中使用 GCC，用如下命令就可以看到内置于编译器内部的头文件搜索目录的信息：

```
$ gcc -E -v -I/srv/devel/include not-existing.c
Using built-in specs.
COLLECT_GCC=gcc
OFFLOAD_TARGET_NAMES=nvptx-none:amdgcn-amdhsa
OFFLOAD_TARGET_DEFAULT=1
Target: x86_64-linux-gnu
Configured with: <OMITTED>
Thread model: posix
Supported LTO compression algorithms: zlib zstd
gcc version 12.1.0 (Ubuntu 12.1.0-2ubuntu1~22.04)
COLLECT_GCC_OPTIONS='-E' '-v' '-mtune=generic' '-march=x86-64'
 /usr/lib/gcc/x86_64-linux-gnu/12/cc1 -E -quiet -v -imultiarch x86_64-linux-gnu not-
existing.c <OMITTED>
ignoring nonexistent directory "/usr/local/include/x86_64-linux-gnu"
ignoring nonexistent directory "/usr/lib/gcc/x86_64-linux-gnu/12/include-fixed"
ignoring nonexistent directory "/usr/lib/gcc/x86_64-linux-gnu/12/../../../../x86_64-
linux-gnu/include"
#include "..." search starts here:
#include <...> search starts here:
 /srv/devel/include
 /usr/lib/gcc/x86_64-linux-gnu/12/include
 /usr/local/include
 /usr/include/x86_64-linux-gnu
 /usr/include
End of search list.
cc1: fatal error: not-existing.c: No such file or directory
compilation terminated.
```

上面加粗部分的输出清晰地给出了使用#include <...>时的头文件搜索目录。既包括使用-I选项指定的/srv/devel/include 目录（该目录若不存在，就将其忽略），也包括 bits/libc-header-start.h 所在的/usr/include/x86_64-linux-gnu/目录，还包括 stdio.h 所在的/usr/include 目录。

在通常用于 C 程序开发的系统环境中，项目本身可能存在大量的头文件，甚至可能有多个版本的 C 函数库，因此头文件重名的概率会很高。综上，正确使用头文件的包含指令，注意到编译器的内置头文件搜索目录，以及使用-I 选项指定额外的头文件搜索目录并预想到可能带来的副作用，对引用正确的头文件至关重要。

4．功能测试宏

让我们回过头继续分析 bits/libc-header-start.h 头文件。该头文件的内容不多，其中没有给出上述两个宏的定义，但里面包含了另外一个头文件 features.h。features.h 是 Glibc 基础库特有的头文件，用于处理功能测试宏（feature test macro）。通过 bits/libc-header-start.h 头文件，features.h 头文件将被包含在我们熟知的所有系统头文件中。应用程序通常不用直接包含这一头文件。

配套示例程序

2C

bits/libc-header-start.h

通过功能测试宏，开发者可控制在编译特定源文件时系统头文件暴露出的定义。通常，我们在调用编译器的命令行中定义功能测试宏，比如 gcc -DFEATURE_TEST_MACRO=value；或者在源文件中，于包含任一头文件之前定义这个宏，也就是在源文件的开头使用#define FEATURE_TEST_MACRO value 预处理指令。

一方面，我们可利用某些功能测试宏，避免在系统头文件中暴露非标准的定义，从而帮助我们编写可移植的应用程序。另一方面，利用其他一些功能测试宏，我们可以暴露一些默认情况下不会暴露的非标准的定义。

举个例子。标准 C 函数库中通常定义有 strdup() 函数。该函数会复制一个给定的字符串并在堆中为其分配空间，故而需要我们在使用结束后调用 free() 函数以释放复制的字符串。strdup() 函数的原型声明包含在 string.h 头文件中，但它并不是一个 C99 标准定义的函数，而是 POSIX 标准定义的函数。因此，倘若我们的应用程序需要最大的可移植性，比如在一些小型的物联网操作系统或者实时操作系统中进行编译的话，则应该避免使用 strdup() 函数。

此外，当我们使用 Glibc 基础库时，还可以使用 strdup() 函数的变种版本——strdupa() 函数。strdupa() 函数的功能和 strdup() 函数基本相同，所不同的是 strdupa() 函数在栈内分配空间。由于在栈内分配空间只需要扩展当前的栈帧，因此相比在堆中分配空间要快很多。当函数返回时，在栈帧中分配的空间将随整个栈帧一并释放，故而可省去对 free() 函数的一次调用。使用 strdupa() 函数可以带来性能上的提升，但由于 strdupa() 并不是 C99 标准定义的函数，而只是 Glibc 基础库中的一个扩展接口，因此并不是所有的 C 标准函数库都会实现这个函数（在 Glibc 基础库中，strdupa() 实质上被定义为宏）。

在 Glibc 基础库中，所有的 GNU 扩展接口都由功能测试宏_GNU_SOURCE 控制。因此，如果想要使用 strdupa() 函数，则需要在调用编译器的命令行或者包含任何头文件之前定义_GNU_SOURCE 宏。

有了功能测试宏，我们就可以利用条件编译平衡代码的可移植性和扩展性，如下面的代码所示：

```
#define _GNU_SOURCE /* 在所有的#include 指令之前定义功能测试宏_GNU_SOURCE。 */

#include <stdlib.h>
#include <string.h>

static void foo(const char *str)
```

```
{
#ifndef __USE_GNU
    /* 如果未定义__USE_GNU 宏，则表明功能测试宏_GNU_SOUCRE 未生效。*/
    char *my_str = strdup(str);
#else
    char *my_str = strdupa(str);
#endif

    /* do something using my_str */
    ...

#ifndef __USE_GNU
    free(my_str);
#endif
}
```

在上面的代码中，我们在包含系统头文件之前定义了功能测试宏_GNU_SOURCE。若当前使用的是 Glibc 基础库，则这个宏将暴露系统头文件中的 GNU 扩展接口，其中包括 strdupa() 函数。与此同时，features.h 头文件会定义另外一个宏__USE_GNU。反之，如果当前使用的 C 标准库不支持 GNU 扩展接口，则不暴露这个函数，也不定义__USE_GNU 宏。因此，我们可以在原程序中通过测试__USE_GNU 宏来判断当前的 C 标准库是否暴露了这个扩展接口的定义。

但是，如前所述，strdup() 并不是 C99 标准定义的函数，因此上述代码无法和仅支持 C99 接口的标准库一同使用。下面是未定义_GNU_SOURCE 宏的版本（假定文件名为 strdup-c99.c）：

```
#include <stdio.h>
#include <string.h>
#include <stdlib.h>

static void foo(const char *str)
{
#ifndef __USE_GNU
    char *my_str = strdup(str);
    printf("using strdup(): ");
#else
    char *my_str = strdupa(str);
    printf("using strdupa(): ");
#endif

    /* do something using my_str */
    printf("%s\n", my_str);

#ifndef __USE_GNU
    free(my_str);
#endif
}
```

```
int main(void)
{
    foo("hello");
    return 0;
}
```

当我们使用-ansi 或者-std=c99 选项调用 gcc 编译上面的程序时，将出现如下警告：

```
$ gcc -std=c99 -o strdup strdupa.c
strdupa.c: In function 'foo':
strdupa.c:8:20: warning: implicit declaration of function 'strdup'; did you mean 'strcmp'?
[-Wimplicit-function-declaration]
    8 |     char *my_str = strdup(str);
      |                    ^~~~~~
      |                    strcmp
strdupa.c:8:20: warning: initialization of 'char *' from 'int' makes pointer from integer
without a cast [-Wint-conversion]
```

那么，我们如何编写这段代码，才能兼顾可移植性与在支持 GNU 扩展接口的时候利用 strdupa() 所带来的好处呢？我们可以通过判断其他功能测试宏来增强这段代码，如下所示：

```
#define _GNU_SOURCE /*在所有的#include 指令之前定义功能测试宏_GNU_SOURCE。 */

#include <stdlib.h>
#include <string.h>

#ifndef __USE_POSIX
/* 当前环境不支持 POSIX(IEEE Std 1003.1)扩展接口，strdup()未暴露。 */
static char *strdup(const char *s)
{
    char *dup = malloc(strlen(s) + 1);
    strcpy(dup, s);
    return dup;
}
#endif /* !__USE_POSIX */

static void foo(const char *str)
{
#ifndef __USE_GNU
    /* 如果未定义__USE_GNU 宏，则表明功能测试宏_GNU_SOUCRE 未生效。*/
    char *my_str = strdup(str);
#else
    char *my_str = strdupa(str);
#endif

    /* do something using my_str */
    ...
```

```
#ifndef __USE_GNU
    free(my_str);
#endif
}
```

在上面的代码中，我们测试了是否定义有 `__USE_POSIX` 宏。和 `__USE_GNU` 宏类似，`__USE_POSIX` 宏在暴露有 POSIX 基础接口（IEEE Std 1003.1）时会被定义，如果未被定义，则说明当前标准库不支持 POSIX 基础接口。也就是说，`strdup()` 函数不可用。此时，可以用标准的 `malloc()`、`strlen()` 和 `strcpy()` 函数实现一个自定义的 `strdup()` 函数。

除 `_GNU_SOURCE` 之外，其他常用的功能测试宏如下。

❑ `__STRICT_ANSI__`：符合 ISO C 标准；也就是说，系统头文件暴露的定义和基础的 ISO C 标准一致。

❑ `_ISOC99_SOURCE`：来自 ISO C99 的对 ISO C89 的扩展；也就是说，系统头文件暴露的定义和 ISO C99 标准保持一致。应用程序可使用 `__USE_ISOC99` 来判断是否起效。

❑ `_ISOC11_SOURCE`：来自 ISO C11 的对 ISO C99 的扩展；也就是说，系统头文件暴露的定义和 ISO C11 标准保持一致。应用程序可使用 `__USE_ISOC11` 来判断是否起效。

❑ `_POSIX_SOURCE`：符合 IEEE Std 1003.1 标准，也就是业内常说的 POSIX 标准的基础部分。应用程序可使用 `__USE_POSIX` 来判断是否起效。

❑ `_POSIX_C_SOURCE`：包括 POSIX 相关内容。

   ○ 设置为 1 时，同 `_POSIX_SOURCE`；应用程序可使用 `__USE_POSIX` 来判断是否起效。

   ○ 设置为大于或等于 2 的值时，增加对 IEEE Std 1003.2 的支持；应用程序可使用 `__USE_POSIX2` 来判断是否起效。

   ○ 设置为大于或等于 199309L 的值时，增加对 IEEE Std 1003.1b-1993（实时处理相关接口）的支持；应用程序可使用 `__USE_POSIX199309` 来判断是否起效。

   ○ 设置为大于或等于 199506L 的值时，增加对 IEEE Std 1003.1c-1995（线程相关接口）的支持；应用程序可使用 `__USE_POSIX199506` 来判断是否起效。

   ○ 设置为大于或等于 200112L 的值时，增加对 IEEE 1003.1-2004 的支持；应用程序可使用 `__USE_XOPEN2K` 来判断是否起效。

   ○ 设置为大于或等于 200809L 的值时，将包括 IEEE 1003.1-2008 中定义的所有内容；应用程序可使用 `__USE_XOPEN2K8` 来判断是否起效。

❑ `_XOPEN_SOURCE`：包括 POSIX 和 XPG 定义的内容。

   ○ 设置为 500 时，表示提供 Single UNIX 的一致性；应用程序可使用 `__USE_XOPEN` 来判断是否起效。

   ○ 设置为 600 时，表示符合 Single UNIX 的第 6 个修订版本；应用程序可使用 `__USE_XOPEN2K` 来判断是否起效。

   ○ 设置为 700 时，表示符合 Single UNIX 的第 7 个修订版本；应用程序可使用 `__USE_XOPEN2K8` 来判断是否起效。

❑ _XOPEN_SOURCE_EXTENDED：XPG 定义的内容以及 X/Open UNIX 扩展；应用程序可使用 __USE_XOPEN_EXTENDED 来判断是否起效。

❑ _DEFAULT_SOURCE：默认功能集合，优先级高于 __STRICT_ANSI__，包括 4.3BSD 及 System V 特有的接口；应用程序可使用 __USE_MISC 来判断是否起效。

❑ _FORTIFY_SOURCE：为库函数添加安全性强化，比如编译阶段的参数有效性检查，可设置为 1 或 2，设置为 2 时，安全性检查将更加严格；应用程序可使用 __USE_FORTIFY_LEVEL 宏的值来判断当前的安全性强化级别。

通常，构建系统生成器会根据用户的设定以及当前标准库的特性，利用命令行选项适当定义这些功能测试宏。比如在使用 GCC 时，如果不定义 _GNU_SOURCE 宏，此时 strdupa() 不可用；而如果使用 -D_GNU_SOURCE 选项，则会打开所有的 GNU 扩展接口，此时 strdupa() 可用。需要注意的是，当定义了 _GNU_SOURCE 宏时，Glibc 基础库就会自动打开 _ISOC99_SOURCE、_XOPEN_SOURCE_EXTENDED、_POSIX_SOURCE 等功能测试宏。

有关构建系统生成器的内容，我们将在第 5 章阐述。

有关功能测试宏的更详细信息，读者可参阅 features.h 头文件中的注释。到目前为止，Glibc 基础库为各种操作系统平台以及标准和规范提供了最大的兼容性，故而其头文件的结构和内容也相对复杂。其他的 C 标准库实现，比如微软在 Windows 平台上的实现，或者其他开源的小型标准库实现，如 newlib、libmusl 等，也有类似 features.h 的头文件，用于实现功能测试宏。

5. 不使用头文件保卫宏的情形

了解了功能测试宏的作用和用法后，我们再回过头来看看 bits/libc-header-start.h 这个头文件，注意其头部的注释信息：

```
/* Handle feature test macros at the start of a header.
   Copyright (C) 2016-2022 Free Software Foundation, Inc.
   This file is part of the GNU C Library,
   which is licensed under LGPLv2.1+. */


/* This header is internal to glibc and should not be included outside
   of glibc headers.  Headers including it must define
   __GLIBC_INTERNAL_STARTING_HEADER_IMPLEMENTATION first.  This header
   cannot have multiple include guards because ISO C feature test
   macros depend on the definition of the macro when an affected
   header is included, not when the first system header is
   included.  */


#ifndef __GLIBC_INTERNAL_STARTING_HEADER_IMPLEMENTATION
# error "Never include <bits/libc-header-start.h> directly."
#endif


#undef __GLIBC_INTERNAL_STARTING_HEADER_IMPLEMENTATION
```

```
#include <features.h>
```

```
... /* 略去剩余部分。 */
```

上述代码中的第二段注释提到了如下关键信息。

（1）该头文件仅在 Glibc 基础库的头文件中使用，且在包含该头文件之前需要定义__GLIBC_INTERNAL_STARTING_HEADER_IMPLEMENTATION 宏。

（2）该头文件之所以未使用头文件保卫宏，是因为 ISO C 规定的功能测试宏依赖于受影响的头文件被包含之时，而非第一个系统头文件被包含之时功能测试宏的值。

故而，该头文件之后的所有代码，都遵循先取消（#undef）对特定宏的定义，再依据条件做相应定义的模式，例如：

```
/* ISO/IEC TR 24731-2:2010 defines the __STDC_WANT_LIB_EXT2__
   macro.  */
#undef __GLIBC_USE_LIB_EXT2
#if (defined __USE_GNU                                    \
     || (defined __STDC_WANT_LIB_EXT2__ && __STDC_WANT_LIB_EXT2__ > 0))
# define __GLIBC_USE_LIB_EXT2 1
#else
# define __GLIBC_USE_LIB_EXT2 0
#endif
```

6. 针对 C++的特别处理

我们再回头寻找__BEGIN_DECLS 和__END_DECLS 两个宏的定义。但遗憾的是，features.h 头文件中并不包含这两个宏的定义。若使用 grep 命令在/usr/include 目录下搜索它们，可在/usr/include/x86_64-linux-gnu/sys/cdefs.h 头文件中找到这两个宏的定义（features.h 头文件中包含#include <sys/cdefs.h>这条预处理指令）：

```
/* C++ needs to know that types and declarations are C, not C++.  */
#ifdef __cplusplus
# define __BEGIN_DECLS  extern "C" {
# define __END_DECLS    }
#else
# define __BEGIN_DECLS
# define __END_DECLS
#endif
```

以上条件编译很好理解，如果定义了__cplusplus 宏，则这两个宏会被展开为

```
extern "C" {
    ...
}
```

而__cplusplus 是编译器内置的宏，当我们编译 C++源文件时，将定义这个宏。此时，为了避免 C++编译器将 C 头文件中声明的全局函数和变量当作 C++的全局函数和变量，我们需要通过

extern "C"告知 C++编译器，这些全局函数和变量是用 C 代码定义的。

如果读者没有研究过 C++的编译，则可能无法理解这一点。我们知道 C++是在 C 的基础上设计而成，因此在 C++程序中可以混合使用 C 程序，直接访问 C 程序定义的全局函数和变量。为了避免与 C 的全局函数和变量发生混淆，我们可以简单地认为 C++的全局函数和变量具有一个独立的命名空间，而 C++编译器会通过为这些全局函数和变量自动追加特定的前缀或后缀来与 C 的全局函数和变量做区分。因此，当我们在 C++源代码中包含一个 C 头文件时，如果引用了 C 头文件中定义的全局函数或变量，则必须使用 extern "C"来修饰这些用 C 代码定义的全局函数或变量，否则就会在链接程序时报"未定义的符号"错误。

为了验证这一点，我们不妨做个简单的实验。首先编写一个头文件 foo.h：

```
int foo(void);
```

然后将如下内容保存为两个文件 foo.c 和 foo.cxx：

```
#include "foo.h"

#include <stdio.h>

int foo(void)
{
    printf("I am here\n");
    return 0;
}
```

最后分别使用 gcc 和 g++编译这两个文件，并使用 nm 命令查看生成的目标文件中都包含哪些符号：

```
$ gcc -c -o foo.o foo.c && nm foo.o
0000000000000000 T foo
                 U puts
$ g++ -c -o foo.o foo.cxx && nm foo.o
                 U puts
0000000000000000 T _Z3foov
```

显然，C 源文件 foo.c 中定义的 foo()函数，其符号名仍然是 foo；而 C++源文件 foo.cxx 中定义的 foo()函数，其符号名变成了_Z3foov。

因此在头文件中，正确使用 extern "C"修饰 C 代码定义的符号（主要是全局变量名和全局函数名）非常重要。

题外话

细心的读者一定会发现，上述源文件中使用了 printf()函数，但 nm 命令的输出说明程序中使用了一个名为 puts 的未定义符号（标记为 U）。为什么 printf 变成了 puts 呢？答案将在第 13 章揭晓。

现在，我们的系统头文件之旅暂时告一段落。笔者之所以不厌其烦地描写系统头文件中的一些细节，是为了说明头文件这一机制的复杂性。有了这些基础，相信大家在使用头文件以及编写自己的头文件时，就会怀有敬畏之心，从而帮助我们用好写好头文件。

2.2　滥用系统头文件的负面影响

头文件很容易被滥用。例如在编写程序时，不管程序中是否会用到 printf()、scanf() 等标准 C 函数库定义的输入输出接口，都一律包含#include <stdio.h>这条预处理指令。这大概是因为"Hello, world!"程序的标准写法给人的印象实在太过深刻，让所有初学 C 语言的人以为所有的 C 程序都需要包含这个头文件。

通过回顾头文件的相关背景知识，我们已经知道，每包含一个头文件，就会导致预处理生成的源文件之大小增加一轮，而其中往往包含大量的原始程序并不需要的内容，这会带来两个方面的负面影响：

（1）编译器处理冗余信息需要更多的处理器时间；

（2）编译器需要更多的系统内存来保存名称信息，如枚举量名称、数据类型或结构体名称、函数原型等。

当然，以上负面影响在构建一个小型项目时通常可以忽略，但是当我们构建一个大型项目时，以上负面影响就会明显拖慢构建速度，甚至耗尽系统内存而导致构建失败。

滥用头文件，尤其是滥用系统头文件的另一个危害在于，这会损害程序的可移植性。曾有一名程序员整理了一份常用系统头文件的清单，他的习惯是在所有源文件的头部包含这些头文件：

```
#include <stdio.h>
#include <stdlib.h>
#include <stdarg.h>
#include <unistd.h>
#include <fcntl.h>
#include <sys/types.h>


...
```

假设一个源文件只用于实现一个平台无关的哈希表，而无须使用任何操作系统特有的接口，那么当我们将这个源文件放到 Windows 等平台上编译时，就不得不修改该源文件，以删除那些和特定操作系统相关的头文件。显然，这种用法会给 C 程序的可移植性带来很多麻烦。

有读者可能会问：有多少项目的源代码需要可移植性？以通用操作系统为例，目前已经形成了 Windows、macOS、Linux 三分天下的局面，不论我们使用 C 语言开发哪类应用，都有可能在这 3 个平台上运行。而这 3 个平台提供的 C 语言系统接口，其交集只是 C90 标准。其中，macOS 和 Linux 平台上的 C 语言系统接口重叠部分相对较多，毕竟都属于类 UNIX 操作系统；但 Windows 平台上的 C 语言系统接口和 ISO C99、POSIX 等均有较大的差异。

除了通用操作系统，还有几十种小型实时操作系统或物联网操作系统。这些操作系统提供的基础 C 接口往往残缺不全，更不用说全面的 POSIX 兼容了。举个例子，小型实时操作系统或物联网操作系统一般不支持多进程，其多任务能力通常可视作通用操作系统的单个进程中的线程。故而，我们也许可以在这类操作系统中使用 POSIX 定义的线程、互斥量和条件变量接口，如 pthread_create() 和 pthread_mutex_init()，但无法使用 POSIX 定义的进程相关接口，如 fork()、wait() 等，也无法使用进程间通信机制，如共享内存。另外，这类操作系统中通常不存在字符终端，也便没有了标准 C 函数库定义的标准输入输出，于是我们常用的 printf()、scanf() 等接口都不可用。

因此，在使用头文件时，不论是系统头文件还是我们为应用程序定义的头文件，都应该避免滥用——仅包含程序必需的那些头文件。

2.3   自定义头文件中的常见问题

当我们的项目使用多个源文件时，通常就需要编写自定义的头文件。本节将向大家展示自定义头文件中的常见问题。

2.3.1   不使用或不当定义头文件保卫宏

在 2.1 节中，我们已经了解了头文件保卫宏的重要性。在绝大多数情形下，我们应该在自定义头文件中使用头文件保卫宏，但如下写法仍然存在一些潜在的问题：

```
#ifndef UTILS_H
#define UTILS_H

...

#endif /* not defined UTILS_H */
```

显然，我们可以做出合理推断，头文件保卫宏 UTILS_H 用于保卫一个名为 utils.h 的头文件。但问题在于这个头文件保卫宏的名称（UTILS_H）太短了。这里的 utils 是 utilities 的缩写，通常用于定义一些常用的工具类接口。因此，在不同的项目甚至同一项目的不同目录下，经常存在名为 utils.h 的头文件，但其中的内容可能大相径庭。上述写法很容易因为命名污染而使头文件保卫宏失效。

正确的写法是在头文件保卫宏名称的前面添加项目名和模块名作为前缀，并在最前面或最后面添加下画线作为前缀或后缀，以表示这是一个内部使用的宏，如__FOO_BAR_UTILIS_H_。

另外，熟悉 C++语言的读者还可能知道另一种避免头文件被包含多次的方法——使用#pragma once 预处理指令：

```
#pragma once

...
```

这一预处理指令的含义便是告诉编译器，头文件的内容在一次编译中只能被包含一次。然而，这种在 C++程序中广为使用的方法，在 C 程序中较为少见，原因如下。

（1）尽管很多编译器都支持#pragma once 预处理指令，但这一预处理指令并非目前流行的 C 语言标准（C99）的一部分。另外，不同的编译器对该预处理指令的实现可能有所不同：简单一点的会使用被包含的头文件之绝对路径来判断是否为同一个头文件；复杂一点的可能会计算头文件的文件名以及内容的 MD5 散列值，以此为标准来判断两个头文件是否具有相同的内容。

（2）基于以上不同的实现方式，对重复包含头文件的检测，并不总是像看起来那么简单和直接。如果项目使用符号链接包含一个函数库的头文件，则可能使用两个不同的绝对路径访问同一个头文件。此时，依赖于绝对路径来检测头文件是否被重复包含的#pragma once预处理指令将失效。

（3）当构建一个复杂项目时，我们可能使用多台计算机进行分布式工作。此时，依赖于绝对路径来检测头文件是否被重复包含的#pragma once预处理指令也可能失效。

另外，C头文件并不总是使用头文件保卫宏，就如我们在2.1.3小节中看到的那样。因此在C程序中，建议仍然采用头文件保卫宏的传统做法。但是，除了要避免上述因为命名污染造成的问题，我们还要避免不当使用头文件保卫宏而造成的其他一些潜在问题。下面举例说明。

❑ 在项目名称、模块名称或者头文件名称改变后，未及时修改头文件保卫宏的名称，从而导致两个不同的头文件使用相同的头文件保卫宏名称。

❑ #ifndef 指令使用的宏和#define 指令使用的宏不一致，这通常是由一两处不易发现的宏名拼写错误造成的。比如，下面代码中的#define 指令使用的头文件保卫宏存在拼写错误。

```
#ifndef __FOO_BAR_UTILIS_H_
#define __FOO_BAR_UTILLS_H_


...


#endif
```

❑ 忘记书写和#ifndef 配对的#endif 指令，例如：

```
#ifndef __FOO_BAR_UTILIS_H_
#define __FOO_BAR_UTILIS_H_


...
```

2.3.2   未正确处理和 C++程序混用的情形

2.1.3 小节阐述了在 C 头文件中增加针对 C++源文件的特别处理语句的重要性。通常，我们需要在 C 头文件中增加如下预处理条件编译指令：

```
#ifdef __cplusplus
extern "C" {
#endif


...


#ifdef __cplusplus
}
#endif
```

上面的预处理条件编译指令用于修饰由 C 代码定义的全局变量或者全局函数，避免它们被 C++编译器误认为是由 C++代码定义的。当把自定义的头文件作为第三方函数库的头文件供他人使用时，这一做法是必需的。但如果自定义的头文件仅供项目内部的 C 程序使用，则不需要做如此处理。

　　然而，越来越多的 C 语言项目开始在内部混合使用其他编程语言，比如 C++和 Rust。在内部使用 C++或 Rust，可以充分利用 C++或 Rust 等编程语言的功能，有利于构建鲁棒而复杂的项目。但这类项目对外仍然提供 C 语言的接口，这是因为基于 C 语言的接口可供 C、C++、Rust 等其他编程语言使用，且方便 Python 等脚本语言的解释器使用，从而可以获得最大的适配能力。因此，一个良好的编程习惯是，我们应该在所有的 C 头文件中针对 C++使用 extern "C"语句。

　　我们很容易注意到，上面的写法容易产生拼写错误，比如将__cplusplus 拼写为__cpluspuls，而这种错误又难以发现。尤其是其中一个拼写正确而另一个拼写错误的情形，就会因为不匹配而产生难以定位的编译错误。

　　故而在实践中有两种更好的处理办法。

　　第一种是借鉴 Glibc 基础库的用法，使用类似__BEGIN_DECLS 和__END_DECLS 的一对宏。这样即使出现拼写错误，编译器的预处理器也会及时提示错误。

　　第二种是定义类似__C_DECL 的宏，并在 C 代码定义的全局变量和全局函数的声明之前使用这个宏：

```
#ifdef __cplusplus
# define __C_DECL   extern "C"
#else
# define __C_DECL
#endif

...

__C_DECL extern int foo_entry(void);
__C_DECL extern int foo_status;
```

　　另外，鉴于大部分 C 头文件中存在上述针对 C++的处理，另一个良好的编程习惯是，我们应该在包含其他 C 头文件之后，或者更加严格一点，仅仅在全局函数和全局变量之前使用 extern "C"语句。也就是说，我们应该避免如下用法：

```
#ifndef __FOO_BAR_UTILIS_H_
#define __FOO_BAR_UTILLS_H_

#ifdef __cplusplus
extern "C" {
#endif

#include <stdio.h>
#include <stdlib.h>

#include "foo.h"

...
```

```
#ifdef __cplusplus
}
#endif

#endif /* not defined __FOO_BAR_UTILIS_H_ */
```

这类用法可能会因为其他被包含的头文件中的不当处理，使 extern "C" 语句的 { 和 } 不匹配，从而出现难以定位的编译错误。

2.3.3 未处理可能的重复定义

在 C99 引入 bool、true 和 false 关键词之前，开发者喜欢定义 BOOL、TRUE 和 FALSE 这 3 个宏。这一方面是因为 C 语言缺乏对布尔型数据的内建支持，另一方面大概是因为受到了 Win32 接口的影响。因此，我们会在项目的头文件中看到如下定义：

```
#define BOOL    int
#define TRUE    1
#define FALSE   0
```

这无可厚非，但其他项目的头文件也可能有类似的定义，却使用了不同的方法：

```
typedef int BOOL;
enum {
    FALSE,
    TRUE
};
```

当两个项目的头文件被其他人同时包含到一个源文件中时，编译器一定会因为宏名和数据类型名重名而报错。

类似地，我们还会定义 MIN() 和 MAX() 两个宏，以方便计算两个数的最大值和最小值：

```
#define MIN(x, y) (((x) < (y)) ? (x) : (y))
#define MAX(x, y) (((x) > (y)) ? (x) : (y))
```

将 MIN() 和 MAX() 定义为宏的好处是可以适用于不同的数据类型。但也许有人会将它们定义为内联（inline）函数（仅适用于有符号整数）：

```
static inline bool MAX(intmax_t x, intmax_t y) {
    return (a<b)?b:a;
}

static inline bool MIN(intmax_t x, intmax_t y) {
    return (a<b)?a:b;
}
```

当两个不同的定义被包含在同一个源文件时，就会发生命名冲突并产生编译错误。

这类错误本质上属于命名污染问题。使用项目前缀可以很好地解决这个问题。然而，项目前缀并不是包治百病的"万能药"，毕竟我们定义它们是为了方便书写，添加项目前缀会让代码变得很难看。

因此在实践中，我们通常采用如下手段来解决命名冲突问题。

❑ 遵循惯例，始终使用宏定义此类功能。

❑ 利用条件编译判断是否已有定义，仅在没有定义的情况下才进行定义。

```
#ifndef BOOL
#    define BOOL      int
#    define TRUE      1
#    define FALSE     0
#endif

#ifndef MIN
#    define MIN(x, y) (((x) < (y)) ? (x) : (y))
#endif

#ifndef MAX
#    define MAX(x, y) (((x) > (y)) ? (x) : (y))
#endif
```

2.3.4　包含不该出现在头文件中的内容

如前所述，头文件用于包含一些公共的内容，以便被不同的源文件包含和使用。但是在实践中，开发者可能走向另一个极端：将所有的宏、结构体、数据类型、枚举量、函数声明都写入头文件。这明显是一种错误。我们应该认准一点：头文件就是用来定义接口的，而接口可能服务于不同的函数库、模块或源文件，因此不会被两个及以上的源文件使用的内容，不应该包含在头文件中。

下面的代码用于检查 C 程序的命令行。当命令行参数的数量小于 1（这不太可能发生）或者第一个参数的长度小于 5 时，返回失败信息，否则返回成功信息。

```
#include <stdlib.h>
#include <string.h>

static int check_argc(int argc);
static int check_args(const char *argv[]);

int main(int argc, const char *argv[])
{
    if (check_argc(argc) || check_args(argv))
        return EXIT_FAILURE;

    return EXIT_SUCCESS;
}

#define MIN_ARGC          1
```

```
static int check_argc(int argc)
{
    if (argc < MIN_ARGC)
        return -1;
    return 0;
}

#define MIN_LEN_ARG        5

static int check_args(const char *argv[])
{
    if (strlen(argv[0]) < MIN_LEN_ARG)
        return -1;
    return 0;
}
```

如果非要将上述代码分成一个头文件和一个源文件，可在头文件（check-args.h）中做如下定义：

```
#include <stdlib.h>
#include <string.h>

#define MIN_ARGC           1
static int check_argc(int argc);

#define MIN_LEN_ARG        5
static int check_args(const char *argv[]);
```

然后在源文件中使用这一头文件，代码如下：

```
#include "check-args.h"

int main(int argc, const char *argv[])
{
    if (check_argc(argc) || check_args(argv))
        return EXIT_FAILURE;

    return EXIT_SUCCESS;
}

static int check_argc(int argc)
{
    if (argc < MIN_ARGC)
        return -1;
    return 0;
}

static int check_args(const char *argv[])
```

```
{
    if (strlen(argv[0]) < MIN_LEN_ARG)
        return -1;
    return 0;
}
```

以上用法虽然不会造成任何编译问题，但存在如下问题。

（1）不应该在头文件 check-args.h 中包含<stdlib.h>和<string.h>，因为头文件 check-args.h 的代码中并未引用后面两个头文件中的任何定义。

（2）不应该在头文件 check-args.h 中声明 static 函数，因为 static 函数只能在单个源文件中定义和使用，其他源文件不会也无法使用（也就是调用）定义在其他源文件中的 static 函数。

（3）不应该在头文件 check-args.h 中定义 MIN_ARGC 和 MIN_LEN_ARG 两个宏，因为这两个宏仅在 static 函数中使用。但是，上述代码开源后，其他开发者就可以通过调整这两个宏的值来微调代码的功能，此时它们可以放到头文件中，并加以适当注释。

实际上，就以上简单示例的情形，压根儿不需要编写单独的头文件——此举实乃画蛇添足。

2.3.5　未妥善处理可能的可移植性问题

自定义头文件中常见的一个问题和可移植性有关，主要指代码中使用了某编译器特有的一些功能，因而在使用其他编译器时会出现错误。

比如，当我们使用 GCC 时，可以通过函数属性告知编译器做一些额外的检查。此类用法在 Glibc 基础库中十分常见：

```
extern int asprintf (char **__ptr, const char *__fmt, ...)
        __attribute__ ((__format__ (__printf__, 2, 3)))
        __attribute__ ((__warn_unused_result__));
```

上面的 asprintf()函数是一个 GNU 的扩展接口，其功能和 sprintf()函数类似，但它可以根据格式化后的目标字符串之长度动态分配其缓冲区。

这一函数的原型声明中使用了 GCC 特有的两个函数属性（attribute）。

（1）__attribute__ ((__format__ (__printf__, 2, 3)))：表明在该函数的参数中，第 2 个参数用于指定格式化字符串，从第 3 个参数开始才是可变参数。

（2）__attribute__ ((__warn_unused_result__))：表明调用者应使用该函数的返回值，否则编译器会产生相应的警告。

在原型声明中使用了这两个函数属性后，当我们不当使用 asprintf()函数时，编译器就会产生相应的警告，如下面的代码所示：

```
#define _GNU_SOURCE
#include <stdio.h>
#include <stdlib.h>

char *foo(int v0, int v1)
{
```

```
    char *buf;
    asprintf(&buf, "the value is %d", v0, v1);
    return buf;
}

int main(void)
{
    char *str = foo(1, 2);
    puts(str);
    free(str);
    return 0;
}
```

将上述代码保存为 asprintf.c 文件，使用-O2 选项（此时将隐含定义功能测试宏 _FORTIFY_SOURCE 的值为 2）调用 gcc 进行编译，将产生两个警告：

```
$ gcc -O2 -o asprintf asprintf.c
asprintf.c: In function 'foo':
asprintf.c:8:20: warning: too many arguments for format [-Wformat-extra-args]
    8 |     asprintf(&buf, "the value is %d", v0, v1);
      |                    ^~~~~~~~~~~~~~~~~
asprintf.c:8:5: warning: ignoring return value of 'asprintf' declared with attribute
'warn_unused_result' [-Wunused-result]
    8 |     asprintf(&buf, "the value is %d", v0, v1);
      |     ^~~~~~~~~~~~~~~~~~~~~~~~~~~~~~~~~~~~~~~~~~
```

第一个警告的含义是，格式化字符串"the value is %d"中只指定了一个待格式化的参数，但其后传入了两个参数。

第二个警告的含义是，忽略了（未使用）asprintf()函数的返回值。

显然，通过原型声明中的这些 GCC 特有的函数属性，我们可以通过编译器在编译阶段发现代码中潜在的问题。但是，这些函数属性并不具有可移植性：其他编译器可能无法编译这些代码。

因此，我们需要在头文件中做相应的兼容性处理，使用宏重定义这些函数属性：当使用不支持这些函数属性的编译器时，将这些宏定义为空，如下所示：

```
#if defined(__GNUC__) || defined(CLANG)
#   define FOO_ATTRIBUTE_PRINTF(format_string, extra_args)              \
        __attribute__((__format__(printf, format_string, extra_args)))
#   define FOO_ATTRIBUTE_WUR \
        __attribute__ ((__warn_unused_result__))
#else
#   define FOO_ATTRIBUTE_PRINTF(format_string, extra_args)
#   define FOO_ATTRIBUTE_WUR
#endif

...
```

```
extern int asprintf (char **__ptr, const char *__fmt, ...)
        FOO_ATTRIBUTE_PRINTF(2, 3)
        FOO_ATTRIBUTE_WUR;
```

如此便让 `asprintf()` 函数的原型声明有了可移植性。当然，Glibc 基础库要求使用 GCC 或者兼容 GCC 的编译器（如 Clang）进行编译，故而不需要如此处理。

关于函数属性，我们将在第 3 章进行详细阐述。

2.4 头文件相关的最佳实践

2.4.1 两大原则

在了解了头文件的复杂性、副作用以及使用中的常见问题之后，我们很容易总结出头文件使用和编写中的第一大原则，即最少包含原则。这一原则有两层含义：

（1）只包含必需的头文件，不要包含那些源程序中用不到的头文件；

（2）在头文件中，只暴露会被多个（两个或以上的）源文件用到的内容。

头文件使用和编写中的第二大原则称为自立（self-contained）原则。其含义是，我们应该确保当任意一个头文件出现在某源文件的第一行时，都不会在编译该源文件时出现未定义或未声明的编译错误。遵循这一原则，可解决头文件的相互依赖性问题，与此同时，令人纠结的头文件包含顺序问题也将烟消云散。

对于最少包含原则，我们已经做了足够的说明，本节不再赘述。

为了准确理解自立原则，我们举个简单的例子。假定模块 foo 的源文件为 `foo.c`，对应的头文件为 `foo.h`；另一个模块 foobar 的源文件为 `foobar.c`，对应的头文件为 `foobar.h`。模块 foobar 依赖于模块 foo，所以模块 foobar 的接口中用到了模块 foo 暴露的接口，也就是 `foo.h` 头文件中的定义。此时，关于头文件的包含，有两种做法。

第一种，在源文件中按依赖顺序包含需要的头文件：

```
/** foo.c */
#include "foo.h"

...


/** foobar.c */
#include "foo.h"
#include "foobar.h"

...
```

第二种，在头文件中解决依赖问题，源文件中仅包含对应的头文件：

```
/** foobar.h */
#ifndef _MY_FOOBAR_H
```

```
#define _MY_FOOBAR_H

#include "foo.h"

...

#endif /* not defined _MY_FOOBAR_H */

/** foo.c */
#include "foo.h"

/** foobar.c */
#include "foobar.h"

...
```

显然，第二种做法更简洁，同时避免了必须按照特定顺序包含头文件的情形。我们应该在实践中使用第二种做法。

2.4.2　头文件的划分及典型内容

熟悉 C++语言的读者可能知道，C++头文件通常以类为单位划分，一个类对应一个头文件和一个源文件，而且头文件中经常直接包含一些简单的类成员函数的实现代码。

但在 C 程序中，头文件通常以功能或模块为单位划分，比如标准 C 库中的<stdio.h>和<string.h>就非常典型：前者给出了标准输入输出相关的定义，后者给出了字符串相关接口的定义。当然，我们也可以将这里所说的功能或模块类比为 C++中的类，如此看来，C 程序和 C++程序在划分头文件方面的策略其实没有本质差别。

另外，相信读者一定有过这样的经历：当我们利用构建系统构建一个 C 语言项目时，如果修改了其中某个头文件，所有直接或间接包含该头文件的源文件都需要重新编译。因此，考虑到头文件的改动对构建速度的影响，我们应该将头文件划分成尽量小的单元，并避免将针对不同功能和模块的内容放到同一个头文件中。

以开源项目 PurC 为例，其内部头文件中，一些和基础数据结构相关的头文件如下。

❑ list.h：定义双向链表相关的接口，主要包括 list_head 结构体的定义、用于操作由 list_head 结构体定义的循环双向链表的内联函数，以及用于遍历双向链表的宏。

❑ avl.h：定义平衡二叉树相关的接口，主要包括 avl_node 和 avl_tree 结构体的定义，用于构造、操作平衡二叉树的函数原型，以及用于遍历平衡二叉树的宏。该头文件引用了 list.h 的内容。

❑ kvlist.h：定义键值对列表相关的接口，基于平衡二叉树实现，主要包括 kvlist 和 kvlist_node 结构体的定义，用于构建、操作键值对列表的函数原型，以及用于遍历键值对列表的宏。该头文件引用了 avl.h 的内容。

❑ hashtable.h：定义哈希表相关的接口，主要包括 hash_table 和 hash_entry 结构体

的定义，用于构建、操作哈希表的函数原型，以及哈希表迭代器的函数原型。该头文件引用了 list.h 的内容。

❑ map.h：定义有序映射表和无序映射表相关的接口，前者使用平衡二叉树实现，后者使用哈希表实现。该头文件引用了 avl.h 和 hashtable.h 的内容。

显然，上述头文件是按照功能模块进行划分的。在使用时，根据需要包含对应的单个头文件即可。

下面我们来看看头文件中的典型内容。我们知道，C 头文件中通常包含如下内容：

❑ 宏定义；

❑ 枚举量的定义；

❑ 结构体的声明或定义；

❑ 自定义数据类型；

❑ 函数的原型声明；

❑ 内联（inline）函数的实现；

❑ 以注释形式存在的接口描述文本。

以开源项目 PurC 中的 avl.h 头文件为例，该头文件是一个内部头文件，用于定义平衡二叉树相关的接口。程序清单 2.3 给出了该头文件的主要内容。

程序清单 2.3　用于定义平衡二叉树相关接口的头文件

```
/*
 * @file avl.h
 * @date 2021/07/05
 * @brief The interfaces for AVL tree - derived from OLSRd implemenation.
 *
 * Copyright (C) 2021 FMSoft <https://www.fmsoft.cn>
 * Copyright (c) 2010 Henning Rogge <hrogge@googlemail.com>
 * Original OLSRd implementation by Hannes Gredler <hannes@gredler.at>
 * All rights reserved.
 * This file is licensed under MIT license.
 */

#ifndef PURC_PRIVATE_AVL_H
#define PURC_PRIVATE_AVL_H

#include <stddef.h>
#include <stdbool.h>

#include "private/list.h"

/**
 * This element is a member of a avl-tree. It must be contained in all
 * larger structs that should be put into a tree.
 */
```

```
struct avl_node {
  /**
   * Linked list node for supporting easy iteration and multiple
   * elments with the same key.
   *
   * this must be the first element of an avl_node to
   * make casting for lists easier
   */
  struct list_head list;

  /**
   * Pointer to parent node in tree, NULL if root node
   */
  struct avl_node *parent;

  /**
   * Pointer to left child
   */
  struct avl_node *left;

  /**
   * Pointer to right child
   */
  struct avl_node *right;

  /**
   * pointer to key of node
   */
  const void *key;

  /**
   * balance state of AVL tree (0,-1,+1)
   */
  signed char balance;

  /**
   * true if first of a series of nodes with same key
   */
  bool leader;
};

/**
 * Prototype for avl comparators
 * @param k1 first key
 * @param k2 second key
 * @param ptr custom data for tree comparator
```

```
 * @return +1 if k1>k2, -1 if k1<k2, 0 if k1==k2
 */
typedef int (*avl_tree_comp) (const void *k1, const void *k2, void *ptr);

/**
 * This struct is the central management part of an avl tree.
 * One of them is necessary for each avl_tree.
 */
struct avl_tree {
  /**
   * Head of linked list node for supporting easy iteration
   * and multiple elments with the same key.
   */
  struct list_head list_head;

  /**
   * pointer to the root node of the avl tree, NULL if tree is empty
   */
  struct avl_node *root;

  /**
   * number of nodes in the avl tree
   */
  unsigned int count;

  /**
   * true if multiple nodes with the same key are
   * allowed in the tree, false otherwise
   */
  bool allow_dups;

  /**
   * pointer to the tree comparator
   *
   * First two parameters are keys to compare,
   * third parameter is a copy of cmp_ptr
   */
  avl_tree_comp comp;

  /**
   * custom pointer delivered to the tree comparator
   */
  void *cmp_ptr;
};

/**
```

```
 * internal enum for avl_find_... macros
 */
enum avl_find_mode {
  AVL_FIND_EQUAL,
  AVL_FIND_LESSEQUAL,
  AVL_FIND_GREATEREQUAL
};

#define AVL_TREE_INIT(_name, _comp, _allow_dups, _cmp_ptr)      \
    {                                                           \
        .list_head = LIST_HEAD_INIT(_name.list_head),           \
        .comp = _comp,                                          \
        .allow_dups = _allow_dups,                              \
        .cmp_ptr = _cmp_ptr                                     \
    }

#define AVL_TREE(_name, _comp, _allow_dups, _cmp_ptr)          \
    struct avl_tree _name =                                     \
        AVL_TREE_INIT(_name, _comp, _allow_dups, _cmp_ptr)

#ifdef __cplusplus
extern "C" {
#endif

/** Initializes an AVL tree. */
void pcutils_avl_init(struct avl_tree *tree,
        avl_tree_comp cmp_fn, bool allow_dups, void *user_ptr);

/** Finds a node which is equal to the specified key. */
struct avl_node *pcutils_avl_find(const struct avl_tree *tree,
        const void *key);

/** Finds a node which is greater than or equal to the specified key. */
struct avl_node *pcutils_avl_find_greaterequal(const struct avl_tree *tree,
        const void *key);

/** Finds a node which is less than or equal to the specified key. */
struct avl_node *pcutils_avl_find_lessequal(const struct avl_tree *tree,
        const void *key);

/** Inserts a node to the tree. */
int pcutils_avl_insert(struct avl_tree *tree, struct avl_node *node);

/** Deletes a node in the tree. */
void pcutils_avl_delete(struct avl_tree *tree, struct avl_node *node);

/** Compares two keys as they are two null-terminated strings. */
int pcutils_avl_strcmp(const void *k1, const void *k2, void *ptr);
```

```
#ifdef __cplusplus
}
#endif

/**
 * @param tree pointer to avl-tree
 * @param node pointer to node of the tree
 * @return true if node is the first one of the tree, false otherwise
 */
static inline bool
avl_is_first(struct avl_tree *tree, struct avl_node *node) {
  return tree->list_head.next == &node->list;
}

/**
 * @param tree pointer to avl-tree
 * @param node pointer to node of the tree
 * @return true if node is the last one of the tree, false otherwise
 */
static inline bool
avl_is_last(struct avl_tree *tree, struct avl_node *node) {
  return tree->list_head.prev == &node->list;
}

/**
 * @param tree pointer to avl-tree
 * @return true if the tree is empty, false otherwise
 */
static inline bool
avl_is_empty(struct avl_tree *tree) {
  return tree->count == 0;
}

...

#endif /* PURC_PRIVATE_AVL_H */
```

该头文件中的内容及其组织方法说明如下。

（1）该头文件的保卫宏名为 PURC_PRIVATE_AVL_H，它使用项目和头文件所在路径作为前缀。

（2）该头文件的头部包含了两个标准函数库的头文件<stddef.h>和<stdbool.h>，这是由于该头文件使用了 size_t、bool 等数据类型；该头文件的头部还包含了一个内部头文件"private/list.h"，这是由于该头文件的定义中引用了 list_head 结构体。如此处理符合自立原则。

（3）该头文件仅在全局函数的原型声明前后使用了针对 C++语言的特殊处理。

（4）该头文件中包含了使用 Doxygen 格式书写的 API 描述文档，用于描述结构体及其成员的作用、函数的功能以及各参数的意义等。

（5）该头文件中定义了若干内联函数，如 avl_is_first()、avl_is_last()。这些内联函数的实现非常简单，该头文件直接包含了这些内联函数的实现，并使用 static 修饰函数原型，以避免出现函数符号的重复定义。

该头文件还定义了一些宏，以方便程序的使用，感兴趣的读者可以查看其完整版本。

配套示例程序

2D

avl.h

2.4.3 头文件的组织

一般而言，C 语言项目的构建目标大致可以分为两类：一类是构建供第三方使用的一个或多个函数库，另一类是构建一个或多个可执行程序。但某些复杂的 C 语言项目可能同时包含这两类构建目标。

当构建目标为函数库时，项目的头文件可以分为如下 4 类。

（1）外部头文件，用于定义 API（Application Program Interface，应用程序接口），供其他函数库或程序使用该函数库提供的接口。

（2）全局内部头文件，用于定义可供不同模块使用的内部接口。

（3）模块内部头文件，用于定义供模块内多个源文件使用的公共内容。

（4）构建系统生成器生成的头文件，通常包含根据系统、编译器及标准库的功能确定的各种自定义功能测试宏。

另外，还有一个全局配置头文件，通常命名为 config.h，用于包含构建系统生成的头文件，以及用于兼容性或可移植性的宏定义等。

当构建目标为可执行程序时，项目的头文件可以分为如下 3 类。

❑ 全局内部头文件，用于定义可供不同模块使用的内部接口。

❑ 模块内部头文件，用于定义供模块内多个源文件使用的公共内容。

❑ 构建系统生成器生成的头文件，通常包含根据系统、编译器及标准库的功能确定的各种自定义功能测试宏。

类似地，也有一个全局配置头文件，通常命名为 config.h，用于包含构建系统生成的头文件，以及用于兼容性或可移植性的宏定义等。

开发者应根据头文件的类型组织这些头文件，以避免出现命名污染导致的问题。

1. 外部头文件

外部头文件由于主要用于定义函数库的 API，因此除包含标准函数库头文件、必要的第三方函数库头文件和项目自身的其他外部头文件之外，不能包含任何内部头文件。

对于外部头文件，应使用项目前缀进行命名，如 foo.h、foo-helpers.h 等。另外，应要求应用程序在引用头文件时，使用#include <foo/foo.h>这种形式，以避免出现不必要的命名污染。

外部头文件在被安装到系统中时，最好安装到独立的子目录中，并使用项目名称以及 API 版本号命名该子目录，从而当项目的接口发生重大变化时不至于出现混乱，另外也能允许系统中同时存在两个版本的头文件。例如，LibXML 函数库曾经有过两个变化较大的 API 版本，目前流行的是第二个 API 版本，简称 libxml2，其头文件的安装路径为/usr/include/libxml2/libxml/，而第一个 API 版本的头文件的安装路径为/usr/include/libxml。但不论是第一个 API 版本还是第二个 API 版本，应用程序在引用 LibXML 函数库的头文件时，都可以使用下面的形式：

```
#include <libxml/parser.h>
#include <libxml/xpath.h>
```

使用 LibXML 函数库的项目的构建系统可根据要使用的 API 版本号，为编译器设置正确的搜索目录。比如在使用第二个 API 版本时，设置相应的命令行选项为-I/usr/include/libxml2。

在项目内部，我们通常将这些头文件组织到项目源代码目录树的特定子目录下，比如<source-root>/include/。项目内部的源代码在引用这些头文件时，可直接引用，而不用包含目录名：

```
#include "foo-helpers.h"
```

因此，我们可以通过构建系统为编译器设置如下头文件搜索目录：<source-root>/include/。

2．全局内部头文件

在全局内部头文件中，可以包含标准库头文件、项目依赖的第三方函数库头文件、项目自身的外部头文件和全部内部头文件，但不能包含任何模块内部头文件。

全局内部头文件由于仅在内部使用，因此不使用前缀进行命名，但它们有可能和模块内部头文件重名。将全局内部头文件保存在源代码目录树的一个独立子目录下是最常见的做法，比如<source-root>/include/internal/或<source-root>/include/private/子目录，并要求所有使用这些头文件的源文件通过如下方式引用它们：

```
#include "private/list.h"
```

如此一来，我们就不需要再通过构建系统为编译器设置新的头文件搜索目录。

3．模块内部头文件

在模块内部头文件中，可以包含标准库头文件、项目依赖的第三方函数库头文件、项目自身的外部头文件和全局内部头文件、当前模块的其他内部头文件，但不能包含任何其他模块的内部头文件。

模块内部头文件应保存在模块所在的路径中，并要求使用这些头文件的源文件始终使用如下方式引用它们：

```
#include "foo.h"
```

如此一来，我们就不需要再通过构建系统为编译器设置新的头文件搜索目录。

4．构建系统生成的头文件

由于不同的构建系统生成器会生成不同的头文件，且可能保存在构建用的目录中，因此我们经常通过一个已有的自定义头文件 config.h 来引用这类头文件。例如，在使用 CMake 构建系统生成器时，我们通常如下书写 config.h 头文件：

```
#ifndef FOO_CONFIG_H
#define FOO_CONFIG_H

#if defined(BUILDING_WITH_CMAKE)
#    include "cmakeconfig.h"
#elif defined(BUILDING_WITH_AUTOTOOLS)
#    include "acconfig.h"
```

```
#endif

/* C++ needs to know that types and declarations are C, not C++.  */
#ifdef __cplusplus
#   define FOO_BEGIN_DECLS  extern "C" {
#   define FOO_END_DECLS    }
#else
#   define FOO_BEGIN_DECLS
#   define FOO_END_DECLS
#endif

#if defined(__GNUC__) || defined(CLANG)
#   define FOO_ATTRIBUTE_PRINTF(format_string, extra_args)          \
        __attribute__((__format__(printf, format_string, extra_args)))
#   define FOO_ATTRIBUTE_WUR \
        __attribute__ ((__warn_unused_result__))
#else
#   define FOO_ATTRIBUTE_PRINTF(format_string, extra_args)
#   define FOO_ATTRIBUTE_WUR
#endif

#endif /* not defined FOO_CONFIG_H */
```

除根据条件编译确定具体的构建系统生成器生成的头文件（比如上面示例中的 cmakeconfig.h 或 acconfig.h，它们分别由 CMake 和 GNU Autotools 生成）之外，config.h 头文件中还会包含一些用于检查处理器、标准库和编译器特性的宏，以屏蔽由于处理器、标准库和编译器特性不同而产生的兼容性问题，比如上面示例中的 FOO_BEGIN_DECLS、FOO_END_DECLS、FOO_ATTRIBUTE_PRINTF 和 FOO_ATTRIBUTE_WUR 宏。

而构建系统生成器生成的头文件，通常会根据开发者的配置或生成器的执行选项定义一些宏。我们可以将这些宏视作项目自定义的功能测试宏，比如 CMake 生成的头文件大致如下：

```
#ifndef CMAKECONFIG_H
#define CMAKECONFIG_H

#define ENABLE_API_TESTS 1
#define ENABLE_CHINESE_NAMES 0
#define ENABLE_DEVELOPER_MODE 0

#define HAVE_ALLOCA 0
#define HAVE_GLIB 1
#define HAVE_GLIB_LESS_2_70 0
#define HAVE_INT128_T 1
#define HAVE_LIBXML2 1
#define HAVE_MMAP 1
#define HAVE_NCURSES 1

#endif /* CMAKECONFIG_H */
```

其中，以 ENABLE_ 作为前缀的宏通常对应开发者定义的配置选项；而以 HAVE_ 作为前缀的宏则给出了当前构建环境的测试结果，比如#define HAVE_MMAP 1 表示经测试，当前标准库定义有 POSIX 接口 mmap()，而#define HAVE_ALLOCA 0 表示当前标准库未暴露 alloca()接口。

除了生成自定义的功能测试宏，我们还可以通过构建系统生成器自动生成自定义的头文件或源文件，详见第 5 章。

config.h 头文件可以和外部头文件保存在同一个目录中，这样做虽然不用另行指定头文件搜索目录，但我们仍然需要为构建系统生成器生成的头文件指定恰当的搜索目录。

在项目的内部源文件中，我们通常在第一行包含 config.h 头文件，并通过条件编译使用自定义的功能测试宏：

```
#include "config.h"
#include "foo.h"

static void dump(const char *prefix, const char *text)
{
    char *buf;
#if defined(HAVE_ALLOCA) && HAVE_ALLOCA
    buf = alloca(strlen(prefix) + strlen(text) + 1);
#else
    buf = malloc(strlen(prefix) + strlen(text) + 1);
#endif

    ...

#if defined(HAVE_ALLOCA) && HAVE_ALLOCA
    // do nothing
#else
    free(buf);
#endif
}
```

根据头文件类型的不同，施以不同的管理策略，我们可以有效避免头文件使用中的命名污染、循环依赖等问题。以开源项目 PurC 为例，其中包含若干函数库及可执行程序，故而非常具有代表性。

下面是对 PurC 函数库的源代码目录树以及各类头文件所在位置的说明（为节省版面，无关目录被删除）：

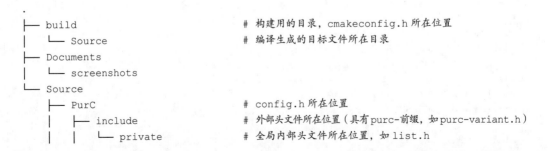

```
.
├── build                    # 构建用的目录，cmakeconfig.h 所在位置
│   └── Source               # 编译生成的目标文件所在目录
├── Documents
│   └── screenshots
└── Source
    ├── PurC                 # config.h 所在位置
    │   ├── include          # 外部头文件所在位置（具有purc-前缀，如purc-variant.h）
    │   │   └── private      # 全局内部头文件所在位置，如 list.h
```

```
     |    ├── document          # 模块源文件及模块内部头文件所在位置，下同
     |    ├── dom
     |    ├── dvobjs
     |    |    └── parsers
     |    ├── ejson
     |    ├── executors
     |    |    └── parsers
```

按照上述目录树结构，在构建 PurC 函数库时，构建系统需要指定的头文件搜索目录如下（假定上述目录树的根路径为/svr/devel/purc/）。

❑ /srv/devel/purc/build/：用于 cmakeconfig.h 头文件。

❑ /srv/devel/purc/Source/PurC/：用于 config.h 头文件。

❑ /srv/devel/purc/Source/PurC/include：用于外部头文件和全局内部头文件。

以 PurC/variant 模块中的 variant.c 源文件为例，按如下方式引用需要的头文件：

```
#include "config.h"

#include "purc-variant.h"              /* 外部头文件 */

#include "private/atom-buckets.h"      /* 全局内部头文件 */
#include "private/variant.h"           /* 全局内部头文件 */
#include "private/instance.h"          /* 全局内部头文件 */
#include "private/utils.h"             /* 全局内部头文件 */

#include "variant-internals.h"         /* 模块内部头文件 */

#include <stdlib.h>                    /* C99 头文件 */
#include <string.h>                    /* C99 头文件 */

#if OS(LINUX) || OS(UNIX)
    #include <dlfcn.h>                 /* POSIX 头文件 */
#endif

#if HAVE(GLIB)
    #include <gmodule.h>               /* 第三方函数库头文件 */
#endif
```

在类 UNIX 操作系统中，PurC 函数库的头文件默认会被安装到/usr/local/include/purc/目录下。使用 PurC 函数库的应用程序，将按如下方式引用需要的头文件：

```
#include <purc/purc.h>                 /* 包含所有的 PurC 接口 */
```

或者

```
#include <purc/purc-variant.h>         /* 仅包含 PurC 函数库中有关变体的接口 */
```

对于可执行程序，构建系统会首先构建函数库，然后将函数库的外部头文件复制到 build/DerivedSources/ForwardingHeaders/目录下，并确保这些头文件和安装到系统中的头文件布局一致，之后再行构建可执行程序。对于可执行程序用到的 PurC 函数库所对应的外部头文件，

则全部复制到 build/DerivedSources/ForwardingHeaders/purc/ 目录下。

下面是对可执行程序 purc 的源代码目录树以及各类头文件所在位置的说明：

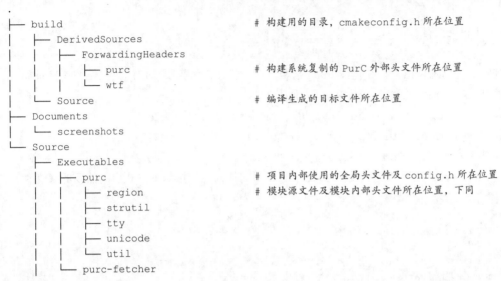

```
.
├── build                                  # 构建用的目录，cmakeconfig.h 所在位置
│   ├── DerivedSources
│   │   ├── ForwardingHeaders
│   │   │   ├── purc                       # 构建系统复制的 PurC 外部头文件所在位置
│   │   │   └── wtf
│   │   └── Source                         # 编译生成的目标文件所在位置
├── Documents
│   └── screenshots
└── Source
    ├── Executables
    │   ├── purc                           # 项目内部使用的全局头文件及 config.h 所在位置
    │   │   ├── region                     # 模块源文件及模块内部头文件所在位置，下同
    │   │   ├── strutil
    │   │   ├── tty
    │   │   ├── unicode
    │   │   └── util
    │   └── purc-fetcher
```

可执行程序 purc 的源代码规模较小，所以对应的头文件组织较为简单：没有区分全局内部头文件和模块内部头文件。

按照上述目录树结构，在构建可执行程序 purc 时，构建系统需要指定的头文件搜索目录如下（假定上述目录树的根路径为 /svr/devel/purc/）。

❏ /srv/devel/purc/build/：用于 cmakeconfig.h 头文件。

❏ /srv/devel/purc/build/DerivedSources/ForwardingHeaders/：用于 PurC 函数库的外部头文件。

❏ /srv/devel/purc/Source/Executables/purc：用于可执行程序 purc 自身的 config.h 头文件及其他头文件。

以可执行程序 purc 的主入口源文件 purc.c 为例，按如下方式引用需要的头文件：

```c
#include "config.h"
#include "foil.h"              /* 全局头文件 */
#include "rect/rect.h"         /* 模块头文件 */

#include <purc/purc.h>         /* PurC 函数库的外部头文件 */

#include <stdlib.h>            /* C99 头文件 */
#include <stdbool.h>           /* C99 头文件 */
#include <assert.h>            /* C99 头文件 */

#include <unistd.h>            /* POSIX 头文件 */
```

## 第3章

消除编译警告

许多编译型编程语言在将源程序编译为可执行程序时，通常会就源程序中存在的问题或者潜在的问题报出错误或警告。如果遇到明确的词法或语法错误，编译器会停止工作，不会生成目标代码，构建将终止。

编译错误的解决之道简单而直接：修改代码，直到消除所有的编译错误为止。然而，很多开发者会选择忽略编译器报告的警告信息。这一方面是因为某些编译警告并不会带来严重的后果，另一方面是因为不同的编译器，甚至同一编译器的不同版本，在判断某段代码是否存在潜在的问题方面，所依赖的判断标准或尺度不同，有时候甚至会让开发者左右为难，无所适从。久而久之，很多开发者便会选择视而不见。

借助编译器报告的编译警告消除程序中的潜在问题，是所有专业 C 程序员都应该掌握的一项重要技能。为此，本章首先举例说明了如何根据编译警告分析代码中潜在的问题，然后给出了常见的编译警告及其分类，最后讲述了如何通过函数属性来协助编译器检查代码中可能存在的问题。但是，消除编译警告只是提高代码质量的第一步，我们在本章的末尾给出了一些编译警告误报或漏报的情形。

3.1 为什么不能忽视编译警告

单就 C 程序而言，专业的程序员应努力消除编译器报告的所有编译警告，这是因为绝大多数 C 程序的编译警告意味着程序的确存在潜在的问题。而这些潜在的问题之所以没有表现出来，只是因为运行环境单一、测试用例不全、侥幸未能触发而已。有"洁癖"的程序员甚至会使用最新版本的编译器或者另一个编译器来发现程序中可能存在的其他潜在问题。

3.1.1 潜在问题恐酿成大祸

编译器在编译一个 C 源程序时给出警告信息，通常意味着代码存在潜在的问题，而这些潜在的问题在特定条件下会表现为程序缺陷，比如下面这段代码：

```
#include <stdio.h>
#include <string.h>
#include <stdlib.h>

int main(void)
{
```

```
char *str = strdup("Foo");
printf("Duplicated string: %s\n", str);
free(str);
return 0;
}
```

将这段代码保存为 warning-strdup.c 文件。如果使用如下 GCC 命令行编译并执行该源文件，就可以看到预期的结果：

```
$ gcc -o warning-strdup warning-strdup.c
$ ./warning-strdup
Duplicated string: Foo
```

现在，使用-std=c99 -g 选项编译同一源文件（其中的-g 选项用于在最终的可执行程序中包含调试信息）：

```
gcc -std=c99 -g -o warning-strdup warning-strdup.c
```

编译器会给出一些编译警告，但我们仍然可以生成可执行程序。执行后，我们将收到一条"吐核"（core dumped）信息：

```
$ ./warning-strdup
Segmentation fault (core dumped)
```

知识点："吐核"

"吐核"的说法很形象。在类 UNIX 操作系统中，当程序因为某些情形不得不停止执行时，内核会将程序对应的进程映像内容，包括代码、堆、栈、寄存器等数据，转储（dump）到某个特定的文件中。这里所说的进程映像，通常可以理解为进程的核心，英文为"core"，转储后的文件则通常命名为 core.<pid>，于是便有了"core dumped"的说法。讲得更通俗一些，就是内核"吃"了不好的东西，不得不"吐"出来，故而有了"吐核"这一戏谑说法。有了 core 文件，开发者就可以利用调试器做事后分析，看看程序因何遇到致命错误。但在如今的 Linux 系统中，因为 core 文件中可能保存了一些敏感信息，比如用户输入的密码、从数据库中读取的敏感数据等，所以这一转储行为通常默认会被关闭（比如将 core 文件转储到/dev/null 设备上），导致我们无法看到实际的 core 文件。若要将 core 文件转储到普通文件，则需要调整一些内核参数。

显然，第二次编译生成的程序在运行时遇到了段故障（segmentation fault）。对于使用 C 语言开发的程序而言，如果在生产环境中遇到段故障，则通常意味着遭遇无法恢复的致命错误——开发者闯了大祸。

那么，对于同一个源程序，为什么只是在 GCC 命令行中多了一个-std=c99 选项，编译后生成的可执行程序就有如此大的差异呢？这就要求我们懂得如何解读编译过程中给出的警告。

3.1.2   解读编译警告

让我们通过调试器看看问题所在。众所周知，程序在执行时遇到段故障，通常意味着代码访问了一个无效的地址。使用 gdb，可以很容易地定位问题：

```
$ gdb -q ./warning-strdup
Reading symbols from ./warning-strdup...
(gdb) r
Starting program: /srv/devel/courses/best-practices-of-c/book-list/samples/warning-strdup
[Thread debugging using libthread_db enabled]
Using host libthread_db library "/lib/x86_64-linux-gnu/libthread_db.so.1".

Program received signal SIGSEGV, Segmentation fault.
__strlen_avx2 () at ../sysdeps/x86_64/multiarch/strlen-avx2.S:74
74  ../sysdeps/x86_64/multiarch/strlen-avx2.S: No such file or directory.
(gdb) bt
#0  __strlen_avx2 () at ../sysdeps/x86_64/multiarch/strlen-avx2.S:74
#1  0x00007ffff7df3db1 in __vfprintf_internal (s=0x7ffff7f97780 <_IO_2_1_stdout_>,
format=0x555555556008 "Duplicated string: %s\n", ap=ap@entry=0x7fffffffdd30,
      mode_flags=mode_flags@entry=0) at ./stdio-common/vfprintf-internal.c:1517
#2  0x00007ffff7ddd81f in __printf (format=<optimized out>) at ./stdio-common/printf.c:33
#3  0x00005555555551ca in main () at warning-strdup.c:8
(gdb)
```

上述 gdb 环境中 bt 命令的输出信息表明，程序在 warning-strdup.c 源文件的第 8 行，也就是在调用 printf() 函数格式化输出字符串中的内容时遇到了段故障。具体而言，程序在调用内部的 __strlen_avx2() 函数计算字符串的长度时遇到了 SIGSEGV 信号，也就是段故障。

其实就这个潜在问题酿成的大祸，倘若我们认真阅读了编译器的警告信息，就一定能提前做出适当的处理。现在看看编译器的警告信息：

```
$ gcc -std=c99 -g -o warning-strdup warning-strdup.c
warning-strdup.c: In function 'main':
warning-strdup.c:7:17: warning: implicit declaration of function 'strdup'; did you
mean 'strcmp'? [-Wimplicit-function-declaration]
    7 |     char *str = strdup("Foo");
      |                 ^~~~~~
      |                 strcmp
warning-strdup.c:7:17: warning: initialization of 'char *' from 'int' makes pointer
from integer without a cast [-Wint-conversion]
```

这是 GCC 12 给出的编译警告信息，它们可以总结成一句话：由于 strdup() 函数的原型声明未知（隐含声明），编译器认为该函数的返回值为默认的 int 类型，因此在将 strdup() 函数的 int 型返回值赋值给 char *类型的变量时，未做相应的强制类型转换。

第 2 章曾提到，strdup() 并非 C99 标准定义的函数。当我们使用-std=c99 选项编译该程序时，尽管包含了<string.h>头文件，但 strdup() 函数的原型声明并未暴露出来，因此编译器会产生上述警告信息。

至于当编译器将 strdup() 函数的返回值视作 int 类型时，程序便会遇到段故障的原因，则在于 int 和 char *的位宽不一致。

在笔者的 64 位系统中，int 是 32 位的，而 char *是 64 位的。编译器首先会将 strdup()

函数返回的值放到一个 32 位宽的寄存器中，然后将其赋值给 char *str 这个指针变量。在此过程中，由 strdup()函数返回的 64 位指针值中的高 32 位被丢掉了。于是，当程序继续使用 str 变量的值做格式化输出时，只要访问对应的地址，程序就会立即遇到段故障。

通过分析可以看出，如果在 32 位系统中编译上述代码（或者通过 -m32 选项指定生成 32 位系统代码），则由于不存在位宽不同导致的精度损失，程序在运行时不会遇到段故障，但编译器仍然会给出相同的警告。或者反过来讲，程序在运行时没有遇到段故障这种明显的错误，并不意味着程序没有潜在的问题。

很多 C 程序员之所以忽略编译警告，也许是因为没有仔细读懂编译警告。假如可以准确理解编译警告信息中蕴藏的含义，相信稍有专业精神的程序员都会感到背脊发凉，必以消除所有编译警告而后快。

就上面的例子而言，编译器通过编译警告提供了两条非常有用的信息：

❑ 未提前声明的函数，默认其返回值为 int 类型；

❑ 编译器会对 int 类型的值做强制类型转换并赋值给一个指针变量。

于是我们迅速意识到，int 类型和指针类型的位宽不同可能导致错误。在该错误酿成大祸之前，应当将其解决掉。

因此，准确理解编译器给出的警告信息至关重要。为了学习如何准确解读编译器给出的警告信息，我们再举一个例子来加以说明。

仍以最简单的"Hello, world!"程序为例。假设我们如下书写这个程序：

```
int main(void)
{
    printf("Hello, world!\n");
    return 0;
}
```

当使用最新的 GCC 12 编译这段代码时，将生成正确的可执行程序，但编译器会输出许多提示信息：

```
$ gcc -o hello hello-world-no-header.c
hello-world-no-header.c: In function 'main':
hello-world-no-header.c:3:5: warning: implicit declaration of function 'printf'
[-Wimplicit-function-declaration]
    3 |     printf("Hello, world!\n");
      |     ^~~~~~
hello-world-no-header.c:1:1: note: include '<stdio.h>' or provide a declaration of 'printf'
  +++ |+#include <stdio.h>
    1 | int main(void)
hello-world-no-header.c:3:5: warning: incompatible implicit declaration of built-in
function 'printf' [-Wbuiltin-declaration-mismatch]
    3 |     printf("Hello, world!\n");
      |     ^~~~~~
```

```
hello-world-no-header.c:3:5: note: include '<stdio.h>' or provide a declaration of 'printf'
```

```
$ ./hello
Hello, world!
```

在上面的命令行输出中，有两条是我们熟知的编译警告（标记为 warning），而其他两条为备注（标记为 note），属于附加说明。这些信息统称为编译器针对其发现的不严谨用法所产生的"抱怨信息"。参考 3.1.1 小节中的实例分析，我们很容易理解这些信息："我不知道您用到的 printf 是什么（没有提前声明），但它看起来像个函数调用（隐含的函数声明）；如果它的确是我所知道的那个标准库中的函数，请包含 stdio.h 这个头文件或者提供一个有关 printf 的声明。"

仔细分析一下，就会发现编译器"抱怨"得非常严谨。

首先，编译器做出了 printf 是一个函数名称的假设，这是因为 printf 这个词元（token）之后紧跟着 ("Hello, world!")。当然这不一定正确，因为 printf 也可以是一个函数指针。但由于未给出函数指针的声明，编译器假定是在调用一个函数。于是，编译器给出了第一个警告：隐含的函数声明。此时，编译器假定这里的 printf 是一个函数，依照传入的参数以及默认情形，编译器认为 printf 函数的原型应该为如下形式：

```
int printf(const char *foo);
```

于是，编译器给出了第二个警告：针对 printf 的隐含函数声明和内置函数 printf 的原型声明不兼容。这里所说的内置函数 printf，就是 C 标准库提供的 printf 函数。而我们知道，C 标准库中的 printf 函数的原型声明如下：

```
int printf(const char *format, ...);
```

另外，每条警告的后面是与警告类型对应的编译器开关，比如上述例子中的 -Wimplicit-function-declaration 和 -Wbuiltin-declaration-mismatch。其中的 -Wimplicit-function-declaration 和 -Wbuiltin-declaration-mismatch 分别表示"隐含的函数声明"和"不匹配内置声明"，它们可视作编译警告的类型名称。需要注意的是，不同的编译器会有不同的警告分类及类型名称。

其他两条被标记为备注的输出，在不厌其烦地告诉我们："请包含 stdio.h 这个头文件或者提供一个有关 printf 的声明。"

值得庆幸的是，相比 10 年前，当前流行的 C 语言编译器（GCC 或 Clang）给出的有关编译错误和警告的提示信息已经非常通俗易懂了。借助在线翻译工具和搜索引擎，具有一定英语基础的程序员都能轻松理解这些提示信息。所以，问题不在于我们能否看懂这些提示信息，而在于我们是否愿意认真阅读这些提示信息，并在联想到潜在的问题可能引发的严重后果之后付诸行动。

最后需要指出的是，编译警告不仅仅意味着代码存在潜在的问题，还意味着存在其他负面问题。

代码的编译信息中若充斥着大量警告，通常意味着代码的质量不高。就算程序可以通过测试并正常运行，也只能说明运行环境单一、测试手段有限，而不能说明程序已经处理了那些编译器都能发现的、显而易见的潜在问题，更不能说明程序在架构设计、性能表现等方面已经达到足够高的水平。

除此之外，"破窗效应"还会拉低开发团队的平均水平。"破窗效应"是一个心理学上的理论。

该理论认为环境中的不良现象如果被放任，就会诱使人们仿效，甚至变本加厉。举个生活中的例子，如果看到马路很整洁，很多人都会克制自己不在马路上扔垃圾；而如果马路上到处都是垃圾，则会有人顺手在马路上丢弃垃圾。在开发团队中，如果有人放任编译警告不理，那么其他人也会效仿，对编译警告视而不见。由于"破窗效应"的存在，可想而知，由这样的团队开发出来的程序，质量只会越来越差。

3.2   常见的编译警告及其分类

如前所述，编译器通常会将编译警告分类并指定类型名称。通过编译器的命令行选项，我们可以打开或者关闭特定的警告。比如在调用 GCC 时，如果使用-Wunused-macros 选项，编译器将在发现有"未使用的宏"这一情形时产生警告；而如果使用-Wno-unused-macros 选项，编译器则不会针对这一情形产生警告。基本上，所有的警告会有两种形式的选项，一种用于打开，另一种用于关闭，后者具有-Wno-*这种形式。

现代 C 编译器支持的警告类型已经很多了。随着 C 语言编译技术的提高，除常见的警告之外，编译器还可以通过静态分析技术指出一些潜在的程序逻辑问题，并以警告的形式出现。因此，为方便使用，编译器不仅会针对不同的编译优化选项打开不同的警告，而且会通过一些特殊的选项打开常见的警告或者某一类警告。比如在调用 GCC 时，通过-Wall 选项可打开所有的常见警告；通过-Wextra 选项可打开一些额外的警告；通过-Wunused 选项可打开所有的"未使用"警告，如-Wunused-macros、-Wunused-parameter、-Wunused-result 等。

这里我们以 GCC 为例，分类解释常见的编译警告及其可能带来的危害。需要说明的是，另一个流行的 C 编译器 Clang，在编译警告的分类和命名上，甚至在命令行选项上，和 GCC 是兼容的。也就是说，本章介绍的内容同样适用于 Clang。当然，针对同一警告（或者错误），GCC 和 Clang 给出的提示信息会有所不同。

通常，我们会在开发过程中使用-Wall 和-Wextra 选项打开常见的以及额外的警告，并尝试消除编译器报告的所有警告。很多开发者还会使用-Werror 选项，让编译器将所有的警告视作错误并加以处理。这时，任何错误或者警告都会导致构建失败，从而达到通过强制性修改程序来消除所有警告的目的。

3.2.1   预处理警告

就前面提到的-Wunused-macros 这一警告来讲，它明显出现在编译的预处理阶段，因此被分类为预处理警告，且通常由预处理器产生。接下来我们介绍几个常见的预处理警告。

-Wunused-macros：未使用的宏

我们已经知道，头文件中会定义大量的宏，但包含某个特定头文件的源文件未必使用其中定义的宏。比如，程序虽然包含了<math.h>，但未必会用到其中定义的所有数学常量宏，如 M_PI、M_E 等。因此，这一警告主要针对源文件中（即.c 文件）定义的宏，但并未在该源文件中使用的情形。出现这一警告的原因往往是删除或者注释了原有使用宏的代码，或者在应该使用宏的地方使用了立即数或字符串字面值。除不使用头文件中定义的宏之外，当源文件不使用编译器内置的宏以及通过命令行定义的宏时，也不会产生这一警告。该警告通常不会带来严重的后果，只是说明代码未被正确维护，因此不会被-Wall 和-Wextra 选项覆盖。也就是说，只有当显式地使用-Wunused-macros 这一选项时，才会报告这一警告。如果遇到此警告，建议修改代码并消除警告。

-Wundef：使用了未定义的宏

通常，我们可以使用#ifdef FOO 或者#ifndef FOO 及其等价写法［如#if defined(FOO)］来判断一个宏（这里是 FOO）是否被定义。但有时候，开发者可能误用#if FOO 这种写法来判断一个宏是否被定义。此时，预处理器会假定这个宏的值为 0，但这可能导致条件编译无法得到预期的处理。针对此种情况，预处理器会产生这一警告。为了避免麻烦，某些项目的管理者可能会通过编码规范来限定用于测试宏的方法，比如始终使用下面的条件编译写法：

```
#if defined(FOO) && FOO
    /* Block A */
#else
    /* Block B */
#endif
```

这样，只有当 FOO 被定义且为非零值时，Block A 中的代码才有效；而当 FOO 未被定义或者值为 0 时，Block B 中的代码有效。

由于不属于高危警告，因此-Wundef 警告不会被-Wall 或-Wextra 选项打开，除非显式指定-Wundef 选项。当遇到-Wundef 警告时，务必仔细检查预处理指令中宏的测试条件，并采用正确的方法来测试宏，以便达到预期目的。

-Wtrigraphs：遇到可能改变程序含义的三联符

三联符（trigraph）的使用和早期我们在主机终端使用的键盘有关。这些键盘上没有换挡（Shift）键，故而无法输入左右大括号、井号等我们习以为常的字符。为了解决这一问题，开发者可以使用三联符来指代这些特别的符号，比如??=表示井号、??<和??>分别表示左右大括号等。于是，一个合法的 C 程序可能看起来是下面这个样子：

```
??=include<stdio.h>
int man(void)
??<
printf("Hello, World!\n");
return 0;
??>
```

如果使用-trigraphs 选项，GCC 的预处理器就会处理合法的三联符，将它们转换成标准的字符，然后交由编译器编译。显而易见，现在已经没有任何理由再使用三联符了。基于此，除非使用-trigraphs 选项打开三联符的转换功能，否则不会产生这一警告。另外，使用-Wall 选项时会自动打开这一警告。

当遇到-Wtrigraphs 警告时，应修改代码以避免使用三联符。值得一提的是，有时候出现这一警告，并不是因为我们使用了三联符，而是因为我们在编辑代码时使用了错误的字符编码。比如在开启输入法的情况下，输入空格时键入了全角的空格字符，而编辑器的字符编码恰好无法识别全角的空格字符，此时若保存文件，这一全角的空格字符之编码就会被错误转换，变成？？？？这种形式。于是，开发者就可能收到莫名其妙的-Wtrigraphs 警告或错误信息。

-Wcomment 或-Wcomments：含混的注释

当出现嵌套的/*注释写法，或者在//注释写法中使用反斜杠这一续行符时，就会产生这一警告，如下面的代码所示：

```
/* 在注释块中定义了一个新的注释块：/* ... */ */

// 这是一个行注释。\
a++;
```

这一警告，尤其是上述代码中的第二种情形，a++;语句将被视作行注释的一部分，从而改变程序原有的逻辑。因此，这一警告属于高危警告，在使用-Wall 选项时会被打开。当遇到此警告时，应修改代码以消除警告。

3.2.2 未使用警告

未使用警告比较常见，通常当程序中出现未使用的函数、局部变量、函数参数等情况时，编译器就会报告相应的警告。表 3.1 列出的未使用警告会在开发者使用-Wall 选项时打开。

表 3.1 会在开发者使用 **-Wall** 选项时打开的未使用警告

警告	含义
-Wunused-function	未使用的函数
-Wunused-value	未使用的值
-Wunused-label	未使用的标签
-Wunused-variable	未使用的变量
-Wunused-but-set-variable	未使用但被设置的变量

表 3.1 所示的未使用警告通常不会带来很严重的后果，而只会使编译后目标代码的体积变大。例如，未使用的变量常见于静态变量或者局部变量，若一个函数中定义了一个未使用的局部变量，则该局部变量的存在会导致这个函数对应的目标代码体积变大，还会导致调用该函数时的栈帧变大。而未使用的静态变量，不论是定义在函数内的，还是定义在函数外的，都会导致目标代码为该静态变量预留存储空间，从而导致目标代码无意义地变大。更进一步地，一个变量被设置但未使用，会导致生成无效的赋值语句，从而在一定程度上影响程序的性能。

类似地，一个非内联的静态函数被定义而未使用，也会导致目标代码的体积无意义地变大。需要说明的是，未使用的外部函数和外部变量不会导致相应的警告。这是因为一个外部函数或外部变量是否被使用，在编译单个源文件的阶段无从知悉，而就算链接生成可执行文件时发现某些外部函数或外部变量未被其他模块引用，也不能就此判断这些外部函数或外部变量是无用的。毕竟，我们还可以通过调用 dlsym()函数来间接使用这些外部函数或外部变量。

在表 3.1 中，较难理解的是-Wunused-label 和-Wunused-value 两个警告。

-Wunused-label 警告主要针对函数中未被 goto 语句使用的标签，比如下面的代码：

```
int unused_label(int x, int y)
{
    int xy;

    /* 逗号表达式的第一个结果未被使用（-Wunused-value）。 */
    xy = (x * 10, y * 10);

    /* 没有 goto 语句使用 error 标签（-Wunused-label）。 */
error:
    return xy;
}
```

上述代码中的 error 标签未被 goto 语句使用，故而产生-Wunused-label 警告。很多人认为，未使用的标签除了影响代码的可读性（出现一个莫名其妙的标签），没有其他危害。这个观点是不正确的。因为标签的存在，会让编译器在编译标签之后的语句时，将对应的目标代码地址和处理器的固有位宽对齐。也就是说，在 32 位处理器上，对应的目标代码需要在 32 的整数倍地址上对齐；而在 64 位处理器上，对应的目标代码需要在 64 的整数倍地址上对齐。这是为了生成更加高效的跳转语句。于是，未使用的标签会导致目标代码的体积无意义地变大。

在上面的代码中，我们同时给出了触发-Wunused-value 警告的情形。这一警告的含义是，某条语句做了一次求值，但求出的值未被使用。如上面的代码所示，这一情形通常出现在逗号表达式中。xy = (x * 10, y * 10); 这条语句的效果等价于 xy = y * 10;。也就是说，原写法中的 x * 10 被执行，但求出的值并未被使用。这一警告的危害不大也不小，除了让目标代码的体积无意义地变大，还会导致最终程序做一些无用功，从而影响程序的性能。

因此，当遇到以上警告时，我们应修改代码以消除警告。

表 3.2 列出的未使用警告会在开发者使用-Wunused 和-Wextra 选项时打开。

表 3.2　会在开发者使用**-Wunused** 和**-Wextra** 选项时打开的未使用警告

警告	含义
-Wunused-parameter	未使用的参数
-Wunused-but-set-parameter	未使用但被设置的参数

这两个警告均和函数参数有关。其中第一个警告主要针对一个函数的参数未被使用的情形；而第二个警告类似于-Wunused-but-set-variable 警告，主要针对一个函数的参数未使用但被设置的情形。这两个警告造成的负面影响主要发生在函数调用时。一方面，多余的参数会导致调用对应函数的栈帧变大；另一方面，传入多余的参数会导致生成额外的、不必要的压栈指令。除此之外，第二个警告还有另外一项危害：生成额外的、不必要的赋值指令。

一般而言，一个函数的参数不会出现未使用的情形，毕竟我们在设计这个函数的接口时，没有必要传入一个不会被使用的参数。因此，我们应该通过调整函数原型，移除未使用的函数参数来消除以上两种警告。但在实现具有固定原型要求的回调函数时，会经常出现不使用特定参数的情形。比如，程序清单 3.1 使用了 Glibc 提供的扩展接口 qsort_r() 函数，用于使用快速排序算法对指定的浮点数数组进行排序。

程序清单 3.1　在调用 qsort_r() 函数时使用自定义回调函数

```c
#define _GNU_SOURCE
#include <stdio.h>
#include <stdlib.h>
#include <math.h>

/*
   qsort_r()函数的原型如下:

    void qsort_r(void *base, size_t nmemb, size_t size,
        int (*compar)(const void *, const void *, void *), void *arg);
*/

/* 为 qsort_r()函数提供的对比用回调函数。 */
static int my_compare(const void * p1, const void * p2, void *arg)
{
    double a, b;

    a = *(const double *)p1;
    b = *(const double *)p2;

    if (a > b)
        return 1;
    else if (a < b)
        return -1;
    return 0;
}

int main(void)
{
    static double floats[] = { M_PI, M_E, -M_PI, -M_E, 0, 1, -1 };
    static const size_t nr_floats = sizeof(floats)/sizeof(floats[0]);

    qsort_r(floats, nr_floats, sizeof(double), my_compare, NULL);

    printf("The sorted floats:\n");
    for (size_t i = 0; i < nr_floats; i++) {
        printf("\t%f\n", floats[i]);
    }
```

```
    return 0;
}
```

在程序清单 3.1 中，我们给出了 qsort_r() 函数的原型。这个函数需要一个回调函数，用于对比指定的两个内存区域所含值的大小。和 POSIX 标准定义的 qsort() 函数相比，这个回调函数需要一个额外的参数，引入该参数是为了避免使用全局变量。比如，我们在获取两个内存区域所含的值时，可能需要借助另外一个表示上下文信息的值，比如私有的堆地址。此种情况下，若没有第三个参数，则需要一个全局变量，于是该函数就变得不可重入。为了使该函数可重入，在回调函数中使用一个表示上下文的参数（通常是一个指针）即可。这是一种典型的接口设计方法，我们将在第 6 章详细阐述这种接口设计方法。

观察程序清单 3.1 中 my_compare() 函数的实现代码。由于使用场景简单，即使不使用表示上下文的参数，也不会导致函数不可重入的问题出现。于是，my_compare() 函数的第三个参数便成了未使用的参数。然而，由于我们使用了 qsort_r() 函数，且必须按照该函数的要求定义回调函数，因此我们无法通过移除未使用的参数来消除相应的警告。对于这种情况，可在函数的开头使用一条 (void)arg; 语句来避免出现这一警告：

```
static int my_compare(const void * p1, const void * p2, void *arg)
{
    double a, b;
    (void)arg;
    ...
}
```

需要说明的是，我们通过上面的手法来避免出现某种警告的行为，通常称作"抑制"（suppress）某个警告。这和通过修改代码消除（eliminate）某个警告的做法是不同的。

此外，-Wunused-local-typedef 警告也是未使用警告，当函数内部定义的局部数据类型未使用时，编译器就会产生该警告。和 -Wunused-maros 警告类似，该警告的危害也较小，它会在开发者使用 -Wall 选项时打开。若遇到此警告，移除相应的未使用数据类型即可消除警告。

3.2.3 未初始化警告

众所周知，在 C 程序中，未显式初始化的全局变量或者静态变量，都会被系统初始化为 0。但局部变量不同，所有未显式初始化的局部变量，其初始值是不确定的。显然，在程序中使用不确定的值，在某些情况下会导致严重的后果。程序清单 3.2 列出了常见的未初始化情形。

程序清单 3.2 常见的未初始化情形

```
#include <stdio.h>

static int foo(int x)
{
    /* nr_calls 的初始值为 0。 */
    static unsigned int nr_calls;
```

```
    printf("The number of calls: %u\n", ++nr_calls);

    /* 未初始化的局部变量: hello (-Wuninitialized)。 */
    char *hello;
    printf("%s\n", hello);

    /* 初始化自身 (-Winit-self)。 */
    int i = i;
    printf("The integer: %i\n", i);

    return x;
}

static void bar(int y)
{
    /* 可能未初始化 (-Wmay-uninitialized)。 */
    int x;

    switch (y) {
    case 1:
        x = 1;
        break;

    case 2:
        x = 4;
        break;

    case 3:
        x = 5;
    }

    foo(x);
}
```

其中，foo() 函数中的 nr_calls 是一个静态变量，尽管未对其做显式的初始化赋值操作，但这个变量会有一个确定的初始值，也就是 0。但 foo() 函数和 bar() 函数中的 hello、i、x 等变量，则需要分情况考虑。

❏ foo() 函数中的 hello 是一个字符串指针变量，程序没有对该变量进行初始化。因此，它的值是不确定的。而一个不确定的指针，绝大多数情况下会指向一个非法的地址。因此，后续使用 printf() 函数输出其中的字符串内容时，就会遇到段故障。这一情形对应 -Wuninitialized 警告。

❏ foo() 函数中的 int i = i 语句，试图使用 i 这个变量初始化 i 变量本身。这是合法的 C 代码，但显然，如此初始化之后的 i 变量，其值仍然是不确定的。这一情形对应 -Winit-self 警告。

❏ bar()函数中的整型变量 x，其值取决于传入该函数的参数 y 的值。由于 switch (y)语句缺少 default 分支，故而可能出现 x 未被初始化的情形。比如，当 y 的值为 0 时，x 变量的值便是不确定的。这一情形对应-Wmay-uninitialized 警告。

由于以上 3 种情形均会导致严重的后果，故而在开发者使用-Wall 选项时，GCC 会打开对应的警告。当遇到这 3 种警告时，务必修改代码以清除相关警告。

知识点：不确定不是随机

在本小节中，我们使用了"不确定"这一术语来描述未初始化的局部变量的初始值，而没有使用"随机"这一术语。随机指的是我们没有任何依据可以用来预测未来的情形，但未初始化的局部变量的初始值并不属于这种情况。事实上，未初始化的局部变量所对应的初始值，就是该局部变量所在的栈帧对应的内存区域的残存值。而这些残存值通常取决于上一个被弹出的栈帧，其中的内容则由上一个被调用的函数决定。也就是说，如果知道程序的执行路径，以及各个函数中局部变量的类型和顺序，就完全可以预测未初始化的局部变量的初始值。鉴于此，我们使用了"不确定"这一术语。

3.2.4　类型安全警告

我们知道，跟其他常见的高级编程语言相比，C 语言是最接近计算机硬件的高级编程语言，故而被大量用于操作系统内核、驱动程序、编译器等基础软件的开发。对一块内存区域来讲，不管其中保存的是几个整数、一个字符串还是一组无符号整数，我们都可以使用 C 程序来灵活访问。为此，C 语言提供了类型的强制转换（cast）能力，使得不同类型的标量（scalar）之间可以相互转换。越是接近计算机硬件的 C 程序，越会更多地使用类型转换。最为常见的便是使用整数保存一个特定的地址值，在使用时，将这个整数强制转换为指向某个结构的指针，即可访问其中的成员。

这里提到的"标量"可以理解为数值型数据，如字符、整数、指针等；而结构体、数组则属于矢量或向量（vector）。

既然不同类型的标量之间可以相互转换，问题自然就出现了。

❏ 在位宽不一致的标量之间做转换，可能丢失精度或发生溢出。比如 unsigned short u = 65537 语句的执行结果是，变量 u 的值为 1。注意其中的立即数 65537 会被视作 int 型数据。

❏ 在指针和位宽不一致的整型之间做强制转换，会因为丢失精度而产生严重后果，如段故障、总线错误（bus error）等。本章前面的 strdup()函数之所以导致段故障，本质上就是因为编译器将该函数的正常返回指针值（隐式地）强制转换成了 32 位的整型值。

❏ 在不兼容的指针之间做强制转换，比如将一个字符指针（char *）强制转换为整型指针（int *），或者将一个整型指针强制转换为函数指针，或者在返回值类型不同的函数指针之间做强制转换，上面的第一种情况会因为地址对齐问题产生严重后果，而后两种情况通常意味着使用上的错误。此类情形最终会导致段故障或总线错误。

❏ 有符号整数在被转换为无符号整数时，负数会变成正数（负数的补码形式所对应的正数）。

比如 unsigned u = -1 语句的执行结果是，变量 u 的值为 0xFFFFFFFF。

❏ 无符号整数在被转换为有符号整数时，最高位为 1 的正数会变成负数。比如 short s = 32769 语句的执行结果是，变量 s 的值为-32767。

❏ 高精度的浮点数在被转换为低精度的浮点数时，会丢失精度。比如 float a = sqrt(M_PI) 语句，计算时使用 double 类型，最后赋值给 float 类型的变量，故而导致精度丢失。

上述列表中的前三种情形可能导致严重的后果，故而对应的警告默认是打开的，如表 3.3 所示。

表 3.3　默认打开的类型安全警告

警告	含义
-Woverflow	在编译期出现常量表达式溢出时产生该警告
-Wint-to-pointer-cast	将位宽不一致的整数强制转换为指针时产生该警告
-Wpointer-to-int-cast	将指针强制转换为位宽不一致的整数时产生该警告
-Wincompatible-pointer-types	在类型不兼容的指针之间做强制转换时产生该警告
-Wdiscarded-qualifiers	当指针上的类型限定词（如 const）被丢弃时产生该警告
-Wdiscarded-array-qualifiers	当数组上的类型限定词（如 const）被丢弃时产生该警告

要关闭以上警告，可以使用对应的-Wno-*选项。

表 3.4 列出的警告虽然默认是关闭的，但是也应该引起重视。

表 3.4　默认关闭但也应该引起重视的类型安全警告

警告	含义
-Wpointer-sign	将带符号的值赋值给指针变量或者传递给指针参数会产生此警告。该警告需要使用 -Wall 选项打开
-Wcast-function-type	将一个函数指针强制转换为不兼容（参数类型及返回值类型不一致）的函数指针时会产生该警告。该警告需要使用-Wextra 选项打开
-Wenum-conversion	将一个枚举类型的值隐含地转换为另一个枚举类型的值时会产生该警告。由于不同的枚举类型具有不同的取值范围，在不同的枚举类型之间做强制转换，通常意味着代码逻辑出现问题，编译器无法执行有效的静态分析，从而容易引发不易排查的缺陷。该警告需要使用-Wextra 选项打开
-Wsign-compare	在对有符号值和无符号值进行比较时，隐含的符号转换（有符号值被转换为无符号值）会导致不正确的结果，故而产生此警告。该警告需要使用-Wextra 选项打开
-Wsign-conversion	当隐含的转换导致整数的符号发生改变时会产生该警告。若使用显式的强制转换，则可抑制该警告，比如 short s = (short)32769。该警告需要使用 -Wconversion 选项打开
-Wfloat-conversion	当隐含的转换导致浮点数精度发生改变时会产生该警告。若使用显式的强制转换，则可抑制该警告。该警告需要使用-Wconversion 选项打开
-Warith-conversion	执行混合不同数据类型的四则运算时会产生该警告，比如语句 char c1 = 'A'; 和 char c2 = c1 + 1;。该警告需要使用-Warith-conversion 选项打开
-Wbad-function-cast	当强制转换函数的返回值类型为不匹配的类型时会产生该警告，比如将一个返回值为整数的函数强制转换为返回指针时。该警告需要使用-Wbad-function-cast 选项打开

警告	含义
-Wcast-qual	当强制转换导致指针类型的限定符（如 const）丢失时会产生该警告
-Wcast-align	当强制转换导致指针的对齐单位增加时会产生该警告，比如将 char *指针强制转换为 int *指针。通常，char *的指针值不需要对齐到某个边界，因为字符型数据的宽度就是 1 字节；而在某些硬件平台上，我们只能在 2 字节或 4 字节的边界上访问 int 型数据。也就是说，int *的指针值必须是 2 或 4 的倍数。这就是指针的对齐单位增加的一种情形。使用未对齐的指针值，会在这些系统中导致总线错误
-Wpointer-arith	当执行任何依赖于函数类型或 void 数据类型之大小的运算时会产生该警告。比如在 void *data 变量 data 上执行指针加减运算，由于 void 数据类型的大小未被 C 标准定义，不同的编译器会进行不同的处理，因此此类用法会产生歧义

以上这些警告的危害程度是递减的，当遇到它们时，应根据情况修改代码以消除或抑制相应的警告。

程序清单 3.3 列出了常见的类型转换相关问题。其中的某些代码会导致段故障或总线错误，建议读者尝试运行这些代码以加深理解。

程序清单 3.3 常见的类型转换相关问题

```
#include <stdio.h>
#include <stdbool.h>
#include <stdint.h>

static void foo(const char *string)
{
    /* 使用宏定义的或者硬编码的字符串常量具有隐含的 const 限定符，通常会被放到
       只读数据区。下面的语句会产生-Wdiscarded-qualifiers 警告。*/
    char *a_str = "A string lietral";

    /* 通过非 const 指针向只读数据区写入数据会导致段故障。*/
    a_str[0] = 'A';

    /* 通过 my_str 向传入的具有 const 限定符的指针指向位置进行写入，
       有可能导致段错误。开启-Wcast-qual 时会产生警告。*/
    char *my_str = (char *)string;

    puts(my_str);
    puts(a_str);

    char buff[10];
    int *a_int_p;

    /* 从 char *强制转换为 int *，指针的对齐单位会发生变化。*/
    a_int_p = (int *)(buff + 1);
```

```c
    /* 如下用法可能导致段故障或总线错误。*/
    *a_int_p = 10;
}

static void *bar(void *data)
{
    unsigned int n = 5;

    /* data 指向 void 数据类型，其大小未被 C 标准定义，不同的编译器
       会进行不同的处理，因此此类用法会产生歧义（-Wpointer-arith）。 */
    data++;

    (void)data;
    return (void *)0;
}

static bool foobar(int foo, unsigned int bar)
{
    double x = 0.01;
    char c = 0;

    /* 隐含的浮点数转换导致精度损失；
       开启 -Wfloat-conversion 时产生相应的警告。*/
    int i = x;

    /* 将字符类型的值和整型值相加，会产生隐含的整数转换；
       开启 -Wconversion 时产生相应的警告。*/
    c = c + 1;

    /* 开启 -Wconversion 时产生警告。*/
    c = c + foo;

    /* 被赋值的 i 变量未使用；使用如下语句可抑制相应的警告。 */
    (void)i;

    /* 对比无符号整数和有符号整数，可能产生非预期结果；
       开启 -Wsign-compare 时产生相应的警告。*/
    return bar > foo;
}

typedef int (*cb_foo) (void* data);

int typesafe(void)
{
    void *p;
    char buff[100];
```

```
    int i;
    int *ip = buff;

    /* 强制转换不兼容的函数类型时产生警告（-Wcast-function-type）。 */
    cb_foo fn;
    fn = (cb_foo)foo;
    int retv = fn(buff);

    /* 将整数强制转换为指针时产生警告（-Wint-to-pointer-cast）。 */
    p = (void *)fn(buff);

    /* 将一个指针赋值给另一个不兼容的指针时产生警告
       （-Wincompatible-pointer-types）。 */
    fn = bar;

    /* 将指针强制转换为整型值时产生警告（-Wpointer-to-int-cast）。 */
    i = (int)buff;

    foo("Hello");

    /* 使用下面的语句抑制可能的未使用警告。*/
    (void)p;
    (void)i;

    foobar(-1, 1);

    return retv;
}
```

3.2.5　逻辑运算相关的警告

　　和其他编程语言不同，一直以来，C 语言缺乏对逻辑布尔类型的直接支持。在 C99 之前，人们经常使用下面的宏来定义布尔型数据以及逻辑真假值：

```
#define BOOL int
#define TRUE 1
#define FALSE 0
```

　　自 C99 开始，情况有了一些改变。一方面，C99 内置了对 bool 类型的支持；另一方面，我们可以使用 or、and 和 not 作为关键词来编写逻辑表达式，以免和用于位运算的 &、| 等运算符混淆。

　　本质上，C99 新增的 bool 类型可以视作一个单字节长度的整数或者等价于 unsigned char 类型的整数。使用符合 C99 标准的编译器编译下面的代码并执行，将得到 "the size of bool: 1, the value of bool: 1" 的结果：

```
#include <stdbool.h>
#include <stdio.h>
```

```
int main(void)
{
    bool b = 3;
    printf("the size of bool: %u, the value of bool: %d\n",
            (unsigned)b, (int)b);
}
```

当然，使用一个单字节长度的整数表示布尔值要比直接使用 int 好一些，起码节省了内存空间。但主要的问题不在于使用 4 字节宽度的值还是 1 字节宽度的值来表示布尔值，而在于在 C 语言中，任何非零的标量值在被当作布尔值处理时，都会被视作逻辑真值，但逻辑运算的结果始终只会是 0 或 1（如上述代码中给 bool 类型变量 b 赋值 3，但打印结果是 1 的情形），分别表示逻辑假（false）和逻辑真（true）。因此，当我们将一个逻辑运算的结果和一个非零的标量值做对比时，就会出现令人困扰的情形。比如下面的写法：

```
int n = 3;
if ((n > 1) == 2)
    return 0;
```

观察上述代码，if 语句中等号的前面是一个逻辑表达式，后面是一个整数。也许上述代码的目的是对比等号两边的两个逻辑表达式是否都为 true，因此直觉上的预期结果应该是 true。但是，由于(n > 1)这一逻辑表达式的结果是 true，而在 C 语言内部，true 会被视作整型值 1 处理，加上整型值的优先级又高于逻辑值，因此上述条件判断的其实是 1 和 2 是否相等，结果为 false。

就以上需求，正确写法应该如下：

```
if ((n > 1) == !!2)
```

另一个容易引起混淆的地方在于，很多 C 标准库的接口（尤其是 POSIX 接口）在成功时返回 0，并在失败时返回-1。比如，当需要判断给定文件是否具有指定的访问许可时，我们会调用 access()函数：

```
#include <unistd.h>

int access(const char *pathname, int mode);
```

access()函数的用法如下：

```
#include <stdio.h>
#include <unistd.h>

#define MY_FILE "/tmp/foo.tmp"
...
    if (access(MY_FILE, R_OK | W_OK)) {
        perror("The file " MY_FILE " has no correct permission:");
        return -1;
    }
...
```

这很违反直觉：在 access() 函数返回逻辑值 true 的情况下，却被视作错误。

这可以说是一种习惯用法，也可以说是历史遗留问题。但无论如何，我们在 C 语言中混合使用逻辑表达式和其他标量值时，一定要小心。正因为如此，C 编译器针对各种可能的逻辑运算错误设定了相应的警告。

表 3.5 列出的逻辑运算相关警告会在开发者使用 -Wall 选项时自动开启。

表 3.5　会在开发者使用 -Wall 选项时自动开启的逻辑运算相关警告

警告	含义
-Wbool-compare	在对逻辑运算表达式或布尔型数据与不同于 true 或 false 的整数值进行比较时会产生此警告。比如，类似(n > 1) == 2 的用法就会产生这一警告
-Wbool-operation	当逻辑运算表达式或布尔型数据上存在可疑运算时会产生此警告。比如，类似 bool b = true; b++;的用法就会产生这一警告
-Wlogical-not-parentheses	在逻辑比较的左侧操作数上使用逻辑"非"操作会产生此警告。这一警告的目的在于提醒用户检测类似 !a > 1 这样含混的逻辑表达式——这一表达式可能是 !(a > 1)的误写

表 3.6 列出的逻辑运算相关警告会在开发者使用 -Wextra 选项时自动开启。

表 3.6　会在开发者使用 -Wextra 选项时自动开启的逻辑运算相关警告

警告	含义
-Wtype-limits	当由于数据类型的范围限制而使逻辑判断始终为真或始终为假时会产生此警告。比如，在 unsigned u; bool b = (n >= 0);这一写法中，因为 u 为无符号整数，所以 b 始终为 true
-Wfloat-equal	在相等比较中使用浮点值会产生此警告

下面的代码片段会产生 -Wfloat-equal 警告：

```
float x = 0.001f;
double y = 0.001;

/* 对比两种不同精度的浮点数可能导致结果不符合预期（-Wfloat-equal）。 */
if (x == y) {
    ...
}

/* 由于浮点数表达上的差异，直接对比一个浮点数运算结果和一个浮点数常量
   会导致结果不符合预期（-Wfloat-equal）。 */
if (x/x == 1.0) {
    ...
}
```

表 3.7 列出的逻辑运算相关警告需要手工开启。

表 3.7　需要手工开启的逻辑运算相关警告

警告	含义
-Wlogical-op	用于提示一些奇怪的逻辑表达式，比如将逻辑运算符用于非布尔常数的逻辑表达式，当逻辑运算符前后的表达式本质上相同时会产生此警告

下面的代码片段会产生-Wlogical-op警告：

```
int foo(unsigned n, unsigned m)
{
    /* 将逻辑运算符用于非布尔常数（这里是 5）(-Wlogical-op)。 */
    if (n & 1 & m && 5) {
        return 1;
    }

    /* 逻辑运算符&&前后的表达式本质上相同 (-Wlogical-op)。 */
    if (n & 0x01 && n & 0x01) {
        return 1;
    }
}
```

3.2.6　格式化相关警告

在 C 语言中，大量的缺陷（甚至安全漏洞）和格式化输入输出有关。举个简单的例子，我们想要用下面的代码格式化两个整数并将它们放入给定的缓冲区：

```
int a , b;
char buf[8];
...

sprintf(buf, "a = %d, b = %d", a, b);
```

显然，程序设定的缓冲区 buf 太小，只有 8 字节。就算要格式化的两个整数均为 0，格式化后的字符串 “a = 0, b = 0” 之长度也已经超过了 8 字节，何况还要在末尾添加一个空字符。因此，以上代码的执行结果将会导致缓冲区溢出。

另一种格式化导致的潜在问题和输入有关。比如在下面的例子中，我们使用 scanf 函数将用户输入的字符串格式化为一个整数和一个表示单位的字符串：

```
int   value;
char unit[3];

scanf("%d %s", &value, unit);
```

当用户按预期输入 100 cm 这样的内容并按回车键后，代码可以按预期工作；但如果用户输入了 100 centimeter，就会导致用来保存单位的字符串缓冲区溢出。

当出现缓冲区溢出时，程序会意外修改其他位置的数据。如果被格式化的内容来自怀有恶意的黑客，且被刻意准备，则可能在某些特定的情况下改变程序的预期执行行为，导致用户密码等敏感数据的泄露。而这些信息一旦被黑客掌握，就可能使黑客得到系统权限，进而完全控制计算机。

　　这类错误之所以集中在格式化输入输出领域，一方面和程序员缺乏经验，未能正确预估缓冲区的大小或者不能预料到可能的危害有关；另一方面和标准输入输出接口为方便起见而提供的变长参数函数调用方法有关。和固定参数的函数调用不同，编译器在面对变长参数的函数调用时，无法仅仅依据函数的原型声明进行参数类型的合法性检查，于是便掩盖了大量潜在的问题。

　　为了最大程度避免格式化相关问题的发生，现代编译器会通过一些静态分析手段来检查 C 标准库格式化相关接口调用中参数的合法性。比如下面的代码：

```
int a, b;
...
printf("a = %d, b = %f\n", a, b);
```

　　现代编译器通过扫描传入 printf() 函数的第一个格式化字符串常量参数，可以预期其后的两个参数应该是 int 和 double 型数据。但我们给第三个参数传递的是一个 int 型数据，因此编译器判断此处存在潜在的问题，并给出 -Wformat 警告。这一警告会在开发者使用 -Wall 选项时自动打开。

　　除了上述情况（提供给格式化函数的参数和格式化字符串不匹配），这一警告还会在如下 3 种情况下产生。

　　（1）当格式化字符串的长度为零时（可使用 -Wno-format-zero-length 选项关闭）。

　　（2）当格式化字符串包含空字符（'\0'）时（可使用 -Wno-format-contains-nul 选项关闭）。

　　（3）当提供给格式化函数的参数数量超过格式化字符串需要的参数数量时（可使用 -Wno-format-extra-args 选项关闭）。

　　表 3.8 列出了额外的一些格式化相关警告。

表 3.8　额外的一些格式化相关警告

警告	含义
-Wformat-nonliteral	当格式化字符串不是一个字符串字面值，导致无法通过扫描其内容来检查参数的有效性时，将产生此警告
-Wformat-security	存在可能的格式化安全性问题，尤其当格式化字符串由外部传入时，将产生此警告。此时编译器无法完成编译期的参数检查，而且当格式化字符串本身由外部提供时，安全风险将非常大
-Wformat-signedness	当格式化字符串要求的整型符号不匹配时，将产生此警告。比如针对无符号整数使用 %d 而不是 %u
-Wformat-overflow	当提供给 sprintf() 和 vsprintf() 等格式化函数的缓冲区大小有溢出风险时，将产生此警告
-Wformat-truncation	对函数 snprintf() 和 vsnprintf() 的调用可能导致输出被截断。利用 snprintf() 和 vsnprintf() 这两个函数，我们可以通过指定缓冲区的大小来避免缓冲区溢出，但可能由于缓冲区不够大而截断输出。此时，使用这一警告可有效检查缓冲区是否足够大

　　程序清单 3.4 列出了常见的格式化相关警告，读者可参阅其中的注释做进一步理解。

程序清单 3.4　常见的格式化相关警告

```
#include <stdio.h>
#include <stdbool.h>
```

```
#include <stdint.h>

static void foo(const char *format, int a, int b)
{
    char buf[8];

    /* 很明显，buf 缓冲区不够大，一定会造成溢出（-Wformat-overflow）。 */
    sprintf(buf, "a = %i, b = %i\n", a, b);

    /* 由外部传入的格式化字符串有可能被黑客利用（-Wformat-security）。    */
    printf(format);

    /* 尽管使用 snprintf 指定了缓冲区的大小，但由于缓冲区不够大，
       输出会被截断（-Wformat-truncation）。 */
    snprintf(buf, sizeof(buf), "a = %i, b = %i\n", a, b);
}

int format(const char *name)
{
    char buff[4];

    int i = 0;
    unsigned int u = 0;

    long int li = 0;
    unsigned long int uli = 0;

    long long int lli = 0;
    unsigned long long int ulli = 0;

    printf("Hello, %s!", name);

    /* 待格式化的第一个参数为字符串，
       但在格式化字符串中被指定为整型（-Wformat）。*/
    printf("The int: %d for %s!", name);

    /* 格式化字符串为空字符串（-Wformat-zero-length）。 */
    printf("", name);

    /* 格式化字符串中包含空字符，这会导致空字符之后的内容不被输出
       （-format-contains-nul）。*/
    printf("Hello, \0 %s:", name);

    /* 格式化字符串中只有一个待格式化的参数，但传入了两个参数
       （-Wformat-extra-args）。 */
```

```
    printf("Hello, %s!", name, i);
    return i;
}
```

3.2.7 词法警告

　　词法警告用于指出符合 C 语言的语法，但由于不严谨的写法而容易造成潜在问题或二义性的情况。开启这类警告可以帮助我们编写更加严谨的 C 代码。

　　与函数有关的词法警告主要针对函数的声明和定义。这些警告其实主要是为了解决一些历史遗留问题。比如早期的 C 代码中，一个函数在声明时如果指定了参数类型，那么这个函数在定义时就可以忽略其参数类型。更早期的 C 甚至允许省略函数的返回类型，此时函数默认的返回类型为int。

　　表 3.9 列出了主要的函数相关词法警告。

表 3.9　主要的函数相关词法警告

警告	含义
-Wmissing-parameter-type	当没有指定函数参数的类型时会产生该警告。该警告也可通过-Wextra 选项来开启
-Wstrict-prototypes	若在定义函数时省略参数类型，则产生该警告
-Wmissing-prototypes	若在定义一个全局函数之前没有看到它的原型声明，则产生该警告。开启该警告后，就可以检测全局函数（即外部函数）并未在头文件中声明的情形；如果某个非静态函数未在头文件中声明，且仅在单个源文件中使用，则应该考虑将它定义为静态类型，也就是使用 static 修饰词，以防止不必要的命名污染
-Wredundant-decls	当出现冗余的声明时会产生该警告，即使针对同一函数的多个声明是合法的且未发生改变。该警告也适用于全局变量
-Winline	当声明为 inline 的函数（即内联函数）无法内联使用时会产生该警告。这通常在声明为 inline 的函数经编译后体积过大，超出内联函数体积的限制时发生

　　表 3.10 列出了和分支语句有关的词法警告。

表 3.10　和分支语句有关的词法警告

警告	含义
-Wempty-body	如果 if、else 或 do-while 语句中出现空的执行体，则产生该警告
-Wduplicated-branches	当 if 和 else 语句中的执行体代码相同时，产生该警告
-Wduplicated-cond	当 if 和 else if 语句中的条件相同时，产生该警告
-Wdangling-else	当出现可能混淆 else 分支所属 if 语句的情况时，产生该警告。这种情况称为孤零零的（或悬挂的）else 分支，也就是没有或者无法确认对应的 if 语句
-Wimplicit-fallthrough	当 case 语句中没有显式的 break 语句，也就是出现落空（fall through）时，产生该警告。如果确认落空的 case 分支是合理的，那么在使用 GCC 或 GCC 兼容的编译器时，可通过__attribute__ ((fallthrough))或者简单添加// fall through 这样的注释来抑制该警告

　　表 3.11 列出了和结构体有关的词法警告。

表 3.11   和结构体有关的词法警告

警告	含义
-Wmissing-field-initializers	当结构体的初始化器中缺少某些成员时，产生该警告
-Wpacked	当结构体被赋予压实（packed）属性，而压实属性对结构体的布局或大小没有影响时，产生该警告
-Wpadded	当为了对齐结构体中的成员或者对齐整个结构体而在结构体中产生填白（padding）时，产生该警告。当出现这一警告时，就说明结构体的空间会被浪费。在某些情况下，通过重新排列结构体中的成员可减小结构体的体积
-Wpacked-not-aligned	当压实（packed）的结构体或联合体中包含一个未对齐但显式指定对齐的结构体时，也就是说，当要求压实的结构体或联合体中包含一个必须对齐的结构体时，产生该警告

表 3.12 列出了和数组有关的词法警告。

表 3.12   和数组有关的词法警告

警告	含义
-Wvla	当使用可变长度数组时，产生该警告。可变长度数组由 C99 标准引入，由于不同编译器的可变长度数组之实现有差异，可能会引入一些性能问题，因此可通过开启这一警告来避免使用可变长度数组
-Wvla-large-than	当可变长度数组的长度大于指定值时，产生该警告
-Wsizeof-array-argument	在函数定义中，在将 sizeof 运算符用于数组型参数时，产生该警告。产生该警告的条件可能引发严重的逻辑错误，故而该警告默认是开启的
-Warray-bounds	当数组下标始终越界时，产生该警告。该警告会在开发者使用-Wall选项时自动开启

程序清单 3.5 列出了本小节描述的常见词法警告，读者可参阅其中的注释做进一步理解。

程序清单 3.5   常见词法警告

```
#include <stdio.h>
#include <stdbool.h>
#include <stdint.h>
#include <stdlib.h>

static int foo(int n)
{
    /* 使用了可变长度数组（-Wvla）。 */
    int a[n];

    for (int i = 0; i < n; i++) {
        a[i] = 0;
    }

    switch (a[0]) {
    case 0:
```

```
        a[1] = 1;
        break;

    case 1:
        a[1] = 5;
        /* 没有显式的 break 语句（-Wimplicit-fallthrough）。 */
    case 2:
        a[1] = 9;
        /* 添加该属性以抑制-Wimplicit-fallthrough 警告。 */
        __attribute__ ((fallthrough));
    default:
        a[1] = 10;
        break;
    }

    return a[0];
}

static char a_buff[32];

static size_t bar(char a[])
{
    size_t sz;

    if (a[0])
        /* 在静态数组 a_buff 上执行 sizeof 操作，返回的是该数组的大小（32）。*/
        sz = sizeof(a_buff);
    else
        /* 在作为函数参数的数组 a 上执行 sizeof 操作，返回的是指针的长度
           （-Wsizeof-array-argument）。*/
        sz = sizeof(a);

    return sz;
}

struct s { int f, g, h; };

/* 在初始化结构体 s 时未对成员 h 进行赋值（-Wmissing-field-initializers）。 */
static struct s _x = { 3, 4 };

static struct s _y;

/* 结构体 X 出现填白（-Wpadded）。 */
struct X {
    char a;
    int b;
```

```
    int c;
};

int lexical(const char *name)
{
    int i;
    int n = 5;

    (void)name;

    /* if 和 else if 语句中的条件相同（-Wduplicated-cond）。 */
    if (n > 0) {
        i = 0;
    }
    else if (n > 0) {
        i = 1;
    }

    /* if 和 else 语句中的执行体代码相同（-Wduplicated-branches）。 */
    if (n > 0) {
        i = 0;
    }
    else {
        i = 0;
    }

    /* 空的执行体（-Wempty-body）。 */
    if (n > 0) {
    }

    char a[10];

    if (n > 0)
        if (i > 0)
            foo (10);
    /* 无法判断这个 else 语句到底跟上面哪个 if 语句匹配（-Wdangling-else）。 */
    else
        bar (a);

    /* 使用下标 11 访问数组 a 导致越界（-Warrayn-bounds）。 */
    a[11] = 0;

    i++;

    printf("_x.f: %d, _y.h: %d\n", _x.f, _y.h);
```

```
    bar();

    /* 压实属性对结构体 foo 的布局和大小没有影响（-Wpacked）。 */
    struct foo {
        int x;
        char a, b, c, d;
    } __attribute__((packed));

    struct bar {
        char z;
        struct foo f;
    };

    return 0;
}
```

3.2.8　其他警告

表 3.13 列出了 3 个不太好分类但又比较重要的警告。

表 3.13　3 个不太好分类但又比较重要的警告

警告	含义
-Wfree-nonheap-object	当调用 free() 函数以试图释放非堆对象 [堆对象指 malloc() 或 calloc() 返回的指针] 时，产生该警告。该警告可以有效避免错误的 free() 调用，它会在开发者使用-Wall 选项时自动开启
-Wrestrict	当一个对象被另一个带有约束限制的参数引用时，或当这些对象之间的内容重叠时，产生该警告。该警告会在开发者使用-Wall 选项时自动开启
-Wabsolute-value	在计算参数的绝对值时，若调用了不合适的标准函数，比如针对单精度浮点数调用 fabsf() 函数，则产生该警告

程序清单 3.6 给出了出现这 3 个警告的场景。

程序清单 3.6　其他警告

```
#include <string.h>

int others(char *p)
{
    /* stpcy()函数会复制一个字符串到指定的缓冲区，但返回指向字符串末尾的指针，
       故而调用 free(p)会产生警告（-Wfree-nonheap-object）。 */
    p = stpcpy(p, "abc");
    free(p);

    /* 下面的代码试图用字符串"abcd1234"中的后 4 个字符覆盖前 4 个字符，
       但是 strcpy()函数会写入一个空字符，
       导致无法得到预期结果（-Wrestrict）。 */
```

```
char a[] = "abcd1234";
strcpy(a, a + 4);

...

float x = 0.001f;
double y;

/* 对单精度浮点数应调用 fabsf()函数（-Wabsolute-value）。 */
y = abs(x);
y += 1.0;

return 0;
}
```

3.3　编译警告和函数属性

除了上述警告，在实际工作中，我们还会遇到其他一些警告，比如当我们使用已经废弃的标准 C 函数 gets()时，GCC 会给出如下警告：

```
#include <stdio.h>

    char buff[64];
    gets(buff);
```

```
/* warning: 'gets' is deprecated [-Wdeprecated-declarations] */
```

除了标准 C 库，在使用第三方函数库时，我们也会遇到某些函数接口被废弃的警告。正如上述警告的名称-Wdeprecated-declarations（废弃的声明）所提示的，编译器通过该函数的声明得知该函数已经被废弃，从而提示开发者避免在新代码中使用该函数。

在 C 函数库的演进中，有很多原因会导致出现某些接口被废弃的情形。比如这里提到的 gets()函数，它的作用是从标准输出中获取一整行输入并将其放入指定的缓冲区。由于不同的操作系统对标准输入行长度的定义不同，因此对传入 gets()函数的缓冲区大小要求也就不相同。更多的情况就如上面的示例代码一样，开发者随意设置一个认为“差不多”大小的缓冲区并传给 gets()函数。这当然很容易带来缓冲区溢出问题。因此，C99 首先将该函数标记为“废弃”，其后的 C11 更是直接将该函数移出了规范文档。

下面我们来看看 gets()函数在系统头文件中的声明：

```
#define __attribute_deprecated__ __attribute__ ((__deprecated__))

extern char *gets (char *__s) __attribute_deprecated__;
```

其中的__attribute__关键词用于定义函数属性。需要注意的是，函数属性并不是 C 语言标准的一部分，故而不同的编译器可能有不同的语法和实现方式。通常，我们会将常用的编译器属性定义为宏（如上面代码中的 `__attribute_deprecated__`），以提高代码的可移植性。本节仍以 GCC 以及兼容 GCC 的编译器（如 Clang）为例，说明函数属性及其用法。

本质上，函数属性通过修饰某个函数的声明来辅助编译器实现某种程度的代码分析，从而提示可能出现的缺陷或者潜在的问题。除了 deprecated 属性，其他常见的函数属性说明如下。

3.3.1 `malloc` 属性

malloc 属性表明某个函数的行为类似于 `malloc()`，也就是说，该函数返回的值可以被 `free()` 函数释放。malloc 属性主要和 -Wfree-nonheap-object 警告有关，用于告知编译器，被 malloc 属性修饰的函数，其返回值应视作从堆上分配的一个对象，故而可以安全地在其上调用 `free()` 函数以释放对应的内存。

如果查看标准库头文件，就很容易发现除了 malloc()、calloc()，strdup() 等函数也具有 malloc 属性：

```
#define __attribute_malloc__ __attribute__((__malloc__))

extern char *strdup (const char *__s) __attribute_malloc__;
```

3.3.2 `nonnull` 属性

nonnull 属性用于说明在调用某个函数时，指定的参数不能传空指针。比如常用的 memcpy() 函数，就拥有 nonnull 属性：

```
#define __attribute_nonnull__(params) __attribute__ ((__nonnull__ params))
#define __nonnull(params) __attribute_nonnull__ (params)

extern void *memcpy (void *__dest, const void *__src, size_t __n)
    __nonnull ((1, 2));
```

若使用 `__nonnull ((1, 2))` 修饰 memcpy() 函数，则表明该函数的第一个和第二个参数不能传空指针，否则将产生警告：

```
int foo(void)
{
    char buff[8];
    memcpy(buff, NULL, sizeof(buff));
    ...
}

/* warning: argument 2 null where non-null expected [-Wnonnull] */
```

上面的警告信息表明，与 nonnull 属性相关的警告是 -Wnonnull。该警告会在开发者使用 -Wall 或 -Wformat 选项时自动开启。可使用 -Wno-nonnull 选项关闭该警告。

需要说明的是，在 nonnull 属性中，参数序号从 1 算起，而不像数组下标那样从 0 算起。

进一步地，当我们在具有 nonnull 属性的函数实现中对比检查非空参数是否为空时，也会发出相应的警告，因为这种对比是没有意义的：

```
int foo(const char *p) __attribute__ ((__nonnull__ (1)));

int foo(const char *p)
{
    if (p == NULL)
        return -1;

    ...
    return 0;
}

/* warning: 'nonnull' argument 'p' compared to NULL [-Wnonnull-compare] */
```

编译器发出的警告为-Wnonnull-compare，该警告会在开发者使用-Wall 或-Wformat 选项时自动开启。可使用-Wno-nonnull-compare 选项关闭该警告。

3.3.3   `warn_unused_result` 属性

具有 warn_unused_result 属性的函数，通常会因为返回了一个新创建的对象而需要之后的代码使用其返回值，而且最后需要调用对应的销毁接口以销毁该对象，或者需要就其返回值做必要的处理，以判断相关操作是否成功。对于后一种情形，没有经验的程序员往往会忽略可能的错误，从而导致程序的执行出现非预期行为。通过使用 warn_unused_result 属性以及对应的警告（-Wunused-result），可最大程度避免这种情况的发生。

warn_unused_result 属性被用于很多常见的标准 C 函数接口，比如 POSIX 标准中的 dup()、chdir() 以及 C99 标准中的 malloc()、fopen() 等函数。

```
#define __attribute_warn_unused_result__ __attribute__ ((__warn_unused_result__))
#define __wur __attribute_warn_unused_result__

int chdir(const char *path) __wur;
```

3.3.4   `format` 属性

前面在介绍-Wformat 编译警告时，曾提到编译器可以针对 C 语言标准定义的格式化输入输出函数进行参数的有效性检查。编译器的这一能力其实也是通过函数属性实现的。比如 Glibc 的 snprintf() 函数，其原型声明如下：

```
extern int snprintf (char *__s, size_t __maxlen,
    const char *__format, ...) __attribute__ ((__format__ (__printf__, 3, 4)));
```

__format__ 函数属性的语法可表示为如下形式：

```
format(archetype, string-index, first-to-check)
```

其中 archetype 表示原型，可取__printf__、__scanf__、__wprintf__、__wscanf__

等，表示对应函数的行为类似于 printf()、scanf()、wprintf() 或 wscanf() 函数。而 string-index 和 first-to-check 分别表示格式化字符串参数的索引号（从 1 算起）以及第一个开始检查的参数的索引号。比如，若在上述 snprintf() 函数的声明中使用 __format__ 函数属性，则说明该函数的行为类似于 printf() 函数，其第 3 个参数用于指定格式化字符串，并从第 4 个参数开始检查其类型是否符合格式化字符串参数中包含的指定符的要求。

在自定义格式化输入输出的函数中，我们也可以利用这一函数属性，通过编译器检查可变参数的有效性。以 HVML 开源解释器 PurC 中用于实现格式化日志功能的 purc_log_×××() 函数为例，其声明如下：

```
#define PCA_ATTRIBUTE_PRINTF(formatStringArgument, extraArguments) \
    __attribute__((format(printf, formatStringArgument, extraArguments)))

PCA_EXPORT void
purc_log_with_tag(const char* tag, const char *msg, va_list ap)
    PCA_ATTRIBUTE_PRINTF(2, 0);

PCA_ATTRIBUTE_PRINTF(1, 2)
static inline void
purc_log_info(const char *msg, ...)
{
    va_list ap;
    va_start(ap, msg);
    purc_log_with_tag("INFO", msg, ap);
    va_end(ap);
}

PCA_ATTRIBUTE_PRINTF(1, 2)
static inline void
purc_log_debug(const char *msg, ...)
{
    va_list ap;
    va_start(ap, msg);
    purc_log_with_tag("DEBUG", msg, ap);
    va_end(ap);
}
```

在上述声明中添加该函数属性后，下面的用法将产生 -Wformat 警告：

```
purc_log_debug("%s:%s in function %s: this is a bug\n",
        __FILE__, __LINE__, __func___);
```

3.3.5 其他函数属性

函数属性尽管尚未成为 C 语言标准的一部分，但其在开源标准库 Glibc 中得到了广泛应用，这使得我们可以在编译阶段尽早发现一些潜在的问题。因此，这一特性也被其他第三方函数库广泛使用。除了前面提到的函数属性，还有如下较为实用的函数属性。

（1）__const__。该函数属性表明函数对相同的参数返回相同的结果，通常用于数学库函数：

```
int square(int) __attribute__ ((__const__));
```

该函数属性可用于代码的优化。比如，调用 square(2) 计算 2 的平方，函数返回 4。当再次调用 square(2) 时，编译器将直接返回 4 而不必真正调用 square() 函数。

（2）__unavailable__。该函数属性标记函数不可用（已被移除或者仅限内部使用）。使用该函数属性可在编译时产生警告，而不必等到链接时：

```
int removed_fn()__attribute__ ((__unavailable__));
```

（3）noreturn。该函数属性标记函数不会返回，如标准 C 函数 exit() 和 abort()。使用该函数属性可协助编译完成某种程度的逻辑检查，比如警告 exit() 或 abort() 之后的代码不会被执行：

```
void fatal(/* … */) __attribute__((__noreturn__));
void fatal(/* … */)
{
    /* … */
    /* 输出错误信息。 */
    exit(1);
    /* 此后的代码不会被执行。 */
}
```

（4）returns_nonnull。该函数属性标记函数的返回值不会为空指针。此时，若对函数的返回值做是否为空指针的判断，编译器将发出对应的警告：

```
extern void *
my_malloc(size_t len) __attribute__((__returns_nonnull__));
```

（5）visibility。该函数属性标记外部函数或全局变量在函数库之外的可见性，可取 default、hidden、internal 或 protected。我们通常使用 hidden 或 internal 来隐藏仅供函数库内部使用的外部函数或全局变量，从而有效避免命名污染：

```
void __attribute__ ((__visibility__("internal"))) an_internal_function(void);
extern int my_hidden_variable __attribute__ ((__visibility__("hidden")));
```

3.4 消除编译警告只是开始

通过编译器产生的警告信息消除程序中潜在的问题，是提高代码质量的第一步。这句话有两个方面的含义：第一，除了"零缺陷"，代码的执行效率、架构设计的合理性以及代码的可维护性等，也是我们追求高质量代码的目标；第二，编译警告可能存在误报（假阳性）或漏报（假阴性）的情形，故而不能因为消除了所有的编译警告就认为代码的质量绝对可靠。

预处理警告和词法警告，通常因为依赖于简单的规则而较少具有误报或漏报的情形。但其他警告，尤其是基于静态分析技术产生的警告，则会出现一些误报或漏报的情形。

```
const char fmt_a[] = "%s";
printf(fmt_a, 123);       /* 会产生-Wformat 警告 */

const char *fmt_b = "%s";
printf(fmt_b, 456);       /* 不会产生-Wformat 警告 */
```

上面对 printf() 函数的两次调用中，第一次会产生 -Wformat 警告，但第二次不会产生这一警告。这是因为格式化字符串被赋值给了一个指针 fmt_b，而这个指针的值可以在初始化和使用之间被修改。编译器看不到这种情况，于是不会产生相应的警告。

和漏报相反的是误报，尤其是一再检查过的正确的代码，编译器非要产生某个警告。这种情况在使用新的编译器版本或者不同的编译器时会发生，原因通常如下。

（1）由于编译器版本的升级和静态分析技术的提高，编译器可发现更多的潜在问题，因而产生警告。

（2）和漏报的情形类似，由于编译器技术的限制而产生误报。

对于第一种情形，我们应该根据编译器的提示对代码做适当修改以消除警告；对于第二种情况，我们应依照优先级采取如下手段加以应对。

❑ 在不影响正确性和性能的前提下调整代码。

❑ 使用编译器属性或者习惯用法来抑制某个警告，比如使用 // fall through 注释来抑制 case 语句的落空警告。

❑ 使用某些方法抑制警告，比如使用编译器指令临时关闭某个警告。

❑ 在命令行上使用 -Wno-×××选项来关闭某些警告。

对于上面的第三种手段，在使用 GCC 时通常的写法如下：

```
#pragma GCC diagnostic push
#pragma GCC diagnostic ignored "-Wformat"

/* 这两条指令之间的代码将不会产生-Wformat 警告。 */

#pragma GCC diagnostic pop
```

## 第 4 章

常量的定义和使用

在日常的编码工作中，程序员要和各种各样的常量打交道，比如 0、−1、0xFF、3.14、'\t'等。在 C 程序中，常量既可以硬编码到代码中，也可以定义为宏，还可以以枚举量的形式存在。对常量进行有效的管理，可以提高代码的可读性和可维护性，而很多 C 程序员不善利用这些便利手段来管理各种常量，这一方面会提高代码的维护成本，另一方面会加大代码出错的风险。

本章首先介绍了一些不善管理常量所带来的问题，然后针对这些问题阐述正确定义和使用常量的方法。作为技巧，本章随后给出了利用编译器和宏自动生成和管理常量的方法。最后，本章介绍了高效管理字符串常量的一种常见技术：字符串的原子化。

需要说明的是，我们通常也将硬编码到代码中的字符串称作常量，比如调用 printf()函数时传入的"Hello, world"字符串。从严格的计算机术语角度讲，这种字符串的正式名称为"字符串字面值"（string literal）。另外，有时我们也会将 0、−1 等硬编码到代码中的数值型常量称作"立即数"（immediate value）。在本章中，它们统称为"常量"（constant）。

4.1 常见的常量使用问题

4.1.1 立即数常量

在立即数的使用方面，第 1 种常见的问题是不区分类型使用立即数，如下面的代码所示。

```
#include <stdbool.h>

static inline bool istab(char ch)
{
    return (ch == 0x09);
}
```

以上代码存在两个问题：第一，在判断一个字符是否为制表符（Tab）的函数中，使用 0x09 降低了代码的可读性，显然没有使用'\t'来得直接；第二，0x09 将被编译器视作 int 类型，因此，在以上代码被编译后的机器指令中，将包括一条把传入的 ch 转换成 int 型数据并保存在某个 4 字节宽的寄存器中的指令，以及一条和立即数 0x09 进行对比的指令，显然前一条指令是没有必要的。

使用不正确的立即数类型，还可能带来不易排查的缺陷，如程序清单 4.1 所示。

程序清单 4.1 使用不正确的立即数类型可能在位运算中造成不易排查的缺陷

```
#if defined(__LP64__)
#    define DEF_NR_TIMERS    32
#else
#    define DEF_NR_TIMERS    64
#endif

static int first_slot;
static unsigned long expired_timer_mask;

    ...

    int slot = first_slot;
    do {
        if (expired_timer_mask & (0x01 << slot))
            break;

        slot++;
        slot %= DEF_NR_TIMERS;
        if (slot == first_timer_slot) {
            slot = -1;
            break;
        }
    } while (1);

    first_timer_slot++;
    first_timer_slot %= DEF_NR_TIMERS;

    ...
```

程序清单 4.1 的本意是通过一个 unsigned long 类型的全局静态变量 expired_timer_mask 来维护已过期的定时器，每个位对应一个定时器。因为 unsigned long 类型在 32 位和 64 位平台上的位宽不同，故而通过这种方式管理的定时器在 32 位平台上有 32 个，而在 64 位平台上有 64 个。对此，程序最开始的条件编译指令，会根据判断是否定义有 __LP64__ 这一内置的宏而赋予 DEF_NR_TIMERS 不同的值。紧接着，在 do { ... } while (1) 循环中，代码通过逐个检查 expired_timer_mask 中置 1 的位，来判断对应的定时器是否到期。当跳出这个循环时，如果 slot 的值大于或等于 0，则表明找到一个到期的定时器；如果 slot 的值小于 0，则表示没有找到到期的定时器。

> **知识点：表示长整数位宽的内置宏**
>
> __LP64__ 是一个约定俗成的编译器内置宏，用来表明当前平台上 long 型数据和指针（pointer）的位宽均为 64 位，这通常就是指 64 位平台。类似地，定义有 __LP32__ 这个内置宏的则是 32 位平台，表明 long 型数据和指针的位宽均为 32 位。出现这些内置宏的原因，在

于不同的 C 编译器在处理 long 型数据时采取的策略不同。比如，和 GCC 等主流编译器不同，某些编译器可能会在 64 位平台上将 long 型数据视作 32 位整型处理，而将 long long 型数据视作 64 位整型处理，此种情况便需要定义 __LLP64__ 这一内置宏。

　　程序清单 4.1 中的代码在 32 位系统中可正常工作，但在 64 位系统中不能正常工作。原因在于，0x01 << slot 这条语句中的立即数 0x01 会被编译器视作 int 型处理，而 int 型数据在 64 位平台上的位宽为 32 位。因此，当 slot 的取值大于 31 时，0x01 << slot 的结果（如 0x01 << 32）将始终为 0，从而导致无法检测到另外 32 个定时器是否到期。对于这样一个缺陷，目前的编译器无法给出相应的编译警告，因而非常难以排查。读者可以思考一下，就这个缺陷，我们应该如何解决？

　　在立即数的使用方面，第 2 种常见的问题是直接用常量定义数组的大小，如下面的代码所示。

```
static void foo(const char *user_name, const char *file_name)
{
    char buf[1024];
    sprintf(buf, "/home/%s/%s", user_name, file_name);

    ...
}

static void bar(long long int ll)
{
    char buf[16];
    sprintf(buf, "result: %lld", ll);
    ...
}
```

　　上面这段代码中的 foo() 函数定义了一个 1024 大小的字符数组缓冲区，用于拼接生成一个给定文件的完整路径名。显然，1024 大小的缓冲区通常来讲已经足够大，但在某些情况下仍会导致缓冲区溢出。比如黑客可能刻意制造一个很长的用户名及文件名来执行这段代码，并利用缓冲区溢出来访问程序中保存的敏感内容。上面这段代码中的 bar() 函数定义了一个缓冲区来格式化一个 long long int 类型的数据，但显然只要传入的 ll 值足够大或足够小，就会导致缓冲区溢出。当然，对于后一种情况，在开启了 -Wformat 编译警告选项的情况下，编译器会给出适当的编译警告。

　　在立即数的使用方面，第 3 种常见的问题是直接使用立即数进行位运算，如下面的代码所示。

```
static inline bool is_xxx(unsigned int flags)
{
    return flags & 0x0001;
}

static inline unsigned int set_xxx(unsigned int flags)
{
    return flags | 0x0001;
}
```

```
static inline bool is_yyy(unsigned int flags)
{
    return flags & 0x0002;
}

static inline unsigned int set_yyy(unsigned int flags)
{
    return flags | 0x0002;
}
```

如上面这般书写代码，带来的问题如下：第一，当直接使用立即数 0x0001 或 0x0002 定义位运算的掩码值（mask value）时，掩码值不易辨识，从而降低代码的可读性；第二，当掩码值发生变化时，维护起来很麻烦，容易引入缺陷，从而降低代码的可维护性。

在立即数的使用方面，第 4 种常见的问题是在 switch 语句中使用立即数而不是枚举量，如下面的代码所示。

```
const char* get_method_name(int method)
{
    switch (method) {
    case 0:
        return "foo";
    case 1:
        return "bar";
    case 2:
        return "baz";
    case 3:
        return "qux";
    default:
        return "foobar";
    }
}
```

如上面这般使用 switch 语句，带来的问题如下：第一，在 case 语句中直接使用立即数，掩盖了代码的意义，从而降低代码的可读性；第二，当需要新增更多 method 可取的值时，编译器无法帮助我们判断是否有遗漏，从而降低代码的可维护性。

4.1.2 字符串常量

在字符串常量的使用方面，第 1 种常见的问题是对重复出现的字符串常量不使用宏定义，如下面的代码所示。

```
static struct pcdvojbs_dvobjs text[] = {
    { "head",      text_head_getter, NULL },
    { "tail",      text_tail_getter, NULL }
};
```

```
static struct pcdvojbs_dvobjs  bin[] = {
    { "head",      bin_head_getter, NULL },
    { "tail",      bin_tail_getter, NULL }
};
```

上述代码看似没有问题，但如果仔细观察，就会发现第二个"tail"被拼写成了"tail"，也就是出现了不易辨识的拼写错误。对于这种字符串常量中出现的拼写错误，编译器无法给出任何抱怨信息，但会导致程序无法正常运行。一旦遇到此类问题，排查起来就会非常困难。

在字符串常量的使用方面，第 2 种常见的问题是不善管理长字符串常量，如下面的代码所示。

```
n = snprintf (buff, sizeof(buff),
        "{\"packetType\":\"error\", \"protocolName\":\"%s\", \"protocolVersion\":%d,
         \"retCode\":%d, \"retMsg\":\"%s\" }",
        HIBUS_PROTOCOL_NAME, HIBUS_PROTOCOL_VERSION,
        err_code, hibus_get_ret_message (err_code));
```

上述代码调用 snprintf() 函数以构建一个 JSON 字符串，但由于其中含有双引号且内容较长，代码长度超过了第 1 章提到的"80 列"这条红线。经验不足的 C 程序员遇到这类长字符串的情形，往往不知道如何处理，于是便将长长的字符串放在同一行，从而导致代码的可读性急剧下降。

知识点：JSON

JSON（JavaScript Object Notation，JavaScript 对象表示法）是一种轻量级的数据交换格式，JSON 数据易于人类阅读和编写，同时也易于计算机解析和生成。从 JSON 的名称可知，这种结构化数据的表示法源于 JavaScript 编程语言——Web 应用的唯一编程语言，这种编程语言以易学易用著称。JSON 采用完全独立于编程语言的文本格式，但也使用了类似于 C 语言家族（包括 C、C++、C#、Java、JavaScript、Perl、Python 等）的习惯。这些特性使得 JSON 成为理想的数据交换格式，JSON 是目前跨平台、框架和编程语言的最为流行的数据交换格式。

在字符串常量的使用方面，第 3 种常见的问题是混淆字符串常量、字符数组和指针之间的区别，如下面的代码所示。

```
#include <assert.h>

#define NAME "foo"
#define EXT  ".bar"

static const char* name = "bar";

int main(void)
{
    char buf1[] = "bar";
    char buf2[10] = "foobar";
    char buf3[4] = "foobar";
```

```
const char *name1 = "foobar";
const char *name2 = "foobar";

/* Which assertion will fail? */
assert(sizeof(NAME) == 4);
assert(sizeof(buf1) == 4);
assert(sizeof(buf2) == 10);
assert(sizeof(buf3) == 4);
assert(name1 == name2);
assert(sizeof(name) == 4);
assert(sizeof(EXT) == 4);

return 0;
}
```

读者可以先自己思考一下，以上代码的哪一个或哪几个 assert()测试会失败？具体分析如下。

❑ 对字符串常量求 sizeof，其结果是字符串长度加上字符串末尾的空字符所得的占用空间总字节数。故而 sizeof(NAME) 的值为 4，而 sizeof(EXT) 的值为 5。assert(sizeof(EXT) == 4)测试将失败。

❑ 使用字符串常量对字符数组赋值，相当于使用字符串常量初始化字符数组，也就是将字符串常量复制到字符数组中。若没有明确定义字符数组的长度，则字符数组的长度等同于字符串常量所占空间。故而 sizeof(buf1) 的值为 4，但 sizeof(buf2) 的值仍然为 10，且 sizeof(buf3) 的值仍然为 4。编译器会发出警告，指出字符串常量"foobar"的长度大于字符数组 buf3 的长度；若忽略警告，程序将产生缓冲区溢出，在上述代码环境中，这会导致栈帧数据被破坏，程序无法正常执行。

❑ 对指针求 sizeof，其结果取决于系统指针的位宽，在 32 位系统上为 4 字节，在 64 位系统上为 8 字节。因此，assert(sizeof(name) == 4)测试将在 64 位系统上失败。

❑ 编译器会将相同的字符串常量保存于单个只读数据区，故而 name1 和 name2 两个指针将指向同一个地址，也就是说，name1 和 name2 的值是相等的。

4.2　正确定义和使用常量

4.2.1　立即数常量

首先，我们回顾一下 C 语言中不同类型立即数的表达方式。

下面的代码给出了字符类型立即数的表达方式，注意其中的注释。

```
char ch;
unsigned char uch;

ch = '\xFF';    /* 十六进制。 */
ch = '\024';    /* 八进制，由1~3个小于8的数字组成，很少用到。 */
```

```
uch = '\xFF';    /* 十六进制。 */
uch = '\124';    /* 八进制，由 1~3 个小于 8 的数字组成，很少用到。 */
```

下面的代码给出了不同位宽和符号的整数类型立即数的表达方式，注意前缀和后缀。

```
int i = 100;
unsigned int u;

u = 100;                        /* 十进制。 */
u = 0124;                       /* 0 作为前缀，八进制。 */
u = 0x80000000U;                /* 0x 作为前缀，十六进制。 */
u = (unsigned int)-1;           /* 0xFFFFFFFF */
u = (unsigned int)-2;           /* 0xFFFFFFFE */

long l = 0x80000000L;           /* 后缀：l/L。 */
unsigned ul = 0x80000000UL;     /* 后缀：U、L，顺序和大小写无关。 */

long long ll = 0x8000000000000000LL;
unsigned long long ull = 0x8000000000000000ULL;
```

下面的代码给出了不同精度的浮点数立即数的表达方式，注意后缀。

```
float f1 = 0.1F;
double f2 = 0.1;                /* 默认为双精度浮点数，故而不使用后缀。 */
long double f3 = 0.1L;
```

回顾完以上内容，我们再来看看 4.1 节中那些误用代码的正确写法。

首先，在给字符类型的变量赋值或者做对比时，应使用专用于表示字符的立即数写法，如下面的代码所示。

```
#include <stdbool.h>

static inline bool istab(char ch)
{
    return (ch == '\t');
}
```

其次，当涉及位运算时，应使用正确的立即数后缀来确保被操作的立即数有足够的位宽，以避免潜在的问题。如程序清单 4.2 所示，只要将 0x01 << slot 的写法修改成 0x01UL << slot，4.1 节提到的在 64 位平台上运行不正常的问题就会迎刃而解！

程序清单 4.2   在位运算中使用正确的立即数类型

```
#if defined(__LP64__)
#   define DEF_NR_TIMERS    32
#else
#   define DEF_NR_TIMERS    64
#endif
```

```
static int first_slot;
static unsigned long expired_timer_mask;

    ...

    int slot = first_slot;
    do {
        /* XXX: use UL suffix here! */
        if (expired_timer_mask & (0x01UL << slot))
            break;

        slot++;
        slot %= DEF_NR_TIMERS;
        if (slot == first_timer_slot) {
            slot = -1;
            break;
        }
    } while (1);

    first_timer_slot++;
    first_timer_slot %= DEF_NR_TIMERS;

    ...
```

再次，应尽可能使用宏或者 C 标准库中定义的常量宏来定义缓冲区的大小，以获得足够的兼容性，并避免缓冲区溢出。

程序清单 4.3 中的代码使用 stdlib.h 头文件中定义的 PATH_MAX 常量宏来定义用作拼接路径名的缓冲区的大小。

程序清单 4.3　使用 C 标准库中定义的常量宏确保缓冲区有足够的大小

```
#include <stdio.h>
#include <stdlib.h>          /* 为了使用 PATH_MAX 常量宏。 */

#define FILE_EXT_TXT    ".txt"

    ...

    /* 确保缓冲区有足够的大小。 */
    char buf[PATH_MAX + 1];
    int n;

    /* 使用函数 snprintf()而不是 sprintf()拼接路径名，并检查返回值。 */
    n = snprintf(buf, sizeof(buf), "/home/%s/%s" FILE_EXT_TXT,
            user_name, file_name);
```

```
if (n < 0) {
    /* snprintf()内部错误。 */
    ...
}
else if ((size_t)n >= sizeof(buf)) {
    /* 格式化结果被截断, 表明缓冲区太小。 */
    ...
}
else {
    /* 拼接一切正常 */
}
```

　　程序清单 4.4 中的代码使用宏定义参与位运算的标志常量。一方面, 标志位的定义被集中置于代码的同一位置, 可方便统一查看或修改; 另一方面, 当标志常量的值因为某些原因需要调整时, 不用对代码做任何修改。

程序清单 4.4　使用宏定义参与位运算的标志常量

```
#define FLAG_XXX        0x0001
#define FLAG_YYY        0x0002
#define FLAG_ZZZ        0x0004

static inline bool is_xxx(unsigned int flags)
{
    return flags & FLAG_XXX;
}

static inline unsigned int set_xxx(unsigned int flags)
{
    return flags | FLAG_XXX;
}

static inline bool is_yyy(unsigned int flags)
{
    return flags & FLAG_YYY;
}

static inline unsigned int set_yyy(unsigned int flags)
{
    return flags | FLAG_YYY;
}

static inline bool is_zzz(unsigned int flags)
{
    return flags & FLAG_ZZZ;
}
```

```
static inline unsigned int set_zzz(unsigned int flags)
{
    return flags | FLAG_ZZZ;
}
```

下面的代码来自 MiniGUI，其中在单个长整数中混合使用了标志位（flag bit）和标识符（identifier）。

```
/* 使用最低 4 位表示窗口类型，可取 16 个值。 */
#define WS_EX_WINTYPE_MASK          0x0000000FL

/* 这是 5 个用来表示特定窗口类型的标识符。 */
#define WS_EX_WINTYPE_TOOLTIP       0x00000001L
#define WS_EX_WINTYPE_GLOBAL        0x00000002L
#define WS_EX_WINTYPE_SCREENLOCK    0x00000003L
#define WS_EX_WINTYPE_DOCKER        0x00000004L
#define WS_EX_WINTYPE_NORMAL        0x00000005L

/* 这是两个用来表示窗口圆角风格的标识符，它们分别表示顶部圆角或底部圆角。 */
#define WS_EX_TROUNDCNS             0x00000010L
#define WS_EX_BROUNDCNS             0x00000020L
```

可以使用这些宏来创建具有特定窗口类型和圆角风格的窗口，代码如下：

```
CreateMainWindow(...,
        WS_EX_TROUNDCNS | WS_EX_WINTYPE_NORMAL,
        ...);
```

在 MiniGUI 内部，可以使用如下代码来区别窗口类型：

```
switch (window_style & WS_EX_WINTYPE_MASK) {
    case WS_EX_WINTYPE_TOOLTIP:
        ...
        break;

    case WS_EX_WINTYPE_GLOBAL:
        ...
        break;

    case ...
        break;

    default:
        /* 未知类型 */
        break;
}
```

而使用如下代码来判断是否具有指定的圆角风格：

```
if (window_style & WS_EX_TROUNDCNS) {
    /* 顶部圆角 */
```

```
    ...
}

if (window_style & WS_EX_BROUNDCNS) {
    /* 底部圆角 */
    ...
}
```

最后，应在适合的场景下定义枚举量，并在 switch 语句中使用 case 涵盖所有的枚举值，如程序清单 4.5 所示。

程序清单 4.5　使用枚举量和 switch 语句

```
typedef enum {
    IDM_FOO = 0,
    IDM_BAR,
    IDM_BAZ,
    IDM_QUX,
} method_k;

const char* get_method_name(method_k method)
{
    switch (method) {
    case IDM_FOO:
        return "foo";
    case IDM_BAR:
        return "bar";
    case IDM_BAZ:
        return "baz";
    case IDM_QUX:
        return "qux";
    }

    return NULL;
}
```

显然，相比使用 0、1、2 这样的立即数，使用包含恰当命名的枚举值可以让代码具有清晰的语义，从而大大提高代码的可读性。

另外，如果我们后期需要增加一个新的枚举值 IDM_FOOBAR，那么不妨将 method_k 的枚举量定义调整为如下形式：

```
typedef enum {
    IDM_FOO = 0,
    IDM_BAR,
    IDM_BAZ,
    IDM_QUX,
    IDM_FOOBAR,
} method_k;
```

此时，如果忘记修改对应的 switch 语句，编译器就会"抱怨"：switch 语句未处理 IDM_FOOBAR 这一枚举值（GCC 警告信息：enumeration value IDM_FOOBAR not handled in switch [-Wswitch]）。借助这一编译警告，我们就可以及时发现潜在的问题，从而提高代码的可维护性。也正因如此，当我们在 switch 语句中使用枚举量时，应谨慎使用 default 分句，否则编译器无法给出这一编译警告。

4.2.2 字符串常量

如 4.1 节所述，编译器无法检查字符串常量内部的拼写错误。不过借助人工智能技术，也许在不久的将来，编译器可以发现这类潜在的问题。但目前避免这一问题的最佳解决办法，是针对可能多次重复出现在源代码中的字符串常量使用宏定义，如下面的代码所示。

```
#define DVOBJ_METHOD_FILE_HEAD   "head"
#define DVOBJ_METHOD_FILE_TAIL   "tail"

    static struct pcdvojbs_dvobjs text[] = {
        { DVOBJ_METHOD_FILE_HEAD, text_head_getter, NULL },
        { DVOBJ_METHOD_FILE_TAIL, text_tail_getter, NULL }
    };

    static struct pcdvojbs_dvobjs  bin[] = {
        { DVOBJ_METHOD_FILE_HEAD, bin_head_getter, NULL },
        { DVOBJ_METHOD_FILE_TAIL, bin_tail_getter, NULL }
    };
```

使用宏之后，如果我们将宏 DVOBJ_METHOD_FILE_HEAD 或 DVOBJ_METHOD_FILE_TAIL 拼写错了，编译器一定会很早就发出错误，从而协助我们避免问题或者尽早暴露问题。

对于长字符串常量，使用 C 语言提供的连接多个字符串常量的语法即可解除烦恼。如下面的代码所示，我们可以将长字符串常量拆分为多个小的字符串常量，编译器会自动将相邻的字符串常量拼接成一个大的字符串常量。

```
int n = snprintf(buff, sizeof(buff),
        "{"
        "    \"packetType\": \"error\","
        "    \"protocolName\": \"%s\","
        "    \"protocolVersion\": %d,"
        "    \"retCode\": %d,"
        "    \"retMsg\": \"%s\""
        "}",
        HIBUS_PROTOCOL_NAME, HIBUS_PROTOCOL_VERSION,
        err_code, hibus_get_ret_message(err_code));
```

4.3 优雅定义和使用常量

4.3.1 借助编译器

程序清单 4.3 使用 PATH_MAX 宏定义了用来拼接路径名的缓冲区的大小。但如果仔细分析需求，我们会发现待拼接的路径名具有固定的格式：

```
/home/<user_name>/<file_name>.txt
```

通常 PATH_MAX 对应的值为 4096，而单个目录名或者文件名的长度可通过 NAME_MAX 获得，通常为 255。也就是说，上述格式的完整路径名之长度会远远小于 4096（大致为 550 字节长）。因此，我们可以使用如下代码来确定缓冲区的大小，从而降低运行这段代码时的栈帧尺寸：

```c
#include <stdio.h>
#include <stdlib.h>      /* for PATH_MAX and NAME_MAX */

#define HOME_PREFIX      "/home"
#define FILE_SUFFIX      ".txt"

    ...

    char buf[sizeof(HOME_PREFIX) + (NAME_MAX + 1) * 2 + sizeof(FILE_EXT_TXT)];
    int n = snprintf(buf, sizeof(buf), HOME_PREFIX "/%s/%s" FILE_SUFFIX,
            user_name, file_name);

    ...
```

在上面的代码中，我们使用了针对字符串常量的 sizeof 运算符，以获取包含'\0'在内的路径前缀（/home）和文件名后缀（.txt）所占空间的字节数，并使用(NAME_MAX + 1) * 2 算得/home 之后的用户名和文件名的最大长度（包括目录分隔符在内）。这样，我们便可以更加精确地通过上面的表达式来确定缓冲区的大小，而且编译器在预编译阶段便可计算好缓冲区的大小，不影响执行效率。显然，使用这样的技巧比笼统地使用 PATH_MAX 要优雅很多。

类似地，我们还可以利用编译器计算格式化整型值时的缓冲区大小。下面的代码给出了一种使用场景。

```c
#include <stdio.h>

#define ERR_UNKNOWN      1000
#define ERR_FOO          1999

#define ERR_MAX          ERR_FOO

#define _STRINGIFY(x)    #x
#define STRINGIFY(x)     _STRINGIFY(x)

#define ERR_CODE_MAX    STRINGIFY(ERR_MAX)

...

    char buf[sizeof(ERR_CODE_MAX)];
    sprintf(buf, "%d", ERR_FOO);
```

在上面的代码中，已知错误码的取值范围是 1000～1999。通过将特定词元（token）转换为字符串常量的预处理指令"#"，我们可以得到最大的错误码所对应的字符串常量，然后使用 sizeof 运算符便可求得按十进制格式化单个错误码所需的缓冲区大小（字符串末尾的空字符也包含在内）。如果我们使用 C 标准库中定义的 INT_MAX 等宏，则可以类似获得按十进制格式化一个 int 型数据所需的缓冲区大小（注意由于可能包含负号，故而需要在 sizeof 结果之上再加 1）。

接下来的例子巧妙使用枚举量和宏，让编译器帮我们计算特定的常量值，从而提高代码的可维护性，如下面的代码所示。

```
typedef enum purc_variant_type {
    PURC_VARIANT_TYPE_FIRST = 0,

    PURC_VARIANT_TYPE_UNDEFINED = PURC_VARIANT_TYPE_FIRST,
    PURC_VARIANT_TYPE_NULL,
    PURC_VARIANT_TYPE_BOOLEAN,
    PURC_VARIANT_TYPE_NUMBER,
    PURC_VARIANT_TYPE_LONGINT,
    PURC_VARIANT_TYPE_ULONGINT,
    PURC_VARIANT_TYPE_LONGDOUBLE,
    PURC_VARIANT_TYPE_ATOMSTRING,
    PURC_VARIANT_TYPE_STRING,
    PURC_VARIANT_TYPE_BSEQUENCE,
    PURC_VARIANT_TYPE_DYNAMIC,
    PURC_VARIANT_TYPE_NATIVE,
    PURC_VARIANT_TYPE_OBJECT,
    PURC_VARIANT_TYPE_ARRAY,
    PURC_VARIANT_TYPE_SET,

    /* XXX: change this if you append a new type. */
    PURC_VARIANT_TYPE_LAST = PURC_VARIANT_TYPE_SET,
} purc_variant_type_k;

#define PURC_VARIANT_TYPE_MIN    PURC_VARIANT_TYPE_FIRST
#define PURC_VARIANT_TYPE_MAX    PURC_VARIANT_TYPE_LAST
#define PURC_VARIANT_TYPE_NR     \
    (PURC_VARIANT_TYPE_MAX - PURC_VARIANT_TYPE_MIN + 1)
```

上述代码来自 HVML 开源解释器 PurC。这些代码使用枚举量定义了所有的变体类型，但使用了两个别名，分别是 PURC_VARIANT_TYPE_FIRST 和 PURC_VARIANT_TYPE_LAST。然后利用这两个别名枚举值定义了 PURC_VARIANT_TYPE_MIN 和 PURC_VARIANT_TYPE_MAX 宏，之后使用这两个宏定义了 PURC_VARIANT_TYPE_NR 宏，也就是变体类型的数量。

有了上面的宏定义，当需要按照变体类型的数量分配空间时，使用 PURC_VARIANT_TYPE_NR 宏即可，比如下面的代码：

```
struct purc_variant_stat {
    size_t nr_values[PURC_VARIANT_TYPE_NR];
    size_t sz_mem[PURC_VARIANT_TYPE_NR];
```

```
    size_t nr_total_values;
    size_t sz_total_mem;
    size_t nr_reserved;
    size_t nr_max_reserved;
};
```

如此处理后，如果后期我们在 PurC 中添加了一种新的变体类型，我们只需要维护好正确的
PURC_VARIANT_TYPE_LAST 值即可，PURC_VARIANT_TYPE_NR 的值将会自动变化。当然，在
使用枚举值时，我们还可以利用编译器来检查 switch 变体语句的 case 分句是否有未涵盖特定变
体类型的情形。

4.3.2   使用宏生成常量和代码

进一步地，我们还可以使用预处理宏来自动生成常量甚至代码，如程序清单 4.6 所示。

程序清单 4.6   使用宏生成常量

```
enum method_id {
    DVOBJ_METHOD_head,
    DVOBJ_METHOD_tail,
};

#define METHOD_ID(name)     DVOBJ_METHOD_##name
#define METHOD_STR(name)    #name

static struct method_id_2_name {
    int         id;
    const char* name;
} method_id_2_name_map[] = {
    { METHOD_ID(head), METHOD_STR(head) },
    { METHOD_ID(tail), METHOD_STR(tail) },
};
```

程序清单 4.6 利用预处理器指令 "##" 来连接两个词元，并利用预处理指令 "#" 来生成词元
的字符串常量。因此，最后形成的结构体数组（method_id_2_name_map）的实际内容如下：

```
method_id_2_name_map[] = {
    { DVOBJ_METHOD_head, "head" },
    { DVOBJ_METHOD_tail, "tail" },
};
```

下面的代码使用了上述结构体数组：

```
#define TABLESIZE(x)    (sizeof(x)/sizeof(x[0]))

    for (size_t i = 0; i < TABLESIZE(method_id_2_name_map); i++) {
        ...
    }
```

类似地，我们还可以利用预处理器指令"##"来生成简短的源代码。下面的代码使用宏定义了两个函数模板：

```
#define FLAG_xxx        0x0001
#define FLAG_yyy        0x0002

#define IS_ENABLED(name) \
static inline bool is_##name##_enabled(unsigned int flags) \
{ \
    return flags & FLAG_##name; \
}

#define ENABLE(name) \
static inline unsigned int enable_##name(unsigned int flags) \
{ \
    return flags | FLAG_##name; \
}
```

针对 FLAG_xxx 的两个操作函数可以使用如下代码来生成：

```
IS_ENABLED(xxx)
ENABLE(xxx)
```

上面的两个宏展开后的代码如下：

```
static inline bool is_xxx_enabled(unsigned int flags)
{
    return flags & FLAG_xxx;
}

static inline unsigned int enable_xxx(unsigned int flags)
{
    return flags | FLAG_xxx;
}
```

当增加新的标志位时，只需要添加 3 行代码即可：

```
#define FLAG_zzz        0x0004
...


IS_ENABLED(zzz)
ENABLE(zzz)
```

4.3.3　巧用编译时断言

回顾程序清单 4.6 中的代码，这些代码使用枚举量和宏自动构造了一个标识符和名称之间的映射表。由于通常会将枚举量的声明放置到头文件中，而将映射表的代码放置到源文件中，因此当我们增加一个新的枚举值时，经常会忘记修改所有可能受影响的代码，从而导致一些不易发现的缺陷。针对此种情况，我们可以使用编译时断言宏，如程序清单 4.7 所示。

程序清单 4.7 使用编译时断言宏

```
enum method_id {
    DVOBJ_METHOD_first = 0,
    DVOBJ_METHOD_head = DVOBJ_METHOD_first,
    DVOBJ_METHOD_body,
    DVOBJ_METHOD_tail,

    DVOBJ_METHOD_last = DVOBJ_METHOD_tail,
};

#define DVOBJ_METHOD_MAX     DVOBJ_METHOD_last
#define DVOBJ_METHOD_MIN     DVOBJ_METHOD_first
#define DVOBJ_METHOD_NR      (DVOBJ_METHOD_MAX - DVOBJ_METHOD_MIN + 1)

#define METHOD_ID(name)      DVOBJ_METHOD_##name
#define METHOD_STR(name)     #name

static struct method_id_2_name {
    int         id;
    const char* name;
} method_id_2_name_map[] = {
    { METHOD_ID(head), METHOD_STR(head) },
    { METHOD_ID(tail), METHOD_STR(tail) },
};

/* 使用编译时断言确保 method_id_2_name_map 覆盖所有的 method_id 枚举值。 */
#define _COMPILE_TIME_ASSERT(name, x)                            \
        typedef int _dummy_ ## name[(x) * 2 - 1]

#define _TABLESIZE(x)     (sizeof(x)/sizeof(x[0]))

_COMPILE_TIME_ASSERT(methods, _TABLESIZE(method_id_2_name_map) ==    \
        DVOBJ_METHOD_NR);

#undef _TABLESIZE
#undef _COMPILE_TIME_ASSERT
```

程序清单 4.7 定义了一个 _COMPILE_TIME_ASSERT 宏，这个宏根据 x 的值使用 typedef 定义了一个整数数组类型。

若 name 取 methods，当 x 的值为 1 时，这个宏展开后的结果为

```
typedef int _dummy_methods[1];
```

当 x 的值为 0 时，这个宏展开后的结果为

```
typedef int _dummy_methods[-1];
```

第一个类型定义语句不存在问题，而且编译生成的代码也不会产生任何实际效果。但第二个类型定义语句将在编译时产生编译错误：试图定义一个长度为负数的数组类型。当传入这个宏的 x 参数刚好是一个逻辑真假值时，就很容易让逻辑假值（false 或 0）触发编译错误，从而帮助我们在编译时发现错误所在。

观察程序清单 4.7 中的代码，method_id_2_name_map 映射表中的成员个数是 2，而因为我们在 method_id 枚举量中添加了一个新的枚举值，故而 DVOBJ_METHOD_NR 的值是 3。这将导致编译时断言失败，从而产生对应的编译错误。将上述代码保存为 compile-time-assert.c，使用 GCC 编译的结果如下：

```
$ gcc -Wall -c compile-time-assert.c
compile-time-assert.c:28:20: error: size of array '_dummy_methods' is negative
   28 |          typedef int _dummy_ ## name[(x) * 2 - 1]
      |                        ^~~~~~~
compile-time-assert.c:32:1: note: in expansion of macro '_COMPILE_TIME_ASSERT'
   32 | _COMPILE_TIME_ASSERT(methods, _TABLESIZE(method_id_2_name_map) ==     \
      | ^~~~~~~~~~~~~~~~~~~~
```

显然，巧妙利用编译时断言能帮助我们及早发现代码中隐含的错误，从而大大提升代码的可维护性。

4.4 字符串的原子化

在本章的最后，我们介绍一种用于高效管理字符串常量的常见技术：字符串的原子化。这一技术常用于编译器或者解析器的关键词处理。就 C 语言来讲，其关键词有 if、else、do、while、for 等。当我们要开发一个 C 语言编译器时，如何快速确定一个词元是否为预定义关键词，并针对不同的关键词做相应的处理呢？

如果不使用字符串的原子化这一技术，通常的做法便是使用 strcmp() 函数依次对比各个关键词，然后做相应的处理。代码大致如下：

```
if (strcmp(token, "if") == 0) {
    ...
}
else if (strcmp(token, "else") == 0) {
    ...
}
...
```

显然，这样的处理效率很低。而使用字符串的原子化技术，则可以简化这一处理并在某种程度上提高代码的执行效率。

　　字符串的原子化是指对多个已知的字符串常量，建立整数值和字符串常量之间的一一映射关系，而这个整数就称为原子（atom）或者夸克（quark）。此后，给定一个字符串，就可以获得对应的原子值，也可以通过一个原子值快速获得对应的字符串常量。字符串的原子化可以带来如下 3 个方面的好处。

- 原先要使用指针保存字符串地址的地方，现在只需要存储一个整数。
- 原先需要通过调用 strcmp() 函数来对比字符串的地方，现在可以使用==做对比。
- 原先使用多条 if else 语句的地方，现在可以使用 switch 语句。

　　对字符串进行原子化的背后，通常会有一个哈希表或者红黑树，用于维持字符串的唯一性，另有一个所有数组元素已加入原子化管理的字符串的地址数组，用于记录原子值和字符串常量之间的一一映射关系。相关实现细节见第 11 章。

　　在开源的 HVML 解释器 PurC 中，有关字符串原子化的基本接口如下：

```
typedef uintptr_t purc_atom_t;

/* 获取指定字符串的原子值；若尚未加入映射表，则添加一条记录。*/
purc_atom_t purc_atom_from_string(const char* string);

/* 判断一个字符串是否被原子化；若返回 0，则表明尚未加入映射表。*/
purc_atom_t purc_atom_try_string(const char* string);

/* 通过原子值获得对应字符串的指针。 */
const char* purc_atom_to_string(purc_atom_t atom);
```

　　就上面判断给定词元是不是 C 语言关键词的代码，对关键词执行原子化处理后，代码将变成下面这样。

```
purc_atom_t atom = purc_atom_try_string(token);

if (atom) {
    if (atom == keyword_atoms[C_KEYWORD_IF]) {
        /* if 关键词 */
        ...
    }
    else if (atom == keyword_atoms[C_KEYWORD_ELSE]) {
        /* else 关键词 */
        ...
    }
    ...
}
else {
    /* 不是 C 语言关键词 */
}
```

　　上面的代码使用了一个 keyword_atoms 数组，该数组应在程序初始化时对 C 语言关键词做原子化处理，如程序清单 4.8 所示。

程序清单 4.8　在程序初始化时对关键词做原子化处理

```
enum {
    C_KEYWORD_FIRST = 0,
    C_KEYWORD_IF = C_KEYWORD_FIRST,
    C_KEYWORD_ELSE,
    ...
    C_KEYWORD_GOTO,


    C_KEYWORD_LAST = C_KEYWORD_GOTO,
};

#define C_KEYWORD_MAX      C_KEYWORD_LAST
#define C_KEYWORD_MIN      C_KEYWORD_FIRST
#define C_KEYWORD_NR       (C_KEYWORD_MAX - C_KEYWORD_MIN + 1)

/* 关键词数组。*/
static const char *keywords[C_KEYWORD_NR] = {
    "if",
    "else",
    ...
    "goto",
};

static purc_atom_t keyword_atoms[C_KEYWORD_NR];

int init_keyword_atoms(void)
{
    /* 调用 purc_atom_from_string()函数对所有关键词做原子化处理，
       获取它们的原子值并保存在 keyword_atoms 数组中。 */
    for (size_t i = 0; i < C_KEYWORD_NR; i++) {
        keyword_atoms[i] = purc_atom_from_string(keywords[i]);
    }

    return 0;
}
```

## 第5章

充分利用构建系统生成器

作为 C 程序员，免不了和构建系统打交道。简言之，构建系统用于从源文件自动生成我们需要的最终目标文件，比如可执行程序或者共享函数库。而构建系统生成器，又可以帮助我们通过简单的声明式代码来生成构建系统所需要的描述文件。总之，构建系统或者构建系统生成器，都试图通过简单的方法来解决构建方面的一些繁复而无意义的问题，以节省开发者的宝贵时间，帮助程序员将注意力集中于代码的编写上。

互联网上有大量针对特定构建系统或者构建系统生成器的介绍文章，也有详细的使用说明文档。照猫画虎，任何训练有素的程序员都能针对一个简单的项目编写对应的构建描述文件，或者利用一个构建系统生成器来生成对应的构建描述文件。因此，本章不会就构建系统和构建系统生成器做详细的介绍。本章的重点在于如何充分利用构建系统生成器来维护我们的项目，比如提高代码的兼容性、处理可选的功能模块以及自动生成某些源代码等。

本章的示例主要基于常用于 C/C++ 项目的 CMake 构建系统生成器。

5.1 常用构建系统和构建系统生成器

在 C/C++ 编程世界里，较常用的构建系统（build system）大概就是 Make 了。Make 诞生于 1976 年，最早出现在 UNIX 系统上。现在流行的 Make 有 GNU Make、BSD Make 和 Microsoft NMake 3 种，分别用在 Linux 系统、BSD 系统和 Windows 系统上。这 3 种构建系统大同小异，都通过开发者手工编写单个或多个 Makefile 来描述构建目标（target）及其依赖的源文件或者其他目标，并设定从源文件生成目标的规则（rule）。这里的规则便是编译源文件时使用的命令及其参数，或是生成可执行程序或函数库时使用的命令及其参数。

假定我们使用 Make 构建 "Hello, world!" 程序，对应的源文件为 `hello.c`，则对应的 `Makefile` 文件的内容大致如下：

```
hello:hello.c
    cc -Wall -o hello hello.c
```

除了 Make 这类构建系统，近几年还出现了一种新的构建系统，称为 Ninja（直译为 "忍者"）。Ninja 的最大优势在于运行速度很快，相比 Make，在使用 Ninja 构建大型项目时，可以获得 30% 或更大的速度提升。Ninja 对应的构建描述文件为 `build.ninja`。Ninja 主要配合构建系统生成器使用，而不是提供给开发者手工编写和维护其构建描述文件。

Linux 内核至今仍在使用手工维护的、针对 GNU Make 的构建描述文件。由于项目的特殊性，

Linux 内核不用处理平台和编译器之间的差异,而且其源代码是自包含的,无须第三方函数库,故而 Linux 内核项目使用手工维护的 Makefile 来构建内核及其模块是可以接受的。但在应用层面,许多项目需要跨平台运行,此时就要考虑不同平台之间的差异、构建系统和编译器之间的差异等。因此,维护手工编写的构建描述文件,会成为一项非常烦琐且难以完成的工作。于是,从 GNU Autotools 开始,出现了许多构建系统生成器(build system generator),用来自动生成构建系统所需要的描述文件。构建系统生成器也称“元构建系统”(meta build system)。

GNU Autotools 是由自由软件基金会开发的,最初用于 GNU 的各个 C/C++自由软件项目。随着开源软件的兴盛,大量开源软件也使用 GNU Autotools 来维护自己的构建系统。使用 GNU Autotools 维护的项目,通常带有一个配置脚本。在源代码根目录下执行这个配置脚本,可以检查平台及编译器、标准库的特性,还可以对整个项目进行配置,比如打开或关闭某个功能模块。这个过程被称为“配置”。执行配置脚本之后,将生成 Makefile 构建描述文件,之后便可以执行 make 命令构建整个项目,还可以使用 make install 将项目安装到系统中,或者使用 make dist 打包生成源代码包等。

然而,GNU Autotools 存在使用复杂的问题,比如开发者不仅要手工编制 configure.ac 文件,还需要编写对应的 Makefile.am 文件。另外,使用 GNU Autotools 生成的配置脚本以及构建描述文件的执行效率较低,在构建大型项目时耗时较长。由于这些原因,随着很多大型开源项目(如 Android、WebKit)的出现,开源社区又开发了其他更好的构建系统生成器,主流的有 CMake、Meson、Gn 等。

目前,CMake 在 C/C++项目中占据优势地位,这主要得益于 AOSP(Android Open Source Project)使用了 CMake。开发者可在 Linux、macOS 和 Windows 平台上使用 CMake,并可生成针对 GNU Make、Ninja 以及 Visual Studio 的构建描述文件。CMake 本身的构建描述文件通常命名为 CMakeLists.txt。比如针对上面的 hello.c 程序,其构建描述文件大致如下:

```
project(hello_world)
add_executable(hello_world hello.c)
```

Meson 是近几年发展起来的一种新的构建系统生成器,基于 Python 开发而成。和 CMake 类似,Meson 也是跨平台的。目前,Meson 在开源桌面系统 FreeDesktop 中使用较多,其构建描述文件通常命名为 meson.build,里面的内容和 CMakeLists.txt 非常相似。比如针对上面的 hello.c 程序,其构建描述文件大致如下:

```
project('hello_world', 'c')
executable('hello_world' 'hello.c')
```

Gn 则是 Google 在开发 Chrome 浏览器时发展起来的一种新的构建系统生成器,主要用在 Chrome 关联项目中,如 V8、Node.js 以及 Google Fuchsia,但在其他开源项目中使用并不广泛。

可以看出,从 Makefile 到 CMakeLists.txt 或 meson.build 文件,用于指定项目构建信息的方式逐渐趋于抽象。在使用构建系统生成器时,我们不需要指定过多有关编译器、编译选项等的信息,因为构建系统生成器会帮我们完成这些琐碎的工作。另外,CMake 或 Meson 等构建系统生成器本质上提供了一种 DSL(Domain-Specific Language,领域专用语言),故而其构建描述文件又称为"构建脚本",而项目的全部构建脚本则构成一个"构建体系"。

在笔者维护的几个大型开源项目中,MiniGUI 使用 GNU Autotools,而 HVML 解释器 PurC 和渲染器 xGUI Pro 等则使用 CMake。

5.2   CMake 影响编码的选项或功能

构建系统生成器可以在很多方面给我们的编码工作带来帮助。本节将以 CMake 为例,阐述一些对我们的日常编码工作影响较大的选项或功能特性。

5.2.1   构建类型

在使用 CMake 时,可通过设置 CMAKE_BUILD_TYPE 变量来指定项目的构建类型。该变量的可取值有 Debug、Release、RelWithDebInfo 和 MinSizeRel 4 个,分别对应 4 种构建类型:调试版本、发布版本、带有调试信息的发布版本以及最小尺寸的发布版本。这 4 种构建类型的具体区别如下。

- ❑ Debug:不在命令行定义 NDEBUG 宏,生成的函数库或可执行程序中包含调试信息,通常会以最低的优化级别(如 GCC 的-O1 选项)编译源文件。
- ❑ Release:在命令行定义 NDEBUG 宏,生成的函数库或可执行程序中不包含调试信息,通常还会以默认的优化级别(如 GCC 的-O2 选项)编译源文件。
- ❑ RelWithDebInfo:在命令行定义 NDEBUG 宏,生成的函数库或可执行程序中包含调试信息,通常还会以默认的优化级别(如 GCC 的-O2 选项)编译源文件。对于这种构建类型,我们可以通过调试器运行程序并根据函数调用的栈帧信息获得对应的函数名称、文件名称、行号、局部变量名称等信息,从而方便我们查找错误所在。
- ❑ MinSizeRel:在命令行定义 NDEBUG 宏,生成的函数库或可执行程序中不包含调试信息,并以最小尺寸为优化级别(如 GCC 的-Os 选项)编译源文件。

在开发过程中,CMAKE_BUILD_TYPE 变量通常取 Debug 或 RelWithDebInfo;而在发布时,该变量取 Release 或 MinSizeRel。当 CMAKE_BUILD_TYPE 变量取 Release、RelWithDebInfo 或 MinSizeRel 时,将通过编译器的命令行参数定义 NDEBUG 宏,因此可在源文件中使用如下代码来判断当前构建的是不是调试版本:

```
#ifdef NDEBUG
    /* 构建类型为 Release、RelWithDebInfo 或 MinSizeRel。 */
    ...
#else
    /* 构建类型为 Debug。 */
    ...
#endif
```

NDEBUG 宏还会影响 C 标准库的行为:若定义有 NDEBUG 宏,则<assert.h>头文件中定义的 assert()函数将不起作用。

　　类似于 assert() 函数的实现，我们可以利用 NDEBUG 宏编写一些开发时专用的代码，再通过条件编译，让这些代码在发布版本中不会被编译执行。比如下面这些来自 HVML 开源解释器 PurC 的代码：

```
#ifdef NDEBUG

#define PC_ASSERT(cond)                                         \
    do {                                                        \
        if (0 && !(cond)) {                                     \
            /* do nothing */                                    \
        }                                                       \
    } while (0)

#define PC_DEBUG(x, ...)                                        \
    if (0)                                                      \
        purc_log_debug(x, ##__VA_ARGS__)

#else /* defined NDEBUG */

#define PC_ASSERT(cond)                                             \
    do {                                                           \
        if (!(cond)) {                                             \
            purc_log_error("PurC assertion failure %s:%d: condition '"  \
                    #cond "' failed\n",                            \
                    __FILE__, __LINE__);                          \
            abort();                                               \
        }                                                         \
    } while (0)

#define PC_DEBUG(x, ...)    purc_log_debug(x, ##__VA_ARGS__)

#endif /* not defined NDEBUG */
```

　　根据上述代码中使用的条件编译，可知在构造发布版本时，PC_ASSERT 不工作，此时若未定义 NDEBUG 宏，PC_ASSERT 将记录包括源文件名、行号在内的详细错误日志并调用 abort() 函数以终止程序。类似地，在构造发布版本时，PC_DEBUG 不工作，此时若未定义 NDEBUG 宏，则记录一条调试日志。

5.2.2　处理平台差异

　　利用构建系统生成器可以相对轻松地处理平台之间的差异。这些差异主要涉及如下两个方面。
- ❑ 标准函数库的实现差异。如第 2 章所述，不同平台上的 C 标准库往往会有一些差异，比如是否存在特定的头文件或函数，甚至某些结构体的成员也会有实现上的差异。这时便可以利用构建系统生成器来检测某个头文件是否存在、函数（符号）是否被定义、某个结构体是否存在指定的成员等。

❑ 指定版本的第三方函数库是否存在。在 C/C++的世界里，存在大量的第三方函数库，这些
函数库可能就特定算法、协议的实现等提供一些功能。比如 zlib 库，用于实现经典的压缩
和解压缩功能；再比如 libpng 库，用于解析或保存 PNG 格式的图片。如果目标系统中安装
有这些函数库及其特定版本，则可以使用这些函数库，否则项目可能需要自行实现相关功
能，或者干脆不提供依赖于这些第三方函数库的功能。

在利用构建系统生成器时，在检测到 C 标准库或第三方函数库的差异之后，通常会通过一些
预定义宏来反映这些检测结果。按照习惯，这些宏的名称通常以"HAVE_"开头。下面是 HVML
开源解释器 PurC 的 CMake 构建脚本在 Linux 系统中执行检测后生成的宏（部分）：

```
#define HAVE_GLIB 1                  /* 检测到 glib 函数库 */
#define HAVE_GLIB_LESS_2_70 0        /* 检测到 glib 函数库的版本高于 2.70 */
#define HAVE_INT128_T 1              /* 检测到支持 int128_t 数据类型 */
#define HAVE_LIBGCRYPT 1             /* 检测到 libgcrypt 函数库 */
#define HAVE_LIBSOUP 1              /* 检测到 libsoup 函数库 */
#define HAVE_LIBXML2 1              /* 检测到 libxml2 函数库 */
#define HAVE_VASPRINTF 1            /* 检测到 vasprintf()函数 */
```

这些宏既可以通过编译器的命令行来指定，也可以用一个全局的头文件来进行统一管理。大型
项目一般采用第二种方案。

作为例子，vasprintf()类似于 sprintf()，但前者可根据格式化结果的大小自动分配一
个缓冲区。vasprintf()函数是 Glibc 中的一个扩展，但并不是所有的标准函数库都会实现这一
函数。比如在 macOS 系统中，针对 vasprintf()函数的检测结果可能会有所不同：

```
#define HAVE_VASPRINTF 0             /* 未检测到 vasprintf()函数 */
```

此时，为保证代码的可移植性，需要针对 C 标准库未实现 vasprintf()函数的情形实现一
个自定义的兼容版本。为此，在适当的头文件（如 utils.h）中声明该函数：

```
#if !HAVE(VASPRINTF)
int vasprintf(char **buf, const char *fmt, va_list ap);
#endif
```

注意上述代码中的 HAVE(VASPRINTF)宏在展开后相当于 defined(HAVE_VASPRINTF) &&
HAVE_VASPRINTF。也就是说，只有将 HAVE_VASPRINTF 宏定义成非零值，该条件才成立。

然后在适当的源文件中提供 vasprintf()函数的兼容实现：

```
#if !HAVE(VASPRINTF)

#include "utils.h"

#include <stdarg.h>
#include <stdio.h>
#include <stdlib.h>

/* vasprintf()函数的兼容实现。 */
```

```
int vasprintf(char **buf, const char *fmt, va_list ap)
{
    int chars;
    char *b;

    if (!buf) {
        return -1;
    }

    ...

    return chars;
}
#endif /* !HAVE(VASPRINTF) */
```

再比如，当系统包含 glib 函数库时，我们可以使用 glib 函数库提供的一些高性能的内存分配管理函数；而当系统不包含 glib 函数库时，则提供一个回退（fallback）实现。在 PurC 项目中，通常会大量分配变体结构体。此时，我们可以利用 glib 函数库提供的 Slice 分配器来获得更好的内存分配性能，故而使用如下代码：

配套示例程序

5A

vasprintf.c

```
#if HAVE(GLIB)
#include <gmodule.h>

/* 使用 glib 函数库提供的 g_slice_×××()接口实现变体的分配和释放。 */
purc_variant *pcvariant_alloc(void) {
    return (purc_variant *)g_slice_alloc(sizeof(purc_variant));
}

purc_variant *pcvariant_alloc_0(void) {
    return (purc_variant *)g_slice_alloc0(sizeof(purc_variant));
}

void pcvariant_free(purc_variant *v) {
    return g_slice_free1(sizeof(purc_variant), (gpointer)v);
}

#else   /* HAVE(GLIB) */

/* 使用标准的 malloc/calloc/free 接口实现变体的分配和释放。 */
purc_variant *pcvariant_alloc(void) {
    return (purc_variant *)malloc(sizeof(purc_variant));
}

purc_variant *pcvariant_alloc_0(void) {
    return (purc_variant *)calloc(1, sizeof(purc_variant));
```

```
}

void pcvariant_free(purc_variant *v) {
    return free(v);
}

#endif    /* !HAVE(GLIB) */
```

配套示例程序

5B

variant.c

5.2.3   自动生成代码

利用构建系统生成器还可以自动生成代码，比如将项目的版本、支持的功能等写入一个自动生成的头文件或源文件，然后将其编译到运行时函数库或可执行程序中。为此，需要准备一个后缀为 .in 的模板文件，然后利用构建系统生成器提供的功能，将其中的一些字符串置换成构建系统维护的变量值。

配套示例程序

5C

purc-version.h.in

这是一个很有用的功能。HVML 开源解释器 PurC 多次利用了这一功能来自动生成特定的头文件或源文件。比如包含 PurC 项目版本号的 purc-version.h 头文件就通过这一技术自动生成而来。下面是对应的模板文件（purc-version.h.in）的部分内容：

```
#define PURC_VERSION_MAJOR @PROJECT_VERSION_MAJOR@
#define PURC_VERSION_MINOR @PROJECT_VERSION_MINOR@
#define PURC_VERSION_MICRO @PROJECT_VERSION_MICRO@
#define PURC_VERSION_STRING "@PROJECT_VERSION@"

static inline void
purc_get_versions (int *major, int *minor, int *micro) {
    if (major) *major = PURC_VERSION_MAJOR;
    if (minor) *minor = PURC_VERSION_MINOR;
    if (micro) *micro = PURC_VERSION_MICRO;
}

static inline const char *purc_get_version_string (void) {
    return PURC_VERSION_STRING;
}
```

在经过 CMake 构建脚本处理后，该模板文件中使用 @ 包围的字符串将被 CMake 维护的变量值替代，其他内容保持不变。在自动生成的 purc-version.h 头文件中，被置换的内容如下：

配套示例程序

5D

purc-version.h

```
#define PURC_VERSION_MAJOR 0
#define PURC_VERSION_MINOR 9
#define PURC_VERSION_MICRO 8
#define PURC_VERSION_STRING "0.9.8"
```

而这些内容正是通过 CMake 构建脚本中的如下语句设置的项目版本信息：

```
set(PROJECT_VERSION_MAJOR "0")
set(PROJECT_VERSION_MINOR "9")
```

```
set(PROJECT_VERSION_MICRO "8")
set(PROJECT_VERSION "0.9.8")
```

显然，通过构建系统生成器提供的变量置换功能，我们可以很方便地将构建系统维护的变量值置换到头文件或源文件中，从而提高项目的可维护性。

5.3　CMake 构建体系模板

尽管 CMake 等构建系统生成器已经在很大程度上帮助开发者解决了大量烦琐的与构建相关的问题，但仍有不便。比如，就前面提到的检测头文件、函数或者第三方库的功能来讲，构建系统生成器并不会自动根据检测的结果来生成对应的宏，这需要开发者自行管理。另外，即便在项目中添加自己的功能测试选项，也不能自动生成功能测试宏。为此，有经验的开发者通常在开始一个项目之前，会参考其他大型开源项目来组织自己的构建系统生成器脚本，从而快速搭建整个构建体系。

在开发 HVML 解释器和渲染器的过程中，我们参考了 WebKit 项目的构建脚本，将其简化成了一个易于复用的 CMake 构建体系模板。本节将介绍这个模板的整体结构、复制步骤以及其他便利设施。读者可以在此模板基础上快速搭建自己的 CMake 构建体系。

读者可以通过 GitHub 访问 VincentWei/bpcp 代码仓库来获得这一 CMake 构建体系模板。

5.3.1　整体结构和复制步骤

该 CMake 构建体系模板的初始名称为 FooBar，其中包含了本书用到的程序清单、示例程序等。该 CMake 构建体系模板的核心内容包括如下 3 个部分。

❑ 根目录的 `CMakeLists.txt` 文件。这是项目的主 CMake 脚本。
❑ `source/cmake/` 子目录中的 CMake 脚本。这些脚本中以 `Golbal` 打头的文件，定义了若干方便使用的 CMake 宏；以 `Find` 打头的文件，则主要用于查找当前系统中是否安装有特定的软件包。
❑ `source/wtf/` 子目录中来自 WTF（WebKit Template Framework，WebKit 模板框架）的头文件。这些头文件的主要作用是检测处理器架构以及编译器特性，并进一步封装成易于使用的宏。

在应用于实际项目时，可复制以上文件及子目录到自己的项目根目录下，并使用真实的项目名称全局替换其中的 FooBar、FOOBAR 和 foobar。

假定我们计划新建一个 C/C++项目，名为 `HelloWorld`，则在 Linux 系统上，复制上述子目录及文件，并在源代码树的根目录下使用如下命令行：

```
$ sed -i 's/FooBar/HelloWorld/g' `grep FooBar * -rl`
$ sed -i 's/FOOBAR/HELLOWORLD/g' `grep FOOBAR * -rl`
$ sed -i 's/foobar/helloworld/g' `grep foobar * -rl`
```

然后将 `source/cmake/target` 目录下的 `FooBar.cmake` 文件更名为实际的项目名称，如

HelloWorld.cmake。

    按照惯例，应在 source/ 目录中包含项目的头文件及源文件。比如针对 FooBar 项目，其源文件应包含在 source/foobar 目录下，而 HelloWorld 项目的源文件应包含在 source/helloworld 目录下。还可以根据项目规模大小，在 source/ 目录下创建多个子目录用于不同的模块。至于项目的头文件如何组织，可参阅第 2 章的内容。

    假定 HelloWorld 项目只有一个头文件 hello.h，还有两个 C 源文件 hello.c 和 main.c。头文件被置于 source/helloworld/include/ 目录下。第一个 C 源文件会被编译为函数库，因此被单独置于 source/helloworld/lib/ 目录下；第二个 C 源文件会调用函数库中的函数，最终被编译为可执行程序，因此被置于 source/helloworld/bin/ 目录下。按以上步骤处理后，HelloWorld 项目的目录树大致如下（因篇幅所限，部分文件被省略）：

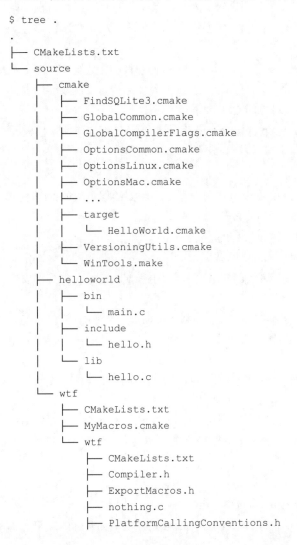

```
$ tree .
.
├── CMakeLists.txt
└── source
    ├── cmake
    │   ├── FindSQLite3.cmake
    │   ├── GlobalCommon.cmake
    │   ├── GlobalCompilerFlags.cmake
    │   ├── OptionsCommon.cmake
    │   ├── OptionsLinux.cmake
    │   ├── OptionsMac.cmake
    │   ├── ...
    │   ├── target
    │   │   └── HelloWorld.cmake
    │   ├── VersioningUtils.cmake
    │   └── WinTools.make
    ├── helloworld
    │   ├── bin
    │   │   └── main.c
    │   ├── include
    │   │   └── hello.h
    │   └── lib
    │       └── hello.c
    └── wtf
        ├── CMakeLists.txt
        ├── MyMacros.cmake
        └── wtf
            ├── CMakeLists.txt
            ├── Compiler.h
            ├── ExportMacros.h
            ├── nothing.c
            ├── PlatformCallingConventions.h
```

```
├── ...
├── Platform.h
├── PlatformHave.h
└── TLSKeyword.h.in
```

然后依次在 source/ 目录下，以及 source/helloworld 目录及其子目录下创建 CMakeLists.txt 文件。

source/ 目录下的 CMakeLists.txt 文件最简单，其中的主要内容如下：

```
add_subdirectory(wtf)
add_subdirectory(helloworld)
```

以上内容用于指引 cmake 命令进入对应的子目录继续处理。

类似地，source/helloworld 目录下的 CMakeLists.txt 文件也不复杂，其中的主要内容如下：

```
add_subdirectory(include)
add_subdirectory(lib)
add_subdirectory(bin)
```

在 source/helloworld/include 子目录下，我们需要利用 CMake 将 hello.h 安装到系统中，故而该子目录下的 CMakeLists.txt 文件稍微复杂一些：

```
# 列出要安装到系统中的头文件。
set(HelloWorld_FRAMEWORK_HEADERS
    "${HELLOWORLD_DIR}/include/hello.h"
)

set(HelloWorld_INSTALLED_HEADERS ${HelloWorld_FRAMEWORK_HEADERS})

# 安装 HelloWorld_FRAMEWORK_HEADERS 变量定义的所有头文件到指定的系统路径。
install(FILES ${HelloWorld_INSTALLED_HEADERS}
        DESTINATION "${HEADER_INSTALL_DIR}/helloworld"
)
```

在 source/helloworld/lib 子目录下，我们需要利用 CMake 将 hello.c 编译为函数库并安装到系统中，故而该子目录下的 CMakeLists.txt 文件要更复杂一些，见程序清单 5.1。

程序清单 5.1　用于构建共享库的 CMake 脚本

```
set_property(DIRECTORY . PROPERTY FOLDER "HelloWorld")

# 包含 CMake 构建体系的入口脚本。
include(GlobalCommon)

# 设定编译源文件时的头文件搜索路径。
set(HelloWorld_PRIVATE_INCLUDE_DIRECTORIES
    "${CMAKE_BINARY_DIR}"
```

```
    "${HELLOWORLD_DIR}"
    "${HELLOWORLD_DIR}/include"
    "${HelloWorld_DERIVED_SOURCES_DIR}"
    "${FORWARDING_HEADERS_DIR}"
)

# 列出所有参与编译的源文件。
list(APPEND HelloWorld_SOURCES
    "${HELLOWORLD_DIR}/lib/hello.c"
)

set(HelloWorld_LIBRARIES)
set(HelloWorld_INTERFACE_LIBRARIES HelloWorld)
set(HelloWorld_INTERFACE_INCLUDE_DIRECTORIES ${HelloWorld_PRIVATE_FRAMEWORK_HEADERS_DIR})

# 使用全局宏声明一个框架（函数库）。
HELLOWORLD_FRAMEWORK_DECLARE(HelloWorld)
HELLOWORLD_INCLUDE_CONFIG_FILES_IF_EXISTS()

HELLOWORLD_WRAP_SOURCELIST(${HelloWorld_SOURCES})

HELLOWORLD_COPY_FILES(HelloWorld_CopyPrivateHeaders
    DESTINATION ${HelloWorld_PRIVATE_FRAMEWORK_HEADERS_DIR}/helloworld
    FILES ${HelloWorld_PRIVATE_FRAMEWORK_HEADERS}
    FLATTENED
)
list(APPEND HelloWorld_INTERFACE_DEPENDENCIES HelloWorld_CopyPrivateHeaders)
if (NOT INTERNAL_BUILD)
    add_dependencies(HelloWorld_CopyPrivateHeaders HelloWorld)
endif ()

# 根据以上设定定义框架（函数库）的源文件以及目标名称等。
# 其中会用到 source/cmake/target/HelloWorld.cmake 定义的目标名称，
# 这里是 HelloWorld::HelloWorld。
HELLOWORLD_COMPUTE_SOURCES(HelloWorld)
HELLOWORLD_FRAMEWORK(HelloWorld)
HELLOWORLD_FRAMEWORK_TARGET(HelloWorld)

if (${HelloWorld_LIBRARY_TYPE} MATCHES "SHARED")
    set_target_properties(HelloWorld PROPERTIES VERSION ${PROJECT_VERSION} SOVERSION
${PROJECT_VERSION_MAJOR})
    install(TARGETS HelloWorld DESTINATION "${LIB_INSTALL_DIR}")
endif ()

if (MSVC)
    set_target_properties(HelloWorld PROPERTIES
```

```
            COMPILE_PDB_NAME ${HelloWorld_OUTPUT_NAME}
    )
endif ()

# 安装 HelloWorld 目标到系统函数库路径，默认是/usr/local/lib。
install(TARGETS HelloWorld
        DESTINATION "${LIB_INSTALL_DIR}/"
)
```

在 source/helloworld/bin 子目录下，我们需要利用 CMake 将 main.c 编译后连接上面生成的函数库以生成可执行程序，并安装到系统中，故而该子目录下的 CMakeLists.txt 文件也更为复杂一些，见程序清单 5.2。

程序清单 5.2　构建可执行程序的 CMake 脚本

```
# 包含 CMake 构建体系的入口脚本。
include(GlobalCommon)
# 包含 Helloworld::Helloworld 目标（即函数库）的声明信息。
include(target/HelloWorld)

# 声明 helloworld 可执行程序。
HELLOWORLD_EXECUTABLE_DECLARE(helloworld)

# 列出编译源文件时的头文件搜索路径。
list(APPEND helloworld_PRIVATE_INCLUDE_DIRECTORIES
    "${HELLOWORLD_DIR}/include"
)

# 生成与 helloworld 可执行程序相关的变量。
HELLOWORLD_EXECUTABLE(helloworld)

# 列出编译到可执行文件中的所有源文件。
list(APPEND helloworld_SOURCES
    main.c
)

# 设定可执行程序需要链接的函数库。
set(helloworld_LIBRARIES
    HelloWorld::HelloWorld
)

# 设定可执行程序的生成位置：构建路径的 bin/子目录下。
set_target_properties(helloworld PROPERTIES
    RUNTIME_OUTPUT_DIRECTORY "${CMAKE_BINARY_DIR}/bin"
)
```

```
# 生成与构建 helloworld 可执行程序相关的 CMake 指令。
HELLOWORLD_COMPUTE_SOURCES(helloworld)
HELLOWORLD_FRAMEWORK(helloworld)

# 设定可执行程序的安装路径，默认为/usr/local/bin。
install(TARGETS helloworld DESTINATION "${EXEC_INSTALL_DIR}/")
```

在做好以上准备工作后，在源文件目录树的根目录下创建 build 子目录，进入该子目录并执行如下命令即可完成项目的构建及安装：

```
$ cmake .. -DPORT=Linux
$ make
$ sudo make install
```

其中，cmake 的命令行选项-DPORT=Linux 指定了项目的目标平台，通常使用操作系统名称或者目标图形平台的名称，如 GTK、MiniGUI。在该命令行中，通过-DCMAKE_BUILD_TYPE 选项可指定构建类型，默认为 RelWithDebInfo。观察构建目录下的内容，可以看到如下文件。

- ❑ cmakeconfig.h 文件，其中包含了功能测试宏，也就是 CMake 脚本检测指定函数、函数库等的结果。
- ❑ bin/helloworld 文件，这是构建脚本生成的可执行程序。通常，CMake 会将构建生成的 helloworld 可执行程序置于构建目录下的 source/helloworld/bin/子目录中，可通过修改这一默认行为来方便我们在构建目录下执行这个可执行程序。
- ❑ DerivedSources/目录，其中不仅包含构建系统自动生成的头文件或源文件，还包含构建系统从源代码目录中复制到这里的内部使用头文件。比如其中包含了来自 WTF 的头文件。这样开发者在构建大型项目时，不需要将内部使用的头文件安装到系统中便可让项目中的其他模块使用这些头文件。这也是在构建函数库或可执行程序时，需要指定${FORWARDING_HEADERS_DIR}作为头文件搜索路径的原因。

通常，可在源代码目录下定义一个全局的 config.h 头文件，并在其中包含 cmakeconfig.h 以及 WTF 提供的头文件，以方便代码的编写。全局 config.h 头文件的内容如下：

```
#if defined(HAVE_CONFIG_H) && HAVE_CONFIG_H && defined(BUILDING_WITH_CMAKE)
#include "cmakeconfig.h"
#endif

#include <wtf/Platform.h>
#include <wtf/Assertions.h>
#include <wtf/ExportMacros.h>
```

然后，在所有的源文件中包含这一全局头文件，之后就可以在源程序中使用 cmakeconfig.h 头文件中定义的功能测试宏以及 WTF 头文件中定义的辅助工具宏了。

接下来我们看看这一 CMake 构建体系模板提供给我们的其他便利设施。

5.3.2 多平台支持

作为著名的开源浏览器引擎，WebKit 为多个平台提供支持，其中包括 Linux、macOS 和 Windows 平台。至于如何针对多个平台有效地组织和管理源文件，尤其是大型项目的源文件，则主要取决于构建体系。如前所述，本节介绍的 CMake 构建体系模板来自 WebKit，故而它也继承了 WebKit 构建体系对多平台的支持能力。

这里的平台可以看成操作系统，也可以看成项目使用的底层图形界面支持系统。比如在 Linux 平台上，可以将不同的底层图形界面支持系统定义为项目的平台，如 MiniGUI、GTK 或 Qt。这取决于我们如何定义平台，而这往往和项目本身有关。本节的例子将操作系统作为平台看待。

有时候，平台之间的差异很小，通过一些条件编译就能解决。比如 Linux 和 macOS 平台上的基础函数库，只有一些细微的差异，通过测试某些头文件、函数或结构体成员是否存在，生成相应的功能测试宏即可。而有时候平台之间的差异会非常大，比如 Linux/macOS 平台和 Windows 平台相比，相同的接口占比不足 10%。在这种情况下，再采用条件编译就会让代码变得很难管理和维护。对此，我们通常会为不同的平台单独维护一个或多个源文件，甚至维护单个或多个源文件目录。然后通过构建时指定的平台名称，指引构建系统生成器根据不同的平台来生成包含不同源文件的构建描述文件。

本节介绍的 CMake 构建体系模板为上述处理提供了非常友好的支持，具体如下。

首先，通过源文件根目录下的 CMakeLists.txt 文件定义平台名称：

```
set(ALL_PORTS
    Linux
    Mac
    Windows
    AppleWin
)
set(PORT "NOPORT" CACHE STRING "choose which HelloWorld port to build (one of ${ALL_PORTS})")
```

上述代码中使用的术语 port 意指 "移植"，在本节提及的构建体系中，用于区分不同的平台。

其次，在 source/cmake/ 目录下，使用 Options<Port>.cmake 文件为特定平台定义特殊的 CMake 配置指令。比如针对 Linux 平台，CMake 构建体系模板中包含 OptionsLinux.cmake 文件，其中定义了仅针对 Linux 平台执行的 CMake 配置指令，比如检测平台特有的第三方函数库、设定平台特有的功能选项、依据编译工具链设定适当的安装路径前缀等。类似的文件还有 OptionsMac.cmake，其中定义了仅针对 macOS 平台执行的 CMake 配置指令。source/cmake/ 目录下还有一个 OptionsCommon.cmake 文件，其中包含了可被所有平台共用的 CMake 配置指令。

最后，在项目真正的源文件目录下，使用 Platform<Port>.cmake 文件为特定平台定义特殊的 CMake 配置指令。和上面类似，本节所述的构建体系会针对当前平台，自动检查对应的 Platform<Port>.cmake 文件是否存在。若存在，则执行其中的 CMake 配置指令。就前述针对不同平台使用不同源文件或源文件目录的情形，使用这一机制可以非常方便地解决问题。举个例子，假定 HelloWorld 项目需要使用一个函数，但该函数在不同的平台上有不同的实现方式。为此，针对不同的平台，可以有不同的函数实现，如 foo-linux.c、foo-macos.c、foo-windows.c 等，我们只需要在 source/helloworld/lib 子目录下分别创建 PlatformLinux.cmake、PlatformMac.cmake、PlatformWindows.cmake 这 3 个文件，并在其中额外指定要参与编译的源文件即可。比如下面是针对 Linux 平台的 PlatformLinux.cmake 文件中的内容：

```
# 将 foo-linux.c 追加到 HelloWorld_SOURCES 变量中。
list(APPEND HelloWorld_SOURCES
    "${HELLOWORLD_DIR}/lib/foo-linux.c"
)
```

显然，通过本节介绍的 CMake 构建体系模板，开发者可以很方便地组织和管理项目对多个平台的支持。

5.3.3　检测系统头文件、函数或结构体成员

如第 2 章所述，不同的操作系统提供的基础库会存在较大的差异，这些差异主要体现在头文件、函数以及结构体的细节上。通过如下 4 个 CMake 宏，可以很方便地检测目标平台是否提供某些头文件、函数或结构体成员。

（1）HELLOWORLD_CHECK_HAVE_INCLUDE：用于检测指定的头文件，并生成对应的功能测试宏。

（2）HELLOWORLD_CHECK_HAVE_FUNCTION：用于检测指定的函数，并生成对应的功能测试宏。

（3）HELLOWORLD_CHECK_HAVE_SYMBOL：用于检测指定的符号，并生成对应的功能测试宏。

（4）HELLOWORLD_CHECK_HAVE_STRUCT：用于检测指定的结构体成员，并生成对应的功能测试宏。

比如，当我们需要检测当前平台是否具有 syslog.h 头文件时，可在 source/cmake/OptionsCommon.cmake 文件或者平台特定的 source/cmake/Options<PortName>.cmake 文件中使用如下指令：

```
HELLOWORLD_CHECK_HAVE_INCLUDE(HAVE_SYSLOG_H syslog.h)
```

如果 CMake 构建体系检测到当前系统提供有 syslog.h 头文件，则会在 cmakeconfig.h 头文件中定义 HAVE_SYSLOG_H 宏为 1，否则定义这个宏为 0。相应地，在 CMake 构建体系的其他描述文件中，也可通过检测 HAVE_SYSLOG_H 变量来判断当前系统中是否存在这个头文件：

```
if (HAVE_SYSLOG_H)
    ...
endif()
```

用于检测函数或符号的 CMake 宏具有类似的用法，因此不再赘述。但用于检测结构体的 CMake 宏要稍微复杂一些。比如在 Linux 和 macOS 平台上，用于文件统计信息的 stat 结构体存在一些细微差别。为此，可以使用如下指令来检测是否具有指定的结构体成员：

```
HELLOWORLD_CHECK_HAVE_STRUCT(HAVE_STAT_BIRTHTIME "struct stat" st_birthtime sys/stat.h)
```

上面的 CMake 宏将检测 stat 结构体中是否存在 st_birthtime 成员，sys/stat.h 则是定义这个结构体的头文件。这个结构体成员在 macOS 平台上有定义，在 Linux 平台上没有定义。故而在 Linux 平台上，CMake 构建体系最终会在 cmakeconfig.h 头文件中生成如下功能测试宏：

```
#define HAVE_STAT_BIRTHTIME 0
```

5.3.4 查找第三方软件包

如前所述，source/cmake 目录中包含若干以 Find 作为前缀的 CMake 脚本。这些脚本用于检测目标系统中是否安装有指定的第三方软件包。通常，CMake 会包含一些常见第三方软件包的查找脚本，这些查找脚本会随 CMake 一并安装到系统中。比如在笔者的 Linux 平台上，这些查找脚本包含在/usr/share/cmake-3.26/Modules/目录下，其中包含用于查找 Python3、Lua、Perl、GTK 等软件组件的脚本，分别名为 FindPython3.cmake、FindLua.cmake、FindPerl.cmake 和 FindGTK.cmake。

在项目的 CMake 描述文件中，可以使用下面的 CMake 指令来调用这些脚本：

```
find_package(Python3 REQUIRED)
```

在使用上面的 CMake 指令时，因为指定 Python3 为必需的（REQUIRED），所以如果找不到 Python3，则构建操作在配置阶段就会失败。

当需要查找的软件包没有对应的标准查找脚本时，可以在 source/cmake 目录下编写自己的查找脚本，并使用 find_package 指令来查找软件包。作为示例，本节所提的 CMake 构建体系在其 source/cmake 目录中包含用于查找 Linux 常用函数库 glib 的脚本，名为 FindGLIB.cmake。读者可以通过模仿该查找脚本来实现自己的软件包查找脚本。

作为惯例，查找脚本在查找到对应的软件组件之后，就会使用统一的命名规范定义若干 CMake 全局变量，示例如下（以 glib 为例）。

配套示例程序

5E

FindGLIB.cmake

- ❑ GLIB_FOUND：若定义有该变量，则表示找到 glib。
- ❑ GLIB_INCLUDE_DIRS：该变量包含 glib 头文件搜索路径。
- ❑ GLIB_LIBRARIES：该变量包含 glib 的链接库。

在构建目标时，可以使用上述变量将头文件搜索路径以及链接库添加到对应的构建选项中，比如：

```
# 添加 glib 的头文件搜索路径。
set(HelloWorld_PRIVATE_INCLUDE_DIRECTORIES
    "${CMAKE_BINARY_DIR}"
    "${HELLOWORLD_DIR}"
    "${HELLOWORLD_DIR}/include"
    "${HelloWorld_DERIVED_SOURCES_DIR}"
    "${FORWARDING_HEADERS_DIR}"
    "${GLIB_INCLUDE_DIRS}"
)
```

```
# 添加 glib 的链接函数库。
set(helloworld_LIBRARIES
    HelloWorld::HelloWorld
    "${GLIB_LIBRARIES}"
)
```

5.3.5   自定义功能测试

在一些中大型项目中，开发者会通过自定义功能测试宏来管理是否开启某些功能特性。比如在一个项目的维护过程中，可能会增加一个新的功能，但这个功能可能会带来一些兼容性问题。此时，项目管理者会考虑使用自定义的功能测试宏：对已有的用户，关闭该功能；而对新的用户，则打开该功能。

本章介绍的 CMake 构建体系模板为这一需求提供了良好的支持。

首先，在 source/cmake/GlobalFeatures.cmake 中定义功能开关：

```
HELLOWORLD_OPTION_DEFINE(ENABLE_HTML "Toggle HTML parser" PUBLIC ON)
```

上面的指令使用 HELLOWORLD_OPTION_DEFINE 宏定义了一个名为 ENABLE_HTML 的变量，作为是否支持 HTML 的开关，默认打开。为了和用于检测系统基础库、第三方软件包的变量相区别，通常使用 ENABLE_ 作为自定义功能测试变量的前缀。

其次，在构建的配置阶段，可以通过 cmake 命令行参数覆盖自定义功能测试变量的默认设置，比如：

```
$ cmake .. -DENABLE_HTML=OFF
```

在 source/cmake/Options<PortName>.cmake 文件中，也可以针对特定的平台覆盖这一默认设置。比如根据一些第三方软件包的查找结果关闭这一功能：

```
if (not HAVE_GLIB)
    HELLOWORLD_OPTION_DEFAULT_PORT_VALUE(ENABLE_HTML PUBLIC OFF)
endif ()
```

上面的代码在未检测到 glib 时，会关闭对 HTML 的支持。

最后，我们可以在其他 CMake 描述文件中使用 ENABLE_HTML 变量，或者在 cmakeconfig.h 头文件中看到 ENABLE_HTML 宏的定义。

第二篇
模式篇

## 第 6 章

接口设计模式

C 语言常用于开发函数库。除了标准 C 函数库,我们熟知的很多基础库也是用 C 语言开发的。通过简洁的 API(Application Programming Interface,应用程序编程接口),这些基础库为应用程序的开发提供了使用特定功能的便利手段。由于 C 语言被广泛应用于各种计算机系统,因此就算某些函数库内部使用 Rust 或 C++编程语言开发,最终也仍然要为应用程序提供使用 C 语言描述的编程接口。

然而,如何在 C 语言语境下设计出完备、自洽、易用且合乎使用习惯的编程接口,对绝大多数 C 程序员来讲是一项巨大的挑战。主要原因在于鲜有图书或文章从这一角度来审视或阐述接口的设计方法。

但接口的设计方法具有极其重要的价值。一方面,良好的接口可以帮助使用接口的开发者节约大量的学习成本;另一方面,优秀的接口设计可以帮助我们解开模块之间的耦合,从而提升整个系统的架构稳定性以及可维护性。

本章整理了常见的 C 语言接口设计模式(design pattern)。在设计模式之前添加"接口"二字,意在强调本章内容旨在描述接口的设计方法,而非描述常用于面向对象编程语言的"设计模式"。

6.1 何谓好接口

简单而言,所谓的"好接口"就是一看就知道如何使用的接口。这句话很简单,但蕴含了如下 4 个关键点。

(1)调用者友好。比如函数的命名合理,应用开发者很容易通过函数的名称了解其功能或作用。

(2)符合习惯,学习成本低。比如函数的参数名称、类型以及返回值,应符合常见的设计规则,从而降低应用开发者的学习成本。

(3)稳定且保持向后(backward)兼容性。如果函数库的升级导致接口发生变化,进而不得不让应用开发者重写相关代码,这将变成一场灾难——因为这种改动还意味着要重新进行测试。因此,保持接口的稳定性至关重要。但有时候,我们不得不对某些接口提供一些增强的设计。为此,我们需要掌握如何设计接口,在提供增强功能的同时,保持向后兼容性。

(4)没有让普通应用开发者难以驾驭的过度设计。有时候,开发者为了提供某种灵活性,可能会在接口的设计中掺杂很多难以运用的设计技巧。我们称这种情况为"过度设计"。在一般性的应用程序接口中,应避免过度设计,始终坚持简洁、易用的原则。

除了以上显而易见的关键点,本节开头的那句话还蕴含了另外一层含义:隐藏所有不需要暴露给调用者的实现细节。这可以达到如下两个目的。

- ❏ 调用者不需要了解接口之外的任何信息，而只需要知道传入什么样的参数，以及会得到哪些预期的结果即可。
- ❏ 倒逼设计者对接口做适当的抽象，这一方面可以帮助我们解开模块间的耦合，另一方面也为实现上的扩展、优化和调整打下了基础。

在 C 标准库中，不乏一些好的接口。比如 POSIX 标准围绕文件描述符的打开、关闭、读取和写入接口：

```
int open(const char *pathname, int flags);

ssize_t read(int fd, void *buf, size_t count);
ssize_t write(int fd, const void *buf, size_t count);

int close(int fd);
```

将打开的文件（包括套接字）用一个整数的文件描述符来表示，这是 UNIX 操作系统的一大发明，类似的还有进程描述符、用户标识符等。显然，这就是前面所说的一种恰当的抽象。除了用于打开文件的接口，其他所有和文件读写相关的接口，也都需要传递一个已经打开（或创建）的文件描述符。因此，我们可以看到 read()、write() 和 close() 接口均使用 int fd 作为第一个参数。在 read() 接口中，调用者需要传入一个缓冲区以及想要读取的字节数，因此我们看到 read() 系统调用的第二个参数类型为 void *，而表示欲读取字节数的参数类型为 size_t。注意 read() 接口的返回值类型为 ssize_t，这是因为该接口可能返回 -1 来表示读取失败，非负值则表示读取到的字节数。这里不能通过返回 0 来表示读取失败，因为当我们从套接字读取数据的时候，没有数据可读也是一种合理情形。执行与 read() 接口相反操作的 write() 接口几乎具有和 read() 接口一模一样的原型。唯一的不同在于 write() 接口的第二个参数 buf 类型为 const void *。这表明参数 buf 指向的缓冲区对 write() 接口而言是只读的；也就是说，write() 接口的实现代码不会尝试向参数 buf 指向的内存区域写入任何内容，而只会读取其中的内容。

显然，对接口来讲，函数的名称、参数的类型、参数的顺序、返回值类型等，都是构成接口的重要组成部分。要设计一个好的接口，以上这些因素都要考虑到，而不能只考虑其中的几个方面。

为加深理解，我们来看看 STDIO（标准 C 库的输入输出模块）定义的文件操作相关接口：

```
#include <stdio.h>

FILE *fopen(const char *pathname, const char *mode);

size_t fread(void *ptr, size_t size, size_t nmemb, FILE *stream);
size_t fwrite(const void *ptr, size_t size, size_t nmemb, FILE *stream);

int fclose(FILE *stream);
```

上述两组文件打开、关闭、读取、写入的接口，有如下 3 个明显的区别。

第一，STDIO 使用 FILE 结构体来表示一个打开的文件，后续读取、写入或关闭这个文件时，均需要传递指向 FILE 结构体的指针，也就是 fopen() 的返回值。这一设计和 POSIX 的文件读写接口有明显的不同：POSIX 使用的是整数的文件描述符。出现这一差异的主要原因在于，在 UNIX 类操作系统中，运行在用户态的进程不能访问内核的地址空间。因此，一个由内核打开的文件，在内核看来可能对应一个结构体，但这个结构体的地址及内容对用户态进程而言没有任何意义。一方面，当内核使用一个数组表示一个进程打开的所有文件时，使用针对这个数组的索引值来代表已打开的文件，便成了一种简单而直接的选择。这便是文件描述符的由来。另一方面，和 POSIX 的文件读写操作不同，出于各种因素的考虑，比如读写性能以及我们熟知的字符串格式化功能等，标准 C 库的 STDIO 接口是带有缓冲区的读写接口。也就是说，当我们从一个文件中使用 fopen() 读取 1 字节的数据时，fopen() 会尝试一次读取 4096 字节或 8192 字节，下次调用 fread() 读取 1 字节的数据时，便可直接从缓冲区中返回下个字符的内容而无须再调用操作系统的 read() 函数。这样，通过降低调用 read()（系统调用）的频次，就提高了读取的性能，代价便是多了一些内存被占用，包括缓冲区本身以及用于管理缓冲区的数据。正因为 STDIO 提供了带有缓冲区的读写接口，而缓冲区本身又位于当前进程的地址空间中，故而用于表述已打开文件的数值，就没必要再使用索引值了，一个指向结构体的指针足矣。使用索引值需要有一次从索引值到具体的结构体的查询过程，这会让事情变复杂，意义不大。因此，我们看到 STDIO 接口用于表述已打开文件的数值从 POSIX 的文件描述符变成了指向 FILE 结构体的指针。

第二，在 POSIX 的 read() 和 write() 接口中，调用者只需要传递缓冲区地址和内容的长度两个参数；而在 STDIO 的 fread() 和 fwrite() 接口中，针对内容的长度，调用者需要传递两个值（size 和 nmemb）来分别表示要读取的数据项的长度和数量。之所以如此设计，是为了方便以结构体为单位读写文件，使得当文件中没有期望数量的数据项可读时，也可以返回已经读取到的数据项数量，而不需要执行额外的错误处理。另一个好处是，以单个数据项的长度（由参数 nmemb 指定）为单位读取文件，在缓冲区的帮助下，可在一定程度上实现读写性能的提升。

第三，fread()、fwrite() 的返回值类型和 read()、write() 的不同，没有使用 ssize_t。这是因为 STDIO 的文件读写接口主要用于文件，而 POSIX 的文件读写接口还可以用于管道或套接字。前者只需要知道读写操作是否达到预期，通过返回值是否小于 size 即可判断；而后者，尤其是从管道或套接字读取数据时，需要使用错误值（-1）来表示一些特殊的状态，比如被信号中断，或者管道或套接字的另一头已经不存在等。此时，结合 errno 即可判断错误原因，进而做出适当的后续处理。

通过对比分析 POSIX 和 STDIO 的文件读写接口，我们可以知悉：即便完成类似的功能，也可能设计出具有明显差异的接口。这取决于很多因素，比如需求、实现上的要求或者限制，甚至设计者的喜好等。

本章后续内容将揭示 C 语言接口设计的原则、一般性方法以及常见的设计模式。

6.2 两个接口设计原则

在阐述具体的接口设计方法之前，我们首先给出下面两个基本的接口设计原则。

（1）完备（completeness）和自治（self-consistency），这表示接口要完整且无逻辑漏洞。和上面的文件读写接口一样，C 语言的接口通常一组组出现，很少有单个接口涵盖所有功能的情形。因此，我们在设计接口的时候，要确保接口是完整的，接口之间的配合逻辑要能自圆其说，也就是所谓的自治。

（2）不要给调用者暴露不必要的实现细节，这可以起到两个作用。第一，类似于文件描述符，可有效降低接口的学习和使用成本；第二，通过隐藏实现细节，可解除接口定义和具体的实现方案之间的耦合，从而为将来的功能扩展、优化打下一定的基础。

为了深刻体会上面这两个设计原则，我们来看一个样例。这个样例来自 HVML 开源解释器 PurC，要求针对一个独立的网络请求模块设计接口，并且接口要满足如下 3 个需求。

❑ 支持 HTTP、HTTPS、FILE、FTP、FTPS 等基于请求/响应工作模式的 URL。也就是说，调用者只需要传递 URL 发出请求，而不用处理 URL 涉及的任何底层协议细节。

❑ 支持同步请求和异步请求。同步请求是指发出请求后等待并获取完整的响应数据，而异步请求是指发出请求后立即返回。当获得响应数据时，调用事先设定的回调函数，由回调函数处理响应数据。

❑ 真正处理 URL 从服务器端所获取数据的功能既可能运行在独立的网络进程中，也可能运行在独立的网络线程中。我们将真正完成网络协议处理的进程或线程称为"网络任务"。接口不应该假设具体的实现采纳何种架构。

经过初步分析，针对以上需求，这个模块大致需要提供如下 5 个接口。

❑ 初始化接口。该接口用于启动网络进程或网络线程，建立数据连接。

❑ 终止接口。该接口用于完成清理工作，如通知网络进程或网络线程终止运行并断开连接等。

❑ 发起同步请求的接口。该接口发起一个同步请求并同步等待响应数据的返回，但可能因为网络原因而返回错误，比如找不到主机、连接失败、异常断开等。

❑ 发起异步请求的接口。该接口首先发起一个异步请求，然后立即返回，但会传入一个回调函数地址。当网络任务返回任何响应数据时，调用这个回调函数。

❑ 用于轮询网络任务工作状态的接口。如果不需要实现异步请求，所有的请求都是同步的，则不需要这个接口。由于异步请求的存在，这个模块必须提供一个轮询接口。该接口监听当前任务和网络任务之间的连接，如果网络任务就某个请求返回了任何响应数据，则调用与该请求对应的回调函数。调用者在回调函数中完成对响应数据的处理。

以上对接口的需求分析看起来很清晰，但落实到代码上就会出现各种偏差。程序清单 6.1 给出了初始的接口设计。这一模块在 HVML 开源解释器 PurC 中被称为数据获取器，故而接口具有 pcfetcher_ 前缀。

程序清单 6.1　针对网络请求模块的接口设计（初始版本）

```
/** 为当前 PurC 实例初始化数据获取器并创建网络进程。
    其中 max_conns 和 cache_quota 给定了最大连接数量以及缓存限额。*/
int pcfetcher_init(size_t max_conns, size_t cache_quota);
```

```
/** 终止当前 PurC 实例的数据获取器，包括通知网络任务退出、清理缓存文件等。*/
int pcfetcher_term(void);

/** 创建连接到给定主机的一个会话，返回一个结构体指针来表示新创建的会话。*/
struct pcfetcher_session *pcfetcher_session_create(const char *host);

/** 销毁给定的会话。*/
void pcfetcher_session_destroy(struct pcfetcher_session *session);

/** 获取网络任务的连接标识符。*/
pcfetcher_conn_id
pcfetcher_get_conn_id(void);

/** 获取指定会话的连接标识符。 */
pcfetcher_conn_id
pcfetcher_session_get_conn_id(struct pcfetcher_session *session);

/** 在指定的会话上设置 cookie。*/
void pcfetcher_set_cookie(pcfetcher_session *session, char *path, char *cookies);

/** 在指定的会话上获取 cookie。 */
char* pcfetcher_get_cookie(pcfetcher_session *session, char *path);

/** 接收响应数据的回调函数的原型。 */
typedef void (*response_handler)(purc_variant_t request_id, void *ctxt,
        const struct pcfetcher_resp_header *resp_header,
        purc_rwstream_t resp);

/** 发起一个异步请求。返回一个唯一的请求标识符，
    当有响应数据时，调用给定的回调函数。*/
purc_variant_t pcfetcher_request_async(struct pcfetcher_session *session,
        const char *url, enum pcfetcher_method method,
        purc_variant_t params, usigned int timeout,
        response_handler handler, void *ctxt);

/** 发起一个同步请求。若成功，返回包含响应数据的读写流对象。
    参数 resp_header 用于返回响应头数据。*/
purc_rwstream_t pcfetcher_request_sync(struct pcfetcher_session *session,
        const char *url, enum pcfetcher_method method,
        purc_variant_t params, unsigned int timeout,
        struct pcfetcher_resp_header *resp_header);

/** 轮询网络任务状态；如果有响应数据，则调用响应处理回调函数。*/
int pcfetcher_check_response(void);
```

```
/** 轮询特定会话上的响应数据；如果有响应数据，则调用响应处理回调函数。*/
int pcfetcher_check_session_response(struct pcfetcher_session *session);
```

以上设计存在如下两个明显的问题。

（1）虽然提供了返回连接标识符（pcfetcher_conn_id）的接口 pcfetcher_get_conn_id()，但我们未看到使用连接标识符的接口。稍有经验的人也许会想到，这个接口原本应该返回一个表示连接到网络任务的套接字文件描述符。有了这个套接字文件描述符，就可以使用 select 或 epoll 系统调用监听这一套接字文件描述符上的读写状态。比如，当其上有数据可读时，调用后续的轮询函数来获取其上的数据。基于这一出发点，该接口应该被设计返回一个整型的文件描述符：int pcfetcher_get_conn_fd(void)。

（2）结构体 pcfetcher_session 的引入把问题搞复杂了。设计者的初衷是为了支持 HTTP 协议中的 cookie，而 cookie 是和主机名相关联的，设计者为了支持 cookie 而引入了会话的概念。但显然，会话的引入导致接口数量几乎成倍增加：一套是不支持会话的接口，另一套是支持会话的接口。这显然不是一种好的设计。

当然，以上设计还存在其他一些小的问题。比如用于设置 cookie 的接口 pcfetcher_set_cookie，其参数 path 和 cookies 的类型缺少 const 修饰词，且该接口不应该使用 void 作为返回值类型，毕竟设置 cookie 时出现错误的可能性是存在的。

经过讨论，我们就以上问题对设计做了如下调整。

❏ 不再使用连接标识符的概念，转而提供 int pcfetcher_get_conn_fd(void) 接口。
❏ 不再暴露会话信息给调用者，调用者不必关心底层处理连接以及 cookie 的细节。
❏ 重新设计用于设置和获取 cookie 的接口，且不再依赖于会话。

调整后的设计见程序清单 6.2。

程序清单 6.2 针对网络请求模块的接口设计（调整后的版本）

```
/** 为当前 PurC 实例初始化数据获取器并创建网络任务。 */
int pcfetcher_init(size_t max_conns, size_t cache_quota);

/** 终止当前 PurC 实例的数据获取器，包括通知网络任务退出、清理缓存文件等。 */
int pcfetcher_term(void);

/** 重置当前 PurC 实例的数据获取器：终止所有未决请求，重置 cookie 以及缓存等。*/
int pcfetcher_reset(void);

/** 获取当前连接对应的文件描述符。*/
int pcfetcher_get_conn_fd(void);

/** 设置 cookie，不再依赖于会话，且增加过期时间等信息。*/
void pcfetcher_cookie_set(const char *domain,
        const char *path, const char *name, const char *content,
        time_t expire_time, bool secure);
```

```
/** 获取 cookie。 */
const char *pcfetcher_cookie_get(const char *domain,
        const char *path, const char *name, time_t *expire, bool *secure);

/** 移除指定的 cookie；返回 true 表示移除成功，返回 false 表示未找到匹配的 cookie。 */
bool pcfetcher_cookie_remove(const char *domain,
        const char *path, const char *name);

/** 响应回调函数的原型。 */
typedef void (*response_handler)(purc_variant_t request_id, void *ctxt,
        const struct pcfetcher_resp_header *resp_header, purc_rwstream_t resp);

/** 发起一个异步请求。返回一个唯一的请求标识符，并在有结果时，
    调用给定的回调函数。 */
purc_variant_t pcfetcher_request_async(
        const char *url,
        enum pcfetcher_method method,
        purc_variant_t params,
        usigned int timeout,
        response_handler handler, void* ctxt);

/** 发起一个同步请求。若成功，返回包含响应数据的读写流对象。
    参数 resp_header 用于返回响应头数据。 */
purc_rwstream_t pcfetcher_request_sync(
        const char* url,
        enum pcfetcher_method method,
        purc_variant_t params, unsigned int timeout,
        struct pcfetcher_resp_header *resp_header);

/** 轮询网络任务状态，如果有响应数据，则调用响应处理回调函数。*/
int pcfetcher_check_response(unsigned int timeout_ms);
```

显然，调整后的接口更简洁，也更易于理解和使用。

6.3 一般性方法和技巧

本节介绍接口设计中一些常见的一般性方法和技巧。

6.3.1 完备性的保证

之前提到，C 语言的接口通常一组组出现，为确保接口的完备性，有两个小技巧可以使用。

第一，对称设计。很多接口都是成对出现的，代表着一个操作以及对应的反操作。比如 malloc 的反操作是 free。表 6.1 给出了设计对称接口时常用的术语，这些术语通常作为函数名的前缀或后缀存在。

表 6.1   设计对称接口时常用的术语

操作	反操作	含义或用途
new	delete	创建/销毁一个新对象，通常意味着存在内存分配；如 `variant_new` 和 `variant_ delete`
create	destroy	创建/销毁一个新对象，通常意味着存在内存分配；如 `create_window` 和 `destroy_ window`
init	deinit/termniate/cleanup	初始化/清理一个对象；如 `array_init` 和 `array_cleanup`
open	close	打开/关闭一个对象；如 `fopen` 和 `fclose`
connect	disconnect	连接/断开；如 `connect_to_host` 和 `disconnect_from_host`
read	write	读取/写入；如 `fread` 和 `fwrite`
alloc	free	分配/释放；如 `malloc` 和 `free`
ref	unref	引用/反引用；如 `variant_ref` 和 `variant_unref`
get	set	获取/设置；如 `get_cookie` 和 `set_cookie`
attach	detach	附着/脱离；如 `attach_data` 和 `detach_data`

第二，跟随数据结构。很多接口操作的对象属于特定的数据结构或者类似的某个数据结构，此时，可以使用针对这些数据结构的常见操作来设计接口。表 6.2 给出了通用数据结构的常见操作接口。

表 6.2   通用数据结构的常见操作接口

数据结构	操作名称	含义或用途
链表	append	在链表尾部后置追加新节点
链表	preppend	在链表头部前置插入新节点
链表	insert_before	在指定节点之前插入新节点
链表	insert_after	在指定节点之后插入新节点
链表	remove	从链表中移除节点。注意该操作通常不会删除节点
树、链表	next	获取给定节点的下一个节点
树、链表	prev	获取给定节点的上一个节点
树	parent	获取给定节点的父节点
树	first_child	获取给定节点的第一个子节点
树	last_child	获取给定节点的最后一个子节点
哈希表、红黑树	add	添加新的键值记录
哈希表、红黑树	remove	移除指定的键名记录
哈希表、红黑树	find	依据给定的键名查找键值记录
哈希表、红黑树	iterator	迭代器

6.3.2   参数及返回值

有关接口的参数和返回值，下面给出一些值得遵循的建议。

首先，函数接口应尽量避免返回 void 类型。若分析标准 C 库提供的接口，就会发现仅有少量函数的返回值为 void 类型，常见的便是 free()，而绝大多数的标准库函数是有返回值的。某些函数通过返回一些特殊的值来表明出错状态，而某些函数的返回值纯粹是为了方便使用。比如 memcpy()、strcpy() 等复制内存或字符串的函数，会返回传入的目标地址值，这样可以方便调用者书写代码。实质上，对 C 程序来讲，从函数中返回一个值对程序性能的影响微乎其微。因此，我们将函数中已经计算好的值返回，可避免调用者再次计算这些值。比如，BSD 系统（包括 macOS）提供了 stpcpy() 和 stpncpy() 函数，这两个函数的功能与 strcpy() 和 strncpy() 一样，但返回值不同。stpcpy() 和 stpncpy() 函数会返回目标缓冲区中指向 \0 终止字符的指针。这样，当我们需要将多个字符串依次串接到同一个缓冲区中时，调用 stpcpy() 要比调用 strcpy() 高效很多——可以避免每次串接操作均从目标缓冲区的头部开始数起，如下面的代码所示：

```c
#define _GNU_SOURCE
#include <string.h>
#include <stdio.h>

int main(void)
{
    /* 代码将在 buffer 中构造 "foobar" */
    char buffer[20];
    char *to = buffer;

    to = stpcpy(to, "foo");
    to = stpcpy(to, "bar");
    printf("%s\n", buffer);
    return 0;
}
```

其次，应选择最合适的参数类型。比如当涉及长度、大小等参数时，应使用 size_t 类型。因为习惯，很多人可能会选择 int 或 unsigned int 类型来表示长度或大小等参数。现在应摒弃这种做法，因为 64 位系统已经很常见了，一个文件的长度可以轻松超过 int 或 unsigned int 类型的最大存储值。而 size_t 类型是无符号整型，其定义随底层架构的不同而不同（基本等同于 uintptr_t 类型），它的最大存储值对应操作系统可处理的最大文件长度，故而比 int 或 unsigned int 类型更加安全。

再次，对指针类参数和返回值，一定要恰当使用 const 修饰词。虽然对 C 代码来讲，const 指针可以随意被强制转换为非 const 指针，但它仍然可以在一定程度上帮助我们书写更好的代码，原因有两个。第一，为指针参数使用 const 修饰词，通常表明对应的接口不会修改该指针指向的缓冲区内容；第二，为返回的指针使用 const 修饰词，通常意在强调调用者不应该通过该指针值修改对应的缓冲区内容。

最后，应谨慎使用 bool 类型的返回值或参数。当一个函数在执行中可能出现多种错误时，只能用于表示成功或失败的 bool 型返回值就不够用了。另外，我们经常使用 bool 型参数来传递一个标志，当一个标志不够用时，就必须使用更多的 bool 型参数；而如果我们使用 int 或 unsigned 类型的参数作为标志，则可以通过标志位来传递多达 32 个标志——这将在扩展这一接口时带来极大的便利。

6.4 模式 1：抽象数据类型

通过本章前面有关 POSIX 文件读写接口和 STDIO 文件读写接口的阐述，相信读者已经了解到大部分接口的设计是围绕着一种抽象的数据类型进行的。而通过这种抽象的数据类型，我们可以表达任何我们希望表达的对象，比如文件、数据库表或链表。

一般而言，在围绕一种抽象的数据类型进行接口的设计时，接口由如下两类函数构成。

❑ 用于构造对象和销毁对象的函数，如 open()/fopen() 或 close()/fclose() 函数。

❑ 使用对象完成具体工作的函数，如 read()/fread() 或 write()/fwrite() 函数。

这里所说的抽象的数据类型，通常是一个整数、句柄或指针。对调用者而言，通常不用考虑这种抽象的数据类型在其内部实现中到底是如何表达的。比如，大部分开发者从来不会直接访问 FILE 结构体中的成员；实际上，STDIO 头文件中根本就没有暴露 FILE 结构体的细节。如此设计可达到两个目标：第一，隐藏可能的实现差异，因为不同平台上的实现差异经常会引入兼容性问题——隐藏内部细节，让调用者无法访问它们，因实现差异带来的兼容性问题也就不复存在了；第二，可以为将来可能的调整、扩展或优化打下基础。第一个目标易于理解，所以不再赘述。接下来我们重点看看如何基于一种抽象的数据类型实现功能的扩展。

以 STDIO 接口为例。即便是初学 C 语言的开发者，也应该非常熟悉 printf()/scanf() 这些函数。这些函数可用于实现基于格式化字符串的数据输出和输入：

```
int printf(const char *format, ...);
int fprintf(FILE *stream, const char *format, ...);
int sprintf(char *str, const char *format, ...);

int fscanf(FILE *restrict stream, const char *restrict format, ...);
int scanf(const char *restrict format, ...);
int sscanf(const char *restrict s, const char *restrict format, ...);
```

读者很容易理解，向字符终端输出格式化内容的 printf() 函数本质上是在向 stdout 这个预先构造的 FILE 结构体指针执行格式化输出。因此，我们可以将 printf() 接口理解为调用 fprintf() 函数的一个宏：

```
#define printf(format, ...) \
     fprintf(stdout, format, ##__VA_ARGS__)
```

但很多人可能不知道的是，将格式化结果写入指定字符串缓冲区的 sprintf() 函数本质上也是 STDIO 接口的一部分。在大多数的 STDIO 接口实现中，设计者通过构造一个将内存区域当作文件进行操作的 FILE 结构体而实现了 sprintf() 以及 sscanf() 等函数的功能。以 sprintf() 函数为例，对应的伪代码如下：

```
int sprintf(char *str, const char *format, ...)
{
```

```
        int ret;
        FILE mem_file;

        _init_memory_file(&mem_file, str, -1);
        ret = fprintf(&mem_file, format, ...);
        _cleanup_memory_file(&mem_file);

        return ret;
    }
```

上述代码首先调用 init_memory_file() 函数，通过目标缓冲区 str 及其缓冲区大小初始化了 mem_file 这个结构体。然后调用 fprintf() 函数，完成格式化操作。最后调用 _cleanup_ memory_file() 函数，清理 mem_file 结构体并给出 fprintf() 函数的返回值。也就是说，我们可以将一块内存区域当作一个打开的文件来操作。

（1）针对普通文件的操作，本质上可以归纳为 open、close、seek、read 和 write 这 5 个基本操作。

（2）针对内存区域的操作，我们同样可以归纳为 5 个操作：open 相当于初始化内存区域（或者只是将初始读写位置初始化为 0）；close 相当于清理内存区域（或者什么事情也不干）；seek 相当于调整内存区域中的当前读写位置；read 相当于将内存区域中的内容复制到给定的目标缓冲区中；write 相当于把给定源缓冲区中的内容复制到内存区域中。

如此一来，一块内存区域和一个文件就可以归纳为同一种对象。于是便可以将针对文件的操作作用于内存缓冲区，这就是抽象数据类型带来的好处。实际上，STDIO 提供了一个基于给定的内存区域构造 FILE 结构体的接口：

```
#include <stdio.h>

FILE *fmemopen(void *buf, size_t size, const char *mode);
```

使用 fclose() 函数便可销毁由 fmemopen() 函数分配并基于内存区域构造的 FILE 结构体。因本章仅关注接口的设计，有关 FILE 结构体的细节以及 fmemopen() 函数的实现，我们将在第 8 章中详细阐述。

值得注意的是，由于 sprintf() 函数未给定缓冲区的大小，因此在初始化 mem_file 结构体的时候，为缓冲区的大小参数传递了 −1。这意味着其内部实现只能假定缓冲区足够大，这是 sprintf() 函数可能造成缓冲区溢出的根本原因，也是我们建议开发者避免使用 sprintf() 函数而使用 snprintf() 函数的原因。

假设 STDIO 将 FILE 结构体的细节暴露到头文件中，可供调用者任意访问，则意味着 FILE 结构体内部的任何变化都将破坏向后兼容性；而想要通过适当的抽象来完成功能的扩展，也将变得非常困难。但如果隐藏了抽象数据类型的实现细节，便可以通过更好的代码来调整或优化其实现，或者通过适当的抽象来扩展接口的功能，最终提高代码的可重用性和可维护性。

介绍完 POSIX 中围绕文件描述符的接口以及 STDIO 中围绕 FILE 结构体指针的接口之后，接下来介绍另外 3 个通过抽象数据类型设计接口的范例。

6.4.1　范例 1：变体

本小节给出一个围绕抽象数据类型的接口设计范例：设计 HVML 开源解释器 PurC 中有关变体的接口。

变体（variant）通常出现在一些脚本类编程语言（如 JavaScript、Python）的解释器中。在这些解释器中，需要通过一个经过良好封装的 C 结构体，来描述可能出现在目标编程语言中的各类数据。这些数据可能是简单的数值、字符串，也可能是复杂的数组、字典、集合。而数组中的每个成员既可能是一个简单的数据，也可能是一个数组或字典等。需要注意的是，在不同的解释器中，这些数据类型可能具有不同的名称，比如在 Python 解释器 CPython 中就称为 "对象"。但不论如何命名，本质上变体就是一个复杂的 C 结构体，其中包含了数据的类型以及诸多其他内部信息。在本章，我们不打算细究其实现，而仅仅介绍如何针对这种抽象数据类型提供相应的接口。程序清单 6.3 给出了 PurC 中有关变体的接口（部分）。

程序清单 6.3　PurC 中有关变体的接口（部分）

```
struct purc_variant;
typedef struct purc_variant purc_variant;
typedef struct purc_variant* purc_variant_t;

/** 在构建变体值时，用于表示无效变体值，这意味着出现错误。 */
#define PURC_VARIANT_INVALID          ((purc_variant_t)(0))

/** 构造一个 undefined 型数据。 */
purc_variant_t purc_variant_make_undefined(void);

/** 构造一个 null 型数据。 */
purc_variant_t purc_variant_make_null(void);

/** 构造一个 boolean 型数据。 */
purc_variant_t purc_variant_make_boolean(bool b);

/** 基于 C 的 double 值构造一个 number 型数据。*/
purc_variant_t purc_variant_make_number(double d);

/** 基于 C 的 int64_t 值构造一个 longint 型数据。*/
purc_variant_t purc_variant_make_longint(int64_t i64);

/** 基于 C 的 uint64_t 值构造一个 ulongint 型数据。*/
purc_variant_t purc_variant_make_ulongint(uint64_t u64);

/** 基于 C 的 long double 值构造一个 longdouble 型数据。*/
purc_variant_t purc_variant_make_longdouble(long double lf);
```

```
/** 基于 C 的字符串构造一个 string 型数据, 字符串必须采用 UTF-8 编码。 */
purc_variant_t purc_variant_make_string(const char* str_utf8, bool check_enc);

/** 若为 string 型数据 (或其他内部表达为字符串的数据),
    则返回只读的字符串地址。 */
const char* purc_variant_get_string_const(purc_variant_t value);

/** 基于给定的内存区域构造一个 bsequence 数据。 */
purc_variant_t
purc_variant_make_byte_sequence(const unsigned char* bytes, size_t nr_bytes);

/** 若为 bsequence 数据 (或其他内部表达为字节序列的数据),
    则获取字节序列的只读地址及长度。 */
const unsigned char *
purc_variant_get_bytes_const(purc_variant_t value, size_t* nr_bytes);

/** 构造数组和操作数组。 */
purc_variant_t purc_variant_make_array(size_t sz, purc_variant_t value0, ...);
purc_variant_t purc_variant_make_array_0();
bool purc_variant_array_append(purc_variant_t array, purc_variant_t value);
bool purc_variant_array_prepend(purc_variant_t array, purc_variant_t value);
bool purc_variant_array_set(purc_variant_t array, int idx, purc_variant_t value);
bool purc_variant_array_remove(purc_variant_t array, int idx);
bool purc_variant_array_insert_before(purc_variant_t array, int idx, purc_variant_t value);
bool purc_variant_array_insert_after(purc_variant_t array, int idx, purc_variant_t value);

/** 获取数组元素数量。 */
bool purc_variant_array_size(purc_variant_t array, size_t *sz);
/** 获取指定的数组元素。 */
purc_variant_t purc_variant_array_get(purc_variant_t array, size_t idx);

...

/** 引用变体值。引用计数加 1; 返回变体本身。 */
purc_variant_t purc_variant_ref(purc_variant_t value);

/** 反引用变体值。引用计数减 1; 返回操作后的引用计数;
    当引用计数为 0 时, 释放变体对应的资源, 变体值不再可用。 */
unsigned int purc_variant_unref(purc_variant_t value);
```

从程序清单 6.3 给出的接口中可以看出, PurC 的变体可用于表述多种数据类型, 如 null、boolean、longint、number、string 和 array。每种具体的变体数据类型对应一个 purc_variant_make_ 作为前缀的构造函数。但不论是哪种具体的变体数据类型, 最终都使用统一的 C 结构体指针 purc_variant *来表示。

　　显然，PurC 中有关变体的接口涉及大量的函数，比如针对数组的构造就提供了 8 个函数。这清晰地展示了如何在实际的项目中落实接口的完备性。

　　另外，由于 PurC 的变体内部使用引用计数进行管理，因此没有提供销毁接口，而提供了 `purc_variant_ref` 和 `purc_variant_unref` 接口。在 `purc_variant_unref` 接口被调用时，若引用计数为 0，则自动销毁对应的变体。初始时，变体的引用计数始终为 1；当一个变体被添加到以数组为代表的容器中时，其引用计数自动加 1；而当一个变体被移出一个容器时，其引用计数自动减 1。因此，若希望变体随容器自动销毁，则应该在将变体添加到容器中之后立即调用 `purc_variant_unref` 接口以反引用变体。程序清单 6.4 实现了一个构造斐波那契数列的函数。

程序清单 6.4　使用 PurC 的变体接口构造斐波那契数列

```c
#define NR_MEMBERS          93

#define APPEND_ANONY_VAR(array, v)                              \
    do {                                                        \
        if (v == PURC_VARIANT_INVALID ||                        \
                !purc_variant_array_append(array, v))           \
            goto error;                                         \
        purc_variant_unref(v);                                  \
    } while (0)

static purc_variant_t make_fibonacci_array(void)
{
    purc_variant_t fibonacci;

    fibonacci = purc_variant_make_array_0();
    if (fibonacci != PURC_VARIANT_INVALID) {
        int i;
        uint64_t a1 = 1, a2 = 1, a3;
        purc_variant_t v;

        v = purc_variant_make_ulongint(a1);
        APPEND_ANONY_VAR(fibonacci, v);

        v = purc_variant_make_ulongint(a2);
        APPEND_ANONY_VAR(fibonacci, v);

        for (i = 2; i < NR_MEMBERS; i++) {
            a3 = a1 + a2;
            v = purc_variant_make_ulongint(a3);
            APPEND_ANONY_VAR(fibonacci, v);

            a1 = a2;
            a2 = a3;
```

```
        }
    }

    return fibonacci;

error:
    purc_variant_unref(fibonacci);
    return PURC_VARIANT_INVALID;
}
```

作为对比，读者可以自行研究 JerryScript 中有关变体的接口设计（JerryScript 是一个轻量级的开源 JavaScript 解释器）。

参考资料

JerryScript API 参考

6.4.2 范例 2：读写流

我们知道，标准 C 库将针对普通文件的读写操作通过 STDIO 标准化了起来，可在不同的操作系统中执行，从而不仅提供了格式化输入输出功能，还提供了不同的缓冲模式。然而，我们仍然需要设计一个抽象的读写流操作接口，用于将文件、管道、套接字以及内存上的读写操作统一起来。下面列出了 3 个理由。

（1）STDIO 主要用于普通文件，对管道、套接字的支持不足。

（2）STDIO 基于内存缓冲区的 FILE 构造接口缺乏一定的灵活性，比如不能处理需要自动增长缓冲区的情形。

（3）不同的操作系统针对管道、套接字的读写接口存在一些差异。比如 UNIX 操作系统中普遍存在的文件描述符概念在 Windows 操作系统中不复存在，而 Windows 操作系统为管道、套接字上的读写操作提供了自己独有的接口。

于是，我们经常会看到一些中大型项目提供了自定义的基于抽象读写流的接口。比如在 HVML 开源解释器 PurC 中，就提供了围绕 purc_rwstream 结构体的读写流接口，该接口被广泛应用于 PurC 内部的各种模块。程序清单 6.5 给出了对这一接口的描述。

程序清单 6.5　PurC 中的读写流接口

```
/** 代表读写流的结构体指针，隐藏了结构体的内部细节。 */
struct purc_rwstream;
typedef struct purc_rwstream purc_rwstream;
typedef struct purc_rwstream *purc_rwstream_t;

/** 基于指定的内存区域构造读写流对象。 */
purc_rwstream_t purc_rwstream_new_from_mem(void* mem, size_t sz);

/** 基于普通文件构造读写流对象。 */
purc_rwstream_t purc_rwstream_new_from_file(const char* file, const char* mode);

/** 基于 STDIO FILE 指针构造读写流对象。 */
```

```
purc_rwstream_t purc_rwstream_new_from_fp(FILE* fp, bool autoclose);
```

/** 使用自动维护的缓冲区构造读写流对象，主要用于写入变长的内容。 */
```
purc_rwstream_t purc_rwstream_new_buffer(size_t sz_init, size_t sz_max);
```

/** 使用 UNIX 文件描述符构造读写流对象。 */
```
purc_rwstream_t purc_rwstream_new_from_unix_fd(int fd, size_t sz_buf);
```

/** 使用 Windows 套接字构造读写流对象。 */
```
purc_rwstream_t purc_rwstream_new_from_win32_socket(int socket, size_t sz_buf);
```

```
typedef ssize_t (*pcrws_cb_write)(void *ctxt, const void *buf, size_t count);
```

/** 创建一个仅用于转储的读写流对象，该读写流对象在输出数据时调用指定的回调函数，
    而不执行具体的输出操作。 */
```
purc_rwstream_t purc_rwstream_new_for_dump(void *ctxt, pcrws_cb_write fn);
```

```
typedef ssize_t (*pcrws_cb_read)(void *ctxt, void *buf, size_t count);
```

/** 创建一个仅用于读取的读写流对象，该读写流对象在读取数据时调用指定的回调函数，
    而不执行具体的读取操作。 */
```
purc_rwstream_t
purc_rwstream_new_for_read(void *ctxt, pcrws_cb_read fn);
```

/** 销毁读写流对象。对于自动维护缓冲区的读写流对象，当 sz_reuse_buffer 参数不为
    NULL 时，将不释放缓冲区并返回缓冲区地址；其他情形下返回 NULL。*/
```
void *purc_rwstream_destroy(purc_rwstream_t rws, size_t *sz_reuse_buffer);
```

/** 返回内存类读写流的缓冲区地址和尺寸；仅针对内存类读写流，
    其他类型的读写流返回 NULL。 */
```
char *purc_rwstream_get_mem_buffer(purc_rwstream_t rw_mem, size_t *sz);
```

/** 修改读写流中的当前读写位置；若读写流不支持定位，则返回-1。*/
```
off_t purc_rwstream_seek(purc_rwstream_t rws, off_t offset, int whence);
```

/** 返回读写流中的当前读写位置；若读写流不支持定位，则返回-1。*/
```
off_t purc_rwstream_tell(purc_rwstream_t rws);
```

/** 从读写流的当前位置读取指定数量的字节到缓冲区中。 */
```
ssize_t purc_rwstream_read(purc_rwstream_t rws, void* buf, size_t count);
```

/** 按照 UTF-8 编码读取一个完整字符，并返回该字符的 UTF-8 编码长度（字节长度）。
    若@uc 非空，则同时转换为对应的 Unicode 码点；返回其字节长度。*/
```
int purc_rwstream_read_utf8_char(purc_rwstream_t rws,
        char *buf_utf8, uint32_t *uc);
```

```
/** 向读写流的当前读写位置写入指定数量的字节。*/
ssize_t purc_rwstream_write(purc_rwstream_t rws, const void* buf, size_t count);

/** 刷新读写流中可能的缓冲区（等同于 fflush）。*/
ssize_t purc_rwstream_flush(purc_rwstream_t rws);

/** 从 @in 中读取指定的字节长度，转储到 @out 流中并返回实际转储的字节数;
    返回 -1 表示错误。当 @count 为 -1 时，表示一直转储，直到从 @in 中读取到 EOF。 */
ssize_t purc_rwstream_dump_to_another(purc_rwstream_t in, purc_rwstream_t out,
    ssize_t count);
```

以上接口设计和 STDIO 通过 FILE 结构体提供抽象的文件对象类似，但它们也有区别。

首先，这组接口提供了基于给定内存区域、自维护缓冲区、文件指针、文件描述符、套接字的读写流构造函数，为各种读写流的使用提供了统一的接口。这组接口在 PurC 中常用于变体（可用于表示字典、数组、数值、字符串等数据结构）和结构化树形文档的解析及序列化，如下所示：

```
/** 将变体序列化到读写流中。 */
ssize_t purc_variant_serialize(purc_variant_t value, purc_rwstream_t stream,
    int indent_level, unsigned int flags, size_t *len_expected);

/** 将结构化文档序列化到读写流中。 */
int purc_document_serialize_contents_to_stream(purc_document_t doc,
    unsigned opts, purc_rwstream_t out);
```

其次，这组接口提供了由回调函数实现具体读取或写入功能的抽象读写流构造函数，从而为调用者提供了足够的灵活性。作为示例，当我们需要将一个复杂的变体数据序列化为字符串（结果类似于 JSON 表述的那样）并求取该字符串的 MD5 散列值时，可以像程序清单 6.6 那样使用 PurC 的读写流接口。由于不用先将变体序列化为一个完整的字符串再计算对应的 MD5 散列值，这一用法将极大降低程序运行时的内存占用，从而提升性能。比如当变体表述的是由程序清单 6.4 生成的斐波那契数列构成的数组时，如果首先将这个变体序列化为一个完整的字符串，则其中的内容大致如 JSON 表述的那样：

```
{1,1,2,3,5,8,...}
```

这时就需要一个很大的缓冲区来保存这个字符串。但如果我们意识到 MD5 散列值的计算过程可以通过将字符串拆分为一个个字符或者小的子字符串来处理，则可以将上述字符串的内容按其中的成员以及大括号、逗号分隔符等依次提供给计算 MD5 散列值的接口，这样就可以大大降低计算过程中的内存占用。而序列化这一数组变体的过程，就是一个一个处理数组中的成员，然后依次调用读写流的写入接口，将大括号、逗号分隔符以及成员本身一个个输出到目标读写流的过程。

程序清单 6.6 使用基于回调函数的读写流对象在实现序列化的同时完成 MD5 散列值的计算

```
/* 在该回调函数中，并没有执行具体的写入操作，
   而是基于缓冲区的内容更新了 MD5 散列值。*/
static ssize_t cb_calc_md5(void *ctxt, const void *buf, size_t count)
```

```
{
    pcutils_md5_ctxt *md5_ctxt = ctxt;
    pcutils_md5_hash(md5_ctxt, buf, count);
    return count;
}


int get_variant_md5(purc_variant_t variant, char *md5)
{
    /* 该结构体用于计算 MD5 散列值。 */
    pcutils_md5_ctxt md5_ctxt;

    /* 基于 md5_ctxt() 和 cb_calc_md5() 回调函数构造一个仅用于转储的读写流对象。 */
    purc_rwstream_t stream = purc_rwstream_new_for_dump(&md5_ctxt, cb_calc_md5);

    pcutils_md5_begin(&md5_ctxt);

    /* 调用该函数，将变体序列化；在序列化的过程中，
       将多次调用 cb_calc_md5() 回调函数。 */
    purc_variant_stringify(stream, ,
            PCVRNT_STRINGIFY_OPT_BSEQUENCE_BAREBYTES, NULL);

    purc_rwstream_destroy(stream, NULL);

    /* 获得最终的 MD5 散列值。 */
    pcutils_md5_end(&md5_ctxt, md5);
    return 0;
}
```

另外，PurC 的读写流接口通过基于自维护缓冲区的读写流对象提供了缓冲区的自动维护功能。也就是说，当我们需要向内存输出无法预先知悉其长度（变长）的内容时，可以调用 `purc_rwstream_new_buffer()` 函数构造一个基于自维护缓冲区的读写流对象。该函数构造的读写流将根据需要自动扩大缓冲区，从而帮助我们实现类似 `asprintf()` 函数的功能。程序清单 6.7 使用基于自维护缓冲区的读写流对象实现了多次重复给定字符串的功能。

程序清单 6.7　使用基于自维护缓冲区的读写流对象实现多次重复给定字符串的功能

```
static char *repeat_string(const char *str, size_t times)
{
    size_t len_str = strlen(str);

    /* 构造一个基于自维护缓冲区的读写流对象。 */
    purc_rwstream_t rwstream = purc_rwstream_new_buffer(len, 0);
    if (rwstream == NULL)
        return NULL;

    /* 重复给定的字符串。 */
```

```
        for (size_t i = 0; i < times; i++) {
            ssize_t nr_wrotten = purc_rwstream_write(rwstream, str, len_str);
            if (nr_wrotten < 0 || (size_t)nr_wrotten < len_str) {
                goto fatal;
            }
        }

        /* 写入一个空字符来表示字符串结束。 */
        if (purc_rwstream_write(rwstream, "", 1) < 1) {
            goto fatal;
        }

        /* 取回自维护缓冲区的地址并销毁读写流。 */
        size_t sz_content = 0;
        content = purc_rwstream_destroy(rwstream, &sz_buffer);
        return content;

fatal:
    purc_rwstream_destroy(rwstream, NULL);
    return NULL;
}
```

　　最后，这组接口根据需要提供了一些额外的辅助函数，以方便调用者使用。比如 purc_rwstream_read_utf8_char() 函数，它可以按 UTF-8 编码从流中读取一个字符。众所周知，UTF-8 编码的字符是变长的，从 1 字节到 4 字节不等。该函数可以帮助我们以一个有效的 UTF-8 编码字符为单位从流中读取数据。再比如 purc_rwstream_dump_to_another() 函数，它可以将输入流中的数据一次性转储到输出流中。显然，这些辅助用的函数并不具有通用性，可根据使用场合的需要而额外提供。

　　对于通用读写流接口，除了本章提到的 STDIO 和 PurC，其他一些通用的函数库中也常有提供。其中比较著名且值得学习的是 glib 的 IOChannel 接口。限于篇幅，不再赘述。感兴趣的读者可以自行学习和研究。

参考资料

glib 的 IOChannel
接口

6.4.3　范例 3：描述符或句柄

　　范例 1 和范例 2 均使用结构体指针来指代一个特定的抽象数据项。但正如 POSIX 的文件读写接口一样，我们也可以使用一个整数或者"句柄"（handle）来指代一个特定的抽象数据项。在 Windows 操作系统以及 MiniGUI 提供的接口中，就大量使用了句柄这一术语，用于表示窗口、控件、菜单以及图形输出设备等。比如 MiniGUI 用于创建、销毁和操控窗口的接口：

```
/** 创建一个窗口，返回窗口句柄。 */
HWND CreateWindow(const char* spClassName, const char* spCaption,
        DWORD dwStyle, LINT id, int x, int y, int w, int h,
        HWND hParentWnd, DWORD dwAddData);
/** 销毁一个窗口。 */
```

```
BOOL DestroyWindow(HWND hWnd);

/** 隐藏或显示一个窗口。 */
BOOL ShowWindow(HWND hWnd, int iCmdShow);
/** 使能或禁止一个窗口。 */
BOOL EnableWindow(HWND hWnd, BOOL fEnable);
```

和 POSIX 的文件描述符类似，句柄通常被定义为一个和指针等宽的无符号整数。当抽象数据项的实现细节（通常对应一个结构体）存在于另外一个地址空间中时，我们使用描述符或句柄来指代该抽象数据项。比如在 UNIX 或 Linux 内核中，文件描述符就是当前进程打开的所有文件结构体指针数组的索引值，而这个数组只在内核的地址空间中存在；也就是说，只能在内核中访问。这意味着调用者无法通过描述符或句柄来直接访问结构体中的内容；也就是说，描述符或句柄的值对调用者而言只是一个标识符，但对实现者来讲，则可以转换为指向某个特定结构体的指针使用。而如果使用结构体指针来表达一个抽象数据项，则即使没有在头文件中暴露结构体的内部细节，也仍然可以通过自行定义该结构体的内部成员，或者直接访问该指针指向的内容来获得一些内部细节。因此，使用结构体指针的情形，通常就是对应的抽象数据项和调用者同属一个地址空间的情形。

在 MiniGUI 的实现中，句柄还带来额外的一些好处。MiniGUI 为窗口系统提供了 3 种不同的软件架构：第一种称为独立模式，第二种称为多线程模式，第三种称为多进程模式。在独立模式和多线程模式下，基于 MiniGUI 的应用程序被编译为单个程序执行，故而句柄本质上就是指针。实现者将句柄强制转换为指针使用，调用者理论上可以通过句柄来访问内部数据，这其实带来了一定的性能优势。但在多进程模式下，有一个服务器进程在管理所有的窗口，而其他 MiniGUI 程序以客户进程的形式运行。客户进程在调用 CreateWindow 创建窗口时，会通过客户进程和服务器进程之间的套接字连接发出请求；服务器进程则创建窗口，然后将窗口结构体所对应的指针通过套接字连接发给客户进程，这就是客户进程得到的窗口句柄。显然，客户进程不能通过服务器进程返回的窗口句柄获得任何有意义的内容，因为窗口句柄虽然本质上是一个指针，但这个指针仅在服务器进程的地址空间中有意义。

这就是句柄这种抽象数据类型带来的好处：可灵活适应不同的软件架构。

6.5　模式 2：抽象算法

本节介绍另外一种接口设计模式：围绕算法设计接口。大多数程序员最初接触计算机软件时，经常会学习各种排序算法，比如冒泡排序算法、选择排序算法、快速排序算法等。作为练习，读者一定编写过使用冒泡排序算法对一个无序的整数数组进行升序或降序排列的函数，其接口及实现大致如下：

```
void sort_int_array_asc(int *array, size_t sz)
{
    for (size_t i = 0; i < sz - 1; i++) {
        for (size_t j = 0; j < sz - 1 - i; j++) {
            if (array[j] > array[j + 1]) {
```

```
            int tmp = 0;
            tmp = array[j];
            array[j] = array[j + 1];
            array[j + 1] = tmp;
        }
    }
  }
}
```

假设我们需要使用冒泡排序算法对一个字符串数组进行排序，其接口及实现大致如下：

```
void sort_string_array_asc(const char **array, size_t sz)
{
    for (size_t i = 0; i < sz - 1; i++) {
        for (size_t j = 0; j < sz - 1 - i; j++) {
            if (strcmp(array[j], array[j + 1]) > 0) {
                const char *tmp = 0;
                tmp = array[j];
                array[j] = array[j + 1];
                array[j + 1] = tmp;
            }
        }
    }
}
```

仔细对比以上两个函数的实现，就会发现代码运行的逻辑几乎一模一样，主要区别只在于对比两个成员的地方：前者对比了两个整数，后者调用了 strcmp() 函数。

我们当然可以考虑通过一些手段将上面两个函数合并为一个函数——看起来只需要为整数和字符串指定不同的对比方法即可。于是，可以考虑如下设计接口并实现：

```
void sort_int_string_array_asc(void *array, size_t sz, bool is_int)
{
    for (size_t i = 0; i < sz - 1; i++) {
        for (size_t j = 0; j < sz - 1 - i; j++) {
            if (is_int) {
                int *list = (int *)array;
                if (array[j] > array[j + 1]) {
                    int tmp = 0;
                    tmp = array[j];
                    array[j] = array[j + 1];
                    array[j + 1] = tmp;
                }
            }
            else {
                const char **list = (const char **)array;
                if (strcmp(array[j], array[j + 1]) > 0) {
                    const char *tmp = 0;
```

```
                tmp = array[j];
                array[j] = array[j + 1];
                array[j + 1] = tmp;
            }
        }
    }
}
```

然而，以上调整只能处理整数数组和字符串数组这两种情形，并没有达到可以处理任意数据类型的目的。如果意识到对比两个整数的过程其实和求这两个整数的差，然后看差大于零还是小于或等于零是一样的，那么我们就可以将对比操作抽象成一个函数来实现。于是，我们将对比两个成员的代码在冒泡排序代码之外实现，然后以回调函数的形式传入冒泡排序算法的实现函数，这样冒泡排序算法就可以和具体的数据类型解耦了。当然，还有一些小的细节需要考虑：不同的数据类型的数组，其成员长度可能不同。比如整型 int 为 32 位（4 字节），而短整型 short 只有 16 位（2 字节）。因此，我们还需要将数组中每个单元的长度作为参数传入，并适当调整交换两个成员的代码。调整后的接口及其实现如下所示：

```
void sort_any_array_asc(void *array, size_t nmemb, size_t sz,
        int (*cmp)(const void *, const void *))
{
    uint8_t *list = array;

    for (size_t i = 0; i < sz - 1; i++) {
        for (size_t j = 0; j < sz - 1 - i; j++) {
            uint8_t *one = list + nmemb * j;
            uint8_t *next = list + nmemb * (j + 1);
            if (cmp(one, next) > 0) {
                uint8_t tmp[nmemb];
                memcpy(tmp, one, nmemb);
                memcpy(one, next, nmemb);
                memcpy(next, tmp, nmemb);
            }
        }
    }
}
```

如此调整之后，新的接口及其实现将适用于不同的数据类型；也就是说，我们得到了一个围绕抽象的算法设计出来的接口。比如，当需要对一个结构体数组进行排序时，我们可以如下编码：

```
struct foo {
    const char *name;
    void *data;
};

static int foocmp(const void *d1, const void *d2)
```

```
{
    const struct foo *foo1 = (const struct foo *)d1;
    const struct foo *foo2 = (const struct foo *)d2;
    return strcmp(foo1->name, foo2->name);
}

...

    struct foo foos[100];
    ...

    sort_any_array_asc(foos, sizeof(struct foo), 100, foocmp);
```

实质上，我们甚至可以移除 sort_any_array_asc 中的后缀_asc，使之和排列的方法（升序还是降序）解耦——只需要改变对比大小的回调函数返回值即可。比如下面的代码片段可用来降序排列一个 short 型数组。

```
static int shortcmp_desc(const void *d1, const void *d2)
{
    short *foo1 = (short *)d1;
    short *foo2 = (short *)d2;
    return -(*foo1 - *foo2);
}

...

    short foos[100];
    ...

    /* 使用 shortcmp_desc 对比函数实现 short 型数组的降序排列。 */
    sort_any_array(foos, sizeof(short), 100, shortcmp_desc);
```

读到这里，相信读者已经了解到将算法抽象为接口的好处了。

❑ 可以将某个算法的实现作用于不同的数据类型；推而广之，也可以将某个算法作用于不同的功能。

❑ 通过将数据类型、数据存储方式、功能和算法本身解耦，可以大大提升代码的可复用性，从而提高代码的可维护性。

接下来看两个范例。

6.5.1 范例 1：标准 C 库的 qsort() 函数及其扩展

和上面的 sort_any_array() 一样，标准 C 库提供了快速排序算法的抽象接口：

```
void qsort(void *base, size_t nel, size_t width,
        int (*compar)(const void *, const void *));
```

程序清单 6.8 给出了 qsort() 函数的典型使用场景。

程序清单 6.8　qsort()函数的典型使用场景

```c
#include <stdio.h>
#include <stdlib.h>
#include <string.h>

static int
cmpstringp(const void *p1, const void *p2)
{
    /* 传入该函数的参数为"指向字符的指针的指针",但 strcmp()函数的参数是指向字符的
       指针,故而需要做强制类型转换,并解引用(dereference)强制转换后的指针。*/
    return strcmp(*(const char **)p1, *(const char **)p2);
}

/* 对传入命令行的参数进行排序。 */
int main(int argc, char *argv[])
{
    if (argc < 2) {
        fprintf(stderr, "Usage: %s <string>...\n", argv[0]);
        return EXIT_FAILURE;
    }

    qsort(&argv[1], argc - 1, sizeof(char *), cmpstringp);

    for (int j = 1; j < argc; j++)
        puts(argv[j]);
    return EXIT_SUCCESS;
}
```

在某些特殊情况下,对比函数可能需要访问一个上下文数据,故而为可重入性考虑,GNU 的扩展提供了 qsort_r()接口:

```c
void qsort_r(void *base, size_t nmemb, size_t size,
        int (*compar)(const void *, const void *, void *), void *arg);
```

其主要的变化在于添加了一个上下文参数 arg,并将这个参数传递给了 compar()回调函数。这样,当对比函数需要访问其他数据来完成最终的对比时,可通过 arg 传入这一数据,从而避免了在使用 qsort()函数时因为无法传递上下文参数而必须使用全局变量的情形,于是便实现了可重入性。

进一步地,qsort()函数还有另外一个限制,就是其算法的实现依赖于数组成员在内存中必须连续存储这一条件。因此,我们可以再进行一次抽象,将获取数组中给定成员的代码抽象为一个回调函数,从而使之可用于数组成员非连续存储的情形。同时,为满足不同于复制并交换内容的成员交换方法,将交换两个成员的代码抽象成另一个回调函数。于是便有了如下扩展接口:

```c
void qsort_ex(void *array, size_t nmemb,
        void * (*get_member)(void *, size_t idx),
        void (*exchange_members)(void *, size_t idx_one, size_t idx_oth),
        int (*compar)(const void *, const void *));
```

在其实现中，当需要获取指定位置的成员时，调用 get_member() 回调函数；而当执行交换时，调用 exchange_members() 回调函数，从而让快速排序算法的实现不再依赖于数组成员的连续存储，且可以支持自定义的成员交换方法。

6.5.2 范例2：MiniGUI 的曲线生成器函数

下面我们来看看通过抽象算法实现不同功能的情形。

在计算机图形学中，绘制曲线通常使用插补算法——这是一种相对比较成熟的算法。但插补算法不仅可以用来绘制曲线，也可以用来生成复杂的区域。在计算机图形学中，多边形、圆等封闭曲线可定义一个区域。这里的区域可定义为多个不相交的矩形按一定的规则构成的数组。

MiniGUI 通过抽象曲线的生成算法提供了若干曲线生成器，它们既可用于绘制曲线，也可用于生成区域。下面的代码给出了 MiniGUI 定义的两个曲线生成器：LineGenerator() 和 CircleGenerator()：

```
typedef void (* CB_LINE) (void* context,
        int stepx, int stepy);

void GUIAPI LineGenerator (void* context,
        int x1, int y1, int x2, int y2, CB_LINE cb);

typedef void (* CB_CIRCLE) (void* context,
        int x1, int x2, int y);
void GUIAPI CircleGenerator (void* context,
        int sx, int sy, int r, CB_CIRCLE cb);
```

和 qsort() 一样，在调用这两个曲线生成器时，需要传入一个回调函数。每当曲线生成器生成曲线上的一个点（或多个点）时，就会调用这个回调函数。比如，我们可以调用 CircleGenerator() 绘制一个圆：

```
/* CircleGenerator()一次生成水平线上的两个点：(x1, y) 和 (x2, y)。 */
static void set_pixel_pair(void* context, int x1, int x2, int y)
{
    HDC hdc = context;
    SetPixel(hdc, x1, y);
    SetPixel(hdc, x2, y);
}

/* 使用 CircleGenerator()绘制一个圆。 */
void DrawCircle(HDC hdc, int sx, int sy, int r)
{
    CircleGenerator(hdc, sx, sy, r, set_pixel_pair);
}
```

程序清单 6.9 通过调用 CircleGenerator() 生成了一个由圆定义的区域。

程序清单 6.9　使用圆生成器生成一个由圆定义的区域

```
/* 该函数使用传入的(x1，y)和(x2，y)两个点构造了一个高度为 1 的矩形，
   然后调用 CopyRegion()或 UnionRegion()函数，将这个矩形添加到通过上下文参数
   context 传入的目标区域。 */
static void cb_region(void* context, int x1, int x2, int y)
{
    CLIPRGN* region = (CLIPRGN*) context;
    CLIPRGN newregion;
    CLIPRECT newcliprect;

    if (x2 > x1) {
        newcliprect.rc.left = x1;
        newcliprect.rc.right = x2 + 1;
    }
    else {
        newcliprect.rc.left = x2;
        newcliprect.rc.right = x1 + 1;
    }
    newcliprect.rc.top = y;
    newcliprect.rc.bottom = y + 1;

    newcliprect.next = NULL;
    newcliprect.prev = NULL;

    newregion.type = SIMPLEREGION;
    newregion.rcBound = newcliprect.rc;
    newregion.head = &newcliprect;
    newregion.tail = &newcliprect;
    newregion.heap = NULL;

    if (IsEmptyClipRgn(region))
        CopyRegion(region, &newregion);
    else
        UnionRegion(region, region, &newregion);
}

/* 该函数通过调用 CircleGenerator()，生成一个由圆心和半径定义的圆构造的区域。 */
BOOL InitCircleRegion(PCLIPRGN dst, int x, int y, int r)
{
    EmptyClipRgn(dst);

    if (r < 1) {
        CLIPRECT* newcliprect;

        NEWCLIPRECT(dst, newcliprect);
        newcliprect->rc.left = x;
```

```
            newcliprect->rc.top = y;
            newcliprect->rc.right = x + 1;
            newcliprect->rc.bottom = y + 1;
            return TRUE;
        }

        CircleGenerator(dst, x, y, r, cb_region);
        return TRUE;
    }
```

6.6　模式 3：上下文

本节所提的上下文（context），在某种程度上和前面所提的抽象数据类型有相似之处，但也有显著的差别。通常，围绕抽象数据类型构成的接口，在表达时不论使用描述符、句柄还是结构体指针，接口和接口所操作的数据（或对象）之间的关系是清晰而明确的。但在使用上下文的情况下，接口和上下文之间的关系是模糊的或者说不那么直接。

要想理解以上区别，首先就要准确理解上下文。举个例子，在类 UNIX 操作系统中，所有程序启动后都会有 0、1、2 这 3 个已经打开并可直接使用的文件描述符，分别对应标准输入、标准输出和标准错误。我们知道，当程序再次启动或者同时执行形成多个进程时，即使每个进程中这些文件描述符对应的值都是 0、1、2 这 3 个整数，也并不意味着它们指的是同一个文件。也就是说，某个具体的文件描述符的值仅在某个特定的上下文中有意义，这个上下文便是执行这些程序时操作系统为之创建的进程。

因此，我们可以将上下文理解为执行某段代码时的一个事先设定或假定的条件或环境。上下文可以是程序所在的进程或线程，也可以是某个自定义的抽象数据结构。

在使用自定义抽象数据结构作为上下文的情况下，接口的设计思想和前面所提的抽象数据类型几乎一样。主要的区别在于，与文件描述符被限定在隐含的进程环境中一样，上下文可能不需要在接口中显式给出。我们将明确指定上下文的情形称为"显式（explicit）上下文"，而将未明确指定上下文的情形称为"隐式（implicit）上下文"。

6.6.1　显式上下文

在实践中，上下文在图形绘制接口中比较常见，比如在 MiniGUI 或 Cairo 中绘制一条曲线时，便需要一个称为设备上下文或图形上下文的句柄（或结构体指针）。调用者通过这个句柄来设置绘图信息，比如线条宽度、前景色等，之后再调用曲线绘制函数以绘制出期望的曲线。

下面的代码片段在处理窗口的 MSG_PAINT 消息时，使用 MiniGUI 的绘图接口绘制了一个矩形。其中 hWnd 是用来表示当前窗口的句柄；BeginPaint() 返回一个设备上下文句柄，EndPaint() 释放该句柄；而 MoveTo() 设定了矩形右上角的坐标值，后续的 LineTo() 绘制了矩形的 4 条边。

```
case MSG_PAINT: {
    HDC hdc = BeginPaint(hWnd);
```

```
    // 绘制一个矩形。
    MoveTo(hdc, 0, 0);
    LineTo(hdc, 0, 100);
    LineTo(hdc, 100, 100);
    LineTo(hdc, 100, 0);
    LineTo(hdc, 0, 0);

    EndPaint(hWnd, hdc);
}
```

类似地，常用于 Linux 桌面系统的二维矢量图形库 Cairo，也提供了基于图形上下文的绘制接口，区别在于 Cairo 使用了一个结构体指针来表达图形上下文，如下面的代码片段所示。

```
cairo_surface_t *surface;
cairo_t *cr;

/* 创建图像表面。 */
surface = cairo_image_surface_create(CAIRO_FORMAT_ARGB32, 120, 120);

/* 针对图像表面创建一个绘制用的图形上下文。 */
cr = cairo_create(surface);

/* 绘制一个矩形。 */
cairo_move_to(cr, 0.0, 0.0);
cairo_move_to(cr, 0.0, 0.5);
cairo_line_to(cr, 0.5, 0.5);
cairo_line_to(cr, 0, 0.5);
cairo_line_to(cr, 0, 0);
...
```

另外，在围绕上下文进行接口的设计时，有一些不同于抽象数据类型的特点。针对特定的抽象数据类型，通常接口的数量是固定的或者可以预料到。但因为上下文的概念更为宽泛，通过在上下文中保存更多的属性并为这些属性提供单独的接口，便可以扩展已有的接口功能，且不影响默认的行为，这带来了巨大的灵活性。

以 MiniGUI 为例，BeginPaint() 函数返回的设备上下文句柄有一些默认的初始绘制属性，比如线条的颜色为黑色、线宽为 1 像素等。因此，如果不改变这些属性，我们将绘制出一个黑色的、线宽为 1 像素的矩形。而如果想要改变这些属性，则可以在 BeginPaint() 之后添加如下函数调用：

```
SetPenColor(hdc, PIXEL_red);      // 设置画笔颜色为红色。
SetPenWidth(hdc, 2);              // 设置画笔宽度为 2 像素。
```

显然，上述接口设计将属性（如线条颜色、线条宽度等）的设置接口和完成绘制的接口分离了开来。这将带来若干好处。比如，与这种设计方法相反，理论上我们也可以将绘制直线的接口设计成下面这样：

```
void LineTo(HDC hdc, int x, int y, PIXEL pixel, int line_width);
```

但这样一来，调用者在每次调用绘制接口时，就要传递大量的参数，而且这些参数可能都是一样的。另外，假如后续的绘制接口支持了其他的线条属性，比如线条的虚实（点线或点画线等），就很难在这种形式下进行扩展——我们不得不提供新的接口来支持新的线条属性。而如果将属性的设置接口和完成绘制的接口分开提供，则可以轻松解决以上问题。这本质上就是上下文这一抽象数据结构为编程带来的好处：上下文保存了很多属性值，且给出了这些属性的默认值；当我们新增某个属性时，只需要给定这个属性的默认值，且提供针对这个属性的获取或设置接口即可；通过增强已有接口的实现，比如增加非默认情况下的处理，便可以在不影响已有功能的前提下实现新的功能。这在保证接口稳定性的同时，还为接口的扩展或功能的增强提供了便利。

6.6.2　隐式上下文

和 MiniGUI、Cairo 等相反，主要用于三维图形绘制的 OpenGL（包括 OpenGL ES）提供的接口则采用了隐式上下文——调用者不需要显式传递任何表示图形上下文的句柄或结构体指针。比如下面的代码绘制了一个三维空间中的矩形，颜色为红色。

```
glColor3f(1.0, 0.0, 0.0);

glBegin(GL_LINE_LOOP);
glVertex3f(0.0, 0.0, 0.0);
glVertex3f(0.0, 1.0, 0.0);
glVertex3f(1.0, 1.0, 0.0);
glVertex3f(1.0, 0.0, 0.0);
glEnd();
glFlush();
```

我们发现，因为不需要传递图形上下文，所以用于创建或获取图形上下文的接口调用也不见了。当然，不需要在每个绘制接口中传递图形上下文，也让开发者的编码工作轻松了一些。但是，不论是颜色还是绘制模式（如上面代码中的 GL_LINE_LOOP，表示将后续的顶点使用线条首尾连接起来），这些构成图形上下文的信息总需要一个地方保存吧？接口中不需要传递图形上下文，这是否意味着只能使用全局变量来保存这些信息？进而，假设我们要在同一个程序创建的两个窗口中同时绘制两个 3D 图形，如果使用全局变量来保存这个上下文，那岂不是乱套了？如果是单个线程的应用还好，因为就算在单个线程中创建了两个窗口，通常绘制两个图形的代码也不会交叉执行；但如果是多线程的应用，就不仅仅是乱套的问题，还很容易因为数据错乱而使程序崩溃。

以上这些问题的确存在。OpenGL 的接口设计最早出现在早期的 UNIX 系统中，那时候的 UNIX 应用很少使用线程（很多 POSIX 的早期接口也存在不可重入的问题），所以在设计这些接口时没有引入或者想到利用图形上下文也情有可原。但如今大量的工业设计软件使用了 OpenGL，OpenGL 很快变成了三维图形领域的工业事实标准，再修改这些接口加上图形上下文的成本就太高了！因此，在后续的实现中，人们使用隐式上下文来处理这个历史遗留问题。

首先，OpenGL 引入了 EGL 模块，作为 MiniGUI、X Window、Windows 等窗口系统和 OpenGL 之间的桥梁，图形上下文的管理和切换由 EGL 的接口实现。具体来讲，在同一个线程内，使用

eglCreateContext()函数为指定的窗口创建对应的上下文，然后在调用 OpenGL 的 gl 系列接口之前，使用 eglMakeCurrent()函数切换上下文。这样便可以确保为不同窗口绘制的三维图形不会相互影响。

其次，针对多线程应用，使用线程本地存储（Thread Local Storage，TLS）保存当前线程的图形上下文信息，这样不同线程中调用 eglMakeCurrent()函数改变的只是当前线程中的图形上下文，从而确保多线程应用不会乱套。

最后，EGL 等模块在初始化时，会创建默认的图形上下文，应用程序不需要关注默认图形上下文的创建及销毁。

看起来 OpenGL 的接口使用隐式上下文是历史原因造成的。但现在，有意使用隐式上下文，也能为开发者带来一些好处：减少函数的参数，尤其当上下文和当前的线程绑定时。接下来给出两个使用隐式上下文的范例。

6.6.3　范例 1：标准 C 库的错误码

我们熟知的 C 标准库错误码 errno，通常被当作一个全局的 int 型整数使用。比如：

```
#include <errno.h>

    int fd = open(filename, O_RDONLY);
    if (fd < 0) {
        if (errno == EACCESS) {
            ...
        }
        else if (errno == ENOMEM) {
            ...
        }
    }
```

和 OpenGL 的接口类似，在早期的 UNIX 系统中，errno 的确是一个 int 型全局变量：

```
extern int errno;
```

然而，当我们在多线程应用中使用 errno 时，就不能继续使用全局变量来定义 errno 了。显然，接口的设计者需要提供一种机制，以使旧程序仍然可以使用 errno 而不需要修改源代码。其解决之道和 OpenGL 的隐式上下文一样：采用线程本地存储。在当前流行的 Glibc 版本中，errno 的接口声明如下：

```
extern int * __error(void);
#define errno (*__error())
```

也就是说，当我们在源代码中使用 errno 时，其值实际上由 __error()函数给出。注意该函数的返回值是一个 int 型指针，而不是 int 型整数，这主要是为了让 errno = EACCESS;这类用来设置错误码的语句可以正常编译并运行。

在 __error()函数的内部实现中，Glibc 的实现者可使用线程本地存储来返回当前线程为错误码分配的地址指针。这样在不同线程中访问 errno 时，实质上访问的就是和当前线程对应的一个整数，从而轻松解决了最初将 errno 设计为全局变量的历史遗留问题。换句话说，作为接口，errno 拥有一个隐式的上下文：当前线程。

6.6.4　范例 2：PurC 实例

使用隐式上下文还可以得到额外的灵活性。比如我们所熟知的 malloc() 和 free() 函数，通常的实现是使用一个全局的堆，所有的内存分配和释放都通过这个全局堆进行。如此一来，内存的分配和释放就需要一个全局的锁来保证对全局堆的访问是安全的。但这将引入额外的性能开销和其他副作用。于是，一些实时操作系统可能会选择另外一种实现方式：每个线程（或任务）有自己的私有堆，当调用 malloc() 和 free() 函数时，从当前线程的私有堆中分配内存。这样可以避免使用全局的锁，从而提高性能，并在一定程度上避免不同优先级的任务因为竞争同一个全局锁而出现优先级反转的情形——这对保障实时系统的确定性有很好的帮助。也就是说，当我们使用隐式上下文时，可通过不同的隐式上下文获得不同的实现效果。

类似地，本章前面介绍的 PurC 变体管理接口并没有涉及任何上下文参数。因此，它们在实现时也可以采取两种不同的方案：使用全局的堆或者线程私有堆来管理变体。PurC 的实现采用的是线程私有堆；而当通过调用 purc_variant_make_×××() 函数构造一个变体时，则使用当前线程的私有变体堆。私有变体堆也是通过线程本地存储实现的。

下面详细说明线程本地存储是如何扮演隐式上下文这一角色的。

在 PurC 的内部实现中，当程序在一个线程中调用 purc_init() 函数时，该函数会分配一个 pcinst 结构体并设定为当前线程的一项本地存储数据。该结构体代表和当前线程绑定的唯一一个 PurC 实例（instance）。在这个结构体中，保存有类似 errno 的错误码、当前应用名称、日志设置、本地数据映射表以及变体堆等。这样，当我们使用 PurC 的变体管理接口以及下面这些接口时，均会使用当前线程的 PurC 实例信息返回相应的值，或者完成针对当前 PurC 实例的操作，从而让多个 PurC 实例可以在不同的线程中并行运行。

```
/** 设置当前 PurC 实例的日志设施以及打开的日志级别。 */
bool purc_enable_log_ex(unsigned levels, purc_log_facility_k facility);

/** 获取当前 PurC 实例打开的日志级别。 */
unsigned purc_get_log_levels(void);

/** 设置 PurC 实例的本地数据：一个键值对。*/
bool purc_set_local_data(const char* data_name, uintptr_t local_data,
        cb_free_local_data cb_free);

/** 通过键名获取已设置的 PurC 实例的本地数据。*/
int purc_get_local_data(const char *data_name, uintptr_t *local_data,
        cb_free_local_data *cb_free);
```

PurC 的内部代码可通过调用 pcinst_current() 这一内部函数来获得当前线程所对应的 pcinst 结构体指针，对应的结构体是使用 C99 的 __thread 关键词定义的，如程序清单 6.10 所示。

程序清单 6.10   将 PurC 实例作为变体和错误码的隐式上下文

```
/* PurC 实例中保存了大量信息。 */
struct pcinst {
    /* 类似于 errno 的 PurC 自定义错误码。 */
    int             errcode;

    char            *app_name;
    char            *runner_name;

    /* 当前打开的日志级别。 */
    unsigned int    log_levels;
    /* 日志设施对应的 FILE 指针；
       取-1 时使用 SYSLOG, 取 NULL 时关闭日志功能。*/
    FILE            *fp_log;

    /* 本地数据映射表。 */
    pcutils_map     *local_data_map;

    /* 变体堆。 */
    struct pcvariant_heap variant_heap;

    ...
};

/* 该接口返回当前的 PurC 实例。*/
struct pcinst* pcinst_current(void) WTF_INTERNAL;

/* 使用 C99 的 __thread 关键词声明 inst 变量为线程本地存储。*/
static __thread struct pcinst inst;

/* pcinst_current 接口的实现。*/
struct pcinst* pcinst_current(void)
{
    return &inst;
}
```

若当前编译器不支持 C99 的 __thread 关键词，则可以使用 POSIX Thread 提供的线程本地存储接口来实现这一功能。感兴趣的读者可阅读 PurC 中的相关实现。

配套示例程序

6A

PurC 内部针对线程本地存储提供的可移植宏

6.7   模式 4：事件驱动

事件驱动（event-driven）也称消息驱动，最早出现在图形用户界面（Graphical User Interface，GUI）应用程序的编程中。在计算机软件发展的早期，人们主要利用计算机完成一些大型的计算任务。人们为这些计算任务准备好初始数据，然后执行程序；程序读取纸带或磁带上的初始数据，执行计算并输出结果。后来，计算机有了键盘和字符终端，有人尝试用键盘上的按键控制屏幕上闪动的光标，或者控制屏幕上由几个特殊字符构成的直升机——这便是早期的计算机游戏。

常见的计算任务，可以理解为程序沿着事先设计好的路线顺序执行。但顺序执行的结构不适用于以交互为主的计算机游戏类程序。因为在以交互为主的情形下，程序需要根据用户的输入来完成相应的功能。比如，当用户按向上箭头键（或字符'k'时）时，可控制字符构成的简陋直升机向上飞起；而当用户按向下箭头键（或字符'j'）时，可控制字符构成的简陋直升机向下落地。这样一来，程序的结构就应该是一个大的循环：

```
int ch;
while ((ch = getch()) != EOF) {
    switch (ch) {
        case 'k':
            move_copter_up();
            break;

        case 'j':
            move_copter_down();
            break;
        ...
    }
}
```

以上代码给出了一个简单的事件驱动（event-driven）程序结构。

后来，计算机有了图形屏幕。不同于字符屏幕，有了图形屏幕后，程序可以控制计算机屏幕上每个像素的颜色，从而可以绘制任意图形。与此同时，计算机还有了鼠标、绘图板、触摸屏等方便用户输入的设备，令人耳目一新的图形用户界面（窗口系统）也应运而生。面对全新的输入输出设备以及图形用户界面应用程序，上面这种事件驱动的简易程序结构明显不够用。第一，如果将键盘、鼠标等设备视作输入设备，则这些设备产生的数据明显不同；而如果要抽象为统一的事件，则需要某种形式的封装。第二，有了窗口系统之后，事件还需要和特定的窗口绑定，窗口系统需要对底层的事件进行处理，然后根据当前的系统状态将它们分发到某个特定的窗口（比如当前的活动窗口）中，而这些事件最终都应该由应用程序的代码来处理——这不可避免地要使用开发者定义的回调函数。第三，如何将操作系统原有的底层机制，比如定时器、文件描述符（如套接字连接）上的可读可写事件等，和新的事件驱动机制有机结合起来，也成了一个新的问题。

以上 3 点便是事件驱动的接口设计需要考虑的主要因素。

6.7.1 范例 1：MiniGUI 消息驱动接口

下面我们以 MiniGUI 为例，阐述广泛应用于窗口系统中的事件驱动接口。MiniGUI 的接口设计参考了微软为 Windows 系统设计的 Win32 接口。两者虽然有显著的区别，但基本概念和原理是一样的。

在 MiniGUI 中，一个事件被封装为一个消息结构体。一个消息结构体中包含 4 项基本数据。

（1）消息的目标窗口句柄。

（2）无符号整数表示的消息标识符，通常被定义为 MSG_ 作为前缀的宏，如 MSG_MOUSEMOVE 表示鼠标的移动消息。

（3）消息的第一个参数。在 Windows 平台上，该参数称为字参数（word parameter）。在早期的 16 位系统中，该参数用 16 位的整型表示；在 32/64 位系统中，则用 32 位的整型表示。

（4）消息的第二个参数。在 Windows 平台上，该参数称为长参数（long parameter）。在 16/32 位系统中，该参数用 32 位的整型表示；在 64 位系统中，则用 64 位的整型表示。

MiniGUI 的消息结构体定义如下：

```
typedef struct _MSG {
    /** 消息的目标窗口句柄。 */
    HWND            hwnd;
    /** 消息的标识符（一个无符号整数）。 */
    UINT            message;
    /** 消息的第一个参数，一个和指针等宽的无符号整数。 */
    WPARAM          wParam;
    /** 消息的第二个参数，一个和指针等宽的无符号整数。 */
    LPARAM          lParam;
    /** 消息产生时的时间嘀嗒值。 */
    DWORD           time;
#ifdef _MGHAVE_VIRTUAL_WINDOW
    /* 内部数据结构（仅用于支持虚拟窗口以及多线程模式）。 */
    void            *pSyncMsg;
#endif
} MSG;
```

如上述代码所示，MiniGUI 的 MSG 结构体还包含 time 和 pSyncMsg 指针：前者用于记录生成消息时的系统时间（自启动以来的时间嘀嗒值），后者是一个供内部使用的指针。wParam 和 lParam 是消息的两个参数，不同种类的消息所对应的数据会以不同的方式被封装到这两个参数中。比如对于按键消息（MSG_KEYDOWN），wParam 是按键的扫描码值（scan-code），lParam 则是按键被按下时键盘上各修饰键（如 CapsLock、ScrLock、Shift 和 Ctrl 键）的状态码。再比如对于鼠标移动消息（MSG_MOUSEMOVE），lParam 的低 16 位表示鼠标指针的 x 坐标值，而高 16 位表示鼠标指针的 y 坐标值。

MiniGUI 的消息驱动接口围绕窗口进行设计，每个窗口或者同类窗口拥有一个由应用程序定义的窗口过程（window procedure）。在 MiniGUI 中，需要明确区分两种类型的窗口：一类是"主窗口"（main window），通常层叠式展示在屏幕上；而显示在主窗口中的"控件"（control）或"构件"（widget）则称为"窗口"（window）。每个主窗口都有自己的窗口过程，在创建主窗口时指定；主窗口中的控件则分属不同的窗口类，注册窗口类时指定窗口过程，创建控件时指定窗口类的名称。涉及的接口如下：

```
/** 窗口过程的原型, 窗口过程接收的 4 个参数便是 MSG 结构体的主要成员。*/
typedef LRESULT (* WNDPROC)(HWND, UINT, WPARAM, LPARAM);

/** 用于定义主窗口属性的结构体。 */
typedef struct _MAINWINCREATE {
    /** 此处略去窗口风格、标题栏等。 */

    /** 主窗口的窗口过程。 */
    LRESULT (*MainWindowProc)(HWND, UINT, WPARAM, LPARAM);

    /** 此处略去主窗口在屏幕中的位置信息。 */
} MAINWINCREATE;
typedef MAINWINCREATE* PMAINWINCREATE;

/** 根据 pCreateInfo 结构体中的信息创建一个主窗口。 */
HWND CreateMainWindow (PMAINWINCREATE pCreateInfo);
/** 销毁一个主窗口。 */
BOOL DestroyMainWindow (HWND hWnd);

/** 定义窗口（控件）类的结构体。 */
typedef struct _WNDCLASS {
    /** 窗口类的名称。 */
    const char* spClassName;

    /** 此处略去窗口类风格等成员。 */

    /** 窗口过程, 可用于该窗口类的所有控件实例。 */
    LRESULT (*WinProc) (HWND, UINT, WPARAM, LPARAM);

    /** 此处略去附加数据等。 */
} WNDCLASS;
typedef WNDCLASS* PWNDCLASS;

/** 根据 pWndClass 结构体中的信息注册一个窗口类。 */
BOOL RegisterWindowClass (PWNDCLASS pWndClass);
/** 根据给定的窗口类名称, 注销一个窗口类。 */
BOOL UnregisterWindowClass (const char* szClassName);

/** 根据窗口类的名称, 创建指定窗口类的一个新窗口实例。 */
HWND CreateWindow (const char* spClassName, const char* spCaption,
        DWORD dwStyle, LINT id, int x, int y, int w, int h,
        HWND hParentWnd, DWORD dwAddData);
/** 销毁一个窗口。 */
BOOL DestroyWindow (HWND hWnd);
```

一个窗口过程本质上是一个回调函数, 窗口系统会调用该回调函数, 应用程序则在窗口过程中处理各种消息。通常，MiniGUI 会在应用程序初始化时创建一个消息队列，等待处理的消息就保存在这个消息队列中。MiniGUI 的应用程序创建一个窗口，然后进入消息循环。MiniGUI 的消息循环通常由如下 4 行代码构成（略去了创建窗口的代码）：

```
while (GetMessage(&Msg, hMainWnd)) {
    TranslateMessage(&Msg);
    DispatchMessage(&Msg);
}
```

其中，GetMessage() 函数从消息队列中获取一条消息。如果没有获取到消息，该函数等待；如果获取到 MSG_QUIT 消息，该函数返回 FALSE，消息循环终止；对于获取到的其他消息，该函数返回 TRUE，此时 Msg 结构体中包含消息的详细信息。TranslateMessage() 函数会将 MSG_KEYDOWN 消息根据修饰键的状态翻译为对应的 MSG_CHAR 消息并添加到消息队列中。举个例子，若 Shift 键被按下，则生成的 MSG_CHAR 消息所附带的 wParam 参数为大写的字符 A；若 Shift 键未被按下，则附带的 wParam 参数为小写的字符 a。DispatchMessage() 函数负责分发消息，这里的分发消息实质上就是根据 Msg 结构体中消息的目标窗口，调用对应的窗口过程。

程序清单 6.11 给出了一个典型的 MiniGUI 应用程序之窗口过程，注意其中用于拆解鼠标指针坐标值的代码。

程序清单 6.11   一个典型的 MiniGUI 应用程序之窗口过程

```
static LRESULT PainterWinProc(HWND hWnd, UINT message, WPARAM wParam, LPARAM lParam)
{
    HDC hdc;
    static BOOL bdraw = FALSE;
    static int pre_x, pre_y;

    switch (message) {
    case MSG_LBUTTONDOWN:    /* 鼠标左键按下消息。 */
        SetCapture(hWnd);
        bdraw = TRUE;
        pre_x = LOWORD(lParam);
        pre_y = HIWORD(lParam);
        break;

    case MSG_MOUSEMOVE:      /* 鼠标移动消息。 */
    {
        int x = LOWORD(lParam);
        int y = HIWORD(lParam);

        if (bdraw) {
            ScreenToClient(hWnd, &x, &y);
            hdc = GetClientDC(hWnd);
            SetPenColor(hdc, PIXEL_red);
            MoveTo(hdc, pre_x, pre_y);
```

```
                LineTo(hdc, x, y);
                ReleaseDC(hdc);
                pre_x = x;
                pre_y = y;
            }
            break;
        }

        case MSG_LBUTTONUP:      /* 鼠标左键抬起消息。 */
        {
            int x = LOWORD(lParam);
            int y = HIWORD(lParam);

            if (bdraw) {
                ScreenToClient(hWnd, &x, &y);
                hdc = GetClientDC(hWnd);
                SetPixel(hdc, x, y, PIXEL_red);
                ReleaseDC(hdc);
                bdraw = FALSE;
                ReleaseCapture();
            }
            break;
        }

        case MSG_RBUTTONDOWN:    /* 鼠标右键按下消息。 */
            InvalidateRect(hWnd, NULL, TRUE);
            break;

        case MSG_CLOSE:          /* 窗口被关闭的消息。 */
            DestroyAllControls(hWnd);
            DestroyMainWindow(hWnd);
            PostQuitMessage(hWnd);
            return 0;
    }

    /* 其他尚未处理的消息，全部传给默认的窗口过程进行处理。 */
    return DefaultMainWinProc(hWnd, message, wParam, lParam);
}
```

  MiniGUI 应用程序除了被动处理系统产生的消息，还可自定义消息，并通过如下 3 种方式将它们传递给目标窗口。

- □ 使用 PostMessage() 函数邮寄消息。该函数在消息队列中使用循环队列存储邮递的消息；因为循环队列长度有限，若未处理的消息过多，则会导致循环队列溢出，从而丢失邮寄的消息。
- □ 使用 SendNotifyMessage() 函数发送通知消息。该函数使用消息队列中的链表存储通知消息，因而不会丢失，但需要额外的存储空间。

❑ 使用 SendMessage() 函数发送消息。和前两种消息传递方式不同，该函数会同步等待发送的消息被窗口过程处理，并返回处理结果。在 MiniGUI 中，如果消息的目标窗口和调用者处于同一线程，该函数将直接调用窗口过程，并返回窗口过程处理该消息的返回值；如果消息的目标窗口和调用者不在同一线程，该函数将通过内部的同步调用机制，将消息传递给另一个线程，同步等待目标窗口的处理结果并返回。这相当于提供了一种简单而有效的线程间通信机制。

上面 3 个消息传递函数的接口描述如下：

```
/** 邮寄消息。 */
int PostMessage (HWND hWnd, UINT nMsg, WPARAM wParam, LPARAM lParam);
/** 发送通知消息。 */
int SendNotifyMessage (HWND hWnd, UINT nMsg, WPARAM wParam, LPARAM lParam);
/** 发送并同步等待消息的处理返回值。 */
LRESULT SendMessage (HWND hWnd, UINT nMsg, WPARAM wParam, LPARAM lParam);
```

如前所述，MiniGUI 的消息不仅可以用于交互等系统事件，也可以由开发者自行定义，并通过 3 种不同的消息传递方式传递到目标窗口中进行处理。尤其是 SendMessage() 函数，该函数为两个运行在不同线程中的窗口提供了一种非常便利的通信机制。为方便开发者，MiniGUI 允许在非图形用户界面线程（称为"消息线程"）中创建一个或多个虚拟窗口，通过自定义消息和窗口过程与其他线程进行数据交换。

程序清单 6.12 通过在消息线程中调用 CreateVirtualWindow() 函数创建了一个虚拟窗口，并和图形用户界面线程配合，创建了一个经典的生产者/消费者通信模型。在程序清单 6.12 中，消息线程用于完成一项耗时操作，比如遍历文件系统以找到所有文件名中包含给定字符串的目录项。

程序清单 6.12 在两个线程之间利用 MiniGUI 消息驱动接口构建经典的生产者/消费者通信模型

```
#define MSG_SEARCH_FILES     (MSG_USER + 1)
#define MSG_START_SEARCH     (MSG_USER + 2)
#define MSG_SEARCH_RESULT    (MSG_USER + 3)
#define MSG_QUIT_SEARCH      (MSG_USER + 4)

enum {
    CMD_VIRTWND_FAILED = 0,
    CMD_VIRTWND_CREATED,
    CMD_VIRTWND_DESTROYED,
    CMD_VIRTWND_QUITED,
};

static LRESULT
ProducerProc(HWND hWnd, UINT message, WPARAM wParam, LPARAM lParam)
{
    switch (message) {
```

```
case MSG_SEARCH_FILES: {
    /*
        该消息由消费者发送给消费者。其中,
        wParam 包含的是消费者的窗口句柄;
        lParam 包含的是消费者指定的待搜索文件名模式 ( 字符串 ),
        由于该字符串指针由消费者所有, 故而需要复制一份。
     */
    char *pattern = strdup((const char *)lParam);
    PostMessage(hWnd, MSG_START_SEARCH, wParam, pattern);
    return 0;
}


case MSG_START_SEARCH: {
    /* 从消息参数中获取期望的数据。 */
    HWND caller = (HWND)wParam;
    char *pattern = (char *)lParam;

    /*
        调用搜索函数, 获取结果:
        nr_files 包含搜索到的文件数量;
        files 指向一个字符串数组, 其中包含所有匹配给定模式的文件。
     */
    unsigned nr_files;
    char **files = do_search(pattern, &nr_files);

    /* 释放 pattern。 */
    free(pattern);

    /* 将搜索结果发送给消费者, 并等待其复制结果。 */
    SendMessage(caller, MSG_SEARCH_RESULT, nr_files, files);

    /* 清理搜索结果, 释放 files 所占内存。 */
    cleanup_search_result(nr_files, files);
    return 0;
}

case MSG_QUIT_SEARCH:
    /* 收到该消息时退出消息循环。 */
    PostQuitMessage(hWnd);
    break;

default:
    break;
}

return DefaultVirtualWinProc (hWnd, message, wParam, lParam);
```

```
}

/* 生产者线程的入口函数。 */
static void* producer_entry(void* arg)
{
    MSG Msg;
    HWND hMainWnd = (HWND)arg;
    HWND hVirtWnd = CreateVirtualWindow (HWND_DESKTOP, ProducerProc,
            "Virtual Window for Producer", 0, 0);

    if (hVirtWnd == HWND_INVALID) {
        /* 通知消费者，生产者创建失败。 */
        SendNotifyMessage(hMainWnd, MSG_COMMAND, CMD_VIRTWND_FAILED, 0);
        return NULL;
    }

    /* 通知消费者，生产者已就绪。 */
    SendNotifyMessage(hMainWnd, MSG_COMMAND, CMD_VIRTWND_CREATED,
            (LPARAM)hVirtWnd);

    /* 进入消息循环。 */
    while (GetMessage(&Msg, hVirtWnd)) {
        DispatchMessage(&Msg);
    }

    /* 销毁生产者创建的虚拟窗口。 */
    DestroyVirtualWindow(hVirtWnd);

    /* 通知消费者，生产者虚拟窗口已被销毁。 */
    SendNotifyMessage (hMainWnd, MSG_COMMAND, CMD_VIRTWND_DESTROYED,
            (LPARAM)hVirtWnd);

    /* 清理虚拟窗口。 */
    VirtualWindowCleanup (hVirtWnd);

    /* 通知消费者，生产者退出。 */
    SendNotifyMessage(hMainWnd, MSG_COMMAND, CMD_VIRTWND_QUITED, 0);
    return NULL;
}

static pthread_t producer_th;

/* 消费者窗口过程。 */
static LRESULT
ConsumerWinProc(HWND hWnd, UINT message, WPARAM wParam, LPARAM lParam)
{
```

```
        switch (message) {
        case MSG_CREATE:
            /* 创建生产者线程。 */
            CreateThreadForMessaging(&producer_th, NULL, producer_entry,
                    (void *)hMainWnd, TRUE, 0);
            break;

        case MSG_COMMAND:
            switch (wParam) {
                case CMD_VIRTWND_FAILED:
                case CMD_VIRTWND_QUITED:
                    /* 退出消息循环。 */
                    PostQuitMessage(hWnd);
                    break;

                case CMD_VIRTWND_CREATED:
                    /* 向生产者虚拟窗口发送 MSG_SEARCH_FILES 消息，传递两个参数。 */
                    SendMessage((HWND)lParam, MSG_SEARCH_FILES,
                            hWnd, (LPARAM)"*.c");
                    break;

                case CMD_VIRTWND_DESTROYED:
                    break;

                default:
                    _WRN_PRINTF("Unknown command identifier: %d\n", (int)cmd_id);
                    break;
            }
            break;

        case MSG_SEARCH_RESULT:
            /* 有结果后，析取消息参数。 */
            unsigned nr_files = (unsigned)wParam;
            char **files = (char **)lParam;

            /* 对结果做可视化处理，比如填入窗口的列表框中。 */
            ...

            return 0;
        }

        return DefaultMainWinProc(hWnd, message, wParam, lParam);
    }
```

    首先，图形用户界面线程（消费者）通过调用 CreateThreadForMessaging() 函数创建了一个消息线程（生产者），该函数是 MiniGUI 对创建普通线程的系统接口 pthread_create() 的简单封装。新的消息线程会创建一个虚拟窗口，并通过 SendNotifyMessage() 函数通知消费者是否成功创建了消息线程以及其中的虚拟窗口。

紧接着，在消费者的窗口过程中，若收到 CMD_VIRTWND_CREATED 通知，则通过 SendMessage() 函数发送自定义的 MSG_SEARCH_FILES 消息给生产者创建的虚拟窗口，虚拟窗口收到该消息后复制并保存字符串，然后通过调用 PostMessage() 函数给自己发送一条 MSG_START_SEARCH 消息，随后立即返回。这样做可以让 SendMessage() 函数迅速返回，防止图形用户界面线程因为长时间等待而停止响应用户交互。之后，运行在普通线程中的虚拟窗口将在下个消息循环中收到自己邮寄的 MSG_START_SEARCH 消息，此时便可安全执行耗时操作（如遍历文件系统），并在结束后将结果（比如一个字符串数组）作为 MSG_SEARCH_RESULT 消息的参数，通过调用 SendMessage() 函数将其发送给消费者窗口。在消费者的窗口过程中，处理 MSG_SEARCH_RESULT 消息，访问传递过来的字符串数组指针，将其展示在窗口控件中，然后就可以返回了。当生产者虚拟窗口过程中的 SendMessage() 函数返回后，生产者便可释放搜索结果所占用的空间。

在程序清单 6.12 给出的消息传递过程中，消费者调用 SendNotifyMessage() 函数给消费者，用于同步生产者的初始化过程。当消费者在其窗口过程中收到 CMD_VIRTWND_CREATED 通知时，说明生产者线程及其虚拟窗口已成功创建，可发送命令给生产者。在其后的消费者和生产者的通信中，我们两次使用 SendMessage() 函数发送同步消息，这主要是为了方便另一个线程安全地访问调用 SendMessage() 函数的线程所拥有的内存地址——因为只有在目标窗口过程处理了该消息并返回后，SendMessage() 函数才会返回。这样就避免了使用全局锁。如果不使用 MiniGUI 提供的消息驱动接口，则需要使用互斥量、信号量、条件变量等用于线程同步或数据保护的设施，且容易出错。

另外，MiniGUI 提供了定时器的处理能力，同时还提供了监听文件描述符上的可读可写事件的能力：

```
/* 注册一个要监听的文件描述符。
   当被监听的文件描述符产生可读可写事件或异常事件时，产生 MSG_FDEVENT 消息
   到 hWnd 窗口，并将 fd 和 context 通过消息参数传递给窗口过程。 */
BOOL RegisterListenFD(int fd, int type, HWND hWnd, void* context);

/* 注销被监听的文件描述符。*/
BOOL UnregisterListenFD(int fd);

/* 设置定时器；当设置的定时器到期时，产生 MSG_TIMER 消息到 hWnd 窗口。*/
BOOL SetTimer(HWND hWnd, LINT id, DWORD interval);

/* 移除定时器。*/
int KillTimer(HWND hWnd, LINT id);
```

6.7.2　范例 2：glib 的事件驱动接口

作为一个通用工具函数库，glib 也提供了基本的事件驱动接口，用于实现定时器或者监听文件描述符上的可读可写事件。下面的代码首先创建了一个事件循环对象，然后创建了定时器，最后进

入消息循环:

```
static GMainLoop* loop;

    ...

    /* 创建一个事件循环对象。 */
    loop = g_main_loop_new(NULL, FALSE);

    /* 创建一个定时器，周期为1000ms，到期时调用指定的回调函数。 */
    g_timeout_add(1000, my_timer_callback, NULL);

    /* 进入事件循环。当 g_main_loop_quit() 函数被调用时，终止事件循环。 */
    g_main_loop_run(loop);

    /* 反引用事件循环对象。 */
    g_main_loop_unref(loop);
```

下面的代码给出了定时器回调函数的一种简单实现。定时器回调函数通常也称"事件处理器"
（event handler）。当定时器回调函数被调用 10 次后，调用 g_main_loop_quit() 函数以终止事件
循环并返回 FALSE。当定时器回调函数返回 FALSE 时，glib 会移除对应的定时器。

```
static gboolean my_timer_callback(gpointer arg)
{
    static gint counter = 10;

    /* 当 counter 为 0 时，终止事件循环并返回 FALSE 以移除定时器。 */
    if (--counter == 0) {
        g_main_loop_quit(loop);
        return FALSE;
    }

    return TRUE;
}
```

除了用于实现定时器，glib 的事件驱动接口还可以用来监听文件描述符上的可读可写事件。程
序清单 6.13 展示了如何通过创建一个基于 GIOChannel 的 GSource 对象来监听文件描述符上的
输入（G_IO_IN）事件：当对应的回调函数被调用时，说明相应的文件描述符上有数据可读。

程序清单 6.13 利用 glib 的事件驱动接口监听文件描述符上的可读事件

```
static gboolean readable_callback(GIOChannel *channel)
{
    /* 处理 GIOChannel 上的可读数据。 */
    ...

    return TRUE;
```

```
}

    static GMainLoop *loop;

    /* 新建一个 GMainContext 上下文对象。 */
    GMainContext* context = g_main_context_new();

    /* 在给定的文件描述符（fd）上创建一个 GIOChannel 对象 */
    GIOChannel* channel = g_io_channel_unix_new(fd);

    /* 在 GIOChannel 对象的基础上创建一个可监听的数据源。 */
    GSource* source = g_io_create_watch(channel, G_IO_IN);
    g_io_channel_unref(channel);

    /* 设置数据源的回调函数；当数据源中有数据可读时，系统会调用该回调函数。
        注意第 3 个参数 channel 将被传入事件回调函数，
        作为串联不同代码片段的上下文使用。 */
    g_source_set_callback(source, (GSourceFunc)readable_callback, channel, NULL);

    /* 将 GSource 对象附加到 GMainContext 对象上。 */
    g_source_attach(source, context);
    g_source_unref(source);

    /* 使用 GMainContext 对象创建 GMainLoop 对象。 */
    loop = g_main_loop_new(context, FALSE);

    /* 进入事件循环。 */
    g_main_loop_run(loop);

    /* 释放 loop 和 context。 */
    g_main_loop_unref(loop);
    g_main_context_unref(context);
```

和 MiniGUI 的消息驱动接口相比，glib 的事件驱动接口有如下不同。

（1）glib 的事件驱动接口是围绕一个抽象的事件循环对象 GMainLoop 以及一个抽象的上下文对象 GMainContext 运转的。

（2）在 glib 中，每个需要事件循环的线程都可以创建一个自己的事件循环对象以及上下文对象；故而 glib 和 MiniGUI 一样，其事件驱动接口也是线程安全的。

（3）glib 的事件驱动接口会为每个事件定义专属的回调函数，并通过设置事件回调函数时传入的上下文参数来串联不同的代码片段。MiniGUI 的事件驱动接口则是围绕窗口句柄设计的，窗口句柄便是串联不同代码片段的上下文数据，同时消息的两个参数亦可用于传递各种数据。

（4）通过抽象的 GSource 对象，glib 提供了实现自定义数据源的能力；而在 MiniGUI 中，自定义消息则更为简单和直接——只要消息标识符不和已有的消息标识符冲突即可。

（5）glib 未提供在线程间传递事件和消息的机制，需要应用程序自行处理；而 MiniGUI 通过消息线程和虚拟窗口提供了基于消息的线程间通信和同步机制。

6.7.3 事件处理器的粒度

上述两种事件驱动的接口设计存在着明显的差异。当使用 glib 的事件驱动接口时，通常需要为每个事件设定独立的回调函数（事件处理器）；但在 MiniGUI 中，窗口过程（事件处理器）处理某个窗口或某类窗口上的所有消息。这一差异由事件处理器的粒度（granularity）决定。

- 粗粒度。一个事件处理器处理所有的事件。特点是简洁，但需要自行析构参数，事件处理器的代码相对冗长。
- 细粒度。一个事件处理器处理指定的事件。特点是直接，但需要更多内存来保存事件和事件处理器之间的映射关系。

对粗粒度的事件处理器而言，如 MiniGUI 和 Windows 系统这般，通过两个参数将多种不同类型的事件封装起来的做法，优劣参半。一方面，通过统一的 MSG 结构体封装不同的消息，为系统内部处理消息带来了一些好处，可以有效降低代码的复杂度；但另一方面，这种封装为应用开发者带来了不便——毕竟访问参数需要执行额外的解封装操作。

在现代的 GUI 应用程序开发中，通过 C++编程语言的面向对象特性，利用虚函数可以将粗粒度的事件处理器转换为细粒度的事件处理器。程序清单 6.14 给出了针对 MiniGUI 的一个典型实现。

程序清单 6.14　使用 C++的虚函数将粗粒度的事件处理器转换为细粒度的事件处理器

```cpp
class Window : public Object {
public:
    Window();
    virtual ~Window();

    /* 创建主窗口。 */
    bool createMain(HWND hosting, int x, int y, int w, int h,
        bool visible = true);
    /* 创建控件。 */
    bool createControl(HWND parent, int x, int y, int w, int h,
        bool visible, int id);

    /* 此处略去一些成员函数。 */

    /* 细粒度的事件处理器。 */
    virtual bool onKeyDown(int scancode, unsigned shiftKeyState);
    virtual bool onKeyUp(int scancode, unsigned shiftKeyState);
    virtual bool onMouseEvent(int msg, int x, int y, unsigned shiftKeyState);
    virtual bool onDraw(HDC hdc);
    virtual bool onIdle() { return false; }
    ...
```

```
protected:
    HWND m_sysWnd;

    LRESULT commWindowProc(HWND hWnd, UINT message,
            WPARAM wParam, LPARAM lParam);

    /* 静态成员函数，在调用 CreateMainWindow() 函数时使用。 */
    static LRESULT defaultMainWindowProc(HWND hWnd, UINT message,
            WPARAM wParam, LPARAM lParam);

    /* 静态成员函数，在调用 RegisterWindowClass() 函数时使用。 */
    static LRESULT defaultControlProc(HWND hWnd, UINT message,
            WPARAM wParam, LPARAM lParam);
};

/* 该成员函数将解析各条消息及其参数，然后调用对应的细粒度事件处理器。 */
LRESULT
Window::commWindowProc(HWND hWnd, UINT message, WPARAM wParam, LPARAM lParam)
{
    switch (message) {
    case MSG_KEYDOWN:
        return onKeyDown((int)wParam, (unsigned)lParam);

    case MSG_KEYUP:
        return onKeyUp((int)wParam, (unsigned)lParam);

    case MSG_LBUTTONDOWN:
    case MSG_LBUTTONUP:
    case MSG_MOUSEMOVE:
        return onMouseEvent(message,
                LOWORD(wParam), HIWORD(wParam), (unsigned)lParam);

    case MSG_IDLE:
        onIdle();
        return 0;

    case MSG_PAINT: {
        HDC hdc = BeginPaint(hWnd);
        onDraw(hdc);
        EndPaint(hWnd, hdc);
        return 0;
    }

    default:
        break;
```

```
        }

        return 1;
    }

/* 调用 CreateMainWindow() 函数时使用的主窗口回调函数。 */
LRESULT Window::defaultMainWindowProc(HWND hWnd, UINT message,
        WPARAM wParam, LPARAM lParam)
{
    /* 通过窗口句柄获得对应的 Window 对象。
       注意：Window 对象的指针会被视作窗口的附加数据保存关联到 hWnd 上。 */
    Window* win = Window::getObject(hWnd);
    if (win == NULL) {
        /* 直接调用系统的默认窗口过程。 */
        return DefaultMainWinProc(hWnd, message, wParam, lParam);
    }

    /* 直接调用 Window 对象的 commWindowProc() 成员函数；
       若该函数返回非零值，则调用系统的默认窗口过程。*/
    if (win->commWindowProc(hWnd, message, wParam, lParam))
        return DefaultMainWinProc(hWnd, message, wParam, lParam);

    return 0;
}
```

程序清单 6.14 的关键点如下。

（1）在创建窗口时，使用 Window 类定义的静态成员函数［如 defaultMainWindowProc() 函数］作为窗口过程。

（2）通过窗口的附加数据建立窗口句柄和 Window 对象之间的关联。之后，在静态成员函数定义的窗口过程中，获得窗口句柄所对应的 Window 对象，然后调用该 Window 对象的 commWndProc() 成员函数。

（3）在 Window 类的 commWndProc() 成员函数中，解开 MiniGUI 的消息封装，然后调用对应的 Window 对象之事件处理器；注意这些事件处理器被声明为虚函数，故而可被 Window 类的子类重载。

（4）在 Window 类的派生类中，只需要用自己的实现重载各个虚函数，就可以定义自己的细粒度事件处理器。

如此便实现了粗粒度事件处理器到细粒度事件处理器的转换。Windows 平台上流行的 MFC（Microsoft Foundation Classes，微软基础类），提供了对 Win32 接口的 C++封装；在事件处理机制上，其原理与程序清单 6.13 所示相同。

进一步地，读者可以自行研究 Linux 桌面系统中广泛使用的 GUI 工具库 Gtk 的事件处理器接口。

参考资料

Gtk 的事件
处理器接口

6.8　模式 5：通用数据结构

在 C 程序中，经常会用到链表、树、哈希表等通用数据结构。通常来讲，基于通用数据结构进行的操作往往是一致的。比如针对链表，有追加、前置、移除节点或者遍历已有节点等操作。因此，我们自然会想到围绕这类通用数据结构抽象出一组通用的接口，从而一劳永逸。

这是完全有可能的。在实践中，具体有两种做法。本节将通过两个范例阐述这两种做法。读者可根据需要学习使用。

6.8.1　范例 1：在节点结构体中保留用户数据成员

上面提到的通用数据结构通常由一个个节点构成。在 C 语言中，通常使用结构体来表示一个节点。第一种做法便是将用户数据作为节点的负载（payload），以指针的形式保存到节点结构体中，并提供相应的接口来设置或获取用户数据。程序清单 6.15 给出了 HVML 开源解释器 PurC 中实现的一个通用树形数据结构接口。

程序清单 6.15　在节点结构体中保留用户数据成员

```
/** 定义一种用于树形数据结构的抽象数据类型。 */
struct pctree_node;
typedef struct pctree_node *pctree_node_t;

/** 分配一个节点并设置该节点上的用户数据。 */
pctree_node_t pctree_node_new(void *user_data);

/** 用于销毁用户数据的回调函数。 */
typedef void (*pctree_node_on_delete)(void *user_data);

/** 删除一个节点及其子孙节点；
    若 on_delete 不为空，则调用该函数，以便删除节点上的用户数据。 */
void pctree_node_delete(pctree_node_t node, pctree_node_on_delete on_delete);

/** 设置节点上的用户数据。 */
void pctree_node_set_user_data(pctree_node_t node, void *user_data);

/** 获取节点上的用户数据。 */
void *pctree_node_get_user_data(pctree_node_t node);

/** 将一个节点作为指定父节点的子节点追加到树形数据结构中。 */
bool
pctree_node_append_child(pctree_node_t parent, pctree_node_t node);

/** 将一个节点作为指定父节点的子节点前置到树形数据结构中。 */
bool
```

```
pctree_node_prepend_child(pctree_node_t parent, pctree_node_t node);

/** 将一个节点插到给定节点的前面。 */
bool
pctree_node_insert_before(pctree_node_t current, pctree_node_t node);

/** 将一个节点插到给定节点的后面。 */
bool
pctree_node_insert_after(pctree_node_t current, pctree_node_t node);

/** 将指定的节点（包括其所有子孙节点）从树形结构中移走，但并不销毁节点。 */
void pctree_node_remove(pctree_node_t node);

/** 获取给定节点的父节点。 */
pctree_node_t pctree_node_parent(pctree_node_t node);

/** 获取给定节点的第一个子节点。 */
pctree_node_t pctree_node_child(pctree_node_t node);

/** 获取给定节点的最后一个子节点。*/
pctree_node_t pctree_node_last_child(pctree_node_t node);

/** 获取给定节点的下一个兄弟子节点。 */
pctree_node_t pctree_node_next(pctree_node_t node);

/** 获取给定节点的上一个兄弟子节点。 */
pctree_node_t pctree_node_prev(pctree_node_t node);
```

程序清单 6.15 中定义的接口既有用于构建、销毁树形结构的，也有用于获取或设置节点用户数据的。程序清单 6.16 给出了使用上述接口的一个简单示例。

程序清单 6.16　树形结构的接口使用示例

```
/* 节点的负载为一个简单的结构体，其中仅包含一个整型值。 */
struct my_node_data {
    int id;
};

/* 构造用户数据以及对应的树形节点。 */
static pctree_node_t *create_tree_node(int id)
{
    struct my_node_data *data = (struct my_node_data*)calloc(1, sizeof(*data));
    data->id = id;
    return pctree_node_new(data);
}
```

```
/* 删除节点所对应的回调函数。 */
static void on_delete_node(void *user_data)
{
    free(user_data);
}

...
    /** 将负载值等于 0 的节点作为根节点。 */
    struct pctree_node* root = create_tree_node(0);

    /** 将负载值大于 0 的节点追加为子节点。 */
    for (int i = 1; i < 10; i++) {
        pctree_node_append_child(root, create_tree_node(i));
    }

    /** 将负载值小于 0 的节点前置为子节点。 */
    for (int i = -1; i > -10; i--) {
        pctree_node_prepend_child(root, create_tree_node(i));
    }

    /** 销毁整个树形结构。 */
    pctree_node_delete(root, on_delete_node);
...
```

以上接口中，`pctree_node` 结构体的定义相对简单，可隐藏在内部实现中，不必对外公开。

```
struct pctree_node {
    /* 用户数据。 */
    void *user_data;

    /* 子节点个数。 */
    size_t nr_children;

    /* 父节点指针。 */
    struct pctree_node *parent;

    /* 第一个和最后一个子节点的指针。 */
    struct pctree_node *first, *last;

    /* 当前节点的上一个和下一个兄弟节点指针。 */
    struct pctree_node *next, *prev;
};
```

6.8.2　范例 2：在用户结构体中包含通用节点结构体

6.8.1 节给出的通用节点结构体使用方法，在使用中有一些不便。比如，在构造节点时，我们需要进行两次内存分配，一次用于分配负载数据，另一次用于分配节点结构体。另外，当我们需要访问负载结构体中的成员时，还需要做一些额外的强制类型转换。

故而，在实践中可采纳第二种方案：在用户结构体中包含通用节点结构体：

```
/* 该结构体描述一个树形节点。 */
struct pctree_node {
    size_t nr_children;
    struct pctree_node *parent;
    struct pctree_node *first, *last;
    struct pctree_node *next, *prev;
};

/* 在用户结构体中包含树形节点结构体。 */
struct my_item {
    struct pctree_node tree_node;

    int     id;
}
```

如此一来，6.8.1 节中针对 pctree_node 结构体的大部分接口可保持不变，只需要移除有关用户负载数据的参数或接口即可。若想完成同样的树形结构构造和销毁方法，可如下书写代码：

```
/* 删除节点所对应的回调函数。 */
static void on_delete_node(struct pctree_node *node)
{
    free(node);
}

...

    struct my_item *root = (struct my_item*)calloc(1, sizeof(*item));
    root->id = 0;

    /** 将负载值大于 0 的节点追加为子节点。 */
    for (int i = 0; i < 10; i++) {
        struct my_item *item = (struct my_item*)calloc(1, sizeof(*item));
        item->id = i;
        pctree_node_append_child(&root->node, &item->node);
    }

    /** 将负载值小于 0 的节点前置为子节点。 */
    for (int i = -1; i > -10; i--) {
        struct my_item *item = (struct my_item*)calloc(1, sizeof(*data));
        item->id = i;
        pctree_node_prepend_child(&root->node, &item->node);
    }

    pctree_node_delete(root->node, on_delete_node);
```

　　细心的读者一定会发现，上述代码中的 on_delete_node() 函数存在一个隐患。因为我们在分配节点时，除了根节点，实际分配的是 my_item 这个结构体。但在删除树形节点的回调函数中，给出的指针是 pctree_node 类型；这是因为处理树形结构的代码并不知道 my_item 结构体的存在。但幸运的是，以上代码并不会出现错误，这是因为 my_item 结构体的第一个成员便是 pctree_node 结构体。换句话说，以上代码可以正常运转的前提是，pctree_node 结构体必须是 my_item 结构体的第一个成员。但如果 my_item 结构体的定义变成下面这样，程序就会在调用 free() 释放分配的空间时出现错误（段故障）：

```
struct my_item {
    int     id;

    struct pctree_node tree_node;
}
```

　　为解决这个问题，可以使用 container_of 宏。这个宏可根据结构体成员的指针计算出成员所在容器结构体的指针：

```
#define container_of(ptr, type, member)                            \
    ({                                                             \
        const __typeof__(((type *) NULL)->member) *__mptr = (ptr); \
        (type *) (void*) (((char *)__mptr) - offsetof(type, member)); \
    })
#endif
```

　　相应地，on_delete_node() 函数应修改为如下形式：

```
static void on_delete_node(struct pctree_node *node)
{
    struct my_item *item = container_of(node, struct my_item, tree_node);
    free(item);
}
```

　　在用户结构体中包含通用节点结构体的方案，在实践中应用非常广泛。相比 6.8.1 节介绍的第一种方案，这一方案带来的好处如下。

❑ 每个节点只需要执行一次内存分配，方便了开发者使用。

❑ 接口简洁且通用性好，已被广泛应用于使用节点的各类数据结构，如单向链表、双向链表、通用树形结构、最佳平衡二叉树等。

❑ 可在用户结构体中包含多个不同类型的节点结构体，比如可将一个用户数据项同时用一个双向链表和一个树形结构进行管理。

　　接下来，我们以 Linux 内核以及其他 C 语言项目中广泛使用的双向循环链表为例，再次说明这种接口设计方案的要点。

　　如下结构体用于定义一个双向循环链表的节点：

```
struct list_head {
    struct list_head *next;
```

```
    struct list_head *prev;
};
```

上面这个结构体还可用来表示一个双向循环链表的头节点和普通节点。在使用时，只要将上述结构体包含在我们自己的结构体中即可。下面的数据结构用于维护一串匹配模式（pattern）：

```
enum pattern_type {
    PT_CASE     = 0,
    PT_CASELESS,
    PT_REGULAR,
    PT_WILDCARD,
};

struct pattern_list {
    struct list_head list;        /* 双向循环链表的头节点。 */
    int nr_patterns;              /* 匹配模式的总数。 */
};

struct one_pattern {
    struct list_head  node;       /* 双向循环链表的普通节点。 */

    int      type;                /* 匹配模式的类型，如正则表达式、通配符等。 */
    char     *pattern;            /* 模式字符串。 */
};
```

当头节点中的 next 或 prev 指针指向自身时，表明链表是空的。可通过如下接口初始化一个头节点：

```
static inline void
init_list_head(struct list_head *list)
{
    list->next = list->prev = list;
}
```

而通过如下几个接口可判断链表是否为空，或者判断给定的普通节点是第一个节点还是最后一个节点：

```
static inline bool
list_empty(const struct list_head *head) {
    return (head->next == head);
}

static inline bool
list_is_first(const struct list_head *list,
        const struct list_head *head) {
    return list->prev == head;
}

static inline bool
```

```
list_is_last(const struct list_head *list,
        const struct list_head *head) {
    return list->next == head;
}
```

如下几个接口用于向双向循环链表中插入一个节点：

```
static inline void
_list_insert(struct list_head *_new, struct list_head *prev,
    struct list_head *next) {
    next->prev = _new;
    _new->next = next;
    _new->prev = prev;
    prev->next = _new;
}


static inline void
list_prepend(struct list_head *_new, struct list_head *head) {
    _list_insert(_new, head, head->next);
}


static inline void
list_append(struct list_head *_new, struct list_head *head) {
    _list_insert(_new, head->prev, head);
}
```

需要说明的是，在向双向循环链表的头部插入（前置）所有节点后，便构成一个先入后出的栈结构；而在向双向循环链表的尾部插入（追加）所有节点后，便构成一个先入先出的队列结构。

就以上用于维护匹配模式的应用场景，基本的链表构建方式如下：

```
struct pattern_list patterns = {};

init_list_head(&patterns->list);

/* 这里的 pattern_new 用于分配一个匹配模式结构；略去其实现。 */
struct one_pattern *one = pattern_new(PT_WILDCARD, "My*");
list_append(&pattern->list, &one->node);
patterns->nr_patters++;
```

对于已经构建好的链表，当需要遍历其中的节点时，可使用迭代宏：

```
#define list_for_each(p, head)                              \
    for (p = (head)->next; p != (head); p = p->next)

#define list_for_each_safe(p, n, head)                      \
    for (p = (head)->next, n = p->next; p != (head); p = n, n = p->next)

#define list_for_each_entry(p, h, field)                              \
```

```
    for (p = list_first_entry(h, __typeof__(*p), field); &p->field != (h);  \
        p = list_entry(p->field.next, __typeof__(*p), field))

#define list_for_each_entry_safe(p, n, h, field)                            \
    for (p = list_first_entry(h, __typeof__(*p), field),                    \
        n = list_entry(p->field.next, __typeof__(*p), field);               \
                &p->field != (h);                                           \
        p = n, n = list_entry(n->field.next, __typeof__(*n), field))
```

其中使用的 `list_entry`、`list_first_entry` 等宏，是对 `container_of` 宏的封装，用于根据节点指针获得对应的数据项（容器）指针，或者根据头节点的指针，获取第一个节点数据项或最后一个节点数据项的指针：

```
#define list_entry(ptr, type, field)          \
    container_of(ptr, type, field)
#define list_first_entry(ptr, type, field)  \
    list_entry((ptr)->next, type, field)
#define list_last_entry(ptr, type, field)   \
    list_entry((ptr)->prev, type, field)
```

可以看到，上面的迭代宏均有一个后缀为_safe 的版本。显而易见，这里的安全（safe）版本可用于在迭代过程中移除节点的情形，因此需要通过一个额外的变量来保存下一个节点的指针。以清理匹配模式链表为例，迭代宏的用法如下：

```
void cleanup_pattern_list(pattern_list *pl)
{
    struct list_head *node, *tmp;
    struct one_pattern *pattern;

    if (pl->nr_patterns == 0)
        return;

    list_for_each_safe(node, tmp, &pl->list) {
        pattern = list_entry(node, struct one_pattern, node);

        /* patter_delete()用于删除一个模式结构体，此处略去其实现。 */
        patter_delete(pattern);
        pl->nr_patters--;
    }
}
```

类似地，C 语言项目中常用的最佳平衡二叉树、红黑树等，也可以用这种方式实现。感兴趣的读者可在 HVML 开源解释器 PurC 的源代码树中查找 `avl.h` 以及 `rbtree.h` 两个头文件。

6.9 模式 6：同类聚合

所谓"同类聚合"，是指尽可能将作用于不同数据或对象的接口统一在单个或为数不多的接口中实现，从而一方面降低使用者的学习成本，另一方面最大程度地提高代码的复用率，进而提高代码的可维护性。

6.9.1　范例 1：STDIO 接口中的同类聚合

众所周知，标准 C 的 STDIO 接口既可用于普通文件，也可用于内存块。比如，sprintf() 函数可按给定的格式格式化一个字符串，格式化的结果会出现在指定的缓冲区中；fprintf() 也可完成同样的功能，只是结果会被输出到普通文件中。本质上，STDIO 将内存块视作一种特殊的文件进行处理，对应的关键接口如下：

```
FILE *fmemopen(void *buf, size_t size, const char *mode);
```

fmemopen() 函数使用给定内存块的起始地址、大小和读写模式来构造一个 FILE 结构体，并返回对应的 FILE 指针。本章前面给出了 sprintf() 的伪代码实现，但更贴近实际的 sprintf() 实现大致应该如下：

```
int sprintf(char *str, const char *format, ...)
{
    int ret;
    va_list ap;

    /* str 的长度未知，故而传入 SIZE_MAX；
       这可能导致缓冲区溢出，故而建议所有人使用 snprintf() 函数。 */
    FILE *fp = fmemopen(str, SIZE_MAX, "w");

    /* 处理可变参数并最终调用 vfprintf() 函数完成格式化。 */
    va_start(ap, format);
    ret = vfprintf(fp, format, ap);
    va_end(ap);

    fclose(fp);        /* 关闭内存文件。 */
    return ret;
}
```

在 STDIO 接口中使用同类聚合方法，带来的好处是明显的。首先，读写接口以及数据的格式化功能可同时作用于普通文件和内存块。其次，通过将普通文件和内存块抽象为统一的 FILE 对象，可将数据的读取、写入以及格式化功能统一起来，从而提高代码的重用率。

在 STDIO 接口的设计中，还有另外一个地方也采用了同类聚合方法，这便是格式字符串。不论是格式化输出还是格式化输入，STDIO 均通过一个格式字符串来指定转换说明符（specifier）、精度等信息，而不是针对不同的数据类型提供独立的转换函数，比如下面这样的接口：

```
/* 将整数转换为十进制的字符串。 */
char *fintd(int i);

/* 将整数转换为十六进制的字符串。 */
char *fintx(int i);
```

　　显然，如果按照上面的思路设计格式化各类数据的接口，则所需函数的数量会非常大，这会导致所谓的"接口爆炸"现象；而且当需要支持新的转换方式时，就必须添加新的函数接口。从各方面看，这都不是一个好的选择。而使用格式字符串可以轻松解决这些问题。当我们想要以十进制格式输出一个整数时，可以使用 %d 作为转换说明符，输出字符串时则使用 %s 作为转换说明符，而且这些转换说明符可以嵌入格式字符串使用，如"《%s》总共%d 章、%d 页，共%d 字"。同时，采用变长参数在格式字符串之后传递待格式化的数据，变长参数也可用于输出转换结果的缓冲区指针（当使用 scanf 系列函数执行格式化输入时）。这样，所有用于格式化输入或输出的接口，都将具有相似的形式：

```
#include <stdio.h>

int printf(const char *format, ...);
int fprintf(FILE *stream, const char *format, ...);
int dprintf(int fd, const char *format, ...);
int sprintf(char *str, const char *format, ...);
int snprintf(char *str, size_t size, const char *format, ...);

int scanf(const char *format, ...);
int fscanf(FILE *stream, const char *format, ...);
int sscanf(const char *str, const char *format, ...);
```

　　以上格式化输出函数，最终将调用 vfprintf() 函数；而以上格式化输入函数，最终将调用 vscanf() 函数。

```
#include <stdarg.h>

int vfprintf(FILE *stream, const char *format, va_list ap);
int vfscanf(FILE *stream, const char *format, va_list ap);
```

　　也就是说，具有可变参数形式的 printf 系列函数，是对 vfprintf() 函数的简单封装；具有可变参数形式的 scanf 系列函数，则是对 vfscanf() 函数的简单封装。

　　显然，这种同类聚合的设计方法带来了如下好处：第一，通过统一的格式说明符和类似的接口设计，降低了开发者的学习成本。第二，带来了极佳的灵活性：单个接口可以处理所有数据类型，且单个接口可以处理多条数据——不需要针对不同的数据类型提供独立的接口。第三，具有良好的可扩展性——当想要增加新的格式说明符时，不需要增加新的函数接口。第四，提供了足够多的简易封装接口，以帮助开发者应对各种简单的应用场合。

　　在 Linux 平台上广泛使用的 glib 函数库，在变体的构造和管理接口中也采纳了类似的设计：

```
GVariant *value1, *value2, *value3, *value4;

/* 当构造变体时，使用格式字符串指定数据类型。 */
value1 = g_variant_new("y", 200);
value2 = g_variant_new("b", TRUE);
value3 = g_variant_new("d", 37.5):
```

```
value4 = g_variant_new("x", G_GINT64_CONSTANT(9988776655544332211));

gdouble floating;
gboolean truth;
gint64 bignum;

/* 当获取变体所对应的值时，也使用格式字符串。 */
g_variant_get(value1, "y", NULL);        /* ignore the value. */
g_variant_get(value2, "b", &truth);
g_variant_get(value3, "d", &floating);
g_variant_get(value4, "x", &bignum);
```

如此一来，glib 只需要提供 g_variant_new() 函数即可，而不需要针对不同的数据类型提供多个不同的变体构造和管理接口。

6.9.2 范例 2：MiniGUI 中图片装载接口的同类聚合

MiniGUI 中用于装载不同格式图片的接口，则是同类聚合的另一个良好例子：

```
int LoadBitmapFromFile(HDC hdc, PBITMAP pBitmap, const char* spFileName);
int LoadBitmapFromMem(HDC hdc, PBITMAP pBitmap,
                const void* mem, size_t size, const char* ext);
```

我们可以通过调用 LoadBitmapFromFile() 或 LoadBitmapFromMem() 函数从普通文件或内存中装载一张给定格式的图片，比如 BMP 图片、PNG 图片、JPEG 图片等，例如：

```
BITMAP bmp;
LoadBitmapFromFile(HDC_SCREEN, &bmp, "background.png");
```

首先，和 STDIO 接口类似，以上两个接口将文件和内存抽象为一个类似于 FILE 的结构体，名为 MG_RWops。故而，以上两个接口其实是对如下接口的封装：

```
int LoadBitmapEx(HDC hdc, PBITMAP pBitmap, MG_RWops* area, const char* ext);
```

其次，这些接口通过文件的后缀名来判断所要装载图片的格式，从而将装载不同格式图片的功能整合在了单个接口中。这一设计和 STDIO 的格式字符串有异曲同工之妙：当想要 MiniGUI 支持一种新的图片格式时，无须添加新的接口。

6.9.3 范例 3：PurC 变体接口中的同类聚合

前面介绍的 PurC 变体接口设计并没有严格按照对称性的要求进行。比如，purc_variant_make_number() 函数的反操作函数并不是 purc_variant_get_number() 函数，而是 purc_variant_cast_to_number() 函数。purc_variant_cast_to_number() 函数可将数值型（如 boolean、long int、ulong int、long double 等）数据转换为 C 语言的 double 型数据并返回；若为 force 参数传递 true 值，该函数甚至会尝试执行强制转换，比如将字符串 "1.2" 强制转换并返回 1.2。PurC 针对变体提供的类似接口罗列如下：

```
/** 若允许,(强制)转换变体为 C 语言的 int32_t 类型。 */
bool
purc_variant_cast_to_int32(purc_variant_t v, int32_t *i32, bool force);

/** 若允许,(强制)转换变体为 C 语言的 uint32_t 类型。 */
bool
purc_variant_cast_to_uint32(purc_variant_t v, uint32_t *u32, bool force);

/** 若允许,(强制)转换变体为 C 语言的 int64_t 类型。 */
bool
purc_variant_cast_to_longint(purc_variant_t v, int64_t *i64, bool force);

/** 若允许,(强制)转换变体为 C 语言的 uint64_t 类型。 */
bool
purc_variant_cast_to_ulongint(purc_variant_t v, uint64_t *u64, bool force);

/** 若允许,(强制)转换变体为 C 语言的 double 类型。 */
bool
purc_variant_cast_to_number(purc_variant_t v, double *d, bool force);

/** 若允许,(强制)转换变体为 C 语言的 long double 类型。 */
bool
purc_variant_cast_to_longdouble(purc_variant_t v, long double *ld,
        bool force);

/** 若允许,将变体的内部数据作为字节序列进行处理,返回其指针和大小。 */
bool
purc_variant_cast_to_byte_sequence(purc_variant_t v,
        const void **bytes, size_t *sz);
```

显然,通过这种聚合设计,可以让单个接口覆盖更多的数据类型和常见操作,从而降低接口的数量,有效避免出现"接口爆炸"的情形。

类似地,PurC 的变体接口还针对数组、元组、集合等可通过索引访问的线性容器(linear container)提供了聚合接口,用于获得线性容器的大小,以及获取或设置线性容器中指定索引的成员等:

```
/** 获取线性容器的大小。 */
bool purc_variant_linear_container_size(purc_variant_t container, size_t *sz);

/** 获取线性容器中指定索引的成员。 */
purc_variant_t
purc_variant_linear_container_get(purc_variant_t container, size_t idx);

/** 设置线性容器中指定索引的成员。 */
bool purc_variant_linear_container_set(purc_variant_t container,
        size_t idx, purc_variant_t value);
```

6.9.4　避免过度设计

在使用同类聚合的方法进行接口设计时，我们要避免陷入过度设计的窘境。

比如，我们发现针对两种数据结构的某个操作，其大部分实现代码是一样的，于是便可能萌生将这两种数据结构的操作接口统一为单个接口的想法。我们可能会考虑按如下思路设计这个接口：

```c
typedef enum {
    it_is_foo = 0,
    it_is_bar
} is_foo_or_bar;

struct foo;
struct bar;

int do_something(void *foo_or_bar, is_foo_or_bar is);
```

我们纠结于 void * 可能诱导使用者传递任意类型的指针，导致在实现接口时还需要做强制转换，于是干脆引入一个联合体，将这两种数据结构的指针封装了起来：

```c
typedef enum {
    it_is_foo = 0,
    it_is_bar
} is_foo_or_bar;

struct foo;
struct bar;

typedef union {
    struct foo *foo;
    struct bar *bar;
} foo_or_bar;

int do_something(foo_or_bar foo_or_bar, is_foo_or_bar is);
```

以上便是一种过度设计。设计者发现针对两种数据结构的某个操作有大量的重复性代码，于是便希望通过单个接口来实现针对这两种数据结构的这一操作。但这种设计会带来如下坏处。

（1）接口的含义变得含混而复杂，使用时容易出现问题。比如用于表示待处理数据结构类型的第二个参数，极容易由于复制和粘贴而忘记修改，从而出现不匹配的情形，而这可能导致不易发现的缺陷。

（2）使用联合体并不能免除第二个参数的使用。使用联合体给接口的实现者带来了一些好处，但使用者的工作量并没有降低。这和接口设计应面向使用者（调用者）这一原则相背离。

也就是说，此类情形并不适合使用同类聚合的方法——不要因为实现上有一些类似的代码，就非要将针对不同数据结构的接口合并成一个接口。正确的设计如下：

```
int foo_do_something(struct foo *foo);
int bar_do_something(struct bar *bar);
```

如果这两个函数的实现的确有大量重复性代码，则在实现时完成代码的合并：

```
static int do_something(void *foo_or_bar, bool is_foo)
{
    ...
}

int foo_do_something(struct foo *foo)
{
    return do_something(foo, true);
}

int bar_do_something(struct bar *bar)
{
    return do_something(bar, false);
}
```

综上，要从使用者友好角度设计接口，把那些不容易理解和使用的部分，通过内部接口封装起来，而不要暴露给使用者。

6.10 模式 7：遍历和迭代

在 C 程序中，遍历一个数据结构或者在其上执行迭代操作是很常见的。本节总结一些针对遍历和迭代的常见接口设计方法。

6.10.1 方法 1：遍历宏

前面提到过用于遍历链表等常见数据结构的宏，如 list_for_each，但其实这种方法也可用于其他更为通用的场景。比如，在 HVML 程序中，我们经常会传递"read write"这样的字符串来表示一些选项，这些选项可以使用特定的关键词（如 read 或 write）来表示，不同的关键词之间使用空格、制表符等空白字符分隔。用于得到这个选项字符串的代码，需要分解出这些关键词，然后依次匹配关键词并进行相应的处理。为方便这一功能的实现，HVML 开源解释器 PurC 提供了从选项字符串中获取下一个合法关键词［又称词元（token）］的接口：

```
/** 获取选项字符串中下一个合法词元的起始指针和长度；其中参数 delims 表示可能的词元
    分隔符。该函数返回 NULL 表示没有合法词元；若返回值不为 NULL，则通过
    token_len 指针返回下一个合法词元的长度。 */
PCA_EXPORT const char *
pcutils_get_next_token_len(const char *str, size_t str_len,
        const char *delims, size_t *token_len);
```

基于以上接口，分析一个选项字符串中包含的所有关键词的代码，常规写法如下：

```
#define _KW_DELIMITERS        " \t\n\v\f\r"          // 常用词元分隔符。

static void handle_options(const char *options, size_t options_len)
{
    size_t kwlen = 0;
    const char *keyword = pcutils_get_next_token_len(options, options_len,
            _KW_DELIMITERS, &kwlen);
    while (keyword != NULL) {

        if (kwlen == 4 && strncasecmp(keyword, "read", kwlen) == 0) {
            /* 处理关键词 read。 */
            ...
        }
        else if (kwlen == 5 && strncasecmp(keyword, "write", kwlen) == 0) {
            /* 处理关键词 write。 */
            ...
        }
        else {
            /* 处理其他关键词。 */
            ...
        }

        /* 获取下一个关键词。 */
        options_len -= kwlen;
        keyword = pcutils_get_next_token_len(keyword + kwlen, options_len,
            _KW_DELIMITERS, &kwlen);
    }
}
```

如果采用遍历宏的写法，则可以将上述逻辑定义成 for_each_keyword 宏：

```
#define PURC_KW_DELIMITERS       " \t\n\v\f\r"
#define MAX_LEN_KEYWORD          64

#define for_each_keyword(options, total_len, kw, kw_len)              \
    for (kw_len = 0, kw = pcutils_get_next_token_len(options, total_len,  \
            PURC_KW_DELIMITERS, &kw_len);                             \
        (kw != NULL && kw_len > 0 && kw_len < MAX_LEN_KEYWORD);       \
        total_len -= kw_len,                                         \
        kw = pcutils_get_next_token_len(kw + kw_len,                 \
            total_len, PURC_KW_DELIMITERS, &kw_len))
```

于是，以上用来遍历选项字符串中关键词的代码可以写成如下更加精简的形式：

```
    const char *keyword;
    size_t kwlen;
    for_each_keyword(options, total_len, keyword, kwlen) {
        if (kwlen == 4 && strncasecmp(keyword, "read", kwlen) == 0) {
```

```
        /* 处理关键词 read。 */
        ...
    }
    else if (kwlen == 5 && strncasecmp(keyword, "write", kwlen) == 0) {
        /* 处理关键词 write。 */
        ...
    }
    else {
        /* 处理其他关键词。 */
        ...
    }
}
```

值得一提的是，由于 `pcutils_get_next_token_len` 返回的关键词指针是原始选项字符串中的一个位置，其后不一定是表示字符串终止的空字符。因此，不能直接调用 `strcasecmp()` 函数来匹配给定的关键词，而应调用 `strncasecmp()` 函数来对比关键词；为避免出现将 readable 匹配为 read 的情形，还需要首先通过 `kwlen` 来判断关键词的长度是否和待匹配关键词的长度一致。但这种写法会因为使用手工键入的立即数而容易引入缺陷。因此，我们可以进一步通过一个宏来实现这一匹配逻辑：

```
#define strncasecmp2ltr(str, literal, len)                      \
    ((len > (sizeof(literal "")) - 1)) ? 1 :                    \
        (len < (sizeof(literal "") - 1) ? -1 : strncasecmp(str, literal, len)))
```

上面的 `strncasecmp2ltr` 宏利用 `sizeof` 运算符来计算常量字符串的长度。一方面，`sizeof` 运算符可在编译阶段确定常量字符串的长度，因此相比 `strlen()` 函数更加高效；另一方面，`sizeof` 运算符可避免手工键入常量字符串的长度。但这个宏要求 `literal` 参数必须是常量字符串，否则 `sizeof` 运算的结果将是字符串指针的长度。为防止误用，这个宏使用 C 语言中串接两个常量字符串的语法，在 `literal` 之后串接了一个空的常量字符串。如此一来，当开发者为这个宏的第二个参数 `literal` 传入非常量字符串的指针时，就会出现编译错误，从而将潜在的缺陷消灭在编译阶段。

有了这两个宏的帮助，前面遍历选项字符串并判断关键词的代码，便可进一步精简为如下形式：

```
const char *keyword;
size_t kwlen;
for_each_keyword(options, total_len, keyword, kwlen) {
    if (strncasecmp2ltr(keyword, "read") == 0) {
        ...
    }
    else if (strncasecmp2ltr(keyword, "write") == 0) {
        ...
    }
    else {
        ...
```

```
    }
  }
```

遍历宏具有简单、高效的特点，但通常用于内部实现。这是因为出于很多方面的考虑，对外的应用程序接口通常会隐藏一些结构体的内部构成细节，从而使得直接访问结构体内部成员的遍历宏无法正常工作。因此，在对外的应用程序接口中，我们常用遍历回调函数或迭代器来设计相应的接口。

6.10.2   方法 2：遍历回调

遍历回调常用于执行单向遍历的接口。比如针对前面的 `pctree_node_t` 树形结构，如果执行前序遍历，则可如下设计其接口：

```
/** 遍历树形结构时的回调函数，传入节点和上下文；
    返回 true 时遍历继续，返回 false 时终止遍历。 */
typedef bool (*pctree_node_for_each_cb)(pctree_node_t node, void *context);

/** 执行前序遍历，对每个节点调用指定的回调函数。 */
void pctree_node_pre_order_traversal(pctree_node_t root,
        pctree_node_for_each_cb for_each, void *context);
```

调用 `pctree_node_pre_order_traversal()` 函数，从传入的节点开始，对以该节点为根的子树执行前序遍历。每找到一个节点，便调用传入的回调函数 `for_each()`，从而让调用者有机会处理当前节点，比如根据一个特定的条件查找所有匹配的节点。遍历回调函数的原型由 `pctree_node_for_each_cb` 定义，其第一个参数为当前节点本身，第二个参数为表示上下文的指针。这里的上下文指针，就是在调用 `pctree_node_pre_order_traversal()` 函数时传入的第三个参数。

注意，遍历回调函数的返回值为 bool 类型。可使用该函数控制遍历是否继续：当该函数返回 false 时，遍历结束，这时 `pctree_node_pre_order_traversal()` 函数可提前返回。

如此，当我们需要从一个树形结构中找到一个指定的节点时，便可以像程序清单 6.17 那样书写代码。

程序清单 6.17   使用遍历回调方法实现树形结构的节点匹配功能

```
struct my_node_data {
    int id;
};

/* 用于匹配节点的上下文结构体。 */
struct match_context {
    int             id;
    pctree_node_t   matched;
};

static bool match_needle(pctree_node_t node, void *context)
```

```
{
    struct my_node_data *node_data = pctree_node_get_user_data(node);
    struct match_context *ctxt = (struct match_context *)context;

    if (ctxt->id == node_data->id) {
        ctxt->matched = node;
        return false;
    }

    return true;
}

static pctree_node_t match_needle(pctree_node_t root, int needle)
{
    pctree_node_t found = NULL;
    struct match_context ctxt = { needle, NULL };
    pctree_node_pre_order_traversal(root, match_needle, &ctxt);
    if (ctxt.matched) {
        /* 找到匹配的节点。 */
        found = ctxt.matched;
    }
    else {
        /* 未找到匹配的节点。 */
    }

    return found;
}
```

遍历回调方法具有简洁且灵活性强的特点，但只能执行单一路线上的遍历。比如针对树形结构，可以执行中序、后序、层次遍历等多种不同的遍历。为此，我们需要为这些不同的遍历提供不同的接口：

```
/** 执行中序遍历，对每个节点调用指定的回调函数。 */
void pctree_node_in_order_traversal(pctree_node_t root,
        pctree_node_for_each_cb for_each, void *context);

/** 执行后序遍历，对每个节点调用指定的回调函数。 */
void pctree_node_in_order_traversal(pctree_node_t root,
        pctree_node_for_each_cb for_each, void *context);

/** 执行层次遍历，对每个节点调用指定的回调函数。 */
void pctree_node_level_order_traversal(pctree_node_t root,
        pctree_node_for_each_cb for_each, void *context);
```

遍历回调方法的另一个不足是，只能执行指定路线上的单向遍历，而很难在遍历过程中改变遍历方向。在需要提供更高灵活性的情形下，可使用迭代器。

6.10.3   方法 3：迭代器

迭代器在本质上是一种上下文，其中记录的是针对某数据结构执行迭代的上下文信息，比如针对树形结构，其中通常会记录当前节点、上一个节点以及下一个节点等信息。一个典型的迭代器通常由如下几个接口构成。

- ❑ `foo_iterator_create()` 或 `foo_iterator_init()`：创建或初始化迭代器。前者在堆中分配迭代器，常用于迭代器内部结构不公开的场合。后者初始化一个在栈中分配的迭代器，可用于迭代器内部结构公开的场合；因为不需要调用 `malloc()` 函数分配迭代器，故而具有更好的性能。
- ❑ `foo_iterator_entry()`：获取当前迭代位置的数据项。该函数通常返回 NULL 来表示当前迭代位置无数据，同时意味着迭代结束。
- ❑ `foo_iterator_next()`：前行迭代器。该函数能使迭代器前行一步或多步。
- ❑ `foo_iterator_prev()`：后退迭代器。该函数能使迭代器后退一步或多步。
- ❑ `foo_iterator_destroy()` 或 `foo_iterator_cleanup()`：释放或清理迭代器。前者用于释放由 `foo_iterator_create()` 分配的迭代器。后者用于清理由 `foo_iterator_init()` 初始化的迭代器。

在支持不同迭代路线的情形下，用于创建或初始化迭代器的接口还可以进一步细分成多个接口，以便确定将初始的迭代位置置于第一个数据项还是最后一个数据项。因此，我们还可能看到如下形式的迭代器创建或初始化接口。

- ❑ `foo_iterator_create_first()` 或 `foo_iterator_init_first()`：创建或初始化指向第一个数据项的迭代器。
- ❑ `foo_iterator_create_last()` 或 `foo_iterator_init_last()`：创建或初始化指向最后一个数据项的迭代器。

以 `pctree_node` 属性结构为例，对应的迭代器接口可如下设计：

```
/* 声明迭代器类型，但不对外公开迭代器的内部结构。 */
struct pctree_iterator;

/* 创建一个前序迭代器。 */
struct pctree_iterator *
pctree_iterator_pre_order_create(pctree_node_t *root);

/* 创建一个中序迭代器。 */
struct pctree_iterator *
pctree_iterator_in_order_create(pctree_node_t *root);

/* 创建一个后序迭代器。 */
struct pctree_iterator *
pctree_iterator_post_order_create(pctree_node_t *root);
```

```
/* 创建一个层序迭代器。 */
struct pctree_iterator *
pctree_iterator_level_order_create(pctree_node_t *root);

/* 获取当前迭代器所对应的节点。 */
pctree_node_t
pctree_iterator_entry(struct pctree_iterator *it);

/* 使迭代器前行一步，同时返回对应的节点。 */
pctree_node_t
pctree_iterator_next(struct pctree_iterator *it);

/* 使迭代器后退一步，同时返回对应的节点。 */
pctree_node_t
pctree_iterator_prev(struct pctree_iterator *it);

/* 销毁迭代器。 */
void
pctree_iterator_destroy(struct pctree_iterator *it);
```

而对于用于匹配指定节点的场景，使用迭代器的版本如下：

```
static pctree_node_t match_needle(pctree_node_t root, int needle)
{
    pctree_node_t found = NULL;
    struct pctree_iterator *it = pctree_iterator_pre_order_create(root);
    pctree_node_t node;

    while ((node = pctree_iterator_entry(it)) {
        struct my_node_data *node_data = pctree_node_get_user_data(node);
        if (node_data->id == needle) {
            /* 找到匹配的节点。 */
            found = node;
            break;
        }

        pctree_iterator_next(it);
    }
    pctree_iterator_destroy(it);

    return found;
}
```

调用者在使用迭代器时，如果想要移除某些数据项，则应该提供安全版本的接口，并提供用于移除或删除当前迭代位置数据项的接口，示例如下。

❏ foo_iterator_create_safe()或 foo_iterator_init_safe()：创建或初始化安全迭代器。

❑ `foo_iterator_entry_remove()` 或 `foo_iterator_entry_delete()`：移除或删除当前迭代位置的数据项。这两个接口的区别是，前者移除（remove）数据项但不删除（delete）数据项，而后者移除且删除数据项。删除通常意味着释放数据项所占的内存空间。

6.11　模式 8：接口的扩展和兼容性

我们将要探讨的最后一种接口设计模式涉及接口的扩展和兼容性问题。

在 C 语言漫长的发展过程中，或者在我们长期发展或维护一个项目的过程中，经常发生已有的接口设计存在不足的情形。出现这种情况的原因大致有二。

第一，未能考虑到重入性。某函数不可重入是指在使用该函数的过程中，若再次调用该函数，就会导致无法预期的结果；或者当两个不同的线程同时调用这个函数时，也会导致无法预期的结果。这通常是因为在这个函数的实现中使用了全局变量或静态变量。在标准 C 库中，有很多早期定义的函数就属于这种情况。这些函数的正常运转依赖于全局变量或静态变量，故而是不可重入的。这时，我们就需要考虑通过扩展来提供可重入的版本。

第二，最初设计接口时考虑不周，其参数或返回值的类型设计不当。这时，我们就需要对已有的接口进行扩展以解决这些问题。当然，在更多的情况下，我们提供扩展接口，仅仅是因为某个模块或函数的功能或特性得到了增强。

6.11.1　方法 1：新旧接口共存

以标准 C 库中的 `strtok()` 函数为例，这是一个典型的不可重入函数。如下面的代码所示，该函数希望将字符串"a:b:c;A:B:C"首先以分号（;）分隔，然后以冒号（:）分隔，并列出词元和子词元：

```
char *strtok(char *str, const char *delim);

static void list_tokens(char *str)
{
    char *str1;
    for (str1 = str; ; str1 = NULL) {
        char *token = strtok(str1, ";");
        if (token == NULL)
            break;

        printf("token: %s\n", token);

        char *str2;
        for (str2 = token; ; str2 = NULL) {
            char *subtoken = strtok(str2, ":");
            if (subtoken == NULL)
                break;
            printf(" subtoken: %s\n", subtoken);
```

```
        }
    }
}
```

以上代码针对传入的字符串"a:b:c;A:B:C"，预期结果应该如下：

```
token: a:b:c
  subtoken: a
  subtoken: b
  subtoken: c
token: A:B:C
  subtoken: A
  subtoken: B
  subtoken: C
```

但由于 strtok() 函数的不可重入性，我们无法获得这一预期结果。在第一级循环中，第一次调用 strtok() 函数后将获得词元（"a:b:c"）；之后在第二级循环中，调用 strtok() 函数将获得子词元（"a"、"b"和"c"）。但紧接着在第一级循环中调用 strtok() 函数时，由于传入 strtok() 函数的第一个参数为 NULL，这相当于在第二级循环的 strtok() 上下文中以分号为分隔符寻找下一个词元，而此时这个字符串其实已经终止，从而无法正确获得第二个词元"A:B:C"。因此，实际的执行结果如下：

```
token: a:b:c
  subtoken: a
  subtoken: b
  subtoken: c
```

为解决这一问题，标准 C 库引入了 strtok() 函数的可重入版本 strtok_r()：

```
#include <string.h>

char *strtok(char *str, const char *delim);
char *strtok_r(char *str, const char *delim, char **saveptr);
```

如果使用 strtok_r() 函数重写上面的 list_tokens() 函数，则可以获得预期结果：

```
static void list_tokens(char *str)
{
    char *str1;
    for (str1 = str; ; str1 = NULL) {
        char *saveptr1;
        char *token = strtok_r(str1, ";", &saveptr1);
        if (token == NULL)
            break;

        printf("token: %s\n", token);

        char *str2;
        for (str2 = token; ; str2 = NULL) {
```

```
        char *saveptr2;
        char *subtoken = strtok_r(str2, ":", &saveptr2);
        if (subtoken == NULL)
            break;
        printf(" subtoken: %s\n", subtoken);
    }
}
}
```

strtok_r() 函数的扩展方式很简单，就是传入一个用来保存上下文的指针，该指针充当 strtok_r() 函数的工作上下文，从而避免了静态变量或全局变量的使用。在 strtok_r() 函数出现之前，由于 strtok() 函数已被广泛使用，故而这两个接口同时存在于标准 C 库中。需要可重入性的程序，应使用 strtok_r() 函数而非 strtok() 函数。

顺便提及，strtok() 函数的接口设计不仅存在不可重入的问题，还存在另一个问题：该函数 [及其扩展函数 strtok_r()] 会直接修改传入的字符串内容，通过将分隔符置零而返回一个以空字符结尾的词元，因此这个函数不能作用于只读数据（如字符串常量）。这就是针对同样的功能，PurC 引入 pcutils_get_next_token_len() 函数的原因。

另外，在标准 C 库中，所有带_r 后缀的函数，都是对原先不可重入函数的扩展。除了 strtok_r()，还有 random_r()、rand_r()、tmpnam_r()、qsort_r()、ecvt_r() 等。

6.11.2　方法 2：旧接口只是新接口的绕转接口

在长期发展某个软件的过程中，经常需要根据市场或客户需求对某些功能进行增强。在这种情况下，出于兼容性的考虑，我们可以定义一个全新的接口，并将已有的接口实现为新接口的一个简单封装。

比如在 MiniGUI 长达 20 多年的发展历程中，针对窗口就出现过多次增强。在 MiniGUI 3.0 中，增加了 CreateMainWindowEx() 函数，该函数支持自定义主窗口的外观渲染器及其属性，已有的 CreateMainWindow() 函数则实现为 CreateMainWindowEx() 函数的一个简单封装：

```
/* 扩展的接口。 */
HWND CreateMainWindowEx (PMAINWINCREATE pCreateInfo,
            const char* werdr_name, const WINDOW_ELEMENT_ATTR* we_attrs,
            const char* window_name, const char* layer_name);

/* 最初的接口。*/
HWND CreateMainWindow (PMAINWINCREATE pCreateInfo)
{
    return CreateMainWindowEx (pCreateInfo, NULL, NULL, NULL, NULL);
}
```

MiniGUI 5.0 再次增强了主窗口的特性，支持标识符以及合成属性等。在 MiniGUI 5.0 中，增加了 CreateMainWindowEx2() 函数，已有的 CreateMainWindowEx() 函数则实现为 CreateMainWindowEx2() 函数的一个简单封装：

```
HWND CreateMainWindowEx2 (PMAINWINCREATE create_info, LINT id,
        const char* werdr_name, const WINDOW_ELEMENT_ATTR* we_attrs,
        unsigned int surf_flag, DWORD bkgnd_color,
        int compos_type, DWORD ct_arg);

HWND CreateMainWindowEx (PMAINWINCREATE pCreateInfo,
                const char* werdr_name, const WINDOW_ELEMENT_ATTR* we_attrs,
                const char* window_name, const char* layer_name)
{
    return CreateMainWindowEx2 (pCreateInfo, 0L, werdr_name, we_attrs,
            ST_DEFAULT, 0xFFFFFFFFUL, CT_OPAQUE, 0);
}
```

这种方法的好处是可最大程度保持接口的兼容性。

6.11.3　方法 3：强制使用新接口，将旧接口标记为废弃或移除

接口设计考虑不周导致的非必要扩展，通常会给代码的编写带来很多麻烦。这种现象在开源项目中较为常见——毕竟很多开源项目的接口设计并不是深思熟虑后的结果。比如，glib 中的接口 g_memdup 相当于标准 C 函数 strdup() 的一个补充。但在早期的接口定义中，该接口将代表内存大小的参数指定为 guint 类型，也就是 unsigned int 类型：

```
gpointer g_memdup(gconstpointer mem, guint byte_size);
```

当 64 位架构大行其道时，这一设计带来的问题就出现了：g_memdup 接口无法完成大小超过 4GB 的内存的复制。因为这一问题无法通过上述两种方法之一得到妥善且优雅的解决，故而 glib 2.68 引入了一个新的接口 g_memdup2，并不得不将 g_memdup 接口标记为不可用：

```
/* 自 glib 2.68 版本开始出现。 */
gpointer g_memdup2(gconstpointer mem, gsize byte_size);

/* g_memdup 接口被标记为不可用。 */
gpointer g_memdup(gconstpointer mem, guint byte_size) __attribute__ ((__unavailable__));
```

这导致 glib 的二进制兼容性被打破，且开发者在使用时，为照顾不同的 glib 版本，不得不使用条件编译：

```
#if GLIB_CHECK_VERSION(2, 68, 0)
    cloned_entry = g_memdup2(entry, sizeof(*entry));
#else
    cloned_entry = g_memdup(entry, sizeof(*entry));
#endif
```

6.11.4　方法 4：预留扩展能力

在某些未来可能需要进一步扩展的接口中,可通过本小节描述的一些技巧来预留接口的扩展能力,使得接口可以在增强或扩展后仍然能够保持二进制的向后兼容性。此种情况下，我们不需要提

供新的接口或绕转接口。如 Linux 内核的 clone() 系统调用，该系统调用可基于当前进程复制一个新的进程或线程。clone() 系统调用的原型如下：

```
#define _GNU_SOURCE
#include <sched.h>

int clone(int (*fn)(void *), void *stack, int flags, void *arg, ...
          /* pid_t *parent_tid, void *tls, pid_t *child_tid */ );
```

其中，第 1 个参数 fn 是子进程的入口函数；第 2 个参数 stack 是用于子进程的栈地址；第 3 个参数 flags 是一个标志，用于精确控制子进程和父进程共享哪些资源；第 4 个参数 arg 是一个指针，其后的 ... 表示后续其他参数是可变的。比如，当我们创建一个线程时，子进程将和父进程共享几乎所有的进程资源，其中包括虚拟内存空间、文件描述符等。此时，可通过该系统调用指定一些额外的参数，比如用于返回线程标识符的缓冲区地址、线程局部存储所对应的指针等。

显然，这种在接口中使用标志位增加可变参数的形式，可以提供一定的扩展灵活性，并保证接口的向后兼容性。当内核增加一些新的功能时，可通过新的标志位以及额外的参数来传递相应的数据。这种模式和 STDIO 的字符串格式化接口 printf() 的工作方式类似。在 printf() 的实现中，增加新的转换说明符即可支持新的数据格式化能力，而不需要增加新的接口。

但这种模式增加了接口的复杂性，对使用者并不友好。为此，Linux 5.3 引入了 clone3() 系统调用，其原型如下：

```
#define _GNU_SOURCE
#include <sched.h>

struct clone_args {
    u64 flags;          /* Flags bit mask */
    u64 pidfd;          /* Where to store PID file descriptor
                           (pid_t *) */
    u64 child_tid;      /* Where to store child TID,
                           in child's memory (pid_t *) */
    u64 parent_tid;     /* Where to store child TID,
                           in parent's memory (int *) */
    u64 exit_signal;    /* Signal to deliver to parent on
                           child termination */
    u64 stack;          /* Pointer to lowest byte of stack */
    u64 stack_size;     /* Size of stack */
    u64 tls;            /* Location of new TLS */
    u64 set_tid;        /* Pointer to a pid_t array
                           (since Linux 5.5) */
    u64 set_tid_size;   /* Number of elements in set_tid
                           (since Linux 5.5) */
    u64 cgroup;         /* File descriptor for target cgroup
                           of child (since Linux 5.7) */
};
```

```
long clone3(struct clone_args *cl_args, size_t size);
```

clone3() 系统调用的第一个参数 cl_args 是一个指向 clone_args 结构体的指针，通过其中的注释可知，该结构体的前几个成员就是原本传递给 clone() 系统调用的那些参数，但随着 Linux 内核的演进，又多出了一些新的成员；第二个参数 size 表示 clone_args 结构体的大小（以字节为单位），读者对此可能会有疑问，clone_args 结构体的大小难道不是固定的吗？

注意观察 clone_args 结构体的最后 3 个成员。

❏ set_tid：其后的注释表明该成员出现自 Linux 5.5。

❏ set_tid_size：其后的注释表明该成员出现自 Linux 5.5。

❏ cgroup：其后的注释表明该成员出现自 Linux 5.7。

也就是说，在 Linux 内核的演进过程中，clone_args 结构体的定义是变化的。在 Linux 5.5 之前，clone_args 结构体没有上面所列的 3 个成员，从 Linux 5.5 开始增加了 set_tid 和 set_tid_size 两个成员，从 Linux 5.7 开始增加了 cgroup 成员。现在，让我们忽略这些成员的具体作用，看看 Linux 5.7 版本的代码应该如何处理基于 Linux 5.5 或更早版本开发的应用程序。这时，size 参数将起到关键作用。

Linux 5.7 在实现 clone3() 系统调用时，内核可同时定义 clone_arg 结构体的 3 种变化形式。

Linux 5.3 版本：

```
struct clone_args_5_3 {
    u64 flags;
    u64 pidfd;
    u64 child_tid;
    u64 parent_tid;
    u64 exit_signal;
    u64 stack;
    u64 stack_size;
    u64 tls;
};
```

Linux 5.5 版本：

```
struct clone_args_5_5 {
    u64 flags;
    u64 pidfd;
    u64 child_tid;
    u64 parent_tid;
    u64 exit_signal;
    u64 stack;
    u64 stack_size;
    u64 tls;

    u64 set_tid;
```

```
    u64 set_tid_size;
};
```

Linux 5.7 版本：

```
struct clone_args_5_7 {
    u64 flags;
    u64 pidfd;
    u64 child_tid;
    u64 parent_tid;
    u64 exit_signal;
    u64 stack;
    u64 stack_size;
    u64 tls;

    u64 set_tid;
    u64 set_tid_size;

    u64 cgroup;
};
```

在 Linux 5.7 的 clone3() 系统调用的实现代码中，通过判断第二个参数 size 的大小，即可确定使用 clone3() 系统调用的应用程序在被编译时使用的是哪个版本的 clone_arg 结构体：

```
long clone3(struct clone_args *cl_args, size_t size)
{
    if (size == sizeof(strcut clone_arg_5_3)) {
        /* cl_args 中没有 set_tid、set_tid_size 和 cgroup 成员。 */
        ...
    }
    else if (size == sizeof(strcut clone_arg_5_5)) {
        /* cl_args 中没有 cgroup 成员。 */
        ...
    }
    else if (size == sizeof(strcut clone_arg_5_7)) {
        /* cl_args 中包含当前内核支持的全部成员。 */
        ...
    }
    else {
        /* error: EINVAL */
    }

    ...
}
```

如此，clone3() 系统调用即可完美实现向后兼容性。

这种预先保留扩展能力的接口设计模式为开发者提供了非常好的扩展能力，相比可变参数的形式，接口也更加友好。当然也有一定的限制：在进行扩展时，只能在结构体的末尾新增成员，而不能删除已有的结构体成员或者调整结构体成员的顺序，否则会导致混乱。

作为这一预留扩展能力的变体，我们也可以将接口中的 size 参数定义为 clone_args 结构体的第一个成员：

```
#define _GNU_SOURCE
#include <sched.h>

struct clone_args {
   u64 size;
   u64 flags;
   u64 pidfd;
   u64 child_tid;
   u64 parent_tid;
   u64 exit_signal;
   u64 stack;
   u64 stack_size;
   u64 tls;
   u64 set_tid;
   u64 set_tid_size;
   u64 cgroup;
};

long clone3(struct clone_args *cl_args);
```

使用时，请务必正确初始化 clone_args 结构体的 size 成员：

```
struct clone_args args = { sizeof(struct clone_args) };
/* 在这里初始化其他成员。 */
...

clone3(&args);
```

6.11.5 扩展接口需要考虑的因素

首先，在对接口进行扩展时，应遵循新增接口而非修改原有接口语义的原则。

其次，对已有的不合理接口，越早处理越好。在提供替代方案之时，应通过函数属性标记旧接口为废弃或不可用，从而帮助接口的使用者及早调整代码。

最后，当二进制兼容性更加重要时，绕转接口的定义应避免使用宏或内联函数。当二进制兼容性被打破时，应遵循所在平台的解决准则做相应的处理，以确保使用旧接口的应用程序仍可以正常运行。

6.12 综合范例：PurC 中的有序数组

本节给出一个综合了本章所述多种接口设计模式的范例：有序数组。

有序数组可在把特定的抽象数据项添加到数组中时就完成排序，其目的在于快速判断一个给定的抽象数据项是否已经存在。因为在一个已排序的数组中，可以使用二分查找法迅速定位一个数据项。比如在用句柄代表抽象数据项时，实现者需要快速判断调用者传入的句柄值是否有效，此时便可以使用有序数组。

故而，我们可以将有序数组的需求归纳为以下 5 点。

（1）用于排序的数据项由用于排序的值和数据本身组成，两者均使用 void * 指针表示；前者称为"排序值"（sort value），后者称为"数据"（data）。

（2）通过调用者定义的对比函数来实现排序。

（3）提供添加和移除操作。

（4）可根据给定的排序值查找并返回数据的接口。

（5）可根据索引值线性访问有序数组，遍历其中的数据项。

程序清单 6.18 给出了 PurC 为有序数组定义的接口。

程序清单 6.18　有序数组的接口定义

```
struct sorted_array;

/** 用于释放抽象数据项的回调函数之原型。 */
typedef void (*sacb_free)(void *sortv, void *data);
/** 用于对比两个排序值的回调函数之原型。 */
typedef int  (*sacb_compare)(const void *sortv1, const void *sortv2);


#define SAFLAG_ORDER_ASC            0x0000
#define SAFLAG_ORDER_DESC           0x0001

#define SAFLAG_DEFAULT              0x0000


/* 创建一个空的有序数组；sz_init 指定初始分配的空间大小；free_fn 可为空；
   cmp_fn 指定自定义的排序值对比函数。 */
struct sorted_array *
pcutils_sorted_array_create(unsigned int flags, size_t sz_init,
        sacb_free free_fn, sacb_compare cmp_fn);

/* 销毁一个有序数组；若创建时传入非空 free_fn，则调用该回调函数以释放数据项。 */
void pcutils_sorted_array_destroy(struct sorted_array *sa);

/* 将一对排序值和数据添加到有序数组中。 */
int pcutils_sorted_array_add(struct sorted_array *sa, void *sortv, void *data,
        ssize_t *index);

/* 根据排序值移除一项数据。 */
bool pcutils_sorted_array_remove(struct sorted_array *sa, const void* sortv);
```

```
/* 根据排序值查找一项数据，若存在，则返回 true，并通过 data 和 index 返回数据本身
   及数据项所在的索引值。 */
bool pcutils_sorted_array_find(struct sorted_array *sa,
        const void *sortv, void **data, ssize_t *index);

/* 获取有序数组的当前长度。 */
size_t pcutils_sorted_array_count(struct sorted_array *sa);

/* 根据索引值获取有序数组中的数据项，返回索引值，通过 data 返回数据本身。*/
const void* pcutils_sorted_array_get(struct sorted_array *sa,
        size_t idx, void **data);

/* 删除指定索引位置的数据项。 */
bool pcutils_sorted_array_delete(struct sorted_array *sa, size_t idx);
```

程序清单 6.19 演示了如何使用上述有序数组来维护若干句柄（使用 uintptr_t 类型）：句柄本身作为排序值，而跟排序值关联的数据则作为句柄格式化后的字符串。

程序清单 6.19　使用有序数组维护句柄

```
static void free_data(void *sortv, void *data)
{
    free(data);
}

static int
cmp_handles(const void *sortv1, const void *sortv2)
{
    uintptr_t h1 = (intptr_t)sortv1;
    uintptr_t h2 = (intptr_t)sortv2;

    if (h1 > h2)
        return 1;
    else if (h1 < h2)
        return -1;

    return 0;
}

/* 示例用的句柄，注意其中没有 0，但有 1。 */
static uintptr_t sortv[10] = { 1, 8, 7, 5, 4, 6, 9, 2, 3 };

int main(void)
{
    struct sorted_array *sa;
```

```
sa = pcutils_sorted_array_create(SAFLAG_DEFAULT, 4, free_data, cmp_handles);

for (int i = 0; i < 10; i++) {
    char *formated;

    /* 使用 asprintf()函数格式化排序值并分配对应的内存空间,
       将其作为跟索引值关联的数据保存在有序数组中。 */
    asprintf(&formated, "HANDLE: 0x%08x", sortv[i]);
    pcutils_sorted_array_add(sa, (void *)sortv[i], formated, NULL);
}

size_t n = pcutils_sorted_array_count(sa);
assert(n == 10);

/* 尝试寻找排序值为 0 的数据项, 应返回 false。 */
bool ret = pcutils_sorted_array_find(sa, (const char *)(uintptr_t)1,
        NULL, NULL);
assert(!ret);

void *data;
/* 尝试寻找排序值为 1 的数据项, 应返回 true。 */
ret = pcutils_sorted_array_find(sa, (const char *)(uintptr_t)1, &data, NULL);
assert(ret);

/* 对应的数据本身应等于 "HANDLE: 0x00000001" 这个字符串。 */
assert(strcmp(data, "HANDLE: 0x00000001") == 0);

/* 由于在创建时传入了 free_data()回调函数, 故而通过 asprintf()函数为
   格式化字符串分配的空间将被同时释放。 */
pcutils_sorted_array_destroy(sa);
return 0;
}
```

## 第 7 章

解耦代码和数据

无论使用何种编程语言，掌握一定技巧的开发者总会尝试将代码和要处理的具体数据分离开来。因为在代码中夹杂大量的常量，不论是立即数常量还是字符串常量，都容易导致代码出现缺陷或难以维护。

本章探讨在 C 程序中解耦代码和数据的常见方法，以帮助开发者编写缺陷少且易于维护的代码。

7.1 解耦代码和数据的重要性

回忆第 6 章提到的在较长的选项字符串中判断关键词的例子。假定传入的选项字符串为 readable writable，而待匹配的关键词为 read 和 write。为避免将获取到的下一个关键词 readable 匹配为 read，我们不能仅仅使用 strncasecmp() 函数，还需要综合判断得到的关键词的长度是否和待匹配关键词 read 的长度一致，故而我们使用了下面的逻辑判断语句：

```
if (kwlen == 4 && strncasecmp(keyword, "read", kwlen) == 0) {
    /* 处理关键词read。 */
    ...
}
```

显然，在上面的逻辑判断中，我们使用了两个常量：4 以及 read。当需要判断 write 关键词时，我们经常会复制已有的代码，但可能会忘记修改 4 这个立即数：

```
if (kwlen == 4 && strncasecmp(keyword, "read", kwlen) == 0) {
    /* 处理关键词read。 */
    ...
}
else if (kwlen == 4 && strncasecmp(keyword, "write", kwlen) == 0) {
    /* 处理关键词write。 */
    ...
}
```

由于编译器无法就此逻辑做出任何编译期间的判断，缺陷就这样无声无息地被引入了。当然，我们可以使用 sizeof 替代这段代码中使用的 4 这个立即数，从而稍稍提升一下这段代码的质量：

```
if (kwlen == (sizeof("read") - 1) &&
        strncasecmp(keyword, "read", kwlen) == 0) {
    /* 处理关键词read。 */
    ...
```

```
      }
      else if (kwlen == (sizeof("write") - 1) &&
              strncasecmp(keyword, "write", kwlen) == 0) {
          /* 处理关键词write。 */
          ...
      }
```

但是，由于我们多次使用了字符串常量，编译器不会就字符串常量的内容做出任何假设或判断，故而仍然有较高的出错概率。比如不小心拼写错了其中的一个或多个字符串常量：

```
      if (kwlen == (sizeof("read") - 1) &&
              strncasecmp(keyword, "reed", kwlen) == 0) {
          /* 处理关键词read。 */
          ...
      }
      else if (kwlen == (sizeof("writable") - 1) &&
              strncasecmp(keyword, "write", kwlen) == 0) {
          /* 处理关键词write。 */
          ...
      }
```

面对以上这些容易在编码过程中出现的问题，我们在第 6 章中引入了一个宏：

```
#define strncasecmp2ltr(str, literal, len)           \
      ((len > (sizeof(literal "") - 1)) ? 1 :        \
          (len < (sizeof(literal "") - 1) ? -1 : strncasecmp(str, literal, len)))
```

使用这个宏可以降低字符串常量的使用次数，从而进一步降低代码中出现缺陷的概率：

```
      if (strncasecmp2ltr(keyword, "read") == 0) {
          ...
      }
      else if (strncasecmp2ltr(keyword, "write") == 0) {
          ...
      }
```

更进一步地，我们还可以通过将代码中要用到的关键词定义为宏，来避免因为字符串常量拼写错误而引入缺陷：

```
#define KEYWORD_READ        "read"
#define KEYWORD_WRITE       "write"

...

      if (strncasecmp2ltr(keyword, KEYWORD_READ) == 0) {
          ...
      }
      else if (strncasecmp2ltr(keyword, KEYWORD_WRITE) == 0) {
          ...
      }
```

经过几番修改，代码出现缺陷的概率降低了，而且代码变短了，结构也更加清晰了。但其实仍然不够。比如，在需要匹配的关键词有若干且匹配判断分支较多的情形下，极容易引入遗漏关键词或者关键词重复的缺陷。此时，编译器仍然无法在编译期间给出适当的错误提醒。

通过以上这个例子可以看出，将数据和代码逻辑夹杂在一起时，由于编译器无法有效帮助我们在编译期间识别程序中的错误，故而会提高代码出错的概率。而使用解耦数据和代码的一些方法，则可以在如下 3 个方面帮助我们编写具有更高质量的代码：第一，简化代码，降低出错概率；第二，对杂乱的代码做结构化处理，使之更加清晰易读；第三，提高代码的质量及可维护性。

值得一提的是，将数据从代码中分离出来，是合格的软件工程师必须掌握的技巧，跟具体使用何种编程语言无关。

本章接下来将通过几个例子，阐述解耦数据和代码的常见方法。

7.2　一个简单的例子

本节将尝试实现一个类似于 strerror() 的函数。strerror() 函数是标准 C 接口，它会根据给定的错误码 errnum 返回一个描述错误码的字符串。strerror() 函数有以下两种形式：

```
#include <string.h>

char *strerror(int errnum);
char *strerror_r(int errnum, char *buf, size_t buflen);
```

由于 strerror() 函数可能会对无效的错误码返回一个内容可变的字符串"Unknown error <NNN>"（其中的<NNN>是传入的无效错误码的十进制表达），并且还会根据当前系统的区域（locale）设置返回本地化的错误描述字符串，故而其返回值类型是 char *。另外，strerror_r() 是 strerror() 的可重入版本，前者是线程安全的。

为简单起见，作为示例，设计并实现如下接口：

```
const char *my_error_message(int errcode);
```

该接口的返回值类型为 const char *，其实现很简单：根据传入的 errcode 返回一个对应的字符串常量。若 errcode 无效，则返回 NULL。

7.2.1　数据和代码耦合的版本

针对以上需求，初学 C 编程的程序员编写的代码大概是下面这个样子：

```
#include <errno.h>

const char *my_error_message(int errcode)
{
    if (errcode == EINVAL) {
        return "Invalid argument";
    }
```

```
       else if (errcode == EACCES) {
           return "Permission denied";
       }
       ...

       return NULL;
   }
```

或者用 `switch` 代替 `if-else`：

```
#include <errno.h>

const char *my_error_message(int errcode)
{
    switch (errcode) {
        case EINVAL:
            return "Invalid argument";
        case EACESS:
            return "Permission denied";
        ...
        default:
            break;
    }

    return NULL;
}
```

但不论使用 `if-else` 还是 `switch`，代码和数据始终耦合在一起。

7.2.2   数据和代码解耦的版本

针对这里的需求，考虑到错误码是大于 0 的数值，而且是连续的，要将数据和代码解耦，可以将所有的错误码放到一个字符串常量的数组中，然后使用错误码作为索引值访问这个数组：

```
#include <errno.h>

static const char * const my_errlist[] = {
    "Operation not permitted",      /* EPERM  1 */
    "No such file or directory",    /* ENOENT 2  */
    "No such process",              /* ESRCH 3 */
    ...,
    "Operation not supported",      /* ENOTSUP 95 */
};

const char *my_error_message(int errcode)
{
    if (errcode > 0 && errcode <= sizeof(my_errlist)/sizeof(my_errlist[0])) {
        return my_errlist[errcode - 1];
```

```
    }

    return NULL;
}
```

如此编码带来的好处是明显的。首先，my_error_message()函数的实现基本不需要维护，而且很容易做到无缺陷；若增加了新的错误码，只需要在 my_errlist 数组的末尾增加新的错误描述字符串即可。这在提高代码质量的同时，也提高了代码的可维护性。其次，将错误码作为索引值访问数组的方式，相比使用 if-else 或 switch 要高效很多。

针对以上代码，有经验的程序员仍然可能发现容易出现缺陷的地方：当 my_errlist 数组的成员个数和 errcode 的最大值不匹配时，程序会对有效的错误码返回 NULL。比如，在键入错误描述字符串时，如果忘记了字符串常量末尾的逗号，就会出现这种情况：

```c
static const char * const my_errlist[] = {
    "Operation not permitted"        /* EPERM  1 */
    "No such file or directory",     /* ENOENT 2  */
    "No such process",               /* ESRCH 3 */
    ...,
    "Operation not supported",       /* ENOTSUP 95 */
};
```

这时，编译器不会输出任何抱怨信息，但 my_errlist 数组的第一个成员指向的是一个错误的字符串常量"Operation not permittedNo such file or directory"——编译器将头两个字符串常量串接在了一起，同时，my_errlist 数组的成员也少了一个。

为了避免出现上面这种缺陷，可以使用第 4 章介绍的编译期断言宏：

```c
#define MAX_ERRCODE                    ENOTSUP

static const char * const my_errlist[] = {
    "Operation not permitted"        /* EPERM  1 */
    "No such file or directory",     /* ENOENT 2  */
    "No such process",               /* ESRCH 3 */
    ...,
    "Operation not supported",       /* ENOTSUP 95 */
};

#define _COMPILE_TIME_ASSERT(name, x)                  \
        typedef int _dummy_ ## name[(x) * 2 - 1]

/* 确保 my_errlist 数组中包含 MAX_ERRCODE 个字符串常量。 */
_COMPILE_TIME_ASSERT(types, sizeof(my_errlist)/sizeof(my_errlist[0]) == MAX_ERRCODE);

#undef _COMPILE_TIME_ASSERT
```

如此，编译器便可以在编译期间将上面的缺陷"揪"出来，而不用等到测试阶段才发现这类缺陷。

当然，我们也可以使用运行时的 assert() 断言宏：

```
const char *my_error_message(int errcode)
{
    /* 确保 my_errlist 数组中包含 MAX_ERRCODE 个字符串常量。 */
    assert(sizeof(my_errlist)/sizeof(my_errlist[0]) == MAX_ERRCODE);

    if (errcode > 0 && errcode <= sizeof(my_errlist)/sizeof(my_errlist[0])) {
        return my_errlist[errcode - 1];
    }

    return NULL;
}
```

7.3　再来一个例子

将数据和代码解耦不仅仅是为了提升代码质量和降低出错概率，更重要的是为了方便代码后续的维护。比如在上面的例子中，当我们新增一个错误码之后，通过修改编译期断言宏或者运行时断言宏，就能轻易发现维护过程中错误描述字符串和最大错误码不匹配的情形。

本节再给出一个更为复杂的例子，以说明在解耦数据和代码时，如何通过各种手段提高代码的可维护性。

假设针对第 6 章提到的"变体"这一抽象数据类型，给定一项变体数据，希望返回对应的类型名称（字符串常量）。比如，对数值类型返回 number，对集合类型返回 set，如此等等。对应的接口如下：

```
const char *purc_variant_get_type_name(purc_variant_t v);
```

假定已有内部接口 purc_variant_get_type() 可以返回变体的类型枚举值：

```
typedef enum purc_variant_type {
    PURC_VARIANT_TYPE_FIRST = 0,

    /* critical: keep order as is */
    PURC_VARIANT_TYPE_UNDEFINED = PURC_VARIANT_TYPE_FIRST,
    PURC_VARIANT_TYPE_NULL,
    PURC_VARIANT_TYPE_BOOLEAN,
    PURC_VARIANT_TYPE_NUMBER,
    PURC_VARIANT_TYPE_LONGINT,
    PURC_VARIANT_TYPE_ULONGINT,
    PURC_VARIANT_TYPE_LONGDOUBLE,
    PURC_VARIANT_TYPE_ATOMSTRING,
    PURC_VARIANT_TYPE_STRING,
    PURC_VARIANT_TYPE_BSEQUENCE,
    PURC_VARIANT_TYPE_OBJECT,
    PURC_VARIANT_TYPE_ARRAY,
```

```
    /* XXX: change this if you append a new type. */
    PURC_VARIANT_TYPE_LAST = PURC_VARIANT_TYPE_ARRAY,
} purc_variant_type;

#define PURC_VARIANT_TYPE_NR \
    (PURC_VARIANT_TYPE_LAST - PURC_VARIANT_TYPE_FIRST + 1)

purc_variant_type purc_variant_get_type(purc_variant_t v);
```

有了前述章节的描述，我们可以很容易写出解耦数据和代码的 purc_variant_get_type_ name() 接口的实现：

```
const char * purc_variant_get_type_name(purc_variant_t v)
{
    static const char *type_names[] = {
        "undefined",
        "null",
        "boolean",
        "number",
        "longint",
        "ulongint",
        "longdouble",
        "atomstring",
        "string",
        "bsequence",
        "object",
        "array",
    };

    /* 确保 type_names 数组的成员个数和 PURC_VARIANT_TYPE_NR 是一致的。*/
    assert(sizeof(type_names)/sizeof(type_names[0]) == PURC_VARIANT_TYPE_NR);

    return type_names[purc_variant_get_type(v)];
}
```

这样，通过运行时断言宏 assert()，就可以确保 type_names 数组的成员个数和 PURC_ VARIANT_TYPE_NR 是一致的。

但是，purc_variant_type 枚举量通常定义在头文件中，而 type_names 数组作为静态变量，通常定义在函数的实现中，这可能会给将来的维护带来麻烦。比如，枚举值的顺序和名称字符串不匹配。为了解决这一问题，可做进一步处理。

首先，使用宏定义类型名称，并将表示类型的枚举量和类型名称宏置于同一位置，同时使用醒目的注释做提醒。这样当开发者新增类型及其名称时，极少会出现遗漏或误定义的情形：

```
typedef enum purc_variant_type {
    PURC_VARIANT_TYPE_FIRST = 0,
```

```
    /* XXX：注意类型枚举值和类型名称要匹配。 */
#define PURC_VARIANT_TYPE_NAME_UNDEFINED    "undefined"
    PURC_VARIANT_TYPE_UNDEFINED = PURC_VARIANT_TYPE_FIRST,
#define PURC_VARIANT_TYPE_NAME_NULL         "null"
    PURC_VARIANT_TYPE_NULL,
#define PURC_VARIANT_TYPE_NAME_BOOLEAN      "boolean"
    PURC_VARIANT_TYPE_BOOLEAN,
#define PURC_VARIANT_TYPE_NAME_EXCEPTION    "exception"
    PURC_VARIANT_TYPE_EXCEPTION,
#define PURC_VARIANT_TYPE_NAME_NUMBER       "number"
    PURC_VARIANT_TYPE_NUMBER,
#define PURC_VARIANT_TYPE_NAME_LONGINT      "longint"
    PURC_VARIANT_TYPE_LONGINT,
#define PURC_VARIANT_TYPE_NAME_ULONGINT     "ulongint"
    PURC_VARIANT_TYPE_ULONGINT,
#define PURC_VARIANT_TYPE_NAME_LONGDOUBLE   "longdouble"
    PURC_VARIANT_TYPE_LONGDOUBLE,
#define PURC_VARIANT_TYPE_NAME_ATOMSTRING   "atomstring"
    PURC_VARIANT_TYPE_ATOMSTRING,
#define PURC_VARIANT_TYPE_NAME_STRING       "string"
    PURC_VARIANT_TYPE_STRING,
#define PURC_VARIANT_TYPE_NAME_BYTESEQUENCE "bsequence"
    PURC_VARIANT_TYPE_BSEQUENCE,
#define PURC_VARIANT_TYPE_NAME_DYNAMIC      "dynamic"
    PURC_VARIANT_TYPE_DYNAMIC,
#define PURC_VARIANT_TYPE_NAME_NATIVE       "native"
    PURC_VARIANT_TYPE_NATIVE,
#define PURC_VARIANT_TYPE_NAME_OBJECT       "object"
    PURC_VARIANT_TYPE_OBJECT,
#define PURC_VARIANT_TYPE_NAME_ARRAY        "array"
    PURC_VARIANT_TYPE_ARRAY,
#define PURC_VARIANT_TYPE_NAME_SET          "set"
    PURC_VARIANT_TYPE_SET,
#define PURC_VARIANT_TYPE_NAME_TUPLE        "tuple"
    PURC_VARIANT_TYPE_TUPLE,

    /* XXX：新增类型时，注意修改下面的宏定义。 */
    PURC_VARIANT_TYPE_LAST = PURC_VARIANT_TYPE_TUPLE,
} purc_variant_type;

#define PURC_VARIANT_TYPE_NR \
    (PURC_VARIANT_TYPE_LAST - PURC_VARIANT_TYPE_FIRST + 1)
```

其次，使用编译期断言宏，确保 type_names 数组中的类型名称数量和类型数量是一致的：

```
static const char *type_names[] = {
#define VARIANT_TYPE_NAME_FIRST VARIANT_TYPE_NAME_UNDEFINED
```

```
        VARIANT_TYPE_NAME_UNDEFINED,
        VARIANT_TYPE_NAME_NULL,
        VARIANT_TYPE_NAME_BOOLEAN,
        VARIANT_TYPE_NAME_NUMBER,
        VARIANT_TYPE_NAME_LONGINT,
        VARIANT_TYPE_NAME_ULONGINT,
        VARIANT_TYPE_NAME_LONGDOUBLE,
        VARIANT_TYPE_NAME_ATOMSTRING,
        VARIANT_TYPE_NAME_STRING,
        VARIANT_TYPE_NAME_BYTESEQUENCE,
        VARIANT_TYPE_NAME_DYNAMIC,
        VARIANT_TYPE_NAME_NATIVE,
        VARIANT_TYPE_NAME_OBJECT,
        VARIANT_TYPE_NAME_ARRAY,
        VARIANT_TYPE_NAME_SET,

        /* XXX：新增类型时，注意修改下面的宏定义。 */
#define VARIANT_TYPE_NAME_LAST VARIANT_TYPE_NAME_SET
        };

/* 确保 type_names 数组的成员个数和 PURC_VARIANT_TYPE_NR 是一致的。 */
_COMPILE_TIME_ASSERT(types, PCA_TABLESIZE(type_names) == PURC_VARIANT_TYPE_NR);
```

最后，为避免出现顺序不一致的问题，使用运行时断言宏：

```
const char * purc_variant_get_type_name(purc_variant_t v)
{
    /* 确保 type_names 数组中的第一个成员和第一个类型匹配。*/
    assert(strcmp(type_names[PURC_VARIANT_TYPE_FIRST],
                VARIANT_TYPE_NAME_FIRST) == 0);
    /* 确保 type_names 数组中的最后一个成员和最后一个类型匹配。*/
    assert(strcmp(type_names[PURC_VARIANT_TYPE_LAST],
                VARIANT_TYPE_NAME_LAST) == 0);

    return type_names[purc_variant_get_type(v)];
}
```

以上运行时断言宏主要判断第一个类型和最后一个类型，这是因为绝大多数的不一致发生在新增类型的情况下。

7.4 更复杂的例子

在本章的第一个例子中，曾提到在关键词较多的情况下，较多的匹配分支会让代码变得难以管理和维护，且容易引入遗漏或重复匹配的问题。本节将以一个 PurC 解释器中用于分析网络数据包的例子来阐述如何应对这种情形。

在 PurC 中，解释器和渲染器之间可通过套接字发送消息数据包，用于实现互操作。这个协议被命名为 PURCMC。PURCMC 协议的消息数据包之格式类似于 HTTP 协议，包含头部以及数据本身。消息头一行表述一条使用冒号分隔的头部条目，冒号前是头部条目的名称，冒号后是对应的值，行与行之间用\n（新行符）分隔。消息头之后是一个只包含一个空格的空行，空行之后是该操作所需要的参数，可能是用 JSON 描述的数据，也可能是一个 HTML 片段或一段固定格式的文本。

下面是解释器请求渲染器创建一个普通窗口时的消息数据包：

```
type: request
operation: createPlainWindow
target: workspace/0
requestId: d63588ae93e9512832510e6ac300d66f-0
dataType: json
dataLen: 176
<whitespace>
{
    "title": "Hello, world!",
    "class": "normal",
    "layoutStyle": "with:200px;height:100px;",
    "toolkitStyle": { "backgroundColor": "darkgray", "darkMode": true }
}
```

常见的头部条目如下。

❑ type：表示消息类型，可取 request、response 或 event。

❑ target：在请求或事件消息中表示请求或事件的目标会话、工作区、窗口/页面、协程、文档或元素，可取 session/<handle>、workspace/<handle>、plainwindow/<handle>、widget/<handle>、coroutine/<handle>或 dom/<handle>。

❑ operation：在请求消息中表示要执行的操作，根据消息的目标对象执行不同的操作。当请求消息的目标对象为 dom 时，使用 append 表示在指定的 DOM 位置执行追加操作。

❑ element：在请求消息中表示消息要操作的工作区、窗口/页面组名称、文档或元素。当请求消息的目标对象为 dom 时，可使用 CSS 选择器、XPath 或元素句柄指定元素；在其他情形下，可使用句柄或标识符指定要操作的工作区、窗口、标签页等。

❑ property：在请求消息中表示消息要操作的元素的属性。当请求消息的目标对象为 dom 时，使用 attr.class、textContent 等属性名称。

❑ requestId：请求消息的唯一标识符，通常在应答消息中包含该标识符，用于标识应答所对应的请求。

❑ result：应答消息的结果，使用状态码和结果值表示，形如<retCode>/<resultValue>。

❑ dataType：消息参数的类型，可取 void、json、plain 等值，分别表示无参数、JSON、普通文本等。

❑ dataLen：消息参数的长度（以字节为单位），当长度为零时，表示没有参数。

不论是 HVML 解释器还是渲染器，在收到这样的消息数据包之后，均会解析并生成 pcrdr_msg 结构体：

```
struct pcrdr_msg {
    pcrdr_msg_type          type;
    pcrdr_msg_target        target;
    pcrdr_msg_element_type   elementType;
    pcrdr_msg_data_type      dataType;

    unsigned int             retCode;
    unsigned int             dataLen;

    uint64_t                 targetValue;
    uint64_t                 resultValue;

    union {
        char    *operation;
        char    *eventName;
    };

    char    *requestId;
    char    *sourceURI;
    char    *elementValue;
    char    *property;
    char    *data;
};
```

可以看到，`pcrdr_msg` 结构体中的成员和消息数据包里的各个条目一一对应。但有 3 个特别之处：一是为了让结构体紧凑，减少由于对齐而产生的空洞，该结构体将一些具有相同数据类型的成员放到了一起；二是由于请求消息中不会出现事件名称，而事件消息中不会出现请求名称，故而它们两者被设计为联合体；三是用于表示目标句柄和结果值的成员使用了 `uint64_t` 整数，这是为了在跨网络传输时，避免由于解释器和渲染器的架构不同而产生的数据宽度差异问题。需要说明的是，在 PurC 的最新版本中，该结构体的实际定义有一些变化；为描述方便，我们仍然使用早期的定义。

解析 PURCMC 消息数据包的代码本身并不复杂，其原理和分析选项字符串的过程类似。区别在于，我们需要先按\n 分隔符解析出行，再在行中解析出条目名称和条目的值。

7.4.1 最初的实现

程序清单 7.1 给出了 PURCMC 消息数据包解析函数 `pcrdr_parse_packet()` 的最初实现。

程序清单 7.1 `pcrdr_parse_packet()` 函数的最初实现

```
#define STR_PAIR_SEPARATOR      ":"
#define STR_LINE_SEPARATOR      "\n"
#define STR_VALUE_SEPARATOR     "/"

int pcrdr_parse_packet(char *packet, size_t sz_packet, pcrdr_msg **msg_out)
```

```
    {
        pcrdr_msg msg;

        char *str1;
        char *line;
        char *saveptr1;

        memset(&msg, 0, sizeof(msg));

        for (str1 = packet; ; str1 = NULL) {
            line = strtok_r(str1, STR_LINE_SEPARATOR, &saveptr1);
            if (line == NULL) {
                goto failed;
            }

            /* 判断是不是一个只包含一个空格的空行，略去其实现。  */
            if (is_blank_line(line)) {
                msg.data = strtok_r(NULL, STR_LINE_SEPARATOR, &saveptr1);
                break;
            }

            char *key, *value;
            char *saveptr2;
            key = strtok_r(line, STR_PAIR_SEPARATOR, &saveptr2);
            if (key == NULL) {
                goto failed;
            }

            value = strtok_r(NULL, STR_PAIR_SEPARATOR, &saveptr2);
            if (value == NULL) {
                goto failed;
            }

            if (strcasecmp(key, "type") == 0) {
                ...
            }
            else if (strcasecmp(key, "target") == 0) {
                ...
            }
            ...
        }

        memcpy(*msg_out, &msg, sizeof(msg));
        return 0;

    failed:
```

```
        return -1;
    }
```

　　和匹配选项字符串中关键词的逻辑不同，程序清单 7.1 中的代码相对简单一些。由于传入的消息数据包缓冲区是可修改的，故而使用了 `strtok_r()` 函数，该函数会将找到的分隔符置零，从而返回一个以空字符结尾的字符串。因此，可直接调用 `strcasecmp()` 函数来匹配头部条目的名称。这段代码初看起来没有太多可优化的地方。

　　问题在于头部条目的名称多达十几个，如果一直按上面的 `if-else` 匹配下去，代码将变得冗长且不易维护。因此，有必要改进这段代码。

7.4.2　改进的版本

　　改进的基本思路是，将不同条目名称对应的后续解析处理抽象成预先定义的函数，针对不同的条目名称调用这些函数。如此，程序只需要事先准备一个映射表（其中包含条目名称以及对应的处理条目的函数指针）即可。

　　按照以上思路，程序清单 7.2 给出了为改进 `pcrdr_parse_packet()` 函数而做的准备工作。

程序清单 7.2　为改进 pcrdr_parse_packet() 函数而做的准备工作

```c
/* 这是针对条目名称为 type 的条目的处理函数。略去其他类似函数。 */
static bool on_type(pcrdr_msg *msg, char *value)
{
    if (strcasecmp(value, "request")) {
        msg->type = PCRDR_MSG_TYPE_REQUEST;
    }
    else if (strcasecmp(value, "response")) {
        msg->type = PCRDR_MSG_TYPE_RESPONSE;
    }
    else if (strcasecmp(value, "event")) {
        msg->type = PCRDR_MSG_TYPE_EVENT;
    }
    else {
        return false;
    }

    return true;
}

/* 定义解析每个条目的函数的原型。 */
typedef bool (*key_op)(pcrdr_msg *msg, char *value);

/* 这是条目已知的名称。 */
#define STR_KEY_TYPE        "type"
#define STR_KEY_TARGET      "target"
#define STR_KEY_OPERATION   "operation"
```

```
#define STR_KEY_ELEMENT      "element"
#define STR_KEY_PROPERTY     "property"
#define STR_KEY_EVENT        "event"
#define STR_KEY_REQUEST_ID   "requestId"
#define STR_KEY_RESULT       "result"
#define STR_KEY_DATA_TYPE    "dataType"
#define STR_KEY_DATA_LEN     "dataLen"

/* 这是条目名称和对应条目的解析函数之间的映射表。 */
static struct key_op_pair {
    const char *key;
    key_op      op;
} key_ops[] = {
    { STR_KEY_TYPE,          on_type },
    { STR_KEY_TARGET,        on_target },
    { STR_KEY_OPERATION,     on_operation },
    { STR_KEY_ELEMENT,       on_element },
    { STR_KEY_PROPERTY,      on_property },
    { STR_KEY_EVENT,         on_event },
    { STR_KEY_REQUEST_ID,    on_request_id },
    { STR_KEY_RESULT,        on_result },
    { STR_KEY_DATA_TYPE,     on_data_type },
    { STR_KEY_DATA_LEN,      on_data_len },
};

/* 该函数给定一个条目名称，返回对应的条目解析函数指针。 */
static key_op find_key_op(const char* key)
{
    for (int i = 0; i < sizeof(key_ops)/sizeof(key_ops[0]); i++) {
        if (strcasecmp(key, key_ops[i].key) == 0) {
            return key_ops[i].op;
        }
    }

    return NULL;
}
```

做完上述准备工作，获得一个头部条目之后的解析处理，就变成了程序清单 7.3 给出的样子。

程序清单 7.3 `pcrdr_parse_packet()`函数的改进版本

```
int pcrdr_parse_packet(char *packet, size_t sz_packet, pcrdr_msg **msg_out)
{
    ...

    for (str1 = packet; ; str1 = NULL) {
        line = strtok_r(str1, STR_LINE_SEPARATOR, &saveptr1);
```

```
        if (line == NULL) {
            goto failed;
        }

        if (is_blank_line(line)) {
            msg.data = strtok_r(NULL, STR_LINE_SEPARATOR, &saveptr1);
            break;
        }

        char *key, *value;
        char *saveptr2;
        key = strtok_r(line, STR_PAIR_SEPARATOR, &saveptr2);
        if (key == NULL) {
            goto failed;
        }

        value = strtok_r(NULL, STR_PAIR_SEPARATOR, &saveptr2);
        if (value == NULL) {
            goto failed;
        }

        key_op op = find_key_op(key);
        if (op == NULL) {
            goto failed;
        }

        /* skip_left_spaces()函数跳过 value 中可能包含的前导空白字符。 */
        if (!op(&msg, skip_left_spaces(value))) {
            goto failed;
        }
    }

    ...
}
```

如此改造之后，数据和代码就解耦了。原先烦琐的条目类型匹配工作，变成了在映射表中查找指定条目名称的工作，且针对不同类型条目的进一步解析工作被自然地划分到一个个短小精干的函数中——这极大提升了代码的质量和可维护性。

7.4.3　进一步优化

挑剔的读者一定会发现，在 find_key_op() 函数中，每次都要遍历几乎整个映射表来查找支持的条目名称，这实在有点低效。为此，我们可以稍作处理，将映射表按照条目名称事先排好序，然后使用二分查找法优化 find_key_op() 函数，如程序清单 7.4 所示。

程序清单 7.4　使用二分查找法优化 `find_key_op()` 函数

```
/* XXX：按条目名称升序排列映射表。 */
static struct key_op_pair {
    const char *key;
    key_op      op;
} key_ops[] = {
    { STR_KEY_DATA_LEN,     on_data_len },
    { STR_KEY_DATA_TYPE,    on_data_type },
    { STR_KEY_ELEMENT,      on_element },
    { STR_KEY_EVENT,        on_event },
    { STR_KEY_OPERATION,    on_operation },
    { STR_KEY_PROPERTY,     on_property },
    { STR_KEY_REQUEST_ID,   on_request_id },
    { STR_KEY_RESULT,       on_result },
    { STR_KEY_TYPE,         on_type },
    { STR_KEY_TARGET,       on_target },
};

/* 使用二分查找法获取与条目名称对应的解析函数。 */
static key_op find_key_op(const char* key)
{
    static ssize_t max = sizeof(key_ops)/sizeof(key_ops[0]) - 1;

    ssize_t low = 0, high = max, mid;
    while (low <= high) {
        int cmp;

        mid = (low + high) / 2;
        cmp = strcasecmp(key, key_ops[mid].key);
        if (cmp == 0) {
            goto found;
        }
        else {
            if (cmp < 0) {
                high = mid - 1;
            }
            else {
                low = mid + 1;
            }
        }
    }

    return NULL;

found:
```

```
    return key_ops[mid].op;
}
```

二分查找法不仅适用于匹配字符串的情形，也适用于其他数据类型——只要待匹配的数据可以对比出大小即可。

7.5 自动生成代码

使用二分查找法虽然解决了匹配关键词或条目名称时的性能问题，但其他问题也随之出现了。

（1）对不同的待匹配数据类型，find_key_op()函数的执行逻辑是类似的。如果每次需要的时候都复制并修改这个函数，岂不是不符合可维护性的要求？

（2）映射表必须升序排列。在新增条目名称的情况下，如果未能按照要求的顺序排列映射表中的条目，则会引入缺陷。如何避免或尽早发现这一问题？

对于以上问题，可以使用自动生成代码的方式来处理。自动生成代码也属于将数据和代码解耦的方法，且在一些中大型项目中经常使用。实践中，代码的生成有两种方法：一种是使用宏生成代码，适合解决上述第一个问题；另一种是使用脚本或程序生成代码，适合解决上述第二个问题。

7.5.1 使用宏生成代码

就二分查找法适配不同数据类型的情形，我们可以使用宏来自动生成代码。程序清单 7.5 给出了这样的一个宏。

程序清单 7.5 find_key_in_sorted_array 宏

```
#define find_key_in_sorted_array(func_name, array, key_type, value_type,  \
    key_field, value_field, cmp_func, not_found_value)                     \
static value_type func_name(key_type key)                                  \
{                                                                          \
    static ssize_t max = sizeof(array)/sizeof(array[0]) - 1;               \
    ssize_t low = 0, high = max, mid;                                      \
    while (low <= high) {                                                  \
        int cmp;                                                           \
        mid = (low + high) / 2;                                           \
        cmp = cmp_func(key, array[mid].key_field);                        \
        if (cmp == 0) {                                                    \
            goto found;                                                    \
        }                                                                 \
        else {                                                            \
            if (cmp < 0) {                                                 \
                high = mid - 1;                                            \
            }                                                             \
            else {                                                        \
                low = mid + 1;                                             \
            }                                                             \
```

```
        }                                                      \
    }                                                          \
    return not_found_value;                                    \
found:                                                         \
    return array[mid].value_field;                             \
}
```

使用上面这个宏，通过指定的参数，可生成一个静态函数。比如，`find_key_op()`函数可利用这个宏来生成：

```
find_key_in_sorted_array(find_key_op, key_ops, const char *, key_op,
        key, op, strcasecmp, NULL);
```

而如果待匹配的键值类型为 int，则可以像下面这样使用这个宏：

```
static struct int_key_id_pair {
    int        key;
    int        id;
} int_key_ids[] = {
    { 2,     1 },
    { 3,     2 },
    { 5,     3 },
    { 8,     4 },
    { 13,    5 },
    { 21,    6 },
    { 34,    7 },
    { 55,    8 },
    { 89,    9 },
};

static inline int intcmp(int i1, int i2)
{
    return i1 - i2;
}

find_key_in_sorted_array(find_int_key_id, int_key_ids, int, int,
        key, id, intcmp, -1);

    ...
    id = find_int_key_id(55);   /* 获得的 id 应该是 8 */
```

使用宏自动生成针对不同数据类型的代码，其思路和 C++ 编程语言的模板类似。或者说，C++ 的模板思想就源于这一方法，只是 C++ 将模板上升成了编程语言的一项特性，使用起来更为方便。

类似地，我们还可以利用宏自动生成用于测试一个给定的映射表是否按升序排列的函数，从而可在单元测试阶段，利用这个自动生成的函数来判断给定的映射表是否符合要求，目的是将可能的缺陷扼杀在早期阶段。限于篇幅，这个宏的实现留给读者来完成。

7.5.2 使用程序生成代码

就上述要求按升序排列的映射表，要满足要求，还可以使用一个程序来自动生成映射表。该程序可以读取一个文本文件，每行记录一个条目名称，然后进行排序，之后按 C 结构体的样式生成对应的映射表。如此就不用担心因为人为疏忽而引入潜在的缺陷了。这种方法不仅可以用于映射表的生成，还可以用在其他场合。比如，在很多编程语言的解释器中，通常要将关键词做原子化处理，这本质上就是将关键词转换成可以用唯一的整数表示的形式，此后便可以在程序中使用整数来区别不同的关键词了。此时使用二分查找法的效率相对偏低，可使用哈希表。但是在对字符串做哈希处理时，哈希算法的选择以及可能的碰撞概率会影响哈希表的内存占用空间以及查找性能。于是，我们可以使用程序在不同的哈希算法之间做出最佳选择。

在 PurC 解释器中，开发者大量使用了这一方法。本节介绍生成和维护 HVML 错误码以及异常的具体实现。

在实践中，由于 Python 编程语言的易用性，绝大部分用于自动生成代码的程序是用 Python 脚本编写的。PurC 中用于自动生成代码的程序也大部分使用 Python 脚本编写而成。比如 HVML 错误码和异常的对应表，便由一个 Python 脚本根据如下输入文件 `generic.error.in` 自动生成：

```
OUTPUT_FILE=generic_err_msgs.inc
OUTPUT_VAR=generic_err_msgs
PREFIX=PURC_ERROR

Ok
    except: NULL
    flags: None
    msg: "Ok"

Again
    except: Again
    flags: None
    msg: "Try again"

BadSystemCall
    except: OSFailure
    flags: None
    msg: "Bad system call"

BadStdcCall
    except: OSFailure
    flags: None
    msg: "Bad STDC call"

OutOfMemory
    except: MemoryFailure
    flags: None
```

```
    msg: "Out of memory"
```

...

正如该文件中的内容所暗示的那样：

❏ 经脚本处理后，该文件的内容将用于生成一个名为 generic_err_msgs.inc 的文件；

❏ 生成变量名称为 generic_err_msgs 的结构体数组。

先看看最终生成的文件内容：

```c
struct err_msg_info {
    const char* msg;
    int except_id;
    unsigned int flags;
    purc_atom_t except_atom;
};

static struct err_msg_info generic_err_msgs[] = {
    /* PURC_ERROR_OK */
    {
        "Ok",
        0,
        PURC_EXCEPT_FLAGS_NONE,
        0
    },
    /* PURC_ERROR_AGAIN */
    {
        "Try again",
        PURC_EXCEPT_AGAIN,
        PURC_EXCEPT_FLAGS_NONE,
        0
    },
    /* PURC_ERROR_BAD_SYSTEM_CALL */
    {
        "Bad system call",
        PURC_EXCEPT_OS_FAILURE,
        PURC_EXCEPT_FLAGS_NONE,
        0
    },
    /* PURC_ERROR_BAD_STDC_CALL */
    {
        "Bad STDC call",
        PURC_EXCEPT_OS_FAILURE,
        PURC_EXCEPT_FLAGS_NONE,
        0
    },
    /* PURC_ERROR_OUT_OF_MEMORY */
    {
        "Out of memory",
```

```
            PURC_EXCEPT_MEMORY_FAILURE,
            PURC_EXCEPT_FLAGS_NONE,
            0
        },
        ...
    };
```

显然，有了这个表，PurC 就可以根据错误码快速获得对应的异常以及错误描述字符串。另外，该脚本还会根据异常的名称自动生成 PURC_EXCEPT_MEMORY_FAILURE 等枚举值，以及异常名称所对应的字符串常量，如 MemoryFailure。但这里有个隐含的前提，generic.error.in 文件中的错误码必须按对应的枚举值升序排列，如 Ok 对应的错误枚举值是 PC_ERROR_OK，而这些枚举值定义在 purc-errors.h 头文件中。

在 PurC 中，由于不同的模块可能定义自己的错误码，故而不同的模块有自己的错误码和异常的对应表。例如，用于处理 PURCMC 协议的错误码描述如下：

```
OUTPUT_FILE=pcrdr_err_msgs.inc
OUTPUT_VAR=pcrdr_err_msgs
PREFIX=PCRDR_ERROR

Io
    except: IOFailure
    flags: None
    msg: "IO Error"

PeerClosed
    except: BrokenPipe
    flags: None
    msg: "Peer Closed"

Protocol
    except: NotDesiredEntity
    flags: None
    msg: "Bad Protocol"
...
```

这些模块在初始化之后，就会将自己的错误码表注册到系统中，并形成一个双向链表。之后，根据给定的错误码查找异常或错误描述信息的函数就很简单了，见程序清单 7.6。

程序清单 7.6　使用多段错误信息映射表维护来自不同模块的错误码

```
/* 该结构体定义一个错误信息段，每个模块一个。 */
struct err_msg_seg {
    struct list_head list;
    int first_errcode, last_errcode;
    struct err_msg_info* info;
};
```

```
/* 错误码链表的头。 */
static LIST_HEAD(_err_msg_seg_list);

#define UNKNOWN_ERR_CODE    "Unknown Error Code"

/* 该函数返回错误码所对应的信息结构指针。 */
const struct err_msg_info* get_error_info(int errcode)
{
    struct list_head *p;

    list_for_each(p, &_err_msg_seg_list) {
        struct err_msg_seg *seg = container_of (p, struct err_msg_seg, list);
        if (errcode >= seg->first_errcode && errcode <= seg->last_errcode) {
            return &seg->info[errcode - seg->first_errcode];
        }
    }

    return NULL;
}

/* 该函数返回错误码所对应的错误描述信息。 */
const char* purc_get_error_message(int errcode)
{
    const struct err_msg_info* info = get_error_info(errcode);
    return info ? info->msg : UNKNOWN_ERR_CODE;
}

/* 该函数返回错误码所对应的异常。 */
purc_atom_t purc_get_error_exception(int errcode)
{
    const struct err_msg_info* info = get_error_info(errcode);
    return info ? info->except_atom : 0;
}

/* 该函数用于为各个模块注册一个错误信息段。 */
void pcinst_register_error_message_segment(struct err_msg_seg* seg)
{
    list_add(&seg->list, &_err_msg_seg_list);
    if (seg->info == NULL) {
        return;
    }

    int count = seg->last_errcode - seg->first_errcode + 1;
    for (int i = 0; i < count; i++) {
        seg->info[i].except_atom = purc_get_except_atom_by_id(
                seg->info[i].except_id);
    }
}
```

至于根据错误描述文件生成映射表的 Python 脚本，这里就不展开了。毕竟不是一件困难的事情，使用 C 也可以写出这个生成代码用的程序，只是没有 Python 方便而已。

最后，我们可依赖构建系统自动维护代码的重新生成。比如，当我们更新了错误描述文件之后，CMake 生成的构建系统可自动重新生成对应的源文件或头文件，进而实现项目的自动维护。

在 PurC 的 CMake 脚本中，如下代码能完成这一工作：

```
add_custom_command(
    OUTPUT "${PurC_DERIVED_SOURCES_DIR}/purc-error-except.c"
            "${PurC_DERIVED_SOURCES_DIR}/generic_err_msgs.inc"
            "${PurC_DERIVED_SOURCES_DIR}/executor_err_msgs.inc"
            "${PurC_DERIVED_SOURCES_DIR}/variant_err_msgs.inc"
            "${PurC_DERIVED_SOURCES_DIR}/ejson_err_msgs.inc"
            "${PurC_DERIVED_SOURCES_DIR}/rwstream_err_msgs.inc"
            "${PurC_DERIVED_SOURCES_DIR}/hvml_err_msgs.inc"
            "${PurC_DERIVED_SOURCES_DIR}/pcrdr_err_msgs.inc"
    MAIN_DEPENDENCY ${CODE_TOOLS_DIR}/make-error-info.py
    DEPENDS "${PURC_DIR}/instance/generic.error.in"
            ${PURC_DIR}/executors/executor.error.in
            ${PURC_DIR}/variant/variant.error.in
            ${PURC_DIR}/ejson/ejson.error.in
            ${PURC_DIR}/utils/rwstream.error.in
            ${PURC_DIR}/hvml/hvml.error.in
            ${PURC_DIR}/pcrdr/pcrdr.error.in
    COMMAND ${Python3_EXECUTABLE} ${CODE_TOOLS_DIR}/make-error-info.py "${PurC_DERIVED_
SOURCES_DIR}"
            ${PURC_DIR}/instance/generic.error.in
            ${PURC_DIR}/executors/executor.error.in
            ${PURC_DIR}/variant/variant.error.in
            ${PURC_DIR}/ejson/ejson.error.in
            ${PURC_DIR}/utils/rwstream.error.in
            ${PURC_DIR}/hvml/hvml.error.in
            ${PURC_DIR}/pcrdr/pcrdr.error.in
    COMMAND ${CMAKE_COMMAND} -E touch "${PurC_DERIVED_SOURCES_DIR}/purc-error-except.c"
    COMMENT "Generating *_err_msgs.inc by using ${Python3_EXECUTABLE}"
    WORKING_DIRECTORY "${PURC_DIR}/instance/"
    VERBATIM)
list(APPEND PurC_SOURCES ${PurC_DERIVED_SOURCES_DIR}/purc-error-except.c)
```

上述 CMake 脚本片段调用 `make-error-info.py` 脚本，基于若干 `error.in` 文件生成对应的源文件或头文件。一旦更新了某个 `error.in` 文件，CMake 生成的构建系统就自动执行这一命令，从而确保始终生成最新的代码。

## 第 8 章

子驱动程序实现模型

子驱动程序（sub driver）实现模型（implementation model）在稍有规模的 C 语言项目中都会用到。本质上，子驱动程序属于面向对象程序设计的范畴。在 C++等支持面向对象编程的语言中，我们经常会设计一个基类，然后通过派生并重载这个基类的虚函数来实现子类，并在子类中实现真正的功能。在 C 语言中，这往往通过一个由函数指针构成的结构体——称为"操作集"（operation set）——来实现。通过使用子驱动程序这一实现模型，可降低模块之间的耦合，提高软件架构的可扩展性，并通过有效地消除重复性代码来提升软件的可维护性。

本章将阐述子驱动程序这一实现模型的重要性和一般方法，并通过几个实例来说明如何在 C 程序中运用这一实现模型。

8.1 抽象的重要性

良好的子驱动程序架构建立在对目标事物恰到好处的抽象之上，而抽象的结果则表现在子驱动程序操作集接口的设计之上。

人类通过观察并在归纳总结的基础上产生了一些分类或概念，从而建立起对事物的一种基本正确的认知。比如生物学中对生物从域、界、门、纲、目、科、属到种的分类。而抽象则是在归纳总结的基础上的一种升华。比如，高等代数中的群，将实数中常见的结合律、乘法、除法等扩展到了一个特定的元素集合以及元素上的某种运算。给定一个非空集合，如果作用于该集合元素的特定运算满足如下 3 个条件，则该集合称为一个群。

（1）该运算满足结合律；如实数上的乘法。

（2）该集合中存在一个单位元素，任意一个元素和单元元素执行该运算后仍然是该元素；如实数中的 1。

（3）该集合中的每个元素都存在一个对应的元素（称为逆元素），这两个元素执行该运算将得到单位元素；在不包含 0 的实数集合中，任意实数的倒数便是这个实数的逆元素。

群论由具有传奇人生的法国数学家伽罗瓦在年仅 21 岁时发明，他利用这一理论证明了五次方程问题，即 5 次以上的一元多项式方程是否可用根式求解的问题。经过多名数学家的努力，群论已成为现代数学的重要基础理论，为现代数学很多分支的发展提供了一个非常有力的工具。

显然，类似群论这样的抽象，从常见的乘法运算作用于非零实数集合时的结合律等特征出发，将其进一步抽象为结合律、单位元素和逆元素的概念，并通过该运算定义一个集合为群，最终利用这一抽象思维的产物来解决实际的问题（五次方程问题）——非天才数学家无法完成。作为软件架构师或程序员，我们可以利用这些前辈先贤的思想或方法来指导我们的程序设计。

但现实中，我们看到的往往是：要么在应该抽象的地方不做抽象，相同的代码多次出现；要么存在蹩脚的模仿或者混乱的接口设计。

要想在程序设计中做好子驱动程序的设计，这需要：

❏ 学习已有的子驱动程序设计方法，这在稍具规模的 C 语言项目中几乎随处可见；

❏ 有意识地思考，寻找不同事物的相同点，并不断地实践；

❏ 回顾我们在高等数学中学到的一些理论、工具或方法，尝试从其他科学技术领域获得灵感。

本章将尝试总结子驱动程序这一实现模型的一般性方法，并给出一些指导性建议。

8.2 随处可见的子驱动程序实现模型

如前所述，在稍具规模的 C 语言项目中，都会用到子驱动程序实现模型。从更大的范围来讲，这一实现模型可以说随处可见。

比如，UNIX 操作系统基于"万物皆文件"的设计理念，将普通文件、套接字甚至设备抽象为文件，并统一使用文件描述符来指代一个打开的普通文件、套接字或设备。针对不同类型的"文件"，在 UNIX 类操作系统的内核中，通过子驱动程序架构来支撑，由不同的子驱动程序实现不同类型"文件"的打开、关闭、读取、写入、定位读写位置以及控制（如 ioctl 函数）等。

再如现代操作系统中用于支持不同种类文件系统的代码，也会采用子驱动程序架构来支持各种各样的文件系统类型。

又如在图形用户界面支持库（如 Gtk、MiniGUI）中，用于构造图形用户界面的组件［如控件（control）或构件（widget）］，其背后也使用子驱动程序实现模型。

甚至在某个软件的一些小模块中，也会通过使用子驱动程序实现模型来提高可扩展性，解除模块之间的耦合并提高可维护性。比如第 6 章提到，MiniGUI 通过聚类接口来支持装载多种格式的图片，如 BMP、GIF、PNG、JPEG 或 WebP 等格式，其背后的实现也采用了子驱动程序这一实现模型。

总之，子驱动程序这一实现模型在 C 语言项目中的运用历史悠久。通过灵活运用这一实现模型，我们可以得到如下 3 个好处。

第一，解除模块之间的耦合。比如，当内核支持多种文件系统时，即便某个文件系统的实现存在缺陷，也不会影响其他文件系统。

第二，为未来的扩展提供基础，从而提高代码的可扩展性。比如，当想要支持新的文件系统时，只要编写针对这一新文件系统的代码即可，甚至可以将针对该文件系统的代码组织成可装载的模块，从而在软件发布后，仍然可以通过可装载模块来提供对新文件系统的支持。

第三，消除可能遍布于不同模块的重复性代码，从而提高代码的可维护性。通过将重复性代码置于子驱动程序的上层（策略层），可提高代码的重用率并消除重复性代码，进而提高代码的可维护性。事实上，消除重复性代码是我们采用子驱动程序这一实现模型的一个重要出发点或动机。

8.3　子驱动程序实现模型的构成

一个子驱动程序模型通常用于实现一套聚类接口。这套聚类接口通常围绕某个抽象数据类型（如文件描述符、位图）构成。在实现时，子驱动程序模型由如下 3 部分构成。

（1）一个隐藏细节的结构体，用于在策略层抽象数据类型中保存由子驱动程序创建的上下文指针。

（2）由一组函数指针构成的结构体，通常称为操作集或方法集。在操作集中，一般包含了像创建/销毁、初始化/终止或打开/关闭这样成对出现的函数指针。

（3）由不同的子驱动程序实现的操作集函数。操作集中的函数指针由子驱动程序实现并赋值，策略层代码则调用操作集中的这些函数以完成具体的功能。

图 8.1 给出了子驱动程序实现模型的各个组成部分。

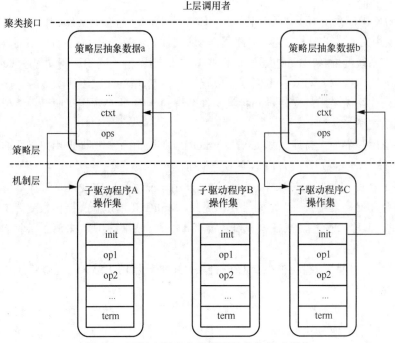

图 8.1　子驱动程序实现模型的各个组成部分

本节以标准 C 库 STDIO 的实现为例，说明子驱动程序实现模型的各个组成部分。

首先，我们知道标准 C 库中的 STDIO 接口既可用于普通文件，也可用于一个固定大小的缓冲区。为此，标准 C 库提供了如下接口供应用程序调用：

```
#include <stdio.h>

FILE *fopen(const char *pathname, const char *mode);
```

```
FILE *fmemopen(void *buf, size_t size, const char *mode);

int fclose(FILE *stream);
```

其中，`fopen()` 用于打开一个普通文件并构造一个流对象，`fmemopen()` 可在给定的内存缓冲区创建一个流对象，而 `fclose()` 则用于关闭流对象。这 3 个接口以及我们常用的 `fwrite()`、`fseek()`、`fread()`、`fprintf()`、`fscanf()` 等接口，构成了围绕 `FILE *` 这一抽象流对象的聚类接口。

实际上，STDIO 采用子驱动程序模型来实现的主要动机便是为了使格式化输入输出的实现代码，同时可用于普通文件和内存缓冲区。也就是说，我们常用的下面两个函数：

```
int fprintf(FILE *stream, const char *format, ...);
int sprintf(char *str, const char *format, ...);
```

前者用于普通文件，后者用于字符串缓冲区。但本质上，`sprintf()` 函数最终会调用 `fmemopen()` 以创建一个基于内存缓冲区的流对象，然后调用 `fprintf()` 函数，以便在该流对象上执行格式化输出操作。于是，STDIO 的实现者便可以将用于分析格式化字符串，以及转换可变参数传入的整数、浮点数等数据为字符串的功能，集中到一处实现，而不是分别针对普通文件和内存缓冲区各自实现一套代码。

接下来，我们看看 STDIO 接口的一种简化实现。在这种简化实现中，我们没有考虑 STDIO 接口的缓冲模式（块缓冲、行缓冲）支持能力。

8.3.1 子驱动程序上下文结构体指针

通常，STDIO 接口定义的 `FILE` 对象是不暴露其内部细节的。在大部分实现中，`FILE` 是一个结构体，但 `stdio.h` 头文件并没有定义该结构体的内部细节，而仅仅声明了其类型：

```
struct _FILE;
typedef struct _FILE FILE;
```

在 STDIO 接口的实现代码中，可能会在某个内部使用的头文件中给出 `FILE` 结构体的细节：

```
struct _file_obj;
typedef struct _file_obj file_obj;

struct _file_ops;
typedef struct _file_ops file_ops;

struct _FILE {
    ...                          /* 其他可能的成员。 */

    struct _file_ops    *ops;    /* 操作集。 */
    struct _file_obj    *obj;    /* 子驱动程序使用的上下文结构体指针。 */
};
```

和子驱动程序实现模型有关的是如下两个成员。

❑ ops：指向子驱动程序操作集结构体的指针。

❑ obj：由子驱动程序创建的子驱动程序上下文结构体指针。

需要注意的是，符合 STDIO 接口设计要求的 FILE 结构体定义要比上面的定义复杂很多，但在本节中，我们暂时忽略这些成员的作用及意义。

和 FILE 结构体类似，_file_obj 结构体也无须在此时定义其内部细节。我们可以由某个子驱动程序自行定义这一结构体的细节，这将带来很大的灵活性。但 _file_ops 结构体应该在此时定义，并暴露给所有的子驱动程序。

8.3.2   子驱动程序操作集

一个流对象，不管代表的是一个普通文件还是一个内存缓冲区，其基本的功能可总结为如下 5 个方面。

❑ 打开（open）：打开流对象。
❑ 读取（read）：从当前位置读取指定字节的数据到给定的缓冲区中。
❑ 写入（write）：将给定缓冲区中指定字节的数据写至当前位置。
❑ 更改读写位置（seek）：修改当前读写位置。
❑ 关闭（close）：关闭流对象。

基于这几个操作，我们可以实现 STDIO 所定义的所有接口，包括字符串的格式化输入输出功能。

因此，_file_ops 结构体的内部细节可如下定义：

```
struct _file_ops {
    ssize_t (*read)(file_obj *file, void *buf, size_t count);
    ssize_t (*write)(file_obj *file, const void *buf, size_t count);
    off_t (*lseek)(file_obj *file, off_t offset, int whence);
    void (*close)(file_obj *file);
};
```

这里并没有定义 open 操作或者其他用于初始化的操作，这是因为打开不同流对象所需的参数并不一致——打开普通文件时需要文件名和打开模式作为参数，打开内存缓冲区时需要缓冲区地址和长度作为参数——这导致我们无法将其抽象为一种统一的接口形式。对此，将 fopen() 和 fmemopen() 视作子驱动程序本身的初始化接口便可轻松解决。

有了这样的子驱动程序操作集定义，fread() 函数的实现大致如下（这里忽略了 STDIO 的缓冲模式）：

```
size_t fread(void *ptr, size_t size, size_t nmemb, FILE *stream)
{
    if (size == 0 || nmemb == 0)
        return 0;

    ssize_t n = stream->ops->read(stream->obj, ptr, size * nmemb);

    if (n <= 0)
        return 0;
```

```
    return n/nmemb;
}
```

8.3.3 普通文件流对象的子驱动程序实现

普通文件流对象在 UNIX 系统中的子驱动程序实现，肯定是基于 POSIX 定义的、基于文件描述符的若干接口。故而，对应的 _file_obj 结构体可能只包含一个成员，即文件描述符：

```
struct _file_obj {
    int fd;
};
```

而操作集中的 read 操作可如下实现：

```
static ssize_t file_read(file_obj *file, void *buf, size_t count)
{
    return read(file->fd, buf, count);
}
```

类似地，我们可以很容易地实现 file_write、file_seek 和 file_close 操作。

当实现了 _file_ops 结构体要求的所有操作之后，便可定义对应的操作集结构体：

```
static struct _file_ops file_file_ops = {
    .read: file_read;
    .write: file_write;
    .seek: file_seek;
    .close: file_close;
};
```

之后，在 fopen() 的实现中，分配 FILE 结构体，构造对应的 _file_obj 结构体并将上述操作集结构体的指针赋值给 FILE 结构体中的 ops 成员，如程序清单 8.1 所示。

程序清单 8.1 fopen() 的一种简化实现

```
FILE *fopen(const char *pathname, const char *std_mode)
{
    int fd;
    int flags;
    mod_t mode;

    /* 这里根据 std_mode 构造 open() 系统调用所需的标志和模式参数。 */
    ...

    FILE *file = NULL;

    /* 进行 open() 系统调用，打开或创建对应的文件。 */
    fd = open(pathname, flags, mode);
```

```
if (fd >= 0) {
    file_obj *obj = malloc(sizeof(file_obj));
    if (obj) {
        /* 为 _file_obj 结构体的成员赋值。*/
        obj.fd = fd;

        /* 分配 FILE 结构体并初始化其成员。 */
        file = calloc(1, sizeof(FILE));
        if (file) {
            /* 此处忽略 FILE 结构体中其他成员的初始化。 */
            ...

            file.obj = obj;
            file.ops = &file_file_ops;
        }
        else {
            free (obj);
        }
    }
}

/* 返回 FILE *，失败时返回 NULL。 */
return file;
}
```

8.3.4 内存缓冲区流对象的子驱动程序实现

操作系统内核为我们实现了针对普通文件的读写等操作，所以在实现 _file_ops 定义的操作集时，我们只做了一些必要的参数转换工作。但针对内存缓冲区流对象，则需要一个完整的实现。

首先，对应的 _file_obj 结构体会包含更多的成员，用于定义内存缓冲区的地址、大小、当前读写位置以及读写标志等：

```
#define MEM_FILE_FLAG_READABLE        0x01
#define MEM_FILE_FLAG_WRITABLE        0x02

struct _file_obj {
    void *          buf;
    size_t          size;

    unsigned int    flags;
    off_t           pos;
};
```

而 _file_ops 所要求的 read 操作可如下实现：

```
static ssize_t mem_read(file_obj *file, void *buf, size_t count)
{
```

```
        if (file->pos + count <= file->size) {
            memcpy(buf, file->buf + file->pos, count);
            file->pos += count;
            return count;
        }
        else {
            ssize_t n = file->size - file->pos;

            if (n > 0) {
                memcpy(buf, file->buf + file->pos, n);
                file->pos += n;
                return n;
            }

            return 0;
        }

        return -1;
    }
```

从以上代码可以看出,mem_read()函数的实现无外乎就是从内存缓冲区中复制指定字节的数据到应用程序指定的缓冲区中而已。

类似地,当我们实现了 mem_write()、mem_close() 等函数之后,便可定义对应的子驱动程序操作集结构体:

```
static struct _file_ops mem_file_ops = {
    .read: mem_read;
    .write: mem_write;
    .closse: mem_close;
};
```

在 fmemopen() 的实现中,构造对应的_file_obj 结构体,最终返回一个流对象的指针,见程序清单 8.2。

程序清单 8.2　fmemopen()的一种简化实现

```
FILE *fmemopen(void *buf, size_t size, const char *std_mode)
{
    unsigned int flags;
    /* 根据 std_mode 计算读写标志。 */
    ...

    FILE *file = NULL;

    file_obj *obj = malloc(sizeof(file_obj));
    if (obj) {
        /* 为 obj 结构体中的成员赋初值。 */
```

```
        obj->buf = buf;
        obj->size = size;
        obj->flags = flags;
        obj->pos = 0;

        /* 分配 FILE 结构体并初始化其成员。 */
        file = calloc(1, sizeof(FILE));
        if (file) {
            /* 此处忽略 FILE 结构体中其他成员的初始化。 */
            ...

            file.obj = obj;
            file.ops = &mem_file_ops;
        }
        else {
            free (obj);
        }
    }

    return file;
}
```

8.3.5　进一步思考

在运用子驱动程序实现模型时，有两个关键问题需要仔细考虑：第一，如何在策略层抽象数据结构与底层子驱动程序数据结构之间取舍？也就是说，哪些数据应该在策略层抽象数据结构中维护，而哪些数据应该在子驱动程序的上下文数据结构中维护？第二,如何恰当定义子驱动程序操作集？

就第一个关键问题，我们以 STDIO 的缓冲模式为例进行说明。

我们知道，STDIO 接口在设计上是支持缓冲模式的。通常打开一个普通文件时，STDIO 接口会开辟一个缓冲区，用于从内核中一次性读入 4096 字节或 8192 字节的数据，以免频繁进行 read() 系统调用；写入时亦如此。这可以在很大程度上提高应用程序的磁盘读写效率。这种针对普通文件的机制被称作"块缓冲"。类似地，针对终端设备，STDIO 采取"行缓冲"模式：只有当用户输入回车（即新行符\n时）才会读取到已经输入的内容；或者写入时，只有遇到新行符（\n）才会将数据写入内核。应用程序可以使用 setbuffer() 或 setlinebuf() 来改变指定流对象的缓冲模式以及缓冲区大小等。缓冲模式也可以设置为"无缓冲"。

然而，这一设计对基于内存缓冲区的流对象来讲明显是多余的。那么问题来了，针对 STDIO 设计的缓冲机制以及对应的数据，我们应该在 FILE 结构体中进行维护还是在 _file_obj 结构体中进行维护呢？这一问题的答案比较简单，由于 STDIO 接口允许在任意流对象上设置块缓冲、行缓冲或无缓冲模式，因此 FILE 结构体的定义应该至少包含一些针对缓冲模式的成员：

```
struct _FILE {
    int              buf_mode;   /* 缓冲模式 */
```

```
    char                *buf;           /* 缓冲区地址 */
    size_t              sz_buf;         /* 缓冲区大小 */
    size_t              len_data;       /* 缓冲区中已有数据的长度 */
    off_t               curr_pos;       /* 缓冲区中的当前读写位置 */

    /* 其他可能的成员 */
    ...

    struct _file_ops    *ops;
    struct _file_obj    *obj;
};
```

有了以上 FILE 结构体的定义，显然，有关缓冲区的处理应该在子驱动程序之上进行，而且对所有子驱动程序来讲，这一处理是透明的。也就是说，子驱动程序不需要知悉缓冲模式以及缓冲区的存在。这就是子驱动程序实现模型带来的一个好处：将针对所有子驱动程序而言相同的代码，在子驱动程序之上实现，这一方面保持了子驱动程序的简洁，另一方面提高了代码的复用率和可维护性。

就运用子驱动程序实现模型时的第二个关键问题，我们可以通过正确区分机制和策略来解决。

8.4　正确区分机制和策略

笔者翻译的《Linux 设备驱动程序（第三版）》指出：（设备）驱动程序应提供机制，而不是提供策略。对此，该书作者 Alessandro 是这么解释的：

> 区分机制和策略是 UNIX 设计背后隐含的思想。大多数编程问题实际上可以分成两部分：需要提供什么功能（机制）和如何使用这些功能（策略）。如果这两个问题由程序的不同部分来处理，甚至由不同的程序来处理，则软件包更容易开发，也更容易根据需要来调整。

这便是在 Linux 内核以及其他稍具规模的 C 语言项目中频繁运用子驱动程序这一实现模型的原因。针对内核的设备驱动程序，Alessandro 做了进一步解释：

> （设备）驱动程序同样存在机制和策略的分离。例如，磁盘驱动程序不带策略，它的作用是将磁盘表示为一个连续的数据块序列，而系统高层负责提供策略，比如谁有权访问磁盘驱动器，是直接访问还是通过文件系统进行访问，以及用户是否可以在磁盘驱动器上挂装文件系统等。既然不同的环境通常需要不同的方式来使用硬件，我们就应当尽可能做到让（设备）驱动程序不带策略。

Alessandro 提到的（设备）驱动程序应提供机制而非策略这一指导意见，同样适用于本章所指的子驱动程序实现模型。从本质上讲，两者遵循的是同一种设计原则和实现模型。

以标准 C 库 STDIO 的实现为例，STDIO 接口要求的缓冲模式便属于使用策略，所以应在策略层实现；而子驱动程序应该仅提供机制。具体到 STDIO 的子驱动程序，其机制便是打开、关闭、读取、写入、更改当前读写位置这 5 个基本操作。

　　大部分情况下，在分离机制和策略的原则指导下，我们可以较为轻松地决定子驱动程序操作集中到底应该包括哪些接口。子驱动程序操作集中的接口定义了其提供的机制，而接口的设计需要考虑如下因素：为策略层提供尽可能多的选项或能力，或者说，可以为各种可能的使用策略提供灵活的机制；子驱动程序操作集接口的设计要有清晰的语义，且实现起来要非常简单，便于测试和维护。

　　需要指明的是，子驱动程序操作集接口的设计往往不是一蹴而就的。这是因为我们对事物的认知有一个由浅到深的过程，对应到软件设计，就是对需求的认知有一个从模糊到清晰的过程。因此，子驱动程序操作集接口的设计往往也会经历一个不断演进的过程。

8.5　子驱动程序实现模型的演进

8.5.1　最初的设计和实现

　　以 MiniGUI 装载图片的功能为例。最初，开发者提供了如下 4 个接口供应用程序使用：

```
int LoadBitmapFromBMP(HDC hdc, BITMAP *bmp, const char *file);
int LoadBitmapFromJPG(HDC hdc, BITMAP *bmp, const char *file);
int LoadBitmapFromPNG(HDC hdc, BITMAP *bmp, const char *file);
int LoadBitmapFromGIF(HDC hdc, BITMAP *bmp, const char *file);
```

　　顾名思义，上述 4 个接口可分别装载 BMP、JPEG、PNG 和 GIF 格式的图片。这 4 个接口会返回一个整数，用于表明装载是否成功，而传入的 bmp 指针未被初始化。如果图片装载成功，则初始化该指针指向的 BITMAP 结构体，之后便可以使用 MiniGUI 的图形接口将位图显示到指定的设备上。

　　显然，以上接口的设计并未考虑到使用子驱动程序实现模型来实现相关功能，也未考虑到图片格式的多样性。比如，除了以上 4 种常见的图片格式，后来又出现了 WebP、JPEG 2000 等新的图片格式，当然也有一些旧的图片格式，如 PCX、TIFF 等。如果要支持更多的图片格式，按照以上接口设计思路，就需要增加类似的接口，比如：

```
int LoadBitmapFromWebP(HDC hdc, const char *file, BITMAP *bmp);
int LoadBitmapFromJPG2000(HDC hdc, const char *file, BITMAP *bmp);
```

　　这一接口设计思路给接口使用者带来很多烦恼，其中最关键的麻烦在于调用者必须先知道欲装载的图片是哪种格式，才能调用对应的接口来装载图片。为了解决这一问题，后来的版本通过一个聚类接口来实现对多种图片格式的支持，具体如下所示：

```
int LoadBitmapFromFile(HDC hdc, BITMAP *bmp, const char *file);
```

　　在该接口的实现中，开发者引入了子驱动程序实现模型，用不同的子驱动程序来处理不同格式的图片。考虑到图片文件通常具有特定的后缀名，如 BMP 图片的后缀名是 .bmp，PNG 图片的后缀名是 .png，故而我们通过传入的图片文件名之后缀名即可判断出图片的格式。于是，我们很容易得到了对应的子驱动程序操作集的如下设计：

```
struct _IMAGE_TYPE_CTXT;
typedef struct _IMAGE_TYPE_CTXT IMAGE_TYPE_CTXT;
```

```
struct _IMAGE_TYPE_INFO
{
    char ext[8];
    IMAGE_TYPE_CTXT *(*init) (FILE* fp, HDC hdc, BITMAP *bmp);
    int (*load) (FILE* fp, HDC hdc, IMAGE_TYPE_CTXT *ctxt, BITMAP *bmp);
    void (*cleanup) (IMAGE_TYPE_CTXT *ctxt);
};
```

其中的_IMAGE_TYPE_INFO 便是子驱动程序操作集所对应的结构体。需要指明的是，该结构体中包含了一个非函数指针的成员 ext，用于保存某个子驱动程序支持的图片文件通常使用的后缀名。另外，该结构体的名称并未使用像 OPS 这样的后缀。但这些并不影响该结构体用于定义子驱动程序操作集的核心作用。其他的 3 个函数指针分别如下。

❑ init：用于初始化装载。该操作从文件中读取文件头，然后根据文件头部的信息，比如图片的宽、高等，为 bmp 指针指向的 **BITMAP** 结构体分配用于存放像素信息的内存。该操作返回一个指向 IMAGE_TYPE_CTXT 结构体的指针，用于整个装载过程的上下文。

❑ load：用于装载整个图片。通常，不同格式的图片具有不同的编码方式，该操作执行解码，然后将图片中的每个像素转换成设备兼容的像素格式。比如，如果图片中的原始像素是使用 24 位的 R8G8B8 保存的，而对应的图形设备是 16 位的，则需要将 24 位的 RGB 数据编码为 16 位的 R5G6B5 格式。这里的 R8、G6 等表示方法给出了表示像素的整数中，用于表示红色和绿色的位数。R5G6B5 表示使用一个 16 位的整数表示一个像素，高 5 位用于表示红色，中间 6 位用于表示绿色，低 5 位用于表示蓝色，这就是人们常说的 16 位色。

❑ cleanup：用于释放 init 返回的上下文结构体。

有了以上子驱动程序操作集的定义，LoadBitmapFromFile()函数的实现大致可以写成程序清单 8.3 那样。

程序清单 8.3　LoadBitmapFromFile() 函数的实现

```
int LoadBitmapFromFile(HDC hdc, BITMAP *bmp, const char *file)
{
    const char *ext = NULL;

    /* get_extension()函数是一个内部接口，用于从 file 中得到扩展名开始的位置。
        如果不存在扩展名，则返回 NULL。 */
    ext = get_extension(file);

    if (ext == NULL) {
        return BMP_ERR_NO_EXT;              /* 没有后缀名，无法装载。 */
    }

    /* find_img_sub_driver()函数根据后缀名返回子驱动程序的操作集结构体指针。 */
    struct _IMAGE_TYPE_INFO *ops = find_img_sub_driver(ext);
```

```
    if (ops == NULL) {
        return BMP_ERR_NOT_SUPPORTED;    /* 不支持的图片格式。 */
    }

    FILE *fp = fopen(file, "r");
    if (fp == NULL) {
        return BMP_ERR_BAD_FILE;         /* 无法打开文件。 */
    }

    IMAGE_TYPE_CTXT *ctxt = ops->init(fp, hdc, bmp);
    if (ctxt == NULL) {
        return BMP_ERR_INIT_FAILED;      /* 初始化失败。 */
    }

    int ret = ops->load(fp, hdc, ctxt, bmp);    /* 装载图片。 */
    ops->cleanup(ctxt);                  /* 清理上下文。 */
    fclose(fp);                          /* 关闭文件。 */

    return ret;                          /* 返回状态码。 */
}
```

LoadBitmapFromFile() 函数的实现用到了 find_img_sub_driver() 函数。find_img_sub_driver() 函数用于从已有的子驱动程序列表中寻找对应的子驱动程序操作集并返回，其实现大致如下：

```
static struct _IMAGE_TYPE_INFO image_types[] = {
    { "bmp", bmp_init, bmp_load, bmp_cleanup },
    { "png", png_init, png_load, png_cleanup },
    { "jpg", jpg_init, jpg_load, jpg_cleanup },
    { "jpeg", jpg_init, jpg_load, jpg_cleanup },
    { "gif", gif_init, gif_load, gif_cleanup },
};

static struct _IMAGE_TYPE_INFO *find_img_sub_driver(const char *ext)
{
    for (size_t i = 0; i < sizeof(image_types)/sizeof(image_types[0]); i++) {
        if (strcasecmp(ext, image_types[i].ext) == 0) {
            return image_types + i;
        }
    }

    return NULL;
}
```

其中的 image_types 数组囊括了目前系统支持的所有图片格式所对应的子驱动程序操作集。为提高性能，可使用有序数组或哈希表。注意由于 JPEG 图片常用 .jpg 或 .jpeg 两种后缀名，故而 image_types 数组中包括了两个入口项。find_img_sub_driver() 函数的实现比较直接，遍历 image_types 数组并匹配后缀名即可。如果找到匹配项，则返回对应的子驱动程序操作集指针，否则返回 NULL。

至于 bmp_init、bmp_load、bmp_cleanup 等子驱动程序的操作，涉及相应图片格式的解码处理，不属于本章探讨的内容，故而略去。感兴趣的读者可以参阅 MiniGUI 源代码。

以上子驱动程序的实现相对简单，我们也可以实现早先指定图片格式的那几个接口。比如 LoadBitmapFromBMP() 函数的实现如下：

配套示例程序

8A

MiniGUI 装载
BMP 文件

```
int LoadBitmapFromBMP(HDC hdc, BITMAP *bmp, const char *file)
{
    /* find_img_sub_driver()函数直接查找后缀为 bmp 的子驱动程序。 */
    struct _IMAGE_TYPE_INFO *ops = find_img_sub_driver("bmp");
    if (ops == NULL) {
        return BMP_ERR_NOT_SUPPORTED;    /* 不支持的图片格式。 */
    }

    FILE *fp = fopen(file, "r");
    if (fp == NULL) {
        return BMP_ERR_BAD_FILE;         /* 无法打开文件。 */
    }

    IMAGE_TYPE_CTXT *ctxt = ops->init(fp, hdc, bmp);
    if (ctxt == NULL) {
        return BMP_ERR_INIT_FAILED;      /* 初始化失败。 */
    }

    int ret = ops->load(fp, hdc, ctxt, bmp);    /* 装载图片。 */
    ops->cleanup(ctxt);                   /* 清理上下文。 */
    fclose(fp);                           /* 关闭文件。 */

    return ret;                           /* 返回状态码。 */
}
```

但以上设计只能说可以工作，离好的设计还有一定的距离。接下来我们通过反思来进一步完善以上设计。

8.5.2　反思一：子驱动程序操作集的定义是否足够完备和灵活

在初始设计中，一处明显的不足便是通过后缀名来判断图片的格式。要知道，文件的后缀名是可以随意改变的，也可以删除。没有后缀名或者后缀名并未按预期设置，并不意味着文件的内容发生了改变。因此，我们需要进一步完善子驱动程序的操作集接口以避免出现误判的情况。为此，后来的版本中增加了 check 操作，该操作读取文件头，然后通过文件头中的签名或者其他的头部信息来判断图片文件的格式是不是当前操作集所对应的图片格式。check 接口的原型定义如下：

```
BOOL (*check)(FILE *fp);
```

比如用于判断 BMP 文件的操作实现大致如下：

```
static BOOL bmp_check_bm(FILE* fp)
{
    /* fp_igetw()函数以小头格式读取文件并返回一个 WORD（16 位无符号整数）。 */
    WORD bfType = fp_igetw(fp);

    /* 判断文件头中的签名，如果读入的第一个 16 位无符号整数是 19778，
       则该文件是一个 BMP 文件。 */
    if (bfType != 19778)
        return FALSE;

    return TRUE;
}
```

相应地，LoadBitmapFromFile() 的实现需要调整子驱动程序操作集的获取逻辑。

第一步：若后缀名不为 NULL，则优先使用后缀名获取子驱动程序操作集。若后缀名为 NULL，则转向第三步。

第二步：调用子驱动程序操作集中的 check 接口，判断图片格式是否匹配。若不匹配，则转向第三步。

第三步：依次调用已有子驱动程序操作集的 check 接口，判断图片格式是否匹配。若匹配，则继续。若不匹配，则返回不支持的错误号。

对应的代码如下：

```
int LoadBitmapFromFile(HDC hdc, BITMAP *bmp, const char *file)
{
    FILE *fp = fopen(file, "r");
    if (fp == NULL) {
        return BMP_ERR_BAD_FILE;           /* 无法打开文件。 */
    }

    struct _IMAGE_TYPE_INFO *ops = NULL;
    const char *ext = get_extension(file);
    if (ext) {
        ops = find_img_sub_driver(ext);
        if (!ops->check(fp))
            ops = NULL; /* 重置 ops 为 NULL。 */
    }

    if (ops == NULL) {
        /* try_all_img_sub_drivers()函数调用已有子驱动程序操作集的 checke 接口，
           直到找到匹配项或返回 NULL。 */
        ops = try_all_img_sub_drivers(fp);
```

```
    }

    if (ops == NULL) {
        return BMP_ERR_NOT_SUPPORTED;    /* 不支持的图片格式。 */
    }

    ...
}
```

需要提醒的是，在 `try_all_img_sub_drivers()` 函数的实现中，我们需要在调用 check 接口之后，立即重置 fp 流对象的当前读写位置到文件头。

类似地，我们可以在支持各种图片格式的子驱动程序操作集中增加 save 操作，用于将位图按照特定的图片格式保存到指定的文件中。也就是实现如下接口：

```
int SaveBitmapToFile (HDC hdc, BITMAP bmp, const char* file);
```

和装载位图不同，该接口始终要求在文件名中给定明确的后缀名，以此来判断所要保存的图片的格式。这是可以接受的。

如此一来，用于支持各种图片类型的子驱动程序操作集将调整为如下形式：

```
struct _IMAGE_TYPE_INFO
{
    char ext[8];
    BOOL (*check) (FILE* fp);
    IMAGE_TYPE_CTXT *(*init) (FILE* fp, HDC hdc, BITMAP *bmp);
    int (*load) (FILE* fp, HDC hdc, IMAGE_TYPE_CTXT *ctxt, BITMAP *bmp);
    void (*cleanup) (IMAGE_TYPE_CTXT *ctxt);

    /* 在保存时，不需要使用上下文信息。 */
    int (*save) (FILE* fp, HDC hdc, BITMAP *bmp);
};
```

8.5.3 反思二：子驱动程序的实现中是否含有不该有的策略

要判断子驱动程序的实现中是否含有不该有的策略，一种简单的方法是查看实现代码中是否存在可能的重复代码。在前面的实现中，将图片中的像素转换为目标设备对应的像素，便是所有子驱动程序都需要实现的代码。通常，含有重复性代码意味着子驱动程序中存在处理策略的成分。

就我们的例子而言，解决这一问题需要引入另外一个概念：设备无关位图。`LoadBitmapFromFile()` 函数中用到的 BITMAP 结构体，我们称为设备相关位图。也就是说，设备相关位图的像素保存格式，是和装载时传入的设备上下文（hdc）相关联的。而如果引入设备无关位图，可以让装载图片的子驱动程序无须知道目标设备的像素格式，而仅以我们约定的方式返回特定格式的像素。比如，对 JPEG 灰度图，子驱动程序返回一个调色板，像素则表示为调色板中颜色的索引值；对带有颜色的图像，子驱动程序始终返回 R8G8B8 格式的像素，每个像素用 24 位整数表示；对带有透明度信息的图像，子驱动程序始终返回 A8R8G8B8 格式的像素，每个像素用 32 位整数表示。

但是，在引入设备无关位图之后，我们可能需要分配更多的内存来保存位图。比如，PNG 格式的图片支持透明度或 Alpha 通道，必须使用 A8R8G8B8 格式来保存每个像素，但目标设备只支持 16 位的 R5G6B5 格式，于是就需要两倍的存储空间来保存设备无关位图。这在某些场合下是无法接受的。

我们该如何设计子驱动程序操作集的接口，使之既可以不处理具体的策略，又能够占用较少的内存呢？

MiniGUI 开发者最终采用一次只装载一条扫描线的方法解决了这一问题。也就是说，装载图片的子驱动程序操作集不再使用一次装载整个图片的 load 操作，而改用一次解码一条扫描线，并通过回调函数执行后续处理的增强版 load 操作。如此，对应的子驱动程序操作集需要调整为如下形式：

```
typedef void (* CB_ONE_SCANLINE) (void* cb_ctxt, MYBITMAP* my_bmp, int y);

struct _IMAGE_TYPE_INFO
{
    char ext[8];
    BOOL (*check) (FILE* fp);

    IMAGE_TYPE_CTXT *(*init) (FILE* fp, MYBITMAP *my_bmp, RGB *pal);
    int (*load) (FILE* fp, IMAGE_TYPE_CTXT *ctxt, MYBITMAP *my_bmp,
                    CB_ONE_SCANLINE cb, void* cb_ctxt);
    void (*cleanup) (IMAGE_TYPE_CTXT *ctxt);

    int (*save) (FILE* fp, MYBITMAP *my_bmp, RGB *pal);
};
```

其中的增强说明如下。

（1）引入了设备无关位图结构体 MYBITMAP，且在 init 和 save 操作中增加了调色板参数。

（2）增强的 load 操作，每解码获得一条扫描线，便会调用传入的 cb() 回调函数。该回调函数的原型（由 CB_ONE_SCANLINE 给出）包括 3 个参数，第 1 个参数是调用者传入的用于回调函数的上下文指针，第 2 个参数是设备无关位图结构体的指针，第 3 个参数是解码后的扫描线的索引值（即图片垂直方向的坐标）。

于是，子驱动程序在解码过程中，不用一次性分配可以容纳整个位图的内存，而只需要分配足够容纳一条扫描线的内存即可。每解码获得一条扫描线上的设备无关像素数据，就调用传入的回调函数。此时，子驱动程序的策略层使用者可以在回调函数中完成设备无关像素到设备相关像素的转换，或者直接保存到设备无关位图中。于是，该设计既可以避免处理具体的策略，又能够占用较少的内存，还提供了足够的灵活性。比如，在 MiniGUI 后续的版本中，就提供了无须装载整个图片即可解码并将图片显示到设备上的接口：

```
int PaintImageFromFile(HDC hdc, int x, int y, const char* file);
```

这一接口的实现有赖于底层子驱动程序操作集提供的灵活性。

8.5.4 反思三：还有哪些可以改进的地方

另一个可以改进的地方在于，在嵌入式系统或者其他场合中，应用开发者会将位图以字节数组的形式内嵌到程序代码中，而不是保存到文件系统中。这时，应用开发者希望提供类似的接口，以便从指定的内存中解码并装载一个位图。对此，就像 STDIO 支持基于内存缓冲区的流对象一样，我们也可以通过提供类似的接口来从内存中装载或绘制图片：

```
int LoadBitmapFromMem(HDC hdc, BITMAP *bmp, const void* mem, size_t size,
        const char* ext);
int PaintImageFromMem(HDC hdc, int x, int y, const void* mem, size_t size,
        const char* ext);
```

而在实现这两个接口时，只需要使用 STDIO 提供的 fmemopen() 函数构造 FILE 流对象即可，如程序清单 8.4 所示。

程序清单 8.4 LoadBitmapFromMem() 函数的实现

```
int LoadBitmapFromMem(HDC hdc, BITMAP *bmp, const void* mem, size_t size,
        const char *ext)
{
    FILE *fp = fmemopen(mem, size, "r");
    if (fp == NULL) {
        return BMP_ERR_BAD_FILE;            /* 无法构造 FILE 流对象。 */
    }

    struct _IMAGE_TYPE_INFO *ops = NULL;
    if (ext) {
        ops = find_img_sub_driver(ext);
        if (!ops->check(fp))
            ops = NULL; /* 重置 ops 为 NULL。 */
    }

    if (ops == NULL) {
        /* try_all_img_sub_drivers()函数调用已有子驱动程序操作集的 checke 接口，
           直到找到匹配项或返回 NULL。 */
        ops = try_all_img_sub_drivers(fp);
    }

    if (ops == NULL) {
        return BMP_ERR_NOT_SUPPORTED;    /* 不支持的图片格式。 */
    }

    ...
}
```

　　LoadBitmapFromMem() 和 LoadBitmapFromFile() 的实现几乎相同，唯一的不同在于构造流对象的方法不同。如果还希望降低代码的重复率，则可以增加一个 LoadBitmapFromFP() 函数，并将 LoadBitmapFromMem() 和 LoadBitmapFromFile() 实现为调用 LoadBitmapFromFP() 函数的简单封装。

　　如此简单，如此灵活！

　　之所以可以达到这样的效果，就是因为我们灵活运用了子驱动程序这一实现模型。通过以上示例可知，恰当运用子驱动程序的实现模型，不仅可以通过解耦模块来提高代码的可维护性，还可以为我们扩展软件的功能带来很多灵活性。

　　需要说明的是，在 MiniGUI 的真实实现中，使用 MG_RWops 这一抽象读写流对象替代了 FILE 流对象。原因主要有三：第一，在某些嵌入式系统中，缺乏 STDIO 接口的实现；第二，STDIO 基于内存缓冲区的 FILE 流对象，其内存缓冲区的大小是固定的，无法随写入的数据自动增长；第三，考虑到嵌入式系统会使用多种不同的芯片架构，有些是小头（little endian）的，有些是大头（big endian）的，MG_RWops 流对象提供了一些封装接口用于大小头相关的读写操作。同样，MG_RWops 流对象的实现也使用了子驱动程序实现模型。

配套示例程序

8B

MiniGUI MG_
RWops 流对象
的实现

## 第 9 章

动态加载模块

在恰当区分机制和策略之后，运用子驱动程序实现模型可以带来很多帮助，比如提高软件的可扩展性。自然而然地，绝大多数人会想到，既然子驱动程序之间相对独立，不再彼此耦合，那是否可以按需装载这些子驱动程序呢？答案是肯定的。

本章将向读者介绍如何在 C 语言项目中使用动态可加载模块（dynamic loadable module）的功能，以及常见的实现路径。

9.1　可加载模块的好处

显然，当我们恰当区分了机制和策略之后，便可以做到子驱动程序之间相互独立。子驱动程序向上层提供可供调用的接口，实现自己的机制。至于如何使用这些机制，则由上层软件决定。于是，自然而然地，我们可以将子驱动程序单独编译成一个可动态加载的模块。

可加载模块在系统软件或者稍具规模的应用软件中运用广泛，因为这种做法会带来诸多好处。

首先，就如第 8 章中解码不同图片格式的功能，当出现一种新的图片格式之后，我们可以以可加载模块的形式实现一个新的子驱动程序，而不需要重新发布整个软件。这样就可以很方便地应对未来不可预期的扩展。

其次，我们还可以将某些功能交由第三方实现。只要公开了子驱动程序操作集的接口要求，除软件的原作者之外，任何人或者组织都可以按照自己的需求来实现一个子驱动程序，并通过动态加载的方式使用这个新的子驱动程序。这有利于建设围绕一个软件的良好生态环境。比如在桌面操作系统中，各种外设的驱动程序往往被设计为可动态加载的模块。而显卡、打印机等外设的驱动程序，甚至会交由外设生产厂商自行开发，而不是由操作系统厂商开发。

最后，当系统软件或应用软件的开发者想要利用以上两点好处时，就会倒逼开发者使用子驱动程序实现模型来设计软件的架构。当软件以函数库的形式发布时，最终会要求开发者提供恰当抽象的聚类接口来服务于应用程序。于是，应用开发者将得到一个易于理解和使用的、灵活可扩展的、近乎完美的应用程序接口，函数库的开发者则可以得到一个模块间充分解耦的、易于扩展和维护的软件架构。

9.2　软件栈和可加载模块的设计原则

我们知道，"机制"指的是需要提供什么功能，而"策略"指的是如何使用这些功能。但在操作系统这类复杂的软件系统中，机制和策略往往是相对的。

　　比如第 8 章提到的 STDIO，带缓冲的流对象是策略，可以基于 UNIX 类操作系统的文件描述符实现流对象，也可以基于内存缓冲区实现流对象。这时，文件描述符是 STDIO 的实现机制。但对操作系统内核来讲，文件描述符是策略。文件描述符的背后，既可以是普通文件，也可以是套接字。这时，普通文件或套接字就成了文件描述符这一使用策略的两种不同的实现机制。

　　有了这样的认识，要想准确区分机制和策略，首先就要认清软件在整个软件栈中的位置。

　　现代操作系统本质上是一个软件栈，由一层层向上堆叠的软件构成。图 9.1 给出了 Android 操作系统的系统架构图，从中可以很清晰地看到不同的软件层级。我们大致可以将现代操作系统的软件栈由底向上划分为如下 5 个软件层。

　　（1）内核及设备驱动程序。

　　（2）C/C++运行时，主要由标准函数库以及基础函数库构成。

　　（3）系统服务层，如网络设备管理、电源管理、时间同步服务、日志服务等。

　　（4）应用框架层，用于应用或抽象单元的管理。在传统桌面操作系统中，窗口系统、窗口管理器、数据总线以及一些高级系统服务属于这一层级；而在以 Android 为代表的智能手机操作系统中，Java 虚拟机及其运行时、应用及活动（activity）的管理等属于这一层级。

　　（5）应用层，主要由系统应用或第三方应用构成。

图 9.1　Android 操作系统的系统架构图

可加载模块可以出现在整个软件栈的任意一层：在内核中，设备驱动程序可以设计为可加载模块；在 C/C++ 运行时，某个函数库的子模块可以设计为可加载模块；在系统服务层和应用框架层，某个独立的功能可以设计为可加载模块；而在应用层，应用本身可以利用可加载模块扩展自己的功能。从整体来讲，应用是整个操作系统的可加载模块。

本章主要探讨如何在 C/C++ 运行时这一层级实现可加载模块。

为了有效运用可加载模块带给我们的好处，需要遵循如下设计原则。

首先，认清模块在软件栈中的位置。即使在 C/C++ 运行时这个层级，也可以继续细分出更精细的软件栈层级关系。比如用于实现图形用户界面工具库的函数库 Gtk，可能会用到二维矢量图形库 Cairo，那么 Cairo 的实现就不应该依赖于 Gtk 的功能（单元测试程序除外）。自然而然地，如果 Cairo 函数库要实现可加载模块，那么这些模块也不能依赖于其上层函数库的功能。作为示例，图 9.2 给出了 MiniGUI 软件栈的关键模块。

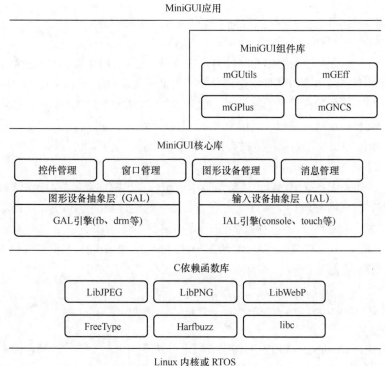

图 9.2 MiniGUI 软件栈的关键模块

也就是说，在认清软件在整个（或局部）软件栈的层级之后，软件的可加载模块只能依赖于其本身以及下层软件的功能，而不能依赖于其上层软件的功能。

其次，要避免同级可加载模块之间的依赖关系。这里的同级模块指子驱动程序实现模型下，同一个操作集定义的不同的子驱动程序实现模块。一个特定的子驱动程序可能会利用已有子驱动程序的某些接口之实现，就像面向对象中的虚函数一样，若子类不重载虚函数，则会调用基类的实现。这种情形很常见。但如果以可加载模块的形式实现子驱动程序，则要避免同级可加载模块之间的依赖关系。

尽管以上原则可能看起来显而易见，但很多程序员往往会在实际工作中违背这些基本的原则。究其原因，大概是因为从来没有人总结过这些原则——单靠自己摸索则一定会掉到某些陷阱里。

9.3　可加载模块的实现原理和要点

9.3.1　可加载模块的底层机制

在 C 语言项目中，可加载模块的底层机制主要由几个动态库的加载接口提供。在 POSIX 兼容系统中，主要是 dlopen()、dlsym() 和 dlclose() 这 3 个函数：

```
#include <dlfcn.h>

void *dlopen(const char *filename, int flags);
void *dlsym(void *handle, const char *symbol);
int dlclose(void *handle);
```

其中，dlopen() 函数根据给定的文件名，在系统中查找并打开一个共享函数库；dlsym() 函数在已经打开的共享函数库中获得指定符号的（虚拟）地址；dlclose() 函数则关闭打开的共享函数库并释放相应的资源。这里的符号（symbol）可以是一个变量的名称，也可以是一个函数的名称（通常是可见的全局变量或外部函数）。当我们获得一个符号的地址之后，便可以直接访问这个地址：将该地址强制转换为某种数据类型或函数的指针，便可以访问这个变量的值，或者调用这个函数。

本质上，在现代操作系统中，以上接口是基于虚拟内存机制实现的。dlopen() 函数装载查找到的共享函数库，将其数据段、文本段映射到当前进程的地址空间。dlsym() 函数则在共享函数库的符号表中搜索给定的符号，并返回这个符号所对应的地址。

在 Windows 系统中，存在和上述 3 个函数一一对应的 3 个函数，它们完成类似的工作，只是函数名称和原型有所不同：

```
HMODULE LoadLibrary(LPCSTR lpLibFileName);
FARPROC GetProcAddress(HMODULE hModule, LPCSTR lpProcName);
BOOL FreeLibrary(HMODULE hLibModule);
```

除了函数名称，Windows 版本的动态库装载函数还有一个最重要的区别，便是使用模块句柄（HMODULE）这一抽象类型来表示一个已装载的共享函数库；而在 POSIX 系统中，则使用 void * 指针来表示一个已经打开的共享函数库。除此之外，以上两组函数几乎一模一样。

9.3.2　可加载模块新旧版本的兼容性

一个子驱动程序的操作集接口在变得成熟、稳定之前，往往会经历一个不断演进的过程。既然是演进，就说明子驱动程序的操作集接口会发生变化。当我们将子驱动程序以可加载模块的形式，也就是共享函数库的形式发布时，演进过程中的接口变化会带来兼容性问题。当主程序使用旧的操作集接口，而尝试装载使用新的操作集接口实现的模块时，可能出现找不到符号的情形，或者接口原型已经发生变化的情形，此时程序便无法正常运行。主程序使用旧的操作集接口，而模块使用新的操作集接口也一样会出现类似情形。

为了解决这个问题，有两种方法可以采用。

第一种：通过某个约定的符号（可以是一个变量或函数），返回当前的操作集接口的版本号；然后在主程序加载模块后，通过该符号来判断版本号是否匹配，若不匹配，则返回版本不匹配的错误信息。为方便起见，这个版本号通常使用一个整数来表示。这种方法需要设计者从一开始就约定好这一符号，并在所有版本的可加载模块中提供这一符号，且在子驱动程序的操作集接口发生变化时修改主程序中的版本号。

第二种：利用 Linux 等操作系统为保持共享函数库的二进制兼容性而使用的文件名约定。这一约定要求在共享函数的文件名中带有主（major）、次（minor）、微（micro）3 个版本号，并利用符号链接来区别某个共享函数库的多个版本之间的二进制兼容性。

在 Linux 等操作系统中，共享函数库通常具有 .so 后缀名，so 是 shared object 的缩写。在笔者使用的 Linux 发行版中，包含 3 个版本的 AddressSanitizer 函数库（AddressSanitizer 是一种内存地址检测器），如下所示：

```
lrwxrwxrwx 1 root root        16  7 月 19  2022 /usr/lib/x86_64-linux-gnu/libasan.so.5 ->
libasan.so.5.0.0
-rw-r--r-- 1 root root 15246224  7 月 19  2022 /usr/lib/x86_64-linux-gnu/libasan.so.5.0.0
lrwxrwxrwx 1 root root        16  5 月 13 15:52 /usr/lib/x86_64-linux-gnu/libasan.so.6 ->
libasan.so.6.0.0
-rw-r--r-- 1 root root  7619608  5 月 13 15:52 /usr/lib/x86_64-linux-gnu/libasan.so.6.0.0
lrwxrwxrwx 1 root root        16  7 月 11 16:50 /usr/lib/x86_64-linux-gnu/libasan.so.8 ->
libasan.so.8.0.0
-rw-r--r-- 1 root root 10108080  7 月 11 16:50 /usr/lib/x86_64-linux-gnu/libasan.so.8.0.0
```

其中 libasan.so.8.0.0 是最终的共享函数库文件，而 libasan.so.8 是指向 libasan.so.8.0.0 的符号链接。在这一共享函数库的命名约定中，libasan.so.8.0.0 包括完整的主、次、微 3 个版本号，即 8.0.0，而 libasan.so.8 这一符号链接中仅包含主版本号。通常还会存在包含主、次版本号的 libsan.so.8.0，这一符号链接指向 libasan.so.8.0.0。

在 Linux 系统中，共享函数库之主、次、微 3 个版本号的变化依照如下策略确定。

（1）若任何接口的变化导致向后兼容性被打破，则主版本号加 1，次版本号及微版本号置 0；否则，按下面情况处理。

（2）若仅有新的接口被添加，则主版本号保持不变，次版本号加 1，微版本号置 0；否则，按下面情况处理。

（3）仅增加微版本号。

依照上述约定，观察上面给出的 libasan 共享函数库，我们可以了解到如下事实。

❑ 系统中已安装的 3 个 libasan 共享函数库是互不兼容的。

❑ 有程序在使用不同版本的 libasan 共享函数库，故而系统中需要同时存在 3 个版本的 libasan

共享函数库。

版本号的管理策略有一个专用的术语，叫"版本化"（versioning）。基于上述版本化方案，Linux系统中允许同时存在某个共享函数库的多个互不兼容版本，这给新旧应用程序的共存和兼容性带来了一些好处。也正因为此，由于不同版本的 libasan 共享函数库提供了不兼容的接口，当我们连接或动态加载 libasan 共享函数库时，必须指明正确的符号链接。比如，若要动态加载主版本号为 8 的 libasan 共享函数库，则需要使用如下代码：

```
dlopen('libasan.so.8', RTLD_LAZY);
```

我们可以利用这一版本化方案来处理可加载模块的版本和兼容性。然而，由于上述版本化方案并非强制性标准，而软件开发者可以根据自己的喜好来选择不同的版本化方案，故而笔者建议同时使用以上两种策略来确保可加载模块的二进制兼容性。

9.3.3　可加载模块的实现要点

首先，可加载模块通常实现为共享函数库，其文件名中应按照某种版本化方案带有版本号信息。此举主要是为了方便管理，而非强制性要求。

其次，在可加载模块的共享函数库中，应包含一个可见符号（全局变量或函数）；装载模块的程序可通过该符号获得子驱动程序操作集接口的版本号，进而判断其兼容性。在一些支持数字签名的平台上，此时还可以通过验证签名来判断可加载模块的来源是否合法，从而防止它们被病毒或木马感染。

最后，可加载模块应定义一个函数符号，用于初始化模块中包含的单个或多个子驱动程序；模块的加载程序可通过调用对应的初始化接口，将其中定义的子驱动程序操作集注册到系统中。为了达成这一目标，系统可提供两个用于注册和移除子驱动程序的接口；而在简单情形下，亦可由可加载模块的初始化接口直接返回一个子驱动程序操作集的结构体指针。在第一种情形下，模块应同时提供一个清理函数的符号，用于从系统中移除子驱动程序并执行一些可能的模块级清理工作。

相应地，模块的加载程序之处理流程大致如下（以 Linux 平台为例）。

（1）调用 dlopen() 装载指定的共享函数库。

（2）调用 dlsym() 获得约定的版本号，判断版本号并执行可能的验证签名操作。

（3）调用 dlsym() 获得约定的初始化函数，作为模块的初始化函数。

（4）调用模块的初始化函数并返回操作集；或调用模块的初始化函数，由初始化函数调用系统提供的注册接口，完成子驱动程序的注册。

（5）此时系统中便多了一个或若干新的子驱动程序，使用方法跟内建到系统中的子驱动程序一样。

（6）当不再需要这些子驱动程序时，调用系统提供的移除子驱动程序的接口，从系统中移除对应的子驱动程序。

（7）调用 dlsym() 获得约定的清理或终止函数，执行模块的清理工作。

（8）调用 dlclose() 卸载动态加载的模块（共享函数库）。

接下来，我们使用可加载模块扩展第 8 章的示例，使之可以由第三方实现一个模块，用于支持任意一种新出现的图片格式。

9.4 使用可加载模块支持新的图片格式

首先,为了通过可加载模块来支持新的图片格式,需要将我们在第 8 章中使用的数组用链表或哈希表替代。

假定系统已提供如下以字符串为唯一性键的哈希表操作接口:

```
struct pchash_table;

struct pchash_table *pchash_kstr_table_new(size_t size);
void pchash_table_delete(struct pchash_table *t);
int pchash_table_insert(struct pchash_table *t, const void *k, const void *v);
bool pchash_table_lookup(struct pchash_table *t, const void *k, void **v);
```

其中:

❑ pchash_kstr_table_new() 用于创建一个以字符串为唯一性键的哈希表;

❑ pchash_table_delete() 用于销毁一个哈希表;

❑ pchash_table_insert() 用于向哈希表中插入给定的键值对;

❑ pchash_table_lookup() 用于在哈希表中查找给定的键所对应的值。

相应地,我们将内建的 image_types 数组纳入通过上述接口创建的全局哈希表进行管理,如程序清单 9.1 所示。

程序清单 9.1　创建并初始化用于管理动态图片格式子驱动程序的哈希表

```
static struct _IMAGE_TYPE_INFO image_types[] = {
    { "bmp", bmp_init, bmp_load, bmp_cleanup },
    { "png", png_init, png_load, png_cleanup },
    { "jpg", jpg_init, jpg_load, jpg_cleanup },
    { "jpeg", jpg_init, jpg_load, jpg_cleanup },
    { "gif", gif_init, gif_load, gif_cleanup },
};

static pchas_table *hased_images;

int init_image_sub_drivers(void)
{
    assert(hashed_images);
    hashed_images = pchash_kstr_table_new(8);
    if (hashed_images == NULL)
        goto failed;

    for (size_t i = 0; i < sizeof(image_types)/sizeof(image_types[0]); i++) {
        if (pchash_table_insert(hashed_images, image_types[i].ext, image_types + i))
```

```
            goto failed;
    }

    return 0;

failed:
    if (hashed_images) {
        pchash_table delete(hashed_images);
        hashed_images = NULL;
    }

    return ENOMEM;
}
```

在系统初始化时，应调用程序清单 9.1 中的 init_image_sub_drivers() 函数。该函数创建了一个哈希表，并将 image_types 数组中定义的内置子驱动程序添加到了该哈希表中。程序使用扩展名作为哈希表的唯一性键。

使用哈希表时，第 8 章提到的 find_img_sub_driver() 函数应修改为如下形式：

```
static struct _IMAGE_TYPE_INFO *find_img_sub_driver(const char *ext)
{
    struct _IMAGE_TYPE_INFO *type;

    if (pchash_table_lookup(hashed_images, ext, &type))
        return type;

    return NULL;
}
```

有了这个哈希表，就可以让模块的初始化函数向该哈希表中注册一种新的图片格式所对应的子驱动程序操作集。之后的操作和使用内建的子驱动程序并无二致。

为方便使用，可提供名为 RegisterImageType() 和 RevokeImageType() 的接口，分别用于向系统中注册一种图片类型所需要的操作集以及注销一种图片类型：

```
BOOL RegisterImageType (const char *ext,
            void* (*init) (MG_RWops* fp, MYBITMAP *my_bmp, RGB *pal),
            int (*load) (MG_RWops* fp, void* init_info, MYBITMAP *my_bmp,
            CB_ONE_SCANLINE cb, void* context),
            void (*cleanup) (void* init_info),
            int (*save) (MG_RWops* fp, MYBITMAP *my_bmp, RGB *pal),
            BOOL (*check) (MG_RWops* fp));

BOOL RevokeImageType(const char *ext);
```

其中的注册函数之参数指定了图片文件的常规后缀名以及子驱动程序操作集中的各个操作。提供以上接口的好处是，在不使用可加载模块的情况下，应用程序亦可自行定义针对特定图片类型的操作集，然后注册到系统中供 `LoadBitmapFromFile()` 等函数使用。可加载模块也可以使用第一个接口，在其初始化函数中向系统注册自己支持的图片格式。

另外，系统可在其外部头文件中定义当前的图片类型子驱动程序接口的版本号：

```
#define MG_IMAGE_TYPE_SDI_VERSION        3
```

遵照前面提到的可加载模块的实现要点，我们假定使用如下约定的符号。

- ❑ `__ex_image_type_subdrv_version`：用于定义子驱动程序操作集接口的版本号，`int` 型。
- ❑ `__ex_image_type_subdrv_init`：用于模块的初始化函数，该函数将向系统中注册一种新的图片类型。
- ❑ `__ex_image_type_subdrv_term`：用于模块的终止函数，该函数将从系统中注销一种图片类型。该符号是可选的，因为在大部分情况下，解码特定图片格式的代码无须分配全局资源。

假定我们使用可加载模块实现对 WebP 这一新近出现的图片格式的支持，则用于支持 WebP 图片类型的可加载模块之实现大致如程序清单 9.2 所示。

程序清单 9.2 WebP 图片类型的可加载模块之实现

```
static IMAGE_TYPE_CTXT *webp_init(FILE* fp, MYBITMAP *my_bmp, RGB *pal)
{
    ...
}

static int webp_load(FILE* fp, IMAGE_TYPE_CTXT *ctxt, MYBITMAP *my_bmp,
    CB_ONE_SCANLINE cb, void *cb_ctxt)
{
    ...
}

static void webp_cleanup(IMAGE_TYPE_CTXT *ctxt)
{
    ...
}

static BOOL webp_check(FILE* fp)
{
    ...
}

int __ex_image_type_subdrv_version = MG_IMAGE_TYPE_SDI_VERSION;

BOOL __ex_image_type_subdrv_init(void)
{
```

```
    return RegisterImageType("webp", webp_init, webp_load, webp_cleanup,
            webp_save, webp_check);
}

BOOL __ex_image_type_subdrv_term(void)
{
    return RevokeImageType("webp");
}
```

限于篇幅,我们略去了用于支持 WebP 图片类型的子驱动程序操作集的实现
代码。感兴趣的读者可以参阅 MiniGUI 源代码。

假定我们将程序清单 9.2 中的代码编译成了共享函数库,并使用系统定义的图片
类型子驱动程序接口的版本号作为其主版本号,而自行维护其次版本号及微版本号,
则最终的共享函数库之文件名应该类似于 minigui-image-webp.so.3.0.0。使
用该模块的程序,应使用符号链接 minigui-image-webp.so.3 调用 dlopen()
函数。

配套示例程序

9A

MiniGUI 装载
WebP 文件

在应用程序中,我们可利用程序清单 9.3 中的 load_image_type_sub_driver() 函数加载
WebP 图片类型的支持模块。

程序清单 9.3   加载 WebP 图片类型的支持模块

```
BOOL load_image_type_sub_driver(const char *module)
{
    void *dl_handle = NULL;
    char *error;

    /* 清除已有的装载错误。 */
    dlerror();

    dl_handle = dlopen(module, RTLD_LAZY);
    if (!dl_handle) {
        /* 装载失败。 */
        goto failed;
    }

    int *version = dlsym(dl_handle, "__ex_image_type_subdrv_version");
    if (version == NULL || *version != MG_IMAGE_TYPE_SDI_VERSION) {
        /* 找不到与版本号对应的符号或者和当前版本不匹配。 */
        goto failed;
    }

    BOOL (*init)(void);
    init = dlsym(dl_handle, "__ex_image_type_subdrv_init");
```

```
        if (init == NULL) {
            /* 找不到模块的初始化函数。 */
            goto failed;
        }

        if (!init()) {
            /* 初始化失败。 */
            goto failed;
        }

    return TRUE;

failed:
    error = dlerror ();
    if (error)
        _WRN_PRINTF ("dlxxx error: %s\n", error);

    if (dl_handle)
        dlclose(dl_handle);

    return FALSE;
}
```

应用程序可使用环境变量、运行时配置文件等指定所要加载模块的名称，之后调用上述函数即可完成动态模块的加载：

```
load_image_type_sub_driver("minigui-image-webp.so.3");
```

类似地，也可以实现卸载动态模块的函数。但需要注意的是，若要支持卸载，则需要在系统中记录已经打开的共享库句柄；而程序清单 9.3 忽略了这一处理。

9.5 重用已有子驱动程序的实现

9.4 节的例子给出了一个简单的可加载模块实现样例，这个样例展示了子驱动程序之间相互独立情形下的实现。本节给出另一个示例，该例利用已有的子驱动程序接口之实现，使得新的子驱动程序可利用已有子驱动程序的代码。用面向对象的术语来讲，就是"派生"。

这一示例来自 MiniGUI 5.0 提供的窗口合成器。下面首先解释什么是窗口合成器。

自 MiniGUI 5.0 起，MiniGUI 的多进程模式开始支持合成图式（compositing schema）。合成图式是现代桌面操作系统和智能手机操作系统的图形及窗口系统使用的技术，其基本原理很简单：系统中所有进程创建的每一个窗口都使用独立的缓冲区来各自渲染其内容，系统中还有一个扮演合成器（compositor）角色的进程，负责将这些内容根据窗口的层叠顺序（也叫 Z 序）以及叠加效果（如半透明、模糊等）等合成在一起并最终显示在屏幕上。

合成图式使得为窗口系统提供各种视觉效果和新奇交互效果成为可能。在合成图式之前，大部分窗口系统使用共享缓冲区图式，通过管理和维护窗口的层叠关系以及它们相互之间的剪切来实现多窗口的管理。传统的共享缓冲区图式很难在多进程环境下实现不规则窗口的半透明或模糊叠加效果，而合成图式则可以轻松解决这些问题，而且可以方便地实现窗口切换时的动画效果。

在不使用窗口合成器的情形下，窗口切换时的动画效果只能作用于单个进程中的多个窗口，应用开发者需要仔细编码来处理窗口切换动画的实现细节。这一方面让单个进程的执行逻辑变得更为复杂，程序更容易出现缺陷；另一方面则无法充分利用 Linux 等通用操作系统内核提供的多进程管理能力。而有了窗口合成器之后，每个进程只需要创建窗口并在窗口中绘制，而不必关心其中的内容是如何被展示到屏幕上的——这项工作由独立的窗口合成器来完成。应用开发者不必关心窗口切换动画的实现细节，这极大简化了窗口切换动画的实现。

参考资料

MiniGUI 窗口
合成器的效果

在 MiniGUI 中，合成图式仅在多进程模式下提供。此时，进程 mginit 充当多进程模式下的服务器进程，合成器运行在 mginit 进程中。

MiniGUI 5.0 内建了一个称为 fallback（回退）的合成器，该合成器实现了一个没有任何动画特效的窗口合成器，可作为所有自定义合成器的基础。MiniGUI 在启动时，会尝试装载一个自定义的合成器作为默认合成器，并传入 fallback 合成器的操作集。应用开发者可以基于 fallback 合成器派生一个新的合成器，而不需要实现所有的合成器操作集接口——毕竟合成器操作集的接口有十几个之多，大多数使用 fallback 合成器的功能即可。这和前面介绍的支持多种不同图片类型的子驱动程序实现方式不同，通过允许开发者基于一个已有的合成器派生一个新的合成器，可以最大程度地利用已有的代码。

在本节的示例中，新的合成器基于 fallback 合成器工作，并有选择地在 fallback 合成器的基础上派生了两个接口。通过这两个接口，可提供两项 fallback 合成器未提供的能力。

（1）以缩略图形式平铺展示所有的窗口，而不是以常见的层叠方式展示这些窗口，并在进入缩略图模式和退出缩略图模式时提供动画效果。

（2）提供了切换工作区（workspace）时的窗口飞出屏幕和飞入屏幕的动画效果。需要注意的是，在 MiniGUI 中，工作区被称为"层"（layer）。

9.5.1　合成器操作集

接下来看看 MiniGUI 为合成器定义的操作集。

```
/* 合成器操作集的当前版本。 */
#define COMPSOR_OPS_VERSION  2

/* 合成器上下文结构体；仅声明，其细节由合成器决定。 */
struct _CompositorCtxt;
typedef struct _CompositorCtxt CompositorCtxt;

/* 合成器操作集结构体。 */
```

```
typedef struct _CompositorOps {
    /* 该操作初始化合成器。*/
    CompositorCtxt* (*initialize) (const char* name);

    /* 该操作销毁一个合成器。*/
    void (*terminate) (CompositorCtxt* ctxt);

    /* 这里略去其他十几个操作的成员定义。 */
    ...

    /* 该操作将多个层的内容（即窗口）合成到一起。*/
    unsigned int (*composite_layers) (CompositorCtxt* ctxt, MG_Layer* layers[],
            int nr_layers, void* combine_param);

    /* 该操作从当前层切换到另一个层。 */
    void (*transit_to_layer) (CompositorCtxt* ctxt, MG_Layer* to_layer);
} CompositorOps;
```

9.5.2 合成器相关的应用程序接口

MiniGUI 围绕合成器为应用程序提供了如下接口：

```
/* 合成器的名称长度。 */
#define LEN_COMPOSITOR_NAME          15

/* 默认合成器的名称。 */
#define COMPSOR_NAME_DEFAULT         "default"

/* 内建回退合成器的名称。 */
#define COMPSOR_NAME_FALLBACK        "fallback"

/* 获取指定名称的合成器操作集。 */
const CompositorOps* ServerGetCompositorOps(const char* name);

/* 注册一个新的合成器。 */
BOOL ServerRegisterCompositor(const char* name,
        const CompositorOps* ops);

/* 注销一个已有的合成器。 */
BOOL ServerUnregisterCompositor(const char* name);

/* 选择一个新的合成器。 */
const CompositorOps* ServerSelectCompositor(const char* name,
        CompositorCtxt** ctxt);

/* 获取当前合成器的名称以及合成器操作集。 */
```

```c
const char* ServerGetCurrentCompositor(const CompositorOps** ops,
        CompositorCtxt** ctxt);
```

9.5.3　派生一个自己的合成器

使用以上接口，基于已有的合成器，我们可以轻松派生一个新的合成器。如果将新的合成器实现在可动态装载的共享函数库中，则可通过 __ex_compositor_get 这一约定的符号来初始化这个模块并返回对应的窗口合成器操作集，如程序清单 9.4 所示。

程序清单 9.4　派生一个新的合成器

```c
static CompositorOps my_compor_ops;
static CompositorCtxt *my_ctxt;

/* 自定义 composite_layers 操作。 */
static unsigned int my_composite_layers (CompositorCtxt* ctxt, MG_Layer* layers[],
            int nr_layers, void* combine_param)
{
    /* 在此处将所有窗口以缩略图形式平铺展示到屏幕上。 */
    ...
}


/* 自定义 transit_to_layer 操作。 */
static void my_transit_to_layer (CompositorCtxt* ctxt, MG_Layer* to_layer)
{
    /* 在此处执行切换层的动画效果。 */
    ...
}


/* 在自定义合成器模块的 __ex_compositor_get() 函数中，基于基础合成器
   构造一个新的合成器操作集并返回。 */
const CompositorOps *__ex_compositor_get(const char *name,
            const CompositorOps* fallback_ops, int *version)
{
    /* 返回构造该模块时合成器操作集的接口版本号，以便装载合成器模块的代码
       根据版本号判断接口的兼容性。 */
    if (version)
        *version = COMPSOR_OPS_VERSION;

    /* 将基础合成器的操作集复制到静态全局变量 my_compor_ops 中。 */
    memcpy(&my_compor_ops, fallback_ops, sizeof(CompositorOps));

    /* 替换 composite_layers 和 transit_to_layer 两个操作。 */
    my_compor_ops.composite_layers = my_composite_layers;
    my_compor_ops.transit_to_layer = my_transit_to_layer;
```

```
    /* 返回新的合成器操作集。 */
    return &my_compor_ops;
}
```

如程序清单 9.4 所示，自定义合成器的动态模块需要暴露 `__ex_compositor_get` 符号。该符号对应一个函数，其中的第一个参数 name 用于指定所要加载合成器的名称。这表明在单个的自定义合成器模块中，可以定义多个不同的合成器，并使用 name 来指定所要加载合成器的名称。但在程序清单 9.4 的实现中，我们忽略了这一参数。

另外，程序清单 9.4 没有给出自定义合成器的两个操作之实现细节。感兴趣的读者可阅读 MiniGUI 示例程序源代码。

配套示例程序
9B
自定义合成器
（第 244 行起）

9.5.4 装载模块定义的默认合成器

开发者可以在 MiniGUI 的运行时配置文件 MiniGUI.cfg 中指定初始时要装载的默认合成器之共享函数库名称：

```
[compositing_schema]
def_compositor_so=my_compor.so.2.0.0
```

也可以通过环境变量 MG_DEF_COMPOSITOR_SO 覆盖这一设置。

MiniGUI 在初始化过程中，会通过上述运行时配置参数加载由外部模块定义的默认合成器，如程序清单 9.5 所示。程序清单 9.5 还给出了 MiniGUI 终止时执行清理的过程。

程序清单 9.5　加载默认合成器

```
#define MAX_NR_COMPOSITORS      8

/* 这是内建合成器 fallback 的操作集。*/
extern CompositorOps __mg_fallback_compositor;

/* 该数组维护了所有注册到系统中的合成器。
   由于大部分情况下不会有很多的合成器，故而使用固定长度的数组来维护合成器。 */
static struct _compositors {
    char name [LEN_COMPOSITOR_NAME + 1];
    const CompositorOps* ops;
} compositors [MAX_NR_COMPOSITORS] = {
    { "fallback", &__mg_fallback_compositor },
};

/* 合成器动态模块对应的加载句柄。 */
static void* dl_handle;

/* 该函数尝试加载默认合成器;
   若未定义默认合成器，系统将使用 fallback 合成器。*/
static const CompositorOps* load_default_compositor(void)
```

```
{
    const char* filename = NULL;
    char buff [LEN_SO_NAME + 1];
    const CompositorOps* (*ex_compsor_get) (const char*,
            const CompositorOps*, int*);
    char* error;
    const CompositorOps* ops;
    int version = 0;

    filename = getenv ("MG_DEF_COMPOSITOR_SO");
    if (filename == NULL) {
        memset (buff, 0, sizeof (buff));
        if (GetMgEtcValue ("compositing_schema", "def_compositor_so",
                buff, LEN_SO_NAME) < 0)
            return NULL;

        filename = buff;
    }

    /* 加载默认合成器的共享函数库。 */
    dl_handle = dlopen (filename, RTLD_LAZY);
    if (!dl_handle) {
        _WRN_PRINTF ("Failed to open specified shared library for "
                "the default compositor: %s (%s)\n",
                filename, dlerror());
        return NULL;
    }

    dlerror();      /* 清除已有错误。 */
    /* 获取约定的模块初始化函数符号。 */
    ex_compsor_get = dlsym (dl_handle, "__ex_compositor_get");
    error = dlerror ();
    if (error) {
        _WRN_PRINTF ("Failed to get symbol: %s\n", error);
        dlclose (dl_handle);
        return NULL;
    }

    /* 调用初始化函数并获得对应的合成器操作集。 */
    ops = ex_compsor_get(COMPSOR_NAME_DEFAULT,
        &__mg_fallback_compositor, &version);

    if (ops == NULL || version != COMPSOR_OPS_VERSION) {
        /* 初始化失败或者版本不匹配。 */
        return NULL;
    }
```

```
        return ops;
    }

    /* 初始化合成器的函数，在 MiniGUI 启动时调用。 */
    BOOL mg_InitCompositor (void)
    {
        const char* name = COMPSOR_NAME_FALLBACK;
        const CompositorOps* ops;
        CompositorCtxt* ctxt = NULL;

        /* 尝试装载默认合成器。 */
        ops = load_default_compositor ();
        /* 若成功，则将合成器的操作集以默认合成器的名称注册到系统中。 */
        if (ops && ServerRegisterCompositor (COMPSOR_NAME_DEFAULT, ops)) {
            name = COMPSOR_NAME_DEFAULT;
        }

        /* 选择回退合成器或默认合成器。*/
        ServerSelectCompositor (name, &ctxt);
        return (ctxt != NULL);
    }

    /* 终止合成器的函数，在 MiniGUI 退出时调用。 */
    void mg_TerminateCompositor (void)
    {
        CompositorCtxt* ctxt = NULL;

        /* 选择回退合成器。*/
        ServerSelectCompositor (COMPSOR_NAME_FALLBACK, &ctxt);
        if (ctxt) {
            /* 执行清理工作。 */
            purge_all_znodes_private_data (&__mg_fallback_compositor, ctxt);
            __mg_fallback_compositor.terminate (ctxt);
        }

        /* 若加载了默认合成器，则关闭对应的共享函数库。 */
        if (dl_handle)
            dlclose (dl_handle);
    }
```

感兴趣的读者还可阅读 MiniGUI 源代码以了解合成器管理接口［如 ServerSelectCompositor()函数］的实现细节。

配套示例程序

9C

MiniGUI 合成器
管理接口的
实现细节

## 第 10 章

状态机

人们对状态机（state machine）存在很多误解。某些误解来自术语的滥用。一个极端是，大多数程序员很少了解状态机，甚至就算不自觉地利用状态机来解决问题，也未必知道自己写的代码本质上就是一个状态机。另一个极端是，有人认为状态机无所不能，并夸张地将所有的软件问题归结为状态机问题。

实际上，我们的前辈先贤已经围绕状态机做了一些理论上的研究或总结。本章将介绍状态机的基本概念并帮助读者正确理解状态机，最后通过几个示例来说明 C 语言项目中状态机的常见应用场景。

10.1　状态机的概念

我们知道，计算机擅长处理重复性的工作，比如利用计算机进行科学计算或者工程计算。除此之外，现实世界中大量事务的处理流程取决于某个状态。以办理某个手续为例，可能需要我们出示身份证、户口簿等证件，填写申请表，然后到受理窗口提交这些资料。为了便于管理，办事大厅通常会设置多个办理窗口，我们则按照既定的流程一步步提交相关资料。我们不能跳过任何一个流程，否则无法办理。

假设我们要开发一个电子化的管理软件来协助管理这个流程，则必须在每一步设置诸多条件。如果办理人员满足这些条件，则可进入下一个办理环节；如果不满足，则要求办理人员补充前置条件所要求的资料。在一些复杂情况下，比如办理人员曾有行政或刑事处罚，则无法办理，流程将终止。现实世界中这类流程的条件往往看起来互相纠缠，难以厘清彼此的关系，这会对管理软件的开发带来诸多麻烦，甚至可能因为某些遗漏而导致流程上出现漏洞，从而产生不良影响。

然而，考察这类事务的处理流程，如果我们将手续办理流程中所要求的各项条件视作状态，而将每个环节视作一次状态的迁移，则由于这些状态总归是有限的，我们总能绘制出一张图表，用于标明状态之间进行迁移的关系。于是我们就得到了一个关于手续办理流程的状态迁移关系图，这便是“状态机”。基于这样的状态机开发管理软件，整个流程将变得清晰起来，系统也将变得鲁棒而不会轻易产生各种漏洞。

人们有时候会将状态机描述为一种数学模型，但笔者认为状态机就是一种帮助我们描述现实世界的工具。只有研究状态机某些深层次特点的人才需要将其视作数学模型，并使用数学语言来描述状态。因此，大可不必在讨论状态机时故作玄虚。我们只要知道，状态机不仅可以用来描述现实世界中的工作流程，帮助我们厘清各个环节的关系，也可以用来指导硬件模块或者软件模块的设计和实现即可。比如在计算机软件的开发中，编译器或解释器中的解析器就用到了状态机。

在计算机领域，状态机通常针对一个硬件模块或软件模块进行定义。如图 10.1 所示，状态机的典型工作流程如下：

（1）状态机拥有一个初始状态；

（2）状态机获得一个事件；

（3）状态机根据获得的事件和当前的状态完成一个动作或者迁移到另外一个状态；

（4）若动作为终止执行，则状态机终止执行，否则等待下一个事件。

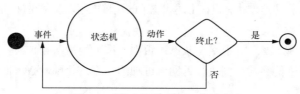

图 10.1　状态机的典型工作流程

如此，状态机就成了一台可重复工作的机器。

10.2　定义一个状态机

我们的前辈先贤已经就状态机做了大量的理论研究。首先，本章所指状态机特指有限状态自动机（Finite State Automaton，FSA）。这里蕴含两个条件：第一，仅考查状态有限的情形；第二，状态机是可重复且可自动工作的。

在有关状态机的理论研究中，通常会使用如下术语。

❑ 状态（state），具体分为初始状态（初态）、当前状态（现态）和迁移后的新状态（次态）。状态通常和现实世界中物体的工作或运行状态一一对应。

❑ 事件（event），又称为条件（condition）。在计算机软件领域，事件可以是一个电信号输入，也可以是用户键入的一个按键，还可以是从文件中读取的下一个字符。

❑ 迁移（transition），又称转换或变换。不同状态之间的迁移关系定义了状态机的工作流程，这也是状态机是否可以按照预期工作的核心要点所在。

❑ 动作（action），围绕特定状态，可以定义进入该状态的动作、退出该状态的动作、执行特定状态迁移时的动作等。在计算机软件领域，我们可以利用动作完成对应的功能，比如调整显示器亮度、设置静音、构造一个新的对象等。

为方便研究，人们将状态机分为两类。

❑ 摩尔（Moore）状态机：次态无关事件。也就是说，次态只跟现态有关。

❑ 米利（Mealy）状态机：次态跟现态及事件均有关。

本质上，考虑到事件是有限的，我们可以将米利状态机中的现态依赖于事件转移到不同次态的情形，按照不同的事件划分为多个仅依赖现态的转移，于是任何一个米利状态机都对应一个等价的摩尔状态机。这点可以帮助我们简化状态机的设计。但在计算机软件中，大部分状态机是米利状态机——研究与之等价的摩尔状态机意义不大。

我们可以通过文字描述、状态迁移图或者状态迁移表来定义一个状态机。

以判断 C 语言立即数的进制为例。其规则读者一定耳熟能详：前缀 0x 表示十六进制，前缀 0 表示八进制，其他表示十进制。如果要写一段代码来实现这个状态机，则首先需要列出所有可能的状态。

❑ 未知，此为初始状态。

❑ 0 前缀，此时还需要有新的事件（字符输入）才能判断是八进制还是十六进制。

❑ 0x 前缀。

❑ 错误。

如果使用文字描述，则可通过状态机在上述状态下的迁移规则以及所要执行的动作定义这个状态机。

❑ 状态：未知。

  ○ 若输入为 0，则进入"0 前缀"状态；否则，按下面情况处理。

  ○ 若输入为 1～9 的字符，则执行返回十进制的动作；否则，按下面情况处理。

  ○ 进入"错误"状态。

❑ 状态：0 前缀。

  ○ 若输入为 x 或 X，则进入"0x 前缀"状态；否则，按下面情况处理。

  ○ 若输入为 0～7 的字符，则执行返回八进制的动作，状态机终止；否则，按下面情况处理。

  ○ 进入"错误"状态。

❑ 状态：0x 前缀。

  ○ 若输入为 0～9 或者 A/a～F/f 的字符，则执行返回十六进制的动作，状态机终止；否则，按下面情况处理。

  ○ 进入"错误"状态。

❑ 状态：错误。

  ○ 执行返回错误的动作，状态机终止。

如果使用状态迁移图定义该状态机，则过程如图 10.2 所示。

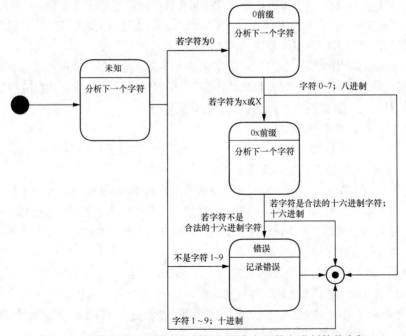

图 10.2　使用状态迁移图定义判断 C 语言立即数之进制的状态机

如果使用状态迁移表定义该状态机，则过程如表 10.1 所示。

表 10.1 使用状态迁移表定义判断 C 语言立即数之进制的状态机

现态	事件	动作	次态
未知	输入字符 0	（无）	0 前缀
未知	输入字符 1~9	返回十进制；终止	（无）
未知	输入其他字符	（无）	错误
0 前缀	输入字符 x	（无）	0x 前缀
0 前缀	输入字符 0~7	返回八进制；终止	（无）
0 前缀	输入其他字符	（无）	错误
0x 前缀	输入 0~9 或者 A/a~F/f 的字符	返回十六进制；终止	（无）
0x 前缀	输入其他字符	（无）	错误
错误	（无）	返回错误；终止	（无）

10.3 正确理解状态机

正如本章开头所述，人们对状态机存在一些误解。比如有人大呼"状态机是史上最强机制"，甚至有人认为所有的软件模块都可以称为状态机。这种理解是错误的，或者说是片面的。实际上，在计算机软件领域，状态机的使用并不普遍，而仅在某些场合下应用较多。

一个普遍的错误看法是，所有含有条件分支代码的程序或函数都可以看成一个状态机。

典型的如事件驱动代码，如果其中没有状态的迁移，就不构成状态机。程序清单 10.1 循环读取用户的输入，然后判断用户输入的字符是数字、大写字母、小写字母还是其他字符。这段代码不构成状态机，因为其中没有状态的迁移。

程序清单 10.1 简单的事件驱动代码不构成状态机

```c
#include <stdio.h>
#include <ctype.h>

int main(void)
{
    int c;

    while (1) {
        unsigned char uc;

        c = getchar();
```

```
        uc = (unsigned char)c;

        if (isdigit(c)) {
            int v = c - 48;
            printf("Got a digit character: %d\n", v);
        }
        else if (isupper(c)) {
            printf("Got a upper case letter: %c\n", c);
        }
        else if (islower(c)) {
            printf("Got a lower case letter: %c\n", c);
        }
        else if (c == EOF) {
            printf("Got EOF\n");
            break;
        }
        else if (uc >= 0x20 && uc < 0x80) {
            printf("Got a non-digit-and-alpha printable character: %c\n", c);
        }
        else if (uc < 0x20) {
            printf("Got a control character: 0x%x\n", c);
        }
        else {
            printf("Got a non-ASCII character: 0x%x\n", c);
        }
    }

    return 0;
}
```

也就是说，状态机必须存在状态迁移。举个典型的例子。假定我们要解析 JSON 格式的数据，将其构造成 C 语言描述的数据结构，则如同 10.2 节中判断 C 语言立即数的进制一样，也需要使用一个状态机来实现对 JSON 数据（如字符串）的解析。

图 10.3 给出了 JSON 字符串的语法说明。本质上，这个语法图定义了一个解析 JSON 字符串的状态机。

若要使用状态机实现 JSON 字符串的解析器，则图 10.3 给出的所有分支都对应着一个状态。JSON 字符串的解析器将根据输入的字符处理这些状态的迁移，并将这一过程中解析获得的每个合法字符追加到 C 语言定义的字符串之末尾。

实际上，在计算机软件领域，状态机的常见应用场景便是各种编程语言或写法（notation）的解析器。

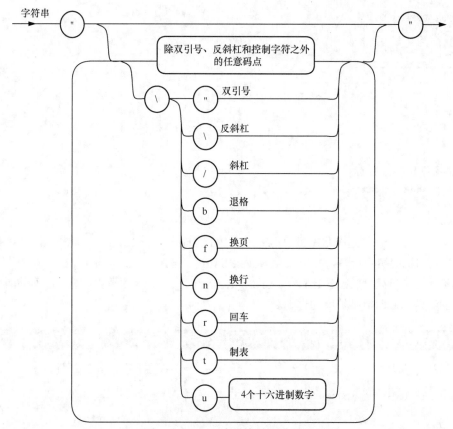

图 10.3 JSON 字符串的语法说明

10.4 状态机在各类解析器中的应用

不论是哪种解析器，通常都有清晰的语法定义。因此，在这类解析器中运用状态机时，一般方法如下：首先，使用文字描述、状态迁移图或状态迁移表清晰定义状态以及状态之间的迁移关系。然后，当状态的数量较少时，可以用单个包含上下文信息的函数实现状态的迁移，而且内部往往是一个基于 switch/case 或 if/else 的分支处理结构；当状态的数量较多时，则为每个状态定义回调函数，在回调函数中实现对每个状态的处理。

10.4.1 简单示例：判断 C 语言立即数的进制

这里给出先前判断 C 语言立即数进制的状态机之具体实现。由于状态数量较少，我们定义了一个仅包含单个整数成员的结构体来代表状态机：

```
/* 使用枚举量定义状态以及返回值。 */
enum {
    SSM_UNKNOWN = 0,
```

```
        SSM_PREFIX_0,
        SSM_PREFIX_0x,

        SSM_FIRST_RESULT,
        SSM_OCT = SSM_FIRST_RESULT,
        SSM_HEX,
        SSM_DEC,
        SSM_ERR,
    };

    /* 用于定义状态机的结构体。 */
    struct _scale_state_machine {
        int state;
    };
```

程序清单 10.2 给出了这个状态机的实现。其中 init_scale_state_machine() 函数初始化了状态机，状态机的初始状态为 SSM_UNKNOWN；run_scale_state_machine() 函数则基于当前状态和输入的字符处理状态的迁移；check_literal_scale() 函数封装了上面的两个函数，判断并返回给定的立即数字符串的进制。

程序清单 10.2　判断 C 语言立即数之进制的状态机实现

```
static int init_scale_state_machine(struct _scale_state_machine *sm)
{
    sm->state = SSM_UNKNOWN;
}

static int run_scale_state_machine(struct _scale_state_machine *sm, char ch)
{
    switch (sm->state) {
    case SSM_UNKNOWN:
        if (ch == '0')
            sm->state = SSM_PREFIX_0;
        else if (ch >= '1' && ch <= '9')
            sm->state = SSM_DEC;
        else
            sm->state = SSM_ERR;
        break;

    case SSM_PREFIX_0:
        if (ch == 'x' || ch == 'X')
            sm->state = SSM_PREFIX_0x;
        else if (ch >= '0' || ch <= '7')
            sm->state = SSM_OCT;
        else
            sm->state = SSM_ERR;
        break;
```

```
    case SSM_PREFIX_0:
        if ((ch >= '0' && ch <= '9') ||
                (ch >= 'A' && ch <= 'F') ||
                (ch >= 'a' && ch <= 'f'))
            sm->state = SSM_HEX;
        else
            sm->state = SSM_ERR;
        break;
    }

    return sm->state;
}


int check_literal_scale(const char *literal)
{
    struct _scale_state_machine sm;

    /* 初始化状态机。 */
    init_scale_state_machine(&sm);

    while (*literal) {
        /* 运行一次状态机，获得新的状态。 */
        int state = run_scale_state_machine(&sm, *literal);

        /* 如果状态值为结果，则返回。 */
        if (state >= SSM_FIRST_RESULT)
            return state;

        literal++;
    }

    return SSM_ERR;
}
```

该状态机的用法如下：

```
check_literal_scale("01234");       /* 将返回 SSM_OCT */
check_literal_scale("0xacef");      /* 将返回 SSM_HEX */
check_literal_scale("1234");        /* 将返回 SSM_DEC */
check_literal_scale("0xx");         /* 将返回 SSM_ERR */
```

读者只要对代码稍作增强，就可以基于上述状态机轻松实现标准 C 库定义的 strtol()或 strtoll()函数。

10.4.2　复杂示例：HTML 解析器中的分词器

下面给出一个复杂但很典型的示例。该例用于 HTML 文档的分词器（tokenizer）。按照 HTML

规范的定义，HTML 文本的解析分为两部分，一部分称为分词，另一部分称为树的构造。

我们先解释一下 HTML 文本的解析过程。如下是一个符合 HTML 规范定义的 HTML 文档：

```
<!DOCTYPE html>
<html>
    <head>
        <title>HTML DOM 示例</title>
    </head>
    <body>
        <h1>一级标题</h1>
        <p>一个段落 &amp; 一个链接<a href="#">链接</a></p>
    </body>
</html>
```

HTML 解析器的功能便是通过分词和树的构造，解析上述 HTML 文本的内容，最终生成一个树形结构，该树形结构被称为文档对象模型（Document Object Model，DOM），如图 10.4 所示。

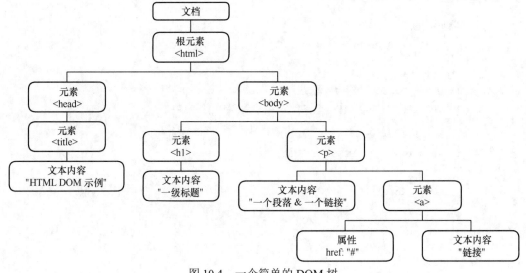

图 10.4　一个简单的 DOM 树

其中的要点如下。

（1）html、head、body、h1 等使用尖括号包围的词元（token）称为标签。类似<html>的写法是打开标签，表示一个元素的开始；类似</html>的写法是关闭标签，表示一个元素的结束。这两个标签一般成对出现，其中的内容可能是使用新的标签定义的子元素、孙子元素，或是使用普通字符定义的文本内容，这些统称为元素的内容。

（2）除了内容，还可以为每个元素定义属性（attribute）。元素的属性在打开标签中定义，比如<h1 class="large">这一写法定义了 h1 元素的 class 属性，其值为 large。

（3）当属性的值或者元素的文本内容需要使用<、>、"等用于定义标签、属性值的字符时，为防止混淆，HTML 规范定义了字符引用（character reference）的概念，如上述 p 元素的文本内容中的&便是一个字符引用，指的是&字符。字符引用可以用来表示容易引起混淆的字符（如尖括号、引号等）或者其他一些难以键入的字符。

HTML 解析器中的分词器需要根据 HTML 规范的要求，将标签、属性、属性值、文本内容、文本内容中的字符引用等解析出来。之后，依据 DOM 树的构造规则，将解析出来的元素、元素属性及属性值、元素的子元素、元素的文本内容等，构造成一个完整的 DOM 树。本节以 HTML 解析器中的分词器为例阐述状态机的使用。

HTML 规范就分词部分总共定义了 80 个状态。如此多的状态，使用状态迁移图或者状态迁移表是不太容易描述的，故而 HTML 规范文档使用文字描述状态之间的迁移。

所有的浏览器引擎在解析 HTML 文档时，均会按照 HTML 规范的要求构造状态机并实现 HTML 解析器中的分词部分。根据 HTML 规范的如下描述可知，驱动分词状态机执行的事件，就是一个个输入字符。分词状态机会根据现态和当前输入的单个或多个字符，产生状态的迁移。

HTML 解析器之实现必须使用后续描述的状态机来执行 HTML 的分词处理。该状态机必须以 Data 状态启动。大部分状态会消耗单个字符，其效果是，要么切换到一个新的状态并消耗当前输入的字符，要么切换到一个新的状态并消耗下个字符，要么保持当前状态并消耗下个字符。某些状态具有更加复杂的行为，它们可能会在切换到其他状态前消耗多个字符……

根据 HTML 规范，状态机的起始状态是 Data（数据），对应的状态迁移关系描述如下。

Data（数据）状态

消耗下个输入字符：

❑ U+0026 AMPERSAND (&)，设置返回状态（return state）为 Data 状态，切换到 character reference（字符引用）状态；

❑ U+003C LESS-THAN SIGN (<)，切换到 tag open（标签打开）状态；

❑ U+0000 NULL，这是一个 unexpected-null-character（意外的空字符）解析错误，将当前输入字符激发（emit）为一个字符词元；

❑ EOF，激发 end-of-file（文件尾）词元；

❑ 其他任意字符，将当前输入字符激发为一个字符词元。

HTML 规范使用切换（switch）描述状态的迁移。比如，遇到&时要切换到字符引用状态，而遇到<时要切换到标签打开状态。另外，HTML 规范使用"激发"来表示状态的动作，比如激发一个字符词元、激发一个文件尾词元等。这很容易理解，既然是分词器，其输出就应该是一个个的词元。但 HTML 规范使用了一个不太容易理解的术语——"返回状态"。这一术语定义了次态处理结束时要切换到哪个状态。如前所述，HTML 的字符引用可以出现在标签的属性值或者文本内容中。当分词器进入字符引用状态时，若遇到分号（;），就结束该状态并产生一个字符词元（比如&字符），但状态将切换到之前设置的返回状态而不是一个事先确定的状态。这就是返回状态的用途。换句话

说，返回状态定义了次态的次态。

有了对 HTML 分词器特点的了解，我们来看看真实的实现。

本节给出的 HTML 分词状态机之实现来自开源的 HTML 解析器 Lexbor（可在 GitHub 上找到）。不像流行的开源浏览器引擎（如 WebKit 或 Blink）用 C++语言编写，Lexbor 使用 C 语言编写，而且仅用于 HTML 文档的解析，故而代码结构相对简单且易于理解。

将数量如此之多的状态在单个函数中进行处理是不现实的，Lexbor 采用前述的第二种方案，即采用回调函数定义每个状态的处理而不是采用枚举量定义状态。程序清单 10.3 给出了 Lexbor 定义的 HTML 分词状态机所对应的数据结构。

程序清单 10.3　Lexbor 定义的 HTML 分词状态机所对应的数据结构

```c
struct lxb_html_tokenizer;
typedef struct lxb_html_tokenizer lxb_html_tokenizer;

/* 状态回调函数的原型。 */
typedef const lxb_char_t *
(*lxb_html_tokenizer_state_f)(lxb_html_tokenizer_t *tkz,
                              const lxb_char_t *data, const lxb_char_t *end);

/* 词元回调函数的原型。 */
typedef lxb_html_token_t *
(*lxb_html_tokenizer_token_f)(lxb_html_tokenizer_t *tkz,
                              lxb_html_token_t *token, void *ctx);

struct lxb_html_tokenizer {
    lxb_html_tokenizer_state_f      state;        // 现态对应的回调函数。
    lxb_html_tokenizer_state_f      state_return; // 返回状态对应的回调函数。

    /* 获得有效词元后调用的回调函数及上下文。 */
    lxb_html_tokenizer_token_f      callback_token_done;
    void                            *callback_token_ctx;

    /* 用于记录当前待解析的文本位置等信息。 */
    lxb_char_t                      *start;
    lxb_char_t                      *pos;
    const lxb_char_t                *end;
    const lxb_char_t                *begin;
    const lxb_char_t                *last;
    bool                            is_eof;

    /* 分词器状态，用于汇报错误码。 */
    lxb_status_t                    status;

    /* 篇幅所限，略去后续成员。 */
```

```
    ...
};
```

注意状态回调函数的原型，其第一个参数便是分词器本身，其后的两个参数用于表示待解析文本的起始地址和终止地址。显然，这里的 `lxb_char_t` 是 Lexbor 自定义的抽象数据类型，暂且认为和标准 C 库定义的 `wchar_t` 等类似便可。`lxb_html_tokenizer` 结构体中的 `state` 用于定义与当前状态对应的回调函数，而 `state_return` 用于定义返回状态。

Lexbor 对 HTML 分词器的 Data 状态的实现见程序清单 10.4。

程序清单 10.4　Lexbor 对 HTML 分词器的 Data 状态的实现

```
/*
 * 13.2.5.1 Data state
 */
static const lxb_char_t *
lxb_html_tokenizer_state_data(lxb_html_tokenizer_t *tkz,
                              const lxb_char_t *data, const lxb_char_t *end)
{
    lxb_html_tokenizer_state_begin_set(tkz, data);

    while (data != end) {
        switch (*data) {
            /* U+003C LESS-THAN SIGN (<) */
            case 0x3C:
                lxb_html_tokenizer_state_append_data_m(tkz, data);
                lxb_html_tokenizer_state_token_set_end(tkz, data);

                tkz->state = lxb_html_tokenizer_state_tag_open;
                return (data + 1);

            /* U+0026 AMPERSAND (&) */
            case 0x26:
                lxb_html_tokenizer_state_append_data_m(tkz, data + 1);

                tkz->state = lxb_html_tokenizer_state_char_ref;
                tkz->state_return = lxb_html_tokenizer_state_data;

                return data + 1;

            /* U+000D CARRIAGE RETURN (CR) */
            case 0x0D:
                if (++data >= end) {
                    lxb_html_tokenizer_state_append_data_m(tkz, data - 1);

                    tkz->state = lxb_html_tokenizer_state_cr;
                    tkz->state_return = lxb_html_tokenizer_state_data;
```

```
        return data;
    }

    lxb_html_tokenizer_state_append_data_m(tkz, data);
    tkz->pos[-1] = 0x0A;

    lxb_html_tokenizer_state_begin_set(tkz, data + 1);

    if (*data != 0x0A) {
        lxb_html_tokenizer_state_begin_set(tkz, data);
        data--;
    }

    break;

/*
 * U+0000 NULL
 * EOF
 */
case 0x00:
    if (tkz->is_eof) {
        /* Emit TEXT node if not empty */
        if (tkz->token->begin != NULL) {
            lxb_html_tokenizer_state_token_set_end_oef(tkz);
        }

        if (tkz->token->begin != tkz->token->end) {
            tkz->token->tag_id = LXB_TAG__TEXT;

            lxb_html_tokenizer_state_append_data_m(tkz, data);

            lxb_html_tokenizer_state_set_text(tkz);
            lxb_html_tokenizer_state_token_done_wo_check_m(tkz,end);
        }

        return end;
    }

    if (SIZE_MAX - tkz->token->null_count < 1) {
        tkz->status = LXB_STATUS_ERROR_OVERFLOW;
        return end;
    }

    tkz->token->null_count++;
```

```
                lxb_html_tokenizer_error_add(tkz->parse_errors, data,
                                        LXB_HTML_TOKENIZER_ERROR_UNNUCH);
                break;
        }

        data++;
    }

    lxb_html_tokenizer_state_append_data_m(tkz, data);

    return data;
}
```

参考资料

10A

Lexbor 定义的
HTML 分词器
状态回调函数

对照 HTML 规范描述的 Data 状态处理规则可知，Lexbor 的实现严格遵循了 HTML 规范的定义。类似地，Lexbor 定义了全部 80 个状态的回调函数。

基于以上数据结构，当 Lexbor 解析一个 HTML 文档片段时，只需要按如下方式书写代码，即可执行该状态机并完成 HTML 的分词处理：

```
lxb_status_t html_tokenizer_chunk(const lxb_char_t *data, size_t size)
{
    lxb_html_tokenizer_t *tkz;

    /* 创建一个分词器。 */
    tkz = lxb_html_tokenizer_create();

    /* 初始化分词器；该函数会将初始状态设置为 Data 状态。 */
    lxb_html_tokenizer_init(tkz);

    const lxb_char_t *end = data + size;

    tkz->is_eof = false;
    tkz->status = LXB_STATUS_OK;
    tkz->last = end;

    /* 提供数据给状态机。*/
    while (data < end) {
        /* 调用当前状态的回调函数。 */
        data = tkz->state(tkz, data, end);
    }

    return tkz->status;
}
```

第三篇

质量篇

## 第 11 章

为性能编码

就一个成规模的软件或系统来讲，影响其性能的因素主要分为两个方面：设计和实现。前者包括软件的架构设计以及某些关键数据结构和算法的选择，而后者则是本章所要探讨的主题——在函数或接口的实现层面，如何才能编写出具有良好性能的代码。

本章首先阐述了"性能"一词的含义，然后给出了在编写 C 程序时用于提高性能的一些常见原则，最后分析了几个案例，用于说明在实际的 C 代码中，如何综合考量空间复杂度和时间复杂度以达到最佳的性能平衡点。

11.1 何谓"性能"

在软件的编码实现中，谈到性能时往往只强调是不是足够快。但从严格意义上讲，性能应包含两层含义：空间复杂度和时间复杂度。空间复杂度指实现某个功能时使用的存储量的大小，也就是对存储消耗量的度量，而时间复杂度是对耗时的度量。在软件中，我们通常可以通过提高空间复杂度来降低时间复杂度。比如，为计算机或手机配置的运行内存多些，应用就可以运行得更快些。这是因为现代操作系统的内核会尽量使用空闲的运行内存来缓存硬盘或其他永久存储上的内容。如此一来，运行内存的配置越高，内核缓存的内容就越多，系统的整体性能就更好。

因此，性能的提高往往意味着利用受限的空间复杂度来达到最高的运行速度。也就是说，优化性能的目标，等同于找到空间复杂度和时间复杂度的最佳平衡点。

接下来我们用一个简单的例子来说明这一点。

假设现在要编写一个函数，该函数接收一个 8 位的无符号整数（1 字节），并返回该字节所有位中取值为 1 的位的个数。原型如下：

```
int count_one_bits(unsigned char byte);
```

一种最直接的实现方式，便是逐个测试该字节所有的位，如程序清单 11.1 所示。

程序清单 11.1 count_one_bits() 函数的最直接实现

```
int count_one_bits(unsigned char byte)
{
    int n = 0;

    for (int i = 0; i < 8; i++) {
        if ((byte >> i) & 0x01) {
```

```
            n++;
        }
    }

    return n;
}
```

　　显然，这个实现略显笨拙，毕竟有一些特殊的字节值，比如 0x00 或 0xFF，对应的返回值应该是 0 或 8，没有必要逐个进行对比。但对其他的任意字节值，好像也没有特别好的办法来快速获得对应的位数。如果我们意识到字节值可能只有 256 种（0x00～0xFF），则可以考虑事先计算好每个字节位的个数，然后使用查表法直接返回就可以了——毕竟只有 256 个取值最大为 8 的值，所占空间最多只有 256 字节，这是可以接受的。于是便有了如下第二种实现：查表法，如程序清单 11.2 所示。

程序清单 11.2　使用查表法实现 count_one_bits() 函数

```
static unsigned char nr_one_bits[] = {
    0, 1, 1, 2, 1, 2, 2, 3,
    1, 2, 2, 3, 2, 3, 3, 4,
    1, 2, 2, 3, 2, 3, 3, 4,
    2, 3, 3, 4, 3, 4, 4, 5,
    1, 2, 2, 3, 2, 3, 3, 4,
    2, 3, 3, 4, 3, 4, 4, 5,
    2, 3, 3, 4, 3, 4, 4, 5,
    3, 4, 4, 5, 4, 5, 5, 6,
    1, 2, 2, 3, 2, 3, 3, 4,
    2, 3, 3, 4, 3, 4, 4, 5,
    2, 3, 3, 4, 3, 4, 4, 5,
    3, 4, 4, 5, 4, 5, 5, 6,
    2, 3, 3, 4, 3, 4, 4, 5,
    3, 4, 4, 5, 4, 5, 5, 6,
    3, 4, 4, 5, 4, 5, 5, 6,
    4, 5, 5, 6, 5, 6, 6, 7,
    1, 2, 2, 3, 2, 3, 3, 4,
    2, 3, 3, 4, 3, 4, 4, 5,
    2, 3, 3, 4, 3, 4, 4, 5,
    3, 4, 4, 5, 4, 5, 5, 6,
    2, 3, 3, 4, 3, 4, 4, 5,
    3, 4, 4, 5, 4, 5, 5, 6,
    3, 4, 4, 5, 4, 5, 5, 6,
    4, 5, 5, 6, 5, 6, 6, 7,
    2, 3, 3, 4, 3, 4, 4, 5,
    3, 4, 4, 5, 4, 5, 5, 6,
    3, 4, 4, 5, 4, 5, 5, 6,
    4, 5, 5, 6, 5, 6, 6, 7,
```

```
    3, 4, 4, 5, 4, 5, 5, 6,
    4, 5, 5, 6, 5, 6, 6, 7,
    4, 5, 5, 6, 5, 6, 6, 7,
    5, 6, 6, 7, 6, 7, 7, 8,
};

int count_one_bits(unsigned char byte)
{
    return (int)nr_one_bits[byte];
}
```

此时，该函数的时间复杂度最低，但额外使用了 256 字节的存储空间。这就是用空间换速度的典型实现方式。

进一步地，如果我们意识到可以将 1 字节划分为相同的两半，每一半 4 位，然后事先计算好 0x0～0xF 这 16 个半字节的置 1 位数，则一下子就可以将 256 字节的空间占用降至 16 字节，只是该函数的执行速度稍慢而已。这便是程序清单 11.3 给出的最佳性能平衡版本。

程序清单 11.3　count_one_bits() 函数的最佳性能平衡版本

```
static unsigned char nr_one_bits_half_byte[] = {
    0, 1, 1, 2, 1, 2, 2, 3,
    1, 2, 2, 3, 2, 3, 3, 4,
};

int count_one_bits(unsigned char byte)
{
    return (int)(nr_one_bits_half_byte[byte & 0x0F] +
        nr_one_bits_half_byte[(byte & 0xF0) >> 4]);
}
```

有了针对 8 位整数的实现，就可以基于此迅速实现其他用来计算 16 位、32 位、64 位整数置 1 位数的函数：

```
int count_one_bits(unsigned char byte);

static inline int count_one_bits_16(uint_16 u16)
{
    return count_one_bits((uint8_yt)(u16 & 0xFF)) +
        count_one_bits((uint8_t)((u16 >> 8) & 0xFF));
}

static inline int count_one_bits_32(uint_32 u32)
{
    return count_one_bits_16((uint16_t)(u32 & 0xFFFF) +
        count_one_bits_16((uint16_t)((u32 >> 16) & 0xFFFF));
}
```

```
static inline int count_one_bits_64(uint_64 u64)
{
    return count_one_bits_32((uint32_t)(u64 & 0xFFFFFFFF)) +
        count_one_bits_32((uint32_t)((u64 >> 32) & 0xFFFFFFFF));
}
```

知识点：其他的实现

就本节讨论的 count_one_bits() 函数，除了查表法和折半查表法，还有其他一些有趣的实现方式。感兴趣的读者可以在互联网上搜索 count bits in C。另外，很多处理器架构提供了对应的指令来完成这一功能，如 x86 架构上对应的指令为 POPCNT，该指令计算指定的 16 位、32 位、64 位整数的置 1 位数。

11.2　提高性能的 3 个基本原则

由于 C 语言是最接近汇编语言的编程语言，相比其他更高级的编程语言，通常使用 C 语言编写的程序可以获得最好的运行速度。但是，也正因为 C 语言有优越的性能表现，程序员在使用 C 语言的过程中，往往会无视一些低效的代码。这些低效的代码在开发环境中很难察觉，但是当它们成为调用热点时，可能就会对程序的整体性能产生明显的影响。这里的调用热点是指在程序运行过程中，某个（或某些）函数会被频繁调用；也就是说，在给定统计周期内，这个（或这些）函数被调用的次数远远超过其他函数。如果构成调用热点的函数恰好未经充分优化，则大概率会形成程序的性能瓶颈。

为避免这种情况，在日常编码中，C 程序员应该时刻牢记如下 3 个原则：第一，不要做无用功；第二，杀鸡莫用牛刀；第三，避免滥用内存分配。

11.2.1　不要做无用功

常见的无用功出现在如下两个场景中：局部变量尤其是数组的初始化以及多余的函数调用。比如下面的代码：

```
void foo(void)
{
    char buf[64] = {};

    memset(buf, 0, sizeof(buf));
    strcpy(buf, "foo");

    ...
}
```

以上代码最终的执行结果是将"foo"字符串复制到 buf 中。然而以上代码执行了多次不必要的初始化工作：第一，在声明 buf 时，使用{}执行赋值操作，这会置 buf 中的所有成员为 0；第二，调用 memset() 函数重置 buf 中的各字节为 0。

　　本质上，上述两个操作是重复的，只需要保留一个即可。从最终生成的汇编代码角度看，使用编程语言提供的赋值语句进行初始化的执行效率要更高些。

　　然而，从这段代码的最终执行结果看，以上两个操作都是多余的，因为 strcpy() 函数会将字符串常量"foo"最后的空终止字符（\0）一并复制到 buf 中。故而，以上代码段只需要保留如下两行：

```c
void foo(void)
{
    char buf[64];

    strcpy(buf, "foo");

    ...
}
```

更进一步地，我们可以将这段代码简化为一条赋值语句：

```c
void foo(void)
{
    char buf[64] = "foo";

    ...
}
```

　　根据 C 语言语法，以上语句会将字符串常量"foo"连同最后的空终止字符一并复制到 buf 中，而无须调用 strcpy() 函数，这样便可省去调用函数的开销。

　　读到这里，读者可能会有疑问，如此低效的代码在实际项目中应该不多见吧？现实情况是，这类代码极可能出自"有丰富经验"的老手。究其原因，他们被可能的内存使用错误搞怕了，于是不问青红皂白，只要程序中用到数组，就调用 memset() 重置一下。

　　另一种常见的无用功，便是执行一些不必要的额外检查。下面的代码实现了一个 bar() 函数：

```c
#include <string.h>

static int bar(const char* str, size_t length)
{
    if (str == NULL)
        return 0;

    if (length == 0)
        length = strlen(str);

    while (*s && length) {
        ...

        length--;
    }
```

```
    ...
}
```

该函数接收两个参数，一个参数是字符串指针，另一个参数是长度。从代码已有的实现看，length 限定了该函数需要处理的最大字符个数；若给定的 length 为零，则意味着处理到字符串尾部。故而在 while 循环中既检查了 *s 的值，也检查了 length 的值，并在循环的末尾执行了 length--。

这段代码的无用功在于，当我们测试到 length 为零时，调用了 strlen(str) 函数来计算字符串的长度。实际上，计算字符串的长度要循环查找空终止字符，而其后的 while 循环也要检测空终止字符，因此便出现了多余的测试。

要优化这一实现，只需要在 length 为零时，将 SIZE_MAX 宏的值赋给 length 即可——反正 while 循环始终会判断是否到达字符串尾部，那就当其长度为最大的可能值好了。这里的 SIZE_MAX 宏定义了 size_t 的最大值，SIZE_MAX 宏定义在 stdint.h 头文件中。优化后的实现如下：

```c
#include <stdint.h>

static int bar(const char* str, size_t length)
{
    if (str == NULL)
        return 0;

    if (length == 0)
        length = SIZE_MAX;

    while (*s && length) {
        ...

        length--;
    }

    ...
}
```

如此便可免去一次多余的 strlen() 函数调用。

11.2.2   杀鸡莫用牛刀

"杀鸡用牛刀"的情形经常表现为滥用标准 C 库接口或者某些第三方函数库的接口。最为常见的便是滥用 STDIO 接口。比如下面的两个函数调用：

```c
sprintf(a_buffer, "%s%s", a_string, another_string);
sscanf(a_string, "%d", &i);
```

这两个函数调用分别完成了串接两个字符串以及将字符串转换为一个整型值的功能。

如第 8 章所述，在内存中执行格式化输入输出的 STDIO 接口，如 sprintf() 和 sscanf() 函数，首先会调用 fmemopen() 函数构造一个基于内存的 FILE 对象，然后调用 fprintf()、fscanf() 等函数完成最终的格式化输入输出功能，最后销毁临时构建的 FILE 对象。因此，这些接口的开销较大：不论从空间复杂度看还是从时间复杂度看，都远大于 strcat()、strcpy()、atoi() 等函数。因此，如果只是想完成字符串的串接或者单个字符串转整数的功能，大可不必调用 STDIO 接口，而应该调用其他的标准库函数，如下所示：

```
// sprintf(a_buffer, "%s%s", a_string, another_string);
strcpy(a_buffer, a_string);
strcat(a_buffer, another_string);

// sscanf(a_string, "%d", &i);
i = atoi(a_string);
```

如果对性能仍不满足，则可以进一步优化以上字符串串接代码。strcat() 首先会找到 a_buffer 的尾部，然后复制 another_string 的内容直到字符串末尾。但实际上，strcpy() 函数在其内部实现中一定已经循环到了 a_string 的尾部，故而也知道 a_buffer 中字符串的尾部地址。然而，strcpy() 函数并没有返回 a_buffer 中指向字符串尾部的指针，返回的却是 a_buffer 本身。幸好，为满足这一需求，标准库特意增加了一个接口 stpcpy()，该接口复制字符串并返回指向其尾部的指针：

```
#include <string.h>

char *stpcpy(char *dest, const char *src);
```

故而，我们可以进一步优化以上用来串接两个字符串的代码：

```
// sprintf(a_buffer, "%s%s", a_string, another_string);
char *p = stpcpy(a_buffer, a_string);
strcpy(p, another_string);
```

11.2.3 避免滥用内存分配

滥用内存分配是导致 C 程序性能低下的常见原因，且常常表现为两个截然相反的倾向。
- ❑ 第一种倾向：不论是否有必要动态分配内存，也不管要分配的内存是大是小，统统调用 malloc() 函数从堆中动态分配内存。
- ❑ 第二种倾向：对于函数的临时空间需求，不管三七二十一，始终按所需空间的最大上限定义局部缓冲区变量。

以常见的串接给定的路径和文件名，并读取文件内容的函数为例，函数原型如下：

```
char *get_file_contents_under_dir(const char *path, const char *fname);
```

其中，参数 path 用于指定路径，fname 用于指定文件名。该函数需要将 path 和 fname 串接为一个完整路径名，然后根据文件长度分配一个缓冲区并读取文件的内容到该缓冲区，最后返回缓冲区的地址。单看该函数中用于串接 path 和 fname 生成完整路径名的代码，一个简单的实现是调用 asprintf() 函数，如程序清单 11.4 所示。

程序清单 11.4　调用 `asprintf()` 函数实现串接完整路径名

```c
#define _GNU_SOURCE
#include <stdio.h>

char *get_file_contents_under_dir(const char *path, const char *fname)
{
    char *full_path;

    if (asprintf(&full_path, "%s/%s", path, fname) > 0) {
        assert(full_path);
    }
    else
        goto failed;

    char *buff = NULL;

    /* 略去打开文件并读取其内容的代码。 */
    ...

    free(full_path);
    return buff;

failed:
    return NULL;
}
```

仅仅因为要串接两个字符串就调用 asprintf() 函数，显然是"杀鸡用牛刀"。另外，asprintf() 并不是标准接口，而是 GNU 扩展接口，存在一定的平台兼容性问题。为此，我们可以做一些调整，如程序清单 11.5 所示。

程序清单 11.5　调用 `malloc()` 函数动态分配完整路径名缓冲区

```c
#include <stdlib.h>

char *get_file_contents_under_dir(const char *path, const char *fname)
{
    char *full_path;

    full_path = malloc(strlen(path) + strlen(fname) + 2);
    if (full_path == NULL) {
        goto failed;
    }
```

```
        strcpy(full_path, path);
        strcat(full_path, "/");
        strcat(full_path, fname);

        char *buff;
        ...

        free(full_path);
        return buff;

failed:
        return NULL;
}
```

上述调整避免了"杀鸡用牛刀",但考虑到绝大多数情况下,一个文件的完整路径名也就几百字节,定义一个足够长的局部变量作为缓冲区就可以了,完全不必调用 malloc() 等函数从堆中动态分配对应的缓冲区。另外,C99 支持变长数组(Variable Length Array,VLA),故而我们可以利用变长数组来定义这个缓冲区。进一步调整后的实现如程序清单 11.6 所示。

程序清单 11.6　使用 C99 变长数组分配完整路径名缓冲区

```
char *get_file_contents_under_dir(const char *path, const char *fname)
{
        char full_path[strlen(path) + strlen(fname) + 2];
        strcpy(full_path, path);
        strcat(full_path, "/");
        strcat(full_path, fname);

        char *contents;
        ...

        free(full_path);
        return contents;

failed:
        return NULL;
}
```

然而,针对程序清单 11.6 中使用变长数组的方法,在 path 和 fname 两个字符串的长度之和大于一个内存页(page)的长度(通常为 4 KB)时,系统需要分配一个完整的物理内存页来容纳该缓冲区,从而会在某种程度上降低程序的执行效率。另外,仍然有少数编译器不支持变长数组,或者其内部实现并不是从栈中分配空间,而仍然从堆中分配空间,只是在函数返回前自动完成了缓冲区的释放而已。

因此,对此类缓冲区的分配,实践中更为有效的办法是根据所要分配的缓冲区大小灵活使用栈空间或者自行分配合适的栈空间大小,如程序清单 11.7 所示。

程序清单 11.7　灵活使用栈空间作为缓冲区或动态分配的缓冲区

```c
char *get_file_contents_under_dir(const char *path, const char *fname)
{
    /* 从栈中分配一个覆盖绝大多数路径长度的缓冲区。*/
    char stack_buff[1024];

    char *full_path;
    size_t full_path_len = strlen(path) + strlen(fname) + 2;
    if (full_path_len > sizeof(stack_buff)) {
        /* 如果用于完整路径长度的缓冲区之大小超过预定义的栈缓冲区，
           则执行动态分配。 */
        if ((full_path = malloc(full_path_len)) == NULL)
            goto failed;
    }
    else
        full_path = stack_buff;

    strcpy(full_path, path);
    strcat(full_path, "/");
    strcat(full_path, fname);

    char *contents;
    ...

    /* 如果实际使用的缓冲区不是预定义的栈缓冲区，则释放该缓冲区。 */
    if (full_path != stack_buff)
        free(full_path);
    return contents;

failed:
    return NULL;
}
```

注意在程序清单 11.7 中，我们并没有使用 PATH_MAX 宏来定义栈缓冲区的大小。这是因为 PATH_MAX 宏的值通常被定义为 4096，恰好是一个物理内存页的大小。使用 PATH_MAX 宏会导致额外物理内存页的分配，甚至为了容纳最后的终止字符串用的空字符，我们通常会如下定义栈缓冲区：

```c
char stack_buff[PATH_MAX + 1];
```

但因为缓冲区超过了 4096 字节，stack_buff 需要两个物理内存页来容纳——这显然很不经济。但绝大多数情况下，需要处理的完整路径名之长度不会超过 1024 字节，故而我们只定义了 1024 字节大小的栈缓冲区。

11.3　实例研究：字符串匹配

字符串匹配的功能在很多 C 程序中十分常见，从简单的命令行参数匹配，到复杂的解析器、解释器，再到编译器，都可以看到各种各样的字符串匹配功能。本节通过分析字符串匹配的各种实现，看看在实践中，我们应该如何根据需求和场景来选择性能最佳的实现。

现在假设我们要根据给定的关键词来匹配区域（locale）类型（category）。由标准 C 库接口 setlocale()可知，C 标准库总共定义了如下十几种区域类型。

- ❏ LC_ALL：所有区域。
- ❏ LC_ADDRESS：用于定义地址以及地理相关项的格式。
- ❏ LC_COLLATE：字符串校对（用于确定字符串的比对规则）。
- ❏ LC_CTYPE：字符分类。
- ❏ LC_IDENTIFICATION：用于描述区域的元数据（metadata）。
- ❏ LC_MEASUREMENT：与度量相关的设置（如公制或英制）。
- ❏ LC_MESSAGES：可本地化的自然语言消息。
- ❏ LC_MONETARY：货币格式。
- ❏ LC_NAME：人称格式。
- ❏ LC_NUMERIC：非货币数值的格式。
- ❏ LC_PAPER：标准纸张尺寸的设置。
- ❏ LC_TELEPHONE：电话服务使用的格式。
- ❏ LC_TIME：日期和时间格式。

通过 setlocale()函数指定区域类型以及对应的区域（如 en_US 或 zh_CN），可影响标准 C 库中用于格式化相应类型数据时的格式。比如在调用 setlocale()设置 LC_TIME 类型为 zh_CN 之后，strftime()函数将以"2023 年 12 月 21 日"这样的形式格式化日期。

11.3.1　最直接的实现

假定现在要实现一个函数，用于将指定区域类型的字符串名称（如不区分大小写的 address、time 等）转换为对应的区域类型值（如 LC_ADDRESS、LC_TIME），则该函数最直接的实现见程序清单 11.8。

程序清单 11.8　将区域类型关键词转换为区域类型值的最直接实现

```c
#include <locale.h>
#include <string.h>

static struct locale_category {
    const char *name;
    int         category;
} categories [] = {
    { "all", LC_ALL },
    { "ctype", LC_CTYPE },
    { "collate", LC_COLLATE },
    { "numeric", LC_NUMERIC },
```

```
    { "monetary", LC_MONETARY },
    { "message", LC_MESSAGE },
    { "time", LC_TIME },
#ifdef LC_NAME
    { "name", LC_NAME },
#endif
#ifdef LC_TELEPHONE
    { "telephone", LC_TELEPHONE },
#endif
#ifdef LC_MEASUREMENT
    { "measurement", LC_MEASUREMENT },
#endif
#ifdef LC_PAPER
    { "paper", LC_PAPER },
#endif
#ifdef LC_ADDRESS
    { "address", LC_ADDRESS },
#endif
#ifdef LC_IDENTIFICATION
    { "identification", LC_IDENTIFICATION },
#endif
};

#define NR_CATEGORIES (sizeof(categories)/sizeof(categories[0]))

int get_locale_category_by_keyword(const char *keyword)
{
    for (size_t i = 0; i < NR_CATEGORIES; i++) {
        if (strcasecmp(categories[i].name, keyword) == 0) {
            return categories[i].category;
        }
    }

    return -1
}
```

程序清单 11.8 使用了数据和代码分离的实现方法，并通过条件编译处理了较低版本 C 语言标准库未定义 LC_NAME 等区域类型的情形。

11.3.2　利用哈希算法进行优化

上面的实现在最坏的情况下（比对最后一个关键词 identification 时）将针对数组中的前 20 个关键词调用 12 次 strcasecmp() 函数，这显然不是一个优化的实现。

针对这一情况，我们可以做一些简单的优化，首先判断关键词的首字母，然后调用 strcasecmp() 比对关键词。这种方法相当于根据关键词的首字母做了一次手工的哈希处理，性能将有所提升，如程序清单 11.9 所示。

程序清单 11.9　使用首字母哈希有效降低 `strcasecmp()` 函数的调用次数

```c
#include <locale.h>
#include <string.h>

int get_locale_category_by_keyword(const char *keyword)
{
    const char *head = keyword + 1;

    switch (keyword[0]) {
        case 'a':
        case 'A':
            if (strcasecmp (head, "all" + 1) == 0) {
                return LC_ALL;
            }
            break;

        case 'c':
        case 'C':
            if (strcasecmp (head, "ctype" + 1) == 0) {
                return LC_CTYPE;
            }
            else if (strcasecmp (head, "collate" + 1) == 0) {
                        length) == 0) {
                return LC_COLLATE;
            }
            break;

        case 'n':
        case 'N':
            if (strcasecmp (head, "numeric" + 1) == 0) {
                return LC_NUMERIC;
            }
#ifdef LC_NAME
            else if (strcasecmp (head, "name" + 1) == 0) {
                return LC_NAME;
            }
#endif /* LC_NAME */
            break;

        case 't':
        case 'T':
            if (strcasecmp (head, "time" + 1) == 0) {
                return LC_TIME;
```

```
                }
#ifdef LC_TELEPHONE
                else if (strcasecmp (head, "telephone" + 1) == 0) {
                    return LC_TELEPHONE;
                }
#endif /* LC_TELEPHONE */
                break;

        case 'm':
        case 'M':
                if (strasecmp (head, "monetary" + 1) == 0) {
                    return LC_MONETARY;
                }
                else if (strcasecmp (head, "message" + 1) == 0) {,
                    return LC_MESSAGES;
                }
#ifdef LC_MEASUREMENT
                else if (strcasecmp (head, "measurement" + 1) == 0) {
                    return LC_MEASUREMENT;
                }
#endif /* LC_MEASUREMENT */
                break;

#ifdef LC_PAPER
        case 'p':
        case 'P':
                if (strcasecmp (head, "paper" + 1) == 0) {
                    return LC_PAPER;
                }
                break;
#endif /* LC_PAPER */

#ifdef LC_ADDRESS
        case 'a':
        case 'A':
                if (strcasecmp (head, "address" + 1) == 0) {
                    return LC_ADDRESS;
                }
                break;
#endif /* LC_ADDRESS */

#ifdef LC_IDENTIFICATION
        case 'i':
        case 'I':
                if (strcasecmp (head, "identification" + 1) == 0) {
                    return LC_IDENTIFICATION;
```

```
        }
            break;
#endif /* LC_IDENTIFICATION */

        default:
            break;
    }

    return -1;
}
```

显然，程序清单 11.9 给出的实现即使在最坏的情况下（当匹配关键词 measurement 时），也只会调用 3 次 strcasecmp() 函数。但需要注意的是，程序清单 11.9 的实现因为未能有效分离数据和代码，导致代码的可维护性严重下降。

我们知道，哈希算法可能对两个不同的字符串给出相同的哈希值（即产生哈希冲突）。那么，有没有可能通过选择较好的哈希算法，让此等匹配一次性完成呢？对当前这一案例来讲，答案是存在的，如程序清单 11.10 所示。

程序清单 11.10 使用无冲突的哈希表进行优化

```
#include <stdint.h>
#include <limits.h>

#if SIZE_MAX == ULLONG_MAX // 64-bit
// 2^40 + 2^8 + 0xb3 = 1099511628211
#   define FNV_PRIME        ((size_t)0x100000001b3ULL)
#   define FNV_INIT         ((size_t)0xcbf29ce484222325ULL)
#else
// 2^24 + 2^8 + 0x93 = 16777619
#   define FNV_PRIME        ((size_t)0x01000193)
#   define FNV_INIT         ((size_t)0x811c9dc5)
#endif

static size_t str2key(const char* str, size_t length)
{
    const unsigned char* s = (const unsigned char*)str;
    size_t hval = FNV_INIT;

    if (str == NULL)
        return 0;

    if (length == 0)
        length = SIZE_MAX;

    /*
```

```
     * FNV-1a hash each octet in the buffer
     */
    while (*s && length) {

        /* xor the bottom with the current octet */
        hval ^= (size_t)*s++;
        length--;

        /* multiply by the FNV magic prime */
#ifdef __GNUC__
#if SIZE_MAX == ULLONG_MAX // 64-bit
        hval += (hval << 1) + (hval << 4) + (hval << 5) +
            (hval << 7) + (hval << 8) + (hval << 40);
#   else
        hval += (hval<<1) + (hval<<4) + (hval<<7) + (hval<<8) + (hval<<24);
#   endif
#else
        hval *= FNV_PRIME;
#endif
    }

    /* return our new hash value */
    return hval;
}

static int categories[] = {
    -1, -1,
    LC_CTYPE,
    LC_ADDRESS,
    -1, -1,
    LC_IDENTIFICATION,
    -1, -1,
    LC_NUMERIC,
    LC_TIME,
    -1, -1, -1, -1, -1, -1,
    LC_MONETARY,
    -1, -1, -1,
    LC_PAPER,
    LC_TELEPHONE,
    -1, -1, -1, -1,
    LC_COLLATE,
    -1, -1,
    LC_NAME,
    LC_MEASUREMENT,
    -1,
    LC_MESSAGE,
```

```
    -1, -1, -1,
};

int get_locale_category_by_keyword(const char *keyword)
{
    size_t hval = str2key(keyword) % (sizeof(categories)/sizeof(categories[0]));

    return categories[hval];
}
```

程序清单 11.10 首先定义了一个 `str2key()` 函数，该函数使用 FNV-1a 哈希算法计算给定字符串的哈希值；然后给出了一个整型数组 `categories`，这个数组中出现了已知的 12 个区域类型关键词（不包括 `LC_ALL`）。在 `get_locale_category_by_keyword()` 函数的实现中，首先调用 `str2key()` 函数计算给定关键词的哈希值，然后用整型数组 `categories` 的长度对其求模，并用最终结果直接返回 `categories` 数组中的对应值。

这一实现达到了仅比对一次的优化目标，但仍存在一些问题。

首先，此方案只对该特例有效。通过分析已知的 12 个区域类型关键词，当使用 37 对 `str2key()` 返回的哈希值取模时，刚好可以获得一个无冲突的哈希结果。这一分析可以通过编写另一个程序并使用不同的除数（通常是素数）来尝试获得。对于当前情况，在 64 位系统中恰好得到这一除数的最小值为 37。尽管最终生成的哈希表稍微有点稀疏，浪费了一些存储空间，但为了性能还是值得的。

其次，通过取模操作，这一实现实际使用的哈希算法只可能有 37 个结果值，这显然会出现将某些错误的关键词误判为合法的区域类型关键词的情形；也就是说，该实现只有在传入的关键词从已知关键词中取值时才能正常工作。解决这个问题的办法也很简单，可以调整 `categories` 数组的类型为结构数组，在其中保存对应关键词针对 `str2key()` 函数的返回值或者关键词本身。当然，前一种做法的性能更好，但理论上仍然无法避免可能的哈希冲突，由于出现这种情况的可能性微乎其微，一般情况下可以忽略。对结构中保存关键词本身的情形，调整后的 `categories` 数组见程序清单 11.11。

程序清单 11.11　解决可能的哈希冲突问题

```
static struct category {
    const char *name;
    int value;
} categories[] = {
    { NULL, -1 }, { NULL, -1 },
    { "ctype", LC_CTYPE },
    { "address", LC_ADDRESS },
    { NULL, -1 }, { NULL, -1 },
    { "identification", LC_IDENTIFICATION },
    { NULL, -1 }, { NULL, -1 },
    { "numeric", LC_NUMERIC },
    { "time", LC_TIME },
    { NULL, -1 }, { NULL, -1 }, { NULL, -1 }, { NULL, -1 }, { NULL, -1 }, { NULL, -1 },
```

```
    { "monetary", LC_MONETARY },
    { NULL, -1 }, { NULL, -1 }, { NULL, -1 },
    { "paper", LC_PAPER },
    { "telephone", LC_TELEPHONE },
    { NULL, -1 }, { NULL, -1 }, { NULL, -1 }, { NULL, -1 },
    { "collate", LC_COLLATE },
    { NULL, -1 }, { NULL, -1 },
    { "name", LC_NAME },
    { "measurement", LC_MEASUREMENT },
    { NULL, -1 },
    { "message", LC_MESSAGE },
    { NULL, -1 }, { NULL, -1 }, { NULL, -1 },
};

int get_locale_category_by_keyword(const char *keyword)
{
    size_t hval = str2key(keyword) % (sizeof(categories)/sizeof(categories[0]));

    if (categories[hval].name && strcmp(categories[hval].name, keyword) == 0)
        return categories[hval].value;

    return -1;
}
```

需要注意的是，为简化处理，以上使用哈希算法的实现是大小写敏感的。对于大小写不敏感的匹配，需要做额外的处理——将待匹配的关键词转换成小写形式，如下所示：

```
int get_locale_category_by_keyword(const char *keyword)
{
    char lower_keyword[strlen(keyword) + 1];

    size_t i = 0;
    while (keyword[i]) {
        lower_keyword[i] = tolower(keyword[i]);
        i++;
    }

    size_t hval = str2key(lower_keyword) % (sizeof(categories)/sizeof(categories[0]));

    if (categories[hval].name && strcmp(categories[hval].name, lower_keyword) == 0)
        return categories[hval].value;

    return -1;
}
```

11.3.3   字符串的原子化

尽管我们使用哈希表提升了关键词的匹配性能，但以上使用哈希表的处理办法并不通用。我们需要找到一种更加通用的办法来处理类似的关键词匹配功能，于是便有了下面讲到的字符串原子化方法。

字符串的原子化方法常见于一些工具函数库，如 glib。原子（atom，也叫 quark）表示一个可以唯一确定一个字符串常量的整数。其背后通常是一个字符串指针数组以及一个哈希表或红黑树，前者保存原子值到字符串常量的映射关系，后者保存字符串常量到原子值的映射关系，从而建立了原子值和字符串常量之间的双向映射关系。如图 11.1 所示，为方便起见，下文将这一数据结构称为"原子池"。

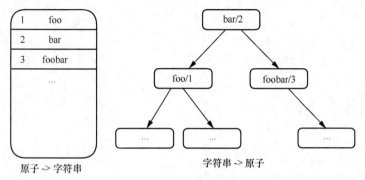

图 11.1 原子池示意图

使用字符串的原子化方法可以带来诸多好处。首先，原先用来存储字符串指针的地方，现在只需要存储一个整数，也就是原子值。通常原子值是一个 32 位的无符号整数。其次，原先调用 strcmp() 对比字符串的地方，现在可使用==直接对比两个整数。最后，原先使用 if-else 这类复杂判断的地方，现在可以使用 switch 语句。但该方法虽然通用，综合性能未必最佳。我们通常在匹配多于 10 个关键词的情形下使用字符串的原子化方法；对仅仅匹配几个关键词的情形，使用首字母哈希的方法通常是最佳选择——毕竟原子池会有一些额外的内存和初始化开销。

HVML 开源解释器 PurC 参考 glib 提供了如下对字符串进行原子化处理的接口：

```
typedef unsigned int purc_atom_t;

/* 将指定的字符串添加到原子池中，返回对应的唯一性原子值。
   若该字符串已被添加，则返回原有值。 */
PCA_EXPORT purc_atom_t
purc_atom_from_string(const char* string);

/* 将指定的静态字符串添加到原子池中，返回对应的唯一性原子值。
   若该字符串已被添加，则返回原有值。 */
PCA_EXPORT purc_atom_t
purc_atom_from_static_string(const char* string);

/* 在原子池中查找给定的字符串，若该字符串已经保存在原子池中，则返回对应的原子值，
   否则返回 0。 */
PCA_EXPORT purc_atom_t
purc_atom_try_string(const char* string);
```

```
/* 为已知原子值返回对应的字符串常量指针。 */
PCA_EXPORT const char*
purc_atom_to_string(purc_atom_t atom);
```

程序清单 11.12 使用以上接口实现了区域类型的匹配功能。

程序清单 11.12   使用字符串的原子化方法实现区域类型的匹配功能

```
static struct category_to_atom {
    const char *name;
    purc_atom_t atom;
    int         category;
} _atoms [] = {
    { "ctype", 0, LC_CTYPE },
    { "collate", 0, LC_COLLATE },
    { "numeric", 0, LC_NUMERIC },
    { "monetary", 0, LC_MONETARY },
    { "message", 0, LC_MESSAGE },
    { "time", 0, LC_TIME },
    { "name", 0, LC_NAME },
    { "telephone", 0, LC_TELEPHONE },
    { "measurement", 0, LC_MEASUREMENT },
    { "paper", 0, LC_PAPER },
    { "address", 0, LC_ADDRESS },
    { "identification", 0, LC_IDENTIFICATION },
};

#define NR_CATEGORIES (sizeof(_atoms)/sizeof(_atoms[0]))

int get_locale_category_by_keyword(const char *keyword)
{
    /* 尝试获取与给定关键词对应的原子值。
        若尚未添加到系统中，purc_atom_try_string() 函数将返回 0。*/
    purc_atom_t atom = purc_atom_try_string(keyword);

    /* 这里假定添加到系统中的关键词是唯一的，故而对应的原子值是顺序增加的。
        此时，可利用_atoms 数组的第一个原子值和最后一个原子值来判断关键词
        是否合法。如果合法，则返回对应结构体的 category 值。 */
    if (atom >= _atoms[0].atom || atom <= _atoms[NR_CATEGORIES - 1].atom) {
        return _atoms[atom - _atoms[0].atom].category;
    }

    return -1;
}

/* 在系统初始化时，调用 purc_atom_from_static_string() 函数，将关键词添加到
    原子池中并记录对应的原子值。 */
```

```
    for (size_t i = 0; i < NR_CATEGORIES; i++) {
        _atoms[i].atom = purc_atom_from_static_string(_atoms[i].name);
    }
```

在程序清单 11.12 中，我们假定通过 purc_atom_from_static_string() 函数添加到原子池中的字符串是唯一的，这样该函数返回的原子值将和添加关键词的顺序对应。也就是说，第一个添加到原子池中的字符串对应的原子值是 1，第二个字符串对应的原子值是 2，以此类推。在此假设之上，get_locale_category_by_keyword() 函数中判断原子值范围以及返回对应区域类型值的代码才可正常工作。

如果这些关键词是最早通过调用相关接口添加到原子池中的，则程序清单 11.12 中的代码可正常工作。但在稍微复杂点的项目中，不同的模块可能添加相同的字符串到原子池中，此时系统会针对已经添加到原子池中的字符串返回同一个原子值，从而无法保证字符串的添加顺序和获得的原子值一一对应。以上代码将无法正常工作，我们需要编写如下这段匹配原子值的代码：

```
for (int i = 0; i < NR_CATEGORIES; i++) {
    if (_atoms[i] == atom)
        return _atoms[i].category;
}
```

为解决这一问题，PurC 提供了原子桶的机制，以帮助应用程序将属于不同模块的字符串常量添加到不同的原子桶中，从而避免重复的情形发生。这相当于使用不同的命名空间来管理字符串常量。PurC 提供的增强接口，其功能类似于上面非 _ex 后缀的接口，只是增加了用于指定原子桶的参数：

```
#define PURC_ATOM_BUCKET_BITS    4
#define PURC_ATOM_BUCKETS_NR     (1 << PURC_ATOM_BUCKET_BITS)

PCA_EXPORT purc_atom_t
purc_atom_from_string_ex(int bucket, const char* string);

static inline purc_atom_t purc_atom_from_string(const char* string) {
    return purc_atom_from_string_ex(0, string);
}

PCA_EXPORT purc_atom_t
purc_atom_from_static_string_ex(int bucket, const char* string);

static inline purc_atom_t purc_atom_from_static_string(const char* string) {
    return purc_atom_from_static_string_ex(0, string);
}
```

本质上，PurC 使用原子值的高 4 位来区别不同的原子桶，其余位（共 28 位）则用于同一个桶中的原子值。以上增强接口通过 bucket 参数来指定目标原子桶。当 bucket 参数为 0 时，使用默认的原子桶；而早先没有 bucket 参数的接口，本质上操作的是 0 号原子桶。

引入原子桶的概念后，开发者就可以将不同命名空间中的字符串常量在不同的原子桶中进行维护，从而可以充分利用字符串添加到原子桶中的顺序与原子值一一对应这一条件来优化代码，如程序清单 11.13 所示。

程序清单 11.13 使用原子桶实现区域类型的匹配功能

```c
enum {
    ATOM_BUCKET_DEFAULT = 0,
    ATOM_BUCKET_LOCALE_CATEGORY,
    ...
};

static struct category_to_atom {
    const char *name;
    purc_atom_t atom;
    int        category
} _atoms [] = {
    { "ctype", 0, LC_CTYPE },
    { "collate", 0, LC_COLLATE },
    { "numeric", 0, LC_NUMERIC },
    { "monetary", 0, LC_MONETARY },
    { "message", 0, LC_MESSAGE },
    { "time", 0, LC_TIME },
    { "name", 0, LC_NAME },
    { "telephone", 0, LC_TELEPHONE },
    { "measurement", 0, LC_MEASUREMENT },
    { "paper", 0, LC_PAPER },
    { "address", 0, LC_ADDRESS },
    { "identification", 0, LC_IDENTIFICATION },
};

#define NR_CATEGORIES (sizeof(_atoms)/sizeof(_atoms[0]))

/* 使用事先约定好的原子桶来匹配区域类型。 */
int get_locale_category_by_keyword(const char *keyword)
{
    purc_atom_t atom = purc_atom_try_string_ex(
            ATOM_BUCKET_LOCALE_CATEGORY, keyword);

    /* 由于使用了自己独有的原子桶，故而如下代码可正常工作，而不用担心可能的
       关键词重复问题。*/
    if (atom >= _atoms[0].atom || atom <= _atoms[NR_CATEGORIES - 1].atom) {
        return _atoms[atom - _atoms[0].atom].atom.category;
    }

    return -1;
}
```

```
/* 在系统初始化时，将区域类型关键词添加到对应的原子桶中。*/
for (size_t i = 0; i < NR_CATEGORIES; i++) {
    _atoms[i].atom = purc_atom_from_static_string_ex(
            ATOM_BUCKET_LOCALE_CATEGORY, _atoms[i].name);
}
```

通过这一案例的研究，尤其是字符串原子化的实例，我们大致可以得出如下结论。

首先，访问线性数组、围绕整数的运算具有最佳的执行速度。其次，我们可以通过复杂的数据结构或算法来提供通用功能，同时降低时间复杂度。但是，有时候通用方案的空间代价较大，我们在选择时需要因地制宜，不可僵化。

11.4 实例研究：如何判断一个自然数是不是素数

在数学上，素数的判断法则非常简单：如果某个大于 1 的自然数，除了 1 和它本身以外不再有其他的因数，这样的数便是质数。因此，给定一个大于 1 的自然数（正整数），用比其小但比 1 大的正整数去除这个数，如果能够被其中任意一个正整数整除，也就是余数为 0，则这个数不是素数，否则这个数是素数。当然这个算法也可以做一些必要的优化，比如只需要用比它的平方根小但比 1 大的正整数去除这个数即可。在工程实践中，我们还可以使用素数筛算法。感兴趣的读者可以在互联网上搜索"素数筛 C 语言"。

自然数集合中素数的分布没有明显的规律，但总体上呈现越来越稀疏的样子。比如在小于 1 000 000（100 万）的自然数中，一共有 78 498 个素数，占比不到 8%；在小于 10 000 000（1000 万）的自然数中，一共有 664 579 个素数，占比不到 7%。故而，我们可以考虑将这些素数事先计算好并保存为一个数组，然后可以采用查表法快速判断给定的自然数是否为素数——只要在这个数组中的自然数就是素数，否则就不是素数。

但即使是查表法，也需要针对不同的情形采用不同的数据结构，以确保获得空间复杂度和时间复杂度上的最佳平衡实现。在本节中，我们将通过不同的情形来研究查表法的若干变化形式。

11.4.1 小于 16 的自然数

在小于 16 的自然数中，有 2、3、5、7、11、13 共 6 个素数。最简单的方法是使用 switch 语句或 if-else 来判断。如果使用查表法，则可以组织一个 bool 类型的数组，如程序清单 11.14 所示。

程序清单 11.14 使用查表法判断小于 16 的自然数是否为素数

```
bool is_prime_lt_16_v1(unsigned int n)
{
    static bool prime_or_not[] = {
        false,          // 0
        false,          // 1
        true,           // 2
        true,           // 3
        false,          // 4
```

```
        true,            // 5
        false,           // 6
        true,            // 7
        false,           // 8
        false,           // 9
        false,           // 10
        true,            // 11
        false,           // 12
        true,            // 13
        false,           // 14
        false,           // 15
    };

    assert(n < 16);
    return prime_or_not_16[n];
}
```

程序清单 11.14 的问题是，用 bool 类型来表示真假有点太浪费空间了。若使用位来表示，则有如下调整后的实现：

```
bool is_prime_lt_16_v2(unsigned int n)
{
    static const unsigned short bits = 0x28AC; // 0010.1000.1010.1100

    assert(n < 16);
    return (bits >> n) & 0x01;
}
```

在上面这段代码中，静态常数 bits 是 unsigned short 类型，一共 16 位，刚好可以用来表示 0～15 这 16 个自然数是否为素数。如此，空间复杂度大幅降低，而时间复杂度并未增加多少。

11.4.2　可表示为无符号短整型的自然数

无符号短整型（unsigned short）的最大值为 65 535，小于或等于 65 535 的素数一共有 6542 个。如果使用位来表示这些自然数是否为素数，则总共需要 8192 字节的内存空间。而如果将这些素数从小到大组织为一个无符号短整的数组，则可以通过二分查找法快速确定一个给定的自然数是否在这个数组中，此时需要 6542 × 2 = 13 084 字节的内存空间。

程序清单 11.15 给出了上述两种方法的具体实现。

程序清单 11.15　判断可表示为无符号短整型的自然数是否为素数

```
/* 二次索引查表。 */
bool is_prime_ushort_v1(unsigned short n)
{
    /* 每16个自然数一组，
       用其中的位表示小于 65 536 的每个自然数是否为素数。 */
    static unsigned short prime_bits[] = {
```

```
        0x28AC, // 0010.1000.1010.1100
        ...
    };

    assert(n < sizeof(prime_bits)/sizeof(unsigned short) * 16);
    return ((prime_bits[n / 16]) >> (n % 16)) & 0x01;
}

/* 二分查找法。 */
bool is_prime_ushort_v2(unsigned short n)
{
    /* 该数组从小到大保存了小于 65 536 的 6542 个素数。 */
    static unsigned short primes[] = {
        2, 3, 5, 7, 11, 13, ...
    };

    assert(n < sizeof(primes)/sizeof(primes[0]));

    ssize_t low, high, mid;

    low = 0;
    high = sizeof(primes)/sizeof(primes[0]) - 1;
    while (low <= high) {
        int cmp;

        mid = (low + high) / 2;
        if (n == primes[mid]) {
            goto found;
        }
        else if (n < primes[mid]) {
            high = mid - 1;
        }
        else {
            low = mid + 1;
        }
    }

    return false;

found:
    return true;
}
```

显然，不论是空间复杂度还是时间复杂度，第一种实现（使用位）比第二种实现（二分查找法）
要好。

11.4.3　可表示为 64 位无符号长整型的自然数

如果想要编写一个函数，通过查表法查询任意一个 64 位无符号长整型的自然数是否为素数，那么继续使用以上方法将面临相当大的难度。毕竟 64 位无符号整数的最大值为 18 446 744 073 709 551 615，使用位来表示其中每个自然数是否为素数，需要 2^{61} 字节；若将其中所有的素数都列出，则需要一个很大的内存空间。若程序需要如此大的内存空间，则不论是在编译、链接还是装载执行阶段，都将遇到很多麻烦。故而需要有新的思路来处理这种场景。

程序清单 11.16 给出了一个解决方案。该解决方案采用了两级查表法。首先，将 64 位的无符号长整型分成两个 32 位的整型，用高 32 位代表一个区域（zone），低 32 位则用来索引这个区域中的自然数。其次，为每个自然数区域保存其中所有的素数，并按自然数对应的区域索引值从小到大排序，以方便使用二分查找法进行查询。如此一来，原先的单个非常大的内存空间就可以划分成若干可轻松处理的小内存空间。

比如程序清单 11.16 中定义的 primes_zone_0 数组，其中保存了高 32 位为 0 的自然数中的所有素数，实际也就是 32 位正整数（小于 4 294 967 295）中的所有素数；而程序清单 11.16 中定义的 primes_zone_4294967295 数组，则保存了高 32 位的值为 4 294 967 295 的所有 64 位自然数中的所有素数所对应的低 32 位值。这些数组应该通过另一个程序离线生成。可以预期的是，按照素数的大致分布规律，区域的编号越大，对应的素数数量越少。当然，将 2^{32} 个这种数组编译并链接在一起仍然是个大麻烦，但通过将这些数组分散到多个源文件中可以有效解决这个麻烦。

最后，程序清单 11.16 构造了一个名为 primes_zones 的结构体数组，其中包含所有的区域以及对应区域中的素数个数信息。而 is_prime_ullong() 函数的实现则非常简单：将传入的 64 位整数切分为两个 32 位整数，然后在对应的区域中使用二分查找法判断它是否保存在该区域的素数数组中。如果是，则这个自然数为素数，否则它就不是素数。

程序清单 11.16　判断可表示为 64 位无符号长整型的自然数是否为素数

```
static uint32_t primes_zone_0[] = {
    2, 3, 5, 7, 11, 13, ...
};

...

static uint32_t primes_zone_4294967295[] = {
    ...
};

static struct prime_zone {
    const uint32_t *zone;
    size_t nr;
} primes_zones[] = {
    { primes_zone_0, sizeof(primes_zone_0)/sizeof(primes_zone_0[0]) },
```

```
    ...

    { primes_zone_4294967295,
        sizeof(primes_zone_4294967295)/sizeof(primes_zone_4294967295[0]) },
};

static bool try_to_find_in_zone(struct prime_zone *zone, uint32_t index)
{
    // use binary search to find `index` in `zone`
}

bool is_prime_ullong(uint64_t n)
{
    uint32_t zone = (n >> 32);
    uint32_t index = (n & 0xFFFFFFFF);

    return try_to_find_in_zone(primes_zones + zone, index);
}
```

这里留给读者一个思考题。已知某计算机所能存储的最大素数是 $2^{30402457}-1$，共有 9 152 052 个十进制位。针对这个规模的素数，我们如何组织数据结构才能高效地实现查表判断呢？

11.5 实例研究：像素混合的并行计算

专用于三维图像处理的 GPU，可以通过若干并行计算单元提供对图像中多个像素点的并行处理能力，然而传统的 CPU 不提供此类处理能力，其大部分指令仅基于基本的数据单元执行加法运算或逻辑运算。某些流行的计算机处理器架构，如 x86_64 或 ARM64，也提供了一些矢量运算指令，利用这些矢量运算指令，可以获得一定的并行计算能力，用于矩阵运算等。当想要在 C 程序中利用这些矢量运算指令时，通常需要使用专用的函数库或者自行编写汇编代码。但在一些场合中，可以利用 C 程序来实现一些简单的并行计算，从而有效提升程序的执行效率。

通常在 32 位处理器上，每条指令操作的数据是双倍字（double word，dword）；而在 64 位处理器上，每条指令操作的数据是四倍字（quadruple word，qword）。在 32 位或 64 位计算机上，如果让每条指令仅处理 1 字节，将导致计算能力的浪费。或者反过来想，我们可以在一些情况下，将处理字节的算法组合成双倍字或四倍字来进行处理，从而充分利用计算机的处理能力。这一优化思想在计算机图形学中尤其有用。

计算机屏幕上的每个像素点一般使用红、绿、蓝（RGB）3 种颜色来表示，称为颜色分量，取值范围一般为 0x00～0xFF，可表达 2^{24} 种颜色。针对不同的颜色分量取不同的值，就可以表示不同的颜色。在计算机图形学中，我们经常需要进行像素的混合运算。比如给定两个像素，各取这两个像素中 RGB 分量的一半形成结果像素，就实现了半透明效果。在程序中，RGB 三个颜色分量可使用 32 位的二进制双倍字来表示：低 8 位表示 B 分量，中间 8 位表示 G 分量，高 8 位表示 R 分量。

要计算上面所说的半透明混合效果下的结果像素，可使用下面的代码：

```
uint32_t blend_pixels(uint32_t p1, uint32_t p2)
{
    uint32_t b1 = (p1 & 0xFF);
    uint32_t g1 = (p1 >> 8) & 0xFF;
    uint32_t r1 = (p1 >> 16)& 0xFF;

    uint32_t b2 = (p2 & 0xFF);
    uint32_t g2 = (p2 >> 8) & 0xFF;
    uint32_t r2 = (p2 >> 16) & 0xFF;

    b1 = (b1 >> 1) | (b2 >> 1);
    g1 = (g1 >> 1) | (g2 >> 1);
    r1 = (r1 >> 1) | (r2 >> 1);

    return (r1 << 16) | (g1 << 8) | b1;
}
```

上面的 blend_pixels() 函数使用位运算替代了乘法和加法运算，速度相当快，但只适用于两个源像素各取一半的混合效果。当我们想要实现一个像素 1/3 而另一个像素 2/3 的半透明混合效果时，则无法使用这个函数，此种情况下需要使用更加通用的计算函数：

```
uint32_t blend_pixels_with_alpha (uint32_t p1, uint32_t p2, uint8_t alpha)
{
    uint32_t b1 = (p1 & 0xFF);
    uint32_t g1 = (p1 >> 8) & 0xFF;
    uint32_t r1 = (p1 >> 16)& 0xFF;

    uint32_t b2 = (p2 & 0xFF);
    uint32_t g2 = (p2 >> 8) & 0xFF;
    uint32_t r2 = (p2 >> 16)& 0xFF;

    b1 = (b1 * alpha/255) | (b2 * (255-alpha)/255);
    g1 = (g1 * alpha/255) | (g2 * (255-alpha)/255);
    r1 = (r1 * alpha/255) | (r2 * (255-alpha)/255);

    return (r1 << 16) | (g1 << 8) | b1;
}
```

注意在上面的 blend_pixels_with_alpha() 函数中，我们使用取值范围为 0～xFF 的 alpha 值来确定结果像素中是第一个像素的作用大还是第二个像素的作用大。读者可以将 alpha 值看作一个权重参数。在更加一般的图形库（比如 OpenGL）中，通常使用一个介于 0 和 1 之间的实数来表示该权重。因为使用了整数的乘除运算（或者实数的乘除运算），blend_pixels_with_alpha() 函数的性能显然远远低于 blend_pixels() 函数。

根据上述优化思想，我们可以在 64 位系统中对 blend_pixels_with_alpha() 函数做适当的优化，其核心思想是将 RGB 分量扩展到 64 位的四倍字中进行计算，从而将上面的 3 次乘除运算简化为一次乘除运算，如下所示：

```
uint32_t blend_pixels_on_64bit (uint32_t p1, uint32_t p2, uint8_t alpha)
{
    uint8_t b1 = (p1 & 0xFF);
    uint8_t g1 = (p1 >> 8) & 0xFF;
    uint8_t r1 = (p1 >> 16)& 0xFF;

    uint8_t b2 = (p2 & 0xFF);
    uint8_t g2 = (p2 >> 8) & 0xFF;
    uint8_t r2 = (p2 >> 16)& 0xFF;

    uint64_t qp1 = (r1 << 32) | (g1 << 16) | b1;
    uint64_t qp2 = (r2 << 32) | (g2 << 16) | b2;

    qp1 = (qp1 * alpha/255) + (qp2 * (255-alpha)/255);

    b1 = (qp1 & 0xFF)
    g1 = (qp1 >> 16) & 0xFF
    r1 = (qp1 >> 32)& 0xFF

    return (r1 << 16) | (g1 << 8) | b1;
}
```

以上代码的优化思路是，将 8 位的 RGB 分量在 64 位的四倍字中扩展为 16 位（高 8 位取 0），然后进行 alpha 混合计算。之所以扩展到 16 位，是为了在进行 alpha 有关的乘法运算时，避免产生溢出。最后从结果四倍字中取出 RGB 分量并组装成 32 位的 RGB 像素值返回。

我们还可以充分利用 C 语言的直接访问地址能力快速分解和组装像素，这体现了 C 语言的优势，如下所示（注意以下代码仅适用于 64 位系统）：

```
uint32_t blend_pixels_on_64bit (uint32_t p1, uint32_t p2, uint8_t alpha)
{
    uint8_t* pp1 = (uint8_t*)(&p1);
    uint8_t* pp2 = (uint8_t*)(&p2);

    uint64_t qp1 = 0, qp2 = 0;
    uint8_t *pqp1 = (uint8_t*)&qp1, *pqp2 = (uint8_t*)&qp2;

    pqp1[0] = pp1[0];
    pqp1[2] = pp1[1];
    pqp1[4] = pp1[2];

    pqp2[0] = pp2[0];
    pqp2[2] = pp2[1];
    pqp2[4] = pp2[2];
```

```
qp1 = ((qp1 * alpha) >> 8) + ((qp2 * (255-alpha)) >> 8);

pp1[0] = pqp1[0];
pp1[1] = pqp1[2];
pp1[2] = pqp1[4];

return p1;
}
```

注意在上面的 C 代码中，我们将除以 255 的运算用右移 8 位的操作替代了（尽管有误差，但可以接受）。我们还可以将这条语句写成下面这种形式：

```
qp1 = (qp1 * alpha + (qp2 * (255-alpha))) >> 8;
```

许多读者可能担心上面的优化会导致扩展后的 RGB 分量在执行加法运算后溢出，这种担心是多余的。

11.6 实例研究：达夫设备

达夫设备（Duff's Device）在与 C/C++图形学相关的代码中较为常见。达夫设备通常被定义为下面的宏：

```
/* 8 倍展开循环。 */
#define DUFFS_LOOP(pixel_copy_increment, width)             \
{ int n = (width+7)/8;                                      \
    switch (width & 7) {                                    \
    case 0: do {     pixel_copy_increment;                  \
    case 7:          pixel_copy_increment;                  \
    case 6:          pixel_copy_increment;                  \
    case 5:          pixel_copy_increment;                  \
    case 4:          pixel_copy_increment;                  \
    case 3:          pixel_copy_increment;                  \
    case 2:          pixel_copy_increment;                  \
    case 1:          pixel_copy_increment;                  \
        } while ( --n > 0 );                                \
    }                                                       \
}
```

使用上面这个宏的代码，通常是下面这个样子：

```
static void Blit_RGB888_RGB555(const uint32_t *src, uint16_t* dst,
        int width, int height, int srcskip, dstskip)
{
    while (height--) {
        DUFFS_LOOP(
            RGB888_RGB555(dst, src);
```

```
            ++src;
            ++dst;
        , width);
        src += srcskip;
        dst += dstskip;
    }
}
```

上述函数将 `src` 中包含的像素格式为 RGB888 的像素复制（blit）到了 `dst` 所指定的位置，该位置的像素格式为 RGB555。其中用到了 DUFFS_LOOP 宏。这个宏的第一个参数由 3 条语句构成；第二个参数指定了像素的复制次数，也就是 `width` 的值。

初看起来，DUFFS_LOOP 宏定义的代码将一个 do-while() 循环嵌到了 switch-case 语句的中间，似乎不符合逻辑，但这段代码在 C/C++ 中是可以接受的。注意在达夫设备的写法中，所有的 case 语句都没有 break 语句。这表明当 `width & 7` 的值为 0 时，将执行 pixel_copy_increment 定义的语句 8 次；而当 `width & 7` 的值为 1，则只执行 pixel_copy_increment 定义的语句一次。不论 `width & 7` 的初始值是多少，do-while() 循环都将循环 n 次；除了第一次，之后的循环将完整执行 8 次 pixel_copy_increment 定义的语句。

当不使用达夫设备的这种写法时，我们可以将 DUFFS_LOOP 宏定义成下面这种易于理解的样子：

```
#define DUFFS_LOOP(pixel_copy_increment, width)           \
{   int n;                                                 \
    for (n = width; n > 0; --n) {                          \
        pixel_copy_increment;                              \
    }                                                      \
}
```

以上两个实现的差异在于，8 倍展开的达夫设备通过将循环体（pixel_copy_increment 定义的语句）展开 8 倍而降低了用于判断循环是否终止语句的执行次数，从而可在一定程度上提高程序的运行性能。当然，副作用便是代码的体积变大了。故而，达夫设备通常用于计算机图形学的像素操作中，因为在这种情况下，循环体本身的代码量很小。

类似地，我们还可以使用 4 倍展开的达夫设备：

```
/* 4 倍展开循环。 */
#define DUFFS_LOOP4(pixel_copy_increment, width)          \
{ int n = (width+3)/4;                                    \
    switch (width & 3) {                                   \
    case 0: do {    pixel_copy_increment;                  \
    case 3:         pixel_copy_increment;                  \
    case 2:         pixel_copy_increment;                  \
    case 1:         pixel_copy_increment;                  \
    } while ( --n > 0 );                                   \
    }                                                      \
}
```

## 第 12 章

单元测试

在常见的软件工程实践中，经常采用"瀑布模型"。使用瀑布模型时，需求方提出需求，开发团队分析需求并做概要和详细设计，之后进入开发阶段。当开发团队按照详细设计将所有的功能模块开发完成后，发布第一个版本并交给测试团队测试。若测试团队发现了问题，就反馈给开发团队修复，开发团队修复后发布一个新版本交给测试团队，测试团队再进行所谓的"回归"测试。如此循环往复，当不再出现新的缺陷且已有的缺陷均已正确修复时，软件即可进入对外发布阶段。

在某些软件开发场景下，瀑布模型是适合的，比如管理信息系统（Management Information System，MIS）这类最终交由普通用户使用的软件。但瀑布模型并不是万能的，在基础软件或者系统软件领域，很难使用瀑布模型。因为在这种场景下，开发者本身兼有产品经理以及用户的身份。就比如要开发一个基础函数库，这个基础函数库要用来完成哪些功能、接口如何设计等，都需要开发者自行完成。此时，我们通常需要使用另一种软件测试方法来保障软件的质量——这便是本章讨论的重点：单元测试。

本章首先阐述了单元测试的基本概念和重要性，然后介绍了常用的单元测试方法和单元测试框架，并介绍了如何编码生成测试用例，最后通过几个实例说明了如何在项目中有效实施单元测试。

12.1　单元测试的基本概念和重要性

单元测试是用来保证软件基本质量的一种方法。通常，我们通过编写一个或数个测试程序来测试单个接口或模块，从而确保软件的基本功能是正常的。此处的基本功能涵盖如下 3 个方面。

（1）正确性。确保各个接口能够按照预期工作，并能够就给定的输入（参数）给出相应的输出（返回值），以及能够就错误的输入给出相应的错误信息。

（2）性能达到设计目标。确保接口或模块的实现代码，以及空间复杂度和时间复杂度在预期范围之内。

（3）无内存相关的缺陷。除了确保功能正确、性能达到预期，还应该确保接口或模块的实现代码中没有内存泄漏、缓冲区溢出等严重缺陷。

从广义上讲，除了针对单个接口或模块执行单元测试，我们还可以将某些集成到一起的模块视作一个大的模块或子系统，并在其上执行单元测试，甚至将整个集成到一起的软件系统视作一个模块执行单元测试。这样一来，单元测试不仅可以针对单个接口或模块进行，也可以针对子系统或整个系统进行。但不论在软件栈的哪个层面上执行单元测试，单元测试都必须是可编码实现的，甚至可自动化部署及执行。这也是单元测试应由开发团队自行负责的原因。记住：软件质量的第一责任人是程序员而非测试员。

本质上，不论是采用独立的测试团队还是采用开发者自身驱动的单元测试，目的都是保证软件的质量。在瀑布模型下，开发团队和测试团队之间是配合的关系，而开发团队往往严重依赖测试团队的工作，从而忽视软件质量的第一责任人是程序员这一准则。在某些僵化的组织中，开发团队和测试团队之间甚至还会出现扯皮和推诿的现象。但在基础软件或者系统软件的开发中，最大的风险来自开发团队漠视测试的重要性。我们经常看到很多使用 C/C++编写的开源软件，缺乏全面的单元测试功能——有些开发者仅仅写了一些示例程序便匆匆发布一个新的开源软件，然后指望用户发现其中的缺陷并通过提交问题（issue）来反馈问题，甚至以"开源协作"为借口，要求发现问题的用户提交缺陷的修复方法。

近几年，各种开源基础软件的安全性漏洞造成的破坏性越来越大。比如 2014 年 OpenSSL 的"心脏滴血"（Heartbleed）漏洞、2021 年爆出的 Log4j 漏洞等。究其原因，在于很多常用的开源软件缺乏最基本的单元测试，或者单元测试仅仅用于功能正确性测试，并不覆盖其他情形，尤其是内存使用的安全性方面。

因此，开发者应该将单元测试看作保证软件质量的一种最基本和必要的方法。即使在使用瀑布模型时，开发团队也应该采用单元测试来确保项目中各个基础模块的质量，而不是将所有的潜在问题都交给测试团队——测试团队发现了问题就修复，没发现就当作问题不存在。这首先要进行观念上的改变，其次要掌握一般性的单元测试方法，力求通过单元测试将潜在的缺陷以及漏洞消灭在软件发布之前。

在设计和执行单元测试的过程中，我们经常使用如下术语。

- ❑ 测试（test）：用于验证接口或模块是否按照预期工作的活动、行为或代码。
- ❑ 测试用例（test case）：用于测试特定功能的实例。一个测试用例通常包含一组输入数据以及对应的预期结果。我们通常将输出正常预期结果的测试用例称为"正面用例"（positive case），而将输出错误预期结果的测试用例称为"负面用例"（negative case）。
- ❑ 测试套件（test suite）：对多个测试用例的分组。针对一个接口或模块，我们可能会设计多组测试用例，以便从不同的角度测试其基本功能。这时，我们将这些同类的测试用例统称为一个测试套件。
- ❑ 测试方法（test method）：用于测试某个接口或模块的方法，也就是如何设计和使用测试用例。
- ❑ 测试框架（testing framework）：专用于单元测试的软件框架，如 CTest、GLib Testing、GoogleTest 等。通常，这些专用于单元测试的软件框架，可以很方便地集成到软件的构建系统中，从而最终形成一个自动化的测试方案。

12.2 单元测试的基本方法

12.2.1 单元测试可以无处不在

在一些规模较小的项目中，针对单个接口，不一定使用复杂的测试框架来进行单元测试。实际上，针对单个接口的单元测试，可以在首次调用该接口之前进行。此时，可使用条件编译确保在发布正式版本时不包含用于执行单元测试的代码。通常，我们可以使用 NDEBUG 宏，这个宏是 C 标准库中定义的一个宏；当这个宏未被定义时，assert() 会生效。因此，我们可以利用这个宏来控制单元测试代码是否包含在最终的发布版本中。比如要测试一个名为 foo() 的函数，则可以像程序清单 12.1 那样书写对应的单元测试代码。

程序清单 12.1　在首次调用某个函数之前进行单元测试

```
#ifndef NDEBUG
/* 针对 foo() 的单元测试，返回 0 表示测试通过。 */
static int test_foo(void)
{
    ...

    return 0;
}
#endif /* not defined NDEBUG */


    ...


#ifndef NDEBUG
    /* 如果针对 foo() 的单元测试未通过，则断言失败，程序终止。 */
    assert(test_foo() == 0);
#endif

    /* 如果针对 foo() 的单元测试通过，则调用 foo() 并继续。 */
    foo();

    ...
```

12.2.2　单元测试方法和测试用例的选择

函数 split_array() 用于将一个长整型数组分隔为两个数组，要求这两个数组的成员之和相差最小。程序清单 12.2 给出了 split_array() 函数的一种实现。

程序清单 12.2　split_array() 函数的一种实现

```
#include <stdlib.h>
#include <assert.h>

/* 用于 qsort() 的对比回调函数。 */
static int my_compare(const void * p1, const void * p2)
{
    long int a, b;
```

```
        a = *(const long int *)p1;
        b = *(const long int *)p2;
        return a - b;
}

/* 将一个长整型数组分隔为两个数组，分别存储在 first_half_array
   和 second_half_array 指向的位置，并返回这两个数组的长度。 */
static size_t split_array(long int *the_array, size_t the_size,
        long int *first_half_array, long int *second_half_array)
{
        /* 首先调用 qsort()，对给定的数组进行排序。 */
        qsort(the_array, the_size, sizeof(*the_array), my_compare);

        size_t nr_split = 0;
        size_t n = 0;
        size_t len_1st = 0, len_2nd = 0;

        /* 然后分隔排序后的数组。 */
        while (nr_split < the_size) {
            first_half_array[len_1st++] = the_array[n * 2];
            first_half_array[len_1st++] = the_array[the_size - n * 2 - 1];
            nr_split += 2;

            if (nr_split < the_size) {
                second_half_array[len_2nd++] = the_array[n * 2 + 1];
                second_half_array[len_2nd++] = the_array[the_size - n * 2 - 2];
                nr_split += 2;
            }

            n++;
        }

        /* 若两个数组的长度不一，将较长数组的最后一个值复制到另一个数组中。 */
        if (len_1st > len_2nd) {
            assert(len_1st == len_2nd + 2);

            len_1st--;
            second_half_array[len_2nd++] = first_half_array[len_1st];
        }
        else if (len_1st < len_2nd) {
            assert(len_2nd == len_1st + 2);

            len_2nd--;
            first_half_array[len_1st++] = second_half_array[len_2nd];
        }
```

```
        /* 此时这两个数组的长度一定是相等的。 */
        assert(len_1st == len_2nd);
        return len_1st;
}
```

split_array()函数的实现并不复杂。首先，该函数调用 C 标准库中的 qsort()函数，对原数组执行快速排序。此后，将原数组中的成员从小到大排列。之后，将排序后的数组之最小值和最大值填入第一个结果数组，将次小值和次大值填入第二个结果数组，以此类推，直到原数组中的所有值被分隔完。当原数组的成员个数为奇数时，分隔后的两个数组长度将不一致。此种情况下，将较长结果数组中的最后一个值复制到另一个数组中。

那么上述算法是否正确呢？其实现又是否存在缺陷呢？为确保算法及其实现均正确，针对该函数进行单元测试是必要的。

程序清单 12.3 给出了针对 split_array()函数的一种单元测试方法。

程序清单 12.3　针对 split_array()函数的一种单元测试方法

```c
#include <stdio.h>
#include <math.h>    /* for fabs() */

#ifndef NDEBUG
/* 该函数计算两个结果数组的差别 ( 浮点数版本 )。
   该函数首先使用浮点数计算两个数组成员之和，然后返回和之差。*/
static double calc_diff_f(long int *first_half_array,
        long int *second_half_array, size_t half_size)
{
    double d1 = 0.0, d2 = 0.0;
    for (size_t i = 0; i < half_size; i++) {
        d1 += (double)first_half_array[i];
        d2 += (double)second_half_array[i];
    }

    return d1 - d2;
}

/* 该函数计算两个结果数组的差别 ( 整数版本 )。
   该函数首先两两计算两个数组成员之差，然后返回差之和。
   注意整型计算的溢出问题。 */
static long int calc_diff_l(long int *first_half_array,
        long int *second_half_array, size_t half_size)
{
    long int diff = 0;

    for (size_t i = 0; i < half_size; i++) {
        // accumulate the difference one by one to avoid overflow
        diff += (first_half_array[i] - second_half_array[i]);
```

```
    }

    return diff;
}

/* 通过测试用例检查 split_array() 函数的正确性。 */
static void try_test_case(long *the_array, size_t the_size, long desired_diff)
{
    assert(the_size > 1);

    long int first_half_array[the_size / 2 + 2];
    long int second_half_array[the_size / 2 + 2];

    printf("sizeof dynamic array: %lu\n", sizeof(first_half_array));

    size_t half_size =
    split_array(the_array, the_size, first_half_array, second_half_array);

    double diff_f = calc_diff_f(first_half_array, second_half_array, half_size);
    assert(fabs(diff_f) == fabs((double)desired_diff));

    long diff_l = calc_diff_l(first_half_array, second_half_array, half_size);
    assert(abs(diff_l) == abs(desired_diff));
}

/* 测试 split_array() 函数。 */
static void test_split_array(void)
{
#define NR_NUMBERS  100
    static long int test_arrays[][NR_NUMBERS] = {
        /* 这个数组中的每个成员是一个测试用例。
            每个测试用例使用一个数组来表示（成员至多 NR_NUMBERS 个）；
            其中第一个成员表示要分隔的数组成员的数量，
            第二个成员表示预期的分隔后的两个数组成员之和的差，
            其后是要分隔的数组成员。 */
        {2, 1, 1, 2},
        {4, 0, 1, 2, 3, 4},
        {8, 0, 200, 300, 800, 700, 500, 600, 400, 100},
        {8, 0, 2, 3, 8, 7, 5, 6, 4, 1},
    };

    for (size_t i = 0;
            i < sizeof(test_arrays)/sizeof(test_arrays[0]); i++) {
        try_test_case(test_arrays[i] + 2,
                test_arrays[i][0], test_arrays[i][1]);
    }
```

```
#undef NR_NUMBERS
}
#endif /* not defined NDEBUG */
```

在 test_split_array() 函数中，我们定义了一个二维数组 test_arrays，该数组中的每个成员定义了一个测试用例。一共有 5 个测试用例，每个测试用例定义一个数组，其中包含预期结果：该数组被分隔后的两个结果数组成员之和的差以及结果数组的长度。在执行单元测试时，针对每个测试用例调用 try_test_case() 函数。该函数会调用 split_array() 来分隔原数组，然后计算两个结果数组成员之和的差，并和测试用例中的预期结果做比较。若结果不符合预期，则通过 assert() 终止程序的运行。

在上面这个例子中，split_array() 函数的实现本身是正确的，但测试方法以及测试用例的选择存在如下潜在的问题：当我们使用 cal_diff_1() 计算两个结果数组成员之和的差时，极有可能出现整数溢出的情形。比如原数组为 { LONG_MAX, LONG_MIN }，分隔后的两个结果数组中，一个包含的是 LONG_MAX，另一个包含的是 LONG_MIN，计算两者之差显然会导致溢出。尽管为了避免产生整数溢出问题，cal_diff_1() 首先计算两个结果数组中各成员的差，然后才对差求和，但显然这种测试方法无法用于这一特殊的测试用例。类似地，以上测试中选择的测试用例都是一些司空见惯的长整型数据，并没有覆盖常见的边界数据，比如原数组为 { 0, 0 } 或 { LONG_MAX, 0 } 的情形，或者原数组成员个数为奇数的情形——有经验的开发者都知道，很多缺陷来自代码中对边界数据的不正确处理。

由以上案例可以看出，测试方法和测试用例的选择，有时候比被测接口的实现还要麻烦。但我们不能因为麻烦就用考虑不周的方法或者未有效覆盖边界条件的测试用例来进行单元测试。

良好的单元测试应该和被测接口或模块的实现无关，也就是说，不论如何调整接口或模块的实现，单元测试都应该能够正常工作。这也凸显了单元测试的重要性：当我们因为某种原因调整了接口或模块的实现之后，运行单元测试即可快速检查该项调整是否引入了某些缺陷。假设把这项测试工作留到最终进行集成测试时完成，则很难快速定位缺陷的第一现场。

我们仍然需要仔细考虑测试方法以及对应的测试用例的选择。就上面的例子，我们应该对测试方法和测试用例做必要的调整，见程序清单 12.4。

程序清单 12.4　调整后的 split_array() 单元测试方法以及测试用例

```
#include <stdio.h>
#include <math.h>    /* for fabs() */

#ifndef NDEBUG
static void try_test_case(long *the_array, size_t the_size, double desired_diff)
{
    assert(the_size > 1);

    long int first_half_array[the_size / 2 + 2];
    long int second_half_array[the_size / 2 + 2];
```

```
    size_t half_size =
    split_array(the_array, the_size, first_half_array, second_half_array);

    double diff_f = calc_diff_f(first_half_array, second_half_array, half_size);
    assert(fabs(diff_f) == fabs((double)desired_diff));
}


static void test_split_array(void)
{
#define NR_NUMBERS  100
    /* 使用结构体表示一个测试用例。
       len 指定其中包含的长整型数据的个数。
       diff 指定期望的结果数组成员和之差。
       array 指定测试用的长整型数组。

       注意为防止整数溢出，diff 使用了双精度浮点数。 */
    static struct test_case {
        size_t len;
        double diff;
        long int array[NR_NUMBERS];
    } cases [] = {
        { 1, 0, {0} },
        { 2, 0, {0, 0} },
        { 3, 0, {0, 0, 0} },
        { 1, 0, {LONG_MAX} },
        { 1, 0, {LONG_MIN} },
        { 2, ((double)LONG_MAX - (double)LONG_MIN), {LONG_MAX, LONG_MIN} },
        { 1, 0, {LONG_MIN} },
        { 1, 0, {LONG_MAX} },
        { 3, ((double)LONG_MAX - (double)LONG_MIN),
            {LONG_MIN, LONG_MAX, LONG_MAX} },
        { 2, 1, {1, 2} },
        { 4, 0, {1, 2, 3, 4} },
        { 8, 0, {200, 300, 800, 700, 500, 600, 400, 100} },
        { 8, 0, {2, 3, 8, 7, 5, 6, 4, 1}},
    };

    for (size_t i = 0;
            i < sizeof(cases)/sizeof(cases[0]); i++) {
        try_test_case(cases[i].array, cases[i].len, cases[i].diff);
    }
#undef NR_NUMBERS
}
#endif /* not defined NDEBUG */
```

如程序清单 12.4 所示，我们对测试方法做了一些调整。首先，使用结构体定义测试用例，并使用 double 来表示期望的结果数组成员和之差。其次，增加若干测试用例，用于覆盖常见的边界条件。最后，调整 try_test_case() 函数，仅使用 calc_diff_f() 来对比结果。

配套示例程序

12A

split-array_
tuned.c

12.2.3　单元测试的自动化

既然单元测试通常编码实现，我们自然会想到让单元测试自动化进行。如果能够省去手工编写测试用例，那就更好了。但在大多数情况下，我们无法完全避免测试用例的手工编写和维护。尤其是一些用于测试边界条件的用例，如果采用编码实现，工作量将大幅增加，得不偿失。于是退而求其次，我们可以将编码生成测试用例和手工维护测试用例的情形结合在一起，以最大程度提高单元测试的可维护性。

也就是说，一个好的测试方法应该满足如下条件：要么可以自动生成测试用例；要么可以自动生成预期结果，而不是手工求值处理。如果以上两种情形都做不到，则至少应该将测试用例独立出来，可以交由团队中的其他成员无须编码即可新增测试用例。

下面举例说明如何在单元测试中编码生成测试用例。

程序清单 12.5 实现了一个函数 prime_factors()，该函数对给定的自然数执行质因子（即质数）分解，返回一个自然数数组，其中包含该自然数的所有质因子（每个质因子只出现一次），另外通过 nr_factors 参数返回这些质因子的数量。

程序清单 12.5　用于质因子分解的 **prime_factors()** 函数

```
#include <stdlib.h>
#include <stdio.h>
#include <errno.h>
#include <assert.h>

#define DEFSZ_FACTORS    4

unsigned int *prime_factors(unsigned int natural, size_t *nr_factors)
{
    unsigned int *factors = NULL;
    size_t sz = DEFSZ_FACTORS;

    assert(nr_factors);

    if (natural < 2) {
        goto failed;
    }

    factors = malloc(sz * sizeof(unsigned int));
    if (factors == NULL)
```

```
            goto failed;

    *nr_factors = 0;
    for (unsigned int u = 2; u <= natural; u++) {
        if (natural % u == 0) {
            do {
                natural = natural / u;

            } while (natural % u == 0);

            if (*nr_factors >= sz) {
                sz += DEFSZ_FACTORS;
                factors = realloc(factors, sizeof(unsigned int) * sz);
                if (factors == NULL)
                    goto failed;
            }

            factors[*nr_factors] = u;
            *nr_factors = *nr_factors + 1;
        }
    }

    return factors;

failed:
    if (factors)
        free(factors);
    *nr_factors = 0;
    return NULL;
}
```

针对 prime_factors() 函数，利用已知的有限个质数反向计算结果，将其作为测试用例，然后测试分解函数的正确性。程序清单 12.6 中的代码实现了这一测试方法，要点如下。

（1）选择小于 20 的质数作为生成测试用例的种子值。

（2）将这些质数本身作为要分解的自然数，生成对应的测试用例。显然，对应的预期结果是，这些质数本身就是自己的质因子。

（3）将所有这些质数相乘的乘积作为要分解的自然数，生成对应的测试用例。显然，对应的预期结果是，以上所有的种子质数是对应的质因子。

（4）将这些质数的平方作为要分解的自然数，生成对应的测试用例。显然，对应的预期结果只有一个质因子，即质数本身。

（5）从种子质数中选择 3 个质数，将这些质数（每个质数至少出现一次）的乘积作为要分解的自然数，生成对应的测试用例。比如，对于 2、3、5 三个质数，对应生成的要分解的自然数可能是 $2 \times 3 \times 5 = 30$、$2 \times 2 \times 3 \times 5 = 60$ 或 $2 \times 2 \times 3 \times 5 \times 5 = 300$。30、60、300 三个自然数的质因子均为 2、3、5。

　　显然，以上自动化生成的测试用例基本上覆盖了常见的边界条件。如果它们全部通过，则说明 prime_factors() 函数的实现在正确性方面是毋容置疑的。

程序清单 12.6　编码生成 prime_factors() 函数的测试用例

```c
#ifndef NDEBUG

#define SZ_TABLE(array)      (sizeof(array)/sizeof(array[0]))

// 所有小于 20 的质数。
static unsigned int primes_under_20[] = {
    2, 3, 5, 7, 11, 13, 17, 19,
};

struct prime_factors {
    unsigned int natural;
    unsigned int nr_factors;
    unsigned int factors[SZ_TABLE(primes_under_20)];
};

#define DEF_SIZE    10

// 这个宏使用 realloc() 函数扩展测试用例的存储空间。
#define EXPAND_SPACE                \
do {                                \
    if (nr >= sz) {                 \
        sz += DEF_SIZE;             \
        cases = realloc(cases, sizeof(struct prime_factors) * sz);  \
        assert(cases != NULL);  \
    }                               \
} while(0)

// 这个函数自动生成测试用例。
static struct prime_factors *generate_test_cases(size_t *nr_cases)
{
    size_t nr = 0, sz = 0;
    struct prime_factors *cases = NULL;

    assert(nr_cases != NULL);

    /* 将每个小于 20 的质数作为一个测试用例。 */
    for (size_t i = 0; i < SZ_TABLE(primes_under_20); i++) {

        EXPAND_SPACE;
```

```
        cases[nr].natural = primes_under_20[i];
        cases[nr].nr_factors = 1;
        cases[nr].factors[0] = primes_under_20[i];

        nr++;
    }

/* 将所有小于 20 的质数的乘积作为一个测试用例。 */
EXPAND_SPACE;

cases[nr].natural = 1;
for (size_t i = 0; i < SZ_TABLE(primes_under_20); i++) {
    cases[nr].natural *= primes_under_20[i];
}
cases[nr].nr_factors = SZ_TABLE(primes_under_20);
for (size_t i = 0; i < SZ_TABLE(primes_under_20); i++) {
    cases[nr].factors[i] = primes_under_20[i];
}
nr++;

/* 将每个小于 20 的质数的平方作为一个测试用例。 */
for (size_t i = 0; i < SZ_TABLE(primes_under_20); i++) {

    EXPAND_SPACE;

    cases[nr].natural = primes_under_20[i] * primes_under_20[i];
    cases[nr].nr_factors = 1;
    cases[nr].factors[0] = primes_under_20[i];
    nr++;
}

/* 随机选择 3 个质数，将这些质数（每个质数至少出现一次）的乘积作为测试用例。 */
for (size_t i = 0; i < 100; i++) {
    EXPAND_SPACE;

    cases[nr].nr_factors = 3;
    cases[nr].factors[0] = primes_under_20[0];
    cases[nr].factors[1] = primes_under_20[
        1 + (i % (SZ_TABLE(primes_under_20) - 2))];
    cases[nr].factors[2] = primes_under_20[SZ_TABLE(primes_under_20) - 1];

    cases[nr].natural = 1;
    cases[nr].natural *= cases[nr].factors[0];
    cases[nr].natural *= cases[nr].factors[1];
    cases[nr].natural *= cases[nr].factors[2];
    for (size_t j = 0; j < random() % 5; j++) {
```

```
        cases[nr].natural *= cases[nr].factors[random() % 3];
    }

    nr++;
}

*nr_cases = nr;
return cases;
}


#endif /* not defined NDEBUG */
```

程序清单 12.7 实现了 test_prime_factors() 函数，该函数使用自动生成的测试用例来测试 prime_factors() 函数的正确性。

程序清单 12.7 test_prime_factors() 函数

```
#ifndef NDEBUG
static void test_prime_factors(void)
{
    size_t nr_cases;
    struct prime_factors *cases;

    printf("Run unit test...\n");

    /* 生成测试用例。 */
    cases = generate_test_cases(&nr_cases);
    for (size_t i = 0; i < nr_cases; i++) {
        unsigned int nr_factors;
        unsigned int *factors;

        printf("Calculating the prime factor(s) of %u...\n", cases[i].natural);
        /* 调用 prime_factors() 进行质因子分解。 */
        factors = prime_factors(cases[i].natural, &nr_factors);

        /* 对比结果。 */
        if (nr_factors != cases[i].nr_factors) {
            /* 质因子数量不正确。 */
            printf("Incorrect number of prime factors: %u (desired: %u)\n",
                    nr_factors, cases[i].nr_factors);
            exit(EXIT_FAILURE);
        }
        else if (memcmp (factors, cases[i].factors,
                    sizeof(unsigned int) * nr_factors)) {
            /* 质因子不正确。 */
            printf("Incorrect prime factors: ");
```

```
        for (size_t j = 0; j < nr_factors; j++) {
            printf("%u, ", factors[j]);
        }
        printf("\n");

        printf("Desired prime factors: ");
        for (size_t j = 0; j < cases[i].nr_factors; j++) {
            printf("%u, ", cases[i].factors[j]);
        }
        printf("\n");
        exit(EXIT_FAILURE);
    }
}

    /* 通过所有测试用例，释放测试用例。 */
    free(cases);

    printf("All test cases passed!\n\n");
}
#endif /* not defined NDEBUG */
```

以上单元测试的结果大致如下：

```
$ ./prime_factors

Run unit test...
Calculating the prime factor(s) of 2...
Calculating the prime factor(s) of 3...
Calculating the prime factor(s) of 5...
Calculating the prime factor(s) of 7...
Calculating the prime factor(s) of 11...
Calculating the prime factor(s) of 13...
Calculating the prime factor(s) of 17...
Calculating the prime factor(s) of 19...
Calculating the prime factor(s) of 9699690...
Calculating the prime factor(s) of 4...
Calculating the prime factor(s) of 9...
Calculating the prime factor(s) of 25...
Calculating the prime factor(s) of 49...
Calculating the prime factor(s) of 121...
Calculating the prime factor(s) of 169...
Calculating the prime factor(s) of 289...
Calculating the prime factor(s) of 361...
Calculating the prime factor(s) of 494...
...
Calculating the prime factor(s) of 417316...
Calculating the prime factor(s) of 6498...
```

```
Calculating the prime factor(s) of 190...
Calculating the prime factor(s) of 1862...
Calculating the prime factor(s) of 7942...
All test cases passed!
```

配套示例程序

12B

prime_
factors.c

12.3　单元测试框架

为了方便在 C/C++项目中进行单元测试，开发者可使用一些成熟的单元测试框架。使用单元测试框架主要是为了有效组织单元测试，以及方便地和构建系统生成器集成在一起。比如仅在构建调试版本时构建单元测试程序，而在构建发布版本时跳过单元测试程序的构建。

在 C/C++项目中，常用的单元测试框架有 GLib Testing 和 GoogleTest 等。在使用 CMake 构建系统时，还可能配合 CTest 一起使用单元测试框架。开发者可根据自身喜好选择某个单元测试框架。但需要清楚的是，单元测试框架只是一个辅助性工具，它不能解决如何测试的问题，也不能自动生成测试用例。也许在不远的将来，配合人工智能技术，给定一组接口便可让人工智能自动生成对应的测试用例。但现阶段，开发者仍然需要根据被测接口或模块自行设计测试方法和手工维护测试用例，或者编码生成测试用例，或者兼而有之。

一个成熟的单元测试框架通常包含如下功能。

（1）定义一个测试的便利方法。开发者可以通过给定的接口、构建脚本或宏轻松定义一个测试。

（2）将测试用例组织成测试套件的便利方法。单元测试框架通常会提供一些手段，允许开发者定义测试程序以及其中测试套件的名称，从而方便开发者阅读和分析最终生成的测试报告。

（3）各种方便对比运行结果和预期结果的断言宏或预期宏。单元测试框架通常会提供一些 C/C++语言的宏指令，用于对比运行结果和预期结果。这些宏通常分为两类，一类称为"断言宏"，另一类称为"预期宏"。断言宏失败时，测试程序将终止；预期宏失败时，测试程序可继续，但会记录失败信息。

（4）生成测试报告（其中包含是否通过、运行时长等信息）。在执行完一个测试套件后，单元测试框架通常会给出是否通过、有多少测试用例失败、测试套件的运行时长等信息。有的单元测试框架还可以度量性能指标——若测试套件的运行超过一定的时长，则认为失败。

12.3.1　GLib Testing

这个单元测试框架是由 glib 定义的，作为 glib 的一部分发布，因此在使用 glib 库的 C 项目中运用较多。GLib Testing 引入了夹具（fixture）的概念，用于封装被测对象以及针对被测对象的一个测试。每一次测试前后，分别执行夹具的设立（set up）和拆卸（tear down）操作，相当于执行测试的初始化和清理工作。另外，GLib Testing 使用类似文件路径的形式定义一个夹具的名称，如 /myobject/test1，相当于使用对象的名称（myobject）和测试的名称（test1）定义一个夹具（测试）的名称。

GLib Testing 提供了如下接口，用于定义一个测试程序。

（1）g_test_init()：用于初始化测试框架，通常在测试程序的 main()函数中调用。

（2）g_test_add()：用于添加一个测试。一个测试由其夹具名称、对应的夹具对象、夹具对象的初始化参数、夹具对象的设立回调函数、夹具对象的拆卸回调函数以及执行测试的回调函数构成。

（3）g_test_run()：用于执行测试并生成测试报告。

使用以上接口，一个典型的用 GLib Testing 框架定义的测试程序之主体大致如程序清单 12.8 所示。

程序清单 12.8 用 GLib Testing 框架定义的测试程序之主体

```
#include <glib.h>

...

int main(int argc, char *argv[])
{
    setlocale(LC_ALL, "");

    /* 初始化 GLib Testing。 */
    g_test_init(&argc, &argv, NULL);

    /* 添加一个测试。
       - "/my-object/test1"：测试的名称。
       - MyObjectFixture：一个结构体的名称。
       - "some-user-data"：测试的初始化参数。
       - my_object_fixture_set_up：该测试夹具的设立回调函数。
       - test_my_object_test1：真正执行测试的回调函数。
       - my_object_fixture_tear_down：该测试夹具的拆卸回调函数。 */
    g_test_add("/my-object/test1", MyObjectFixture, "some-user-data",
            my_object_fixture_set_up, test_my_object_test1,
            my_object_fixture_tear_down);

    /* 添加另一个测试。 */
    g_test_add("/my-object/test2", MyObjectFixture, "some-user-data",
            my_object_fixture_set_up, test_my_object_test2,
            my_object_fixture_tear_down);

    /* 执行测试并生成测试报告。 */
    return g_test_run ();
}
```

在执行测试的回调函数中，可使用如下 GLib Testing 断言宏来判断结果是否符合预期。

❑ g_assert_true()：用于断言结果为真值。

❑ g_assert_cmpint()：用于比较两个有符号整型值。

❑ g_assert_cmpuint()：用于比较两个无符号整型值。

❑ g_assert_cmpfloat()：用于比较浮点数。

❑ g_assert_cmpfloat_with_epsilon(): 用于判断两个浮点数在指定的误差（epsilon 值）范围内是否相等。

❑ g_assert_cmphex(): 和 g_assert_cmpuint() 类似，但在输出信息时使用十六进制的写法。

❑ g_assert_cmpstr(): 用于对比两个字符串。

❑ g_assert_cmpmem(): 用于对比两块内存区域。

❑ g_assert_cmpvariant(): 用于对比两个变体值。

就前面用于测试 prime_factors() 函数的单元测试，按照 GLib Testing 框架，应做如下一些调整（调整后的代码见程序清单 12.9）。

❑ 定义测试对象对应的数据结构，在其中包含指向测试用例的指针。

❑ 将自动生成测试用例的代码放到夹具的设立回调函数中，并在夹具的拆卸回调函数中释放测试用例。

❑ 在执行测试的回调函数中使用 g_assert_×××() 宏来比对测试结果是否符合预期。

程序清单 12.9　使用 GLib Testing 框架测试 prime_factors() 函数

```
/* 针对 prime_factors() 的夹具对象类型 */
typedef struct {
    struct prime_factors *cases;
    size_t nr_cases;
} PrimeFactorsFixture;

/* 夹具的设立回调函数。 */
static void
prime_factors_fixture_set_up(PrimeFactorsFixture *fixture,
        gconstpointer user_data)
{
    (void)user_data;
    fixture->cases = generate_test_cases(&fixture->nr_cases);
}

/* 夹具的拆卸回调函数。 */
static void
prime_factors_fixture_tear_down(PrimeFactorsFixture *fixture,
        gconstpointer user_data)
{
    (void)user_data;
    free(fixture->cases);
}

static void
prime_factors_test(PrimeFactorsFixture *fixture, gconstpointer user_data)
{
```

```
    size_t nr_cases = fixture->nr_cases;
    struct prime_factors *cases = fixture->cases;

    for (size_t i = 0; i < nr_cases; i++) {
        unsigned int nr_factors;
        unsigned int *factors;

        /* 调用 prime_factors() 进行质因子分解。 */
        factors = prime_factors(cases[i].natural, &nr_factors);

        /* 对比结果。 */
        g_assert_true(nr_factors == cases[i].nr_factors);
        g_assert_cmpmem(factors, sizeof(unsigned int) * nr_factors,
                cases[i].factors, sizeof(unsigned int) * cases[i].nr_factors);
    }
}

int main(int argc, char *argv[])
{
    setlocale(LC_ALL, "");

    g_test_init(&argc, &argv, NULL);

    g_test_add("/prime-factor/test", PrimeFactorsFixture, NULL,
            prime_factors_fixture_set_up, prime_factors_test,
            prime_factors_fixture_tear_down);

    return g_test_run ();
}
```

编译并执行上述测试程序，将得到如下测试报告：

```
$ ./prime_factors-glib
# random seed: R02Se6e2f2d0fb74cbbb2d94753cb6e3975c
1..1
# Start of prime-factor tests
ok 1 /prime-factor/test
# End of prime-factor tests
```

配套示例程序

12C

prime_
factors-
glib.c

12.3.2　GoogleTest

相比 GLib Testing，GoogleTest 则是更为完善的单元测试框架。本质上，GoogleTest 是 Google 的 C++测试（testing）和模拟（mocking）框架，但也可以用来测试 C 接口和模块。另外，不像 GLib Testing，GoogleTest 是跨平台的，可以用于任何 C/C++项目，故而应用更为广泛。HVML 开源解释器 PurC 使用 GoogleTest 作为单元测试框架。

在 C 项目中使用 GoogleTest 进行单元测试时，基本思路和 GLib Testing 类似，但没有夹具的概念，而是通过 TEST() 宏来定义一个测试。比如，针对以上用于测试 prime_factors() 函数的测试程序，在使用 GoogleTest 时，可以像程序清单 12.10 那样定义对应的测试。

程序清单 12.10　使用 GoogleTest 框架测试 `prime_factors()` 函数

```c
#include <gtest/gtest.h>

TEST(prime_factors, basic)
{
    size_t nr_cases;
    struct prime_factors *cases;

    printf("Run unit test...\n");

    /* 生成测试用例。 */
    cases = generate_test_cases(&nr_cases);
    for (size_t i = 0; i < nr_cases; i++) {
        unsigned int nr_factors;
        unsigned int *factors;

        printf("Calculating the prime factor(s) of %u...\n", cases[i].natural);
        /* 调用 prime_factors()进行质因子分解。 */
        factors = prime_factors(cases[i].natural, &nr_factors);

        /* 对比结果。 */
        ASSERT_EQ(nr_factors, cases[i].nr_factors);
        ASSERT_EQ(memcmp(factors, cases[i].factors,
                    sizeof(unsigned int) * nr_factors), 0);
    }

    /* 通过所有测试用例，释放测试用例。 */
    free(cases);

    printf("All test cases passed!\n\n");
}
```

GoogleTest 定义的断言宏具有 ASSERT_×××这样的名称。GoogleTest 还定义有预期宏，它们通常具有 EXPECT_×××这样的名称。因为 GoogleTest 是使用 C++实现的，所以断言宏和预期宏的用法更为灵活。具体可阅读 GoogleTest 的文档，或者查看 PurC 项目中的单元测试程序。

12.3.3　CTest

CTest 是 CMake 引入的一个单元测试框架。但和上述两种单元测试框架不同，CTest 并未提供可用于 C/C++单元测试的接口、断言宏或预期宏；而是通过使用正则表达式对比单元测试程序的标准输出结果来判断测试程序的运行结果是否符合预期。因此，CTest 并不适用于 C/C++接口或模块的单元测试，而主要用于检查程序对不正确的命令行参数的反应。当然，CTest 也可以和 GLib Testing 或 GoogleTest 配合使用，通过命令行参数来控制单元测试程序的行为并针对其输出做判断。CTest 的优势在于，我们可以很方便地将 CTest 集成到 CMake 构建系统中，并可通过一些 CMake 选项来控制是否构建指定的单元测试程序。

比如就上面的质因子分解测试程序，我们可以使用下面的 CMake 指令定义一个 CTest 测试：

```
enable_testing()
add_test(NAME PrimeFactors COMMAND prime_factors)
set_tests_properties(PrimeFactors
    PROPERTIES PASS_REGULAR_EXPRESSION "^All test cases passed!"
)
```

以上 CMake 指令定义了一个名为 PrimeFactors 的 CTest 测试。该测试将不指定任何参数执行 prime_factors 命令，并对比其输出结果是否符合正则表达式"^All test cases passed!"。若不符合，则说明测试失败。

在使用如上 CMake 指令定义一个或多个 CTest 测试之后，便可使用 cmake && make test 命令构建 CTest 测试，并使用 ctest 命令运行单个或全部的测试程序。

注意，上面的例子略去了用于构建 CTest 测试（如 prime_factors）的 CMake 指令。add_test 指令用于定义一个 CTest 测试，而不会定义对应的构建指令。

12.4　实例研究：HVML MATH 对象的 **eval** 方法

本节通过一个实例，介绍在实际的项目中，一个较为复杂的单元测试是如何设计的。

12.4.1　测试目标

HVML 编程语言定义了 $MATH 对象，该对象提供了一个 eval 方法，用于对一个实数的四则运算表达式进行求值。该方法的原型和使用范例如下：

```
// 原型。
$MATH.eval(<string: a four arithmetic expressions>[, <object: parameter map>]) : number

// 示例 1：求解 (500 + 10) × (700 + 30)。
$MATH.eval("(500 + 10) * (700 + 30)")

// 示例 2：求圆的周长。
$MATH.eval("2 * pi * r", { pi: $MATH.pi, r: $r })

// 示例 3：求圆的面积。
$MATH.eval("pi * r * r", { pi: $MATH.pi, r: $MATH.sqrt(2) })
```

通过以上范例可知，$MATH.eval() 方法还支持参数化的表达式。此时，可通过该方法的第二个参数传递参数的值。

首先，该接口的实现需要对传入的表达式进行解析，然后按照四则运算表达式的规则生成对应的求值树，之后沿求值树进行求值。在求值过程中，当遇到参数时，需要查询传入的参数映射表（键值对），将对应的参数更换成相应的实数，最后求出最终的值并返回。

针对该接口的单元测试之主要目标在于完成表达式的解析及其求值正确性的判断，次要目标在于实现当传入错误的表达式、缺失需要的参数或者出现被零除等实数运算异常情况时的容错处理。

12.4.2   测试方法

在 HVML 开源解释器 PurC 的开发过程中，开发者构建了一种专门用于 HVML 动态对象的接口测试方法。这一方法的本质是执行给定的一系列表达式，然后和预期结果做对比。比如针对 $STR（字符串）等对象，可以手工维护一个测试用例文件：

```
negative:
    $STR.contains
    ArgumentMissed

negative:
    $STR.contains(false)
    ArgumentMissed

negative:
    $STR.contains('', false)
    WrongDataType

positive:
    $STR.contains("hello world", "hello ")
    true

positive:
    $STR.contains("hello world", "Hello ")
    false

positive:
    $STR.contains("hello world", "Hello ", false)
    false
```

其中以 negative:打头的 3 行定义了一个负面测试用例，而以 positive:打头的 3 行定义了一个正面测试用例。每个测试用例的第二行和第三行分别定义了一个表达式以及这个表达式的预期求值结果。如果是负面测试用例，则预期结果是对应的异常名称，如 ArgumentMissed；如果是正面测试用例，则预期结果是一个正常的结果，如 true 或 false。通常，正常的结果使用 JSON 来表示。

PurC 既提供了对一个 HVML 表达式进行求值的接口，也提供了解析 JSON 数据并将其转换为内部数据结构的接口。故而这样的单元测试程序不难编写，其关键代码见程序清单 12.11。

程序清单 12.11   用于对比表达式求值结果和预期结果的测试代码（正面测试用例）

```
/* line2 是正面测试用例的第二行，line3 是正面测试用例的第三行。 */
bool check_positive_test_case(const char *line2, size_t line2_len,
        const char *line3, size_t line3_len)
{
    purc_variant_t result, expected;
    struct purc_ejson_parsing_tree *ptree;

    /* 解析第二行内容并求值得到执行结果 result。 */
    ptree = purc_variant_ejson_parse_string(line2, line2_len);
    result = purc_ejson_parsing_tree_evalute(ptree,
            TestDVObj::get_dvobj, this, true);
    purc_ejson_parsing_tree_destroy(ptree);

    /* 解析第三行内容并求值得到预期结果 expected。 */
    ptree = purc_variant_ejson_parse_string(line3, line3_len);
    expected = purc_ejson_parsing_tree_evalute(ptree,
            NULL, NULL, true);
    purc_ejson_parsing_tree_destroy(ptree);

    /* 对比 result 和 expected。 */
    bool check = purc_variant_is_equal_to(result, expected);
    purc_variant_unref(result);
    purc_variant_unref(expected);

    /* 返回对比结果。 */
    return check;
}
```

对于 $MATH.eval()，我们也可以使用类似的方法进行测试，比如编写如下测试用例文件：

```
negative:
    $MATH.eval("2 / ")
    BadExpression

negative:
    $MATH.eval("2 / 0")
    ZeroDivision

positive:
    $MATH.eval("2 + 3")
    5

positive:
    $MATH.eval("x + y", { x: 1, y: 2 })
    3
```

然而，当需要对一个非常复杂的四则运算表达式进行求值时，人工计算对应的预期结果将成为一项难以完成的任务。比如下面的表达式：

((3.4 - 5.4) / (2.3 + 7.8) + (6.2 + 3.4) * (2.3 / 2.0)) + (4.3 * 3.4)

为解决这一麻烦，开发者最终采纳了下面的测试方法作为补充，专用于复杂四则运算表达式的测试。

（1）对于给定的正面测试用例（即正确的四则运算表达式），利用 GNU 的 bc 工具（任意精度计算器）对同一表达式进行求值，将其执行结果作为预期结果。

（2）将以上预期结果和 $MATH.eval() 方法的结果进行对比。

而手工整理的测试用例，则主要覆盖边界条件以及各种负面测试用例。

12.4.3　使用现有可信赖的工具生成预期结果

程序清单 12.12 实现的 _eval_bc() 函数会调用系统中的 bc 命令来完成表达式的求值，然后将输出转换为浮点数作为预期结果。

程序清单 12.12　调用 bc 命令对表达式进行求值并将输出转换为浮点数作为预期结果

```
/* fn 为表达式，v 用于返回预期结果。 */
static void _eval_bc(const char *fn, long double *v,
    std::stringstream &ss)
{
    FILE *fin = NULL;
    char cmd[8192], dest[8192];
    size_t n = 0;
    char *endptr = NULL;

    /* 将"scale=20" 和表达式作为 bc 的标准输出内容传入。
       注意这里的 scale=20 用于设定 bc 的小数点位数为 20 位。*/
    snprintf(cmd, sizeof(cmd), "(echo 'scale=20'; cat '%s';) | bc", fn);
    fin = popen(cmd, "r");
    EXPECT_NE(fin, nullptr) << "failed to execute: [" << cmd << "]"
        << std::endl;
    if (!fin)
        return;

    /* 读取 bc 的标准输出。 */
    n = fread(dest, 1, sizeof(dest)-1, fin);
    dest[n] = '\0';
    _trim_tail_spaces(dest, n);

    /* 将 bc 的标准输出转换为长浮点数。 */
    *v = strtold(dest, &endptr);
    if (endptr && *endptr) {
```

```
        EXPECT_TRUE(false) << "failed to execute: [" << cmd << "]"
            << std::endl;
    } else {
        ss << dest;
    }


    if (fin)
        pclose(fin);
}
```

然后将通过$MATH.eval()获得的结果和以上结果做比较，即可判断测试用例是否通过。注意由于浮点数的表述误差，应使用如下函数对比两个浮点数：

```
static inline bool
long_double_eq(long double l, long double r)
{
    long double lp = fabsl(l);
    long double rp = fabsl(r);
    long double maxp = lp > rp ? lp : rp;
    return fabsl(lp - rp) <= maxp * FLT_EPSILON;
}
```

参考资料

12D

test_
extdvobjs_
math.cpp

## 第 13 章

高效调试

没有缺陷的代码几乎不存在。业界常讲，"代码是三分写，七分调"，意思就是大部分程序员 30%的时间用来编写代码，而 70%的时间用来调试代码和修正缺陷。一方面，对编程初学者来讲这应该没错，甚至在遇到疑难杂症的情况下，一个问题花好几天也未必能够解决。但另一方面，我们很少看到 C 语言高手使用调试器来调试程序，尤其是使用断点、单步执行等调试手段来跟踪代码的执行。显然，要成为 C 语言高手，就必须掌握高效调试 C 程序的一些手段和方法。

本章聚焦于如何高效调试 C 程序这一主题。本章首先介绍了高效调试的基本原则，然后给出了 C 程序常见错误分类，之后针对最常见错误——"内存使用错误"——给出了分析手段和应对方案，最后向读者介绍了若干常用的内存诊断工具。

13.1 高效调试的基本原则

掌握高效调试的技能，既需要丰富的经验，也需要刻意训练。以下是一些基本原则。

首先，要多读代码、读懂代码，在头脑中形成代码的执行路径，通过阅读代码分析可能存在的潜在缺陷，比如未处理的边界条件或者考虑不周的情形。

其次，遇到难以解决的问题时不要慌，更不要怀疑一切，尤其不要轻易怀疑编译工具链。在笔者近 30 年的编码生涯中，所遇到的最终可以归结为编译器缺陷的问题只有一个。也就是说，在绝大多数情况下，我们不应该怀疑编译器。现代 C/C++编译器已经发展了几十年，一个新版本的发布要经过严格的测试环节，要"跑通"所有的测试用例，而这些测试用例是日积月累形成的，涵盖了各种可能的代码书写方式。在遇到难以解决的问题时，我们要想办法对问题进行分解，然后通过单元测试等手段一步步排除各种可能性，从而发现问题的根源。

再次，跟侦探断案一样，调试程序的第一要旨是找到第一现场，厘清现象和缺陷的内在关联。比如缓冲区溢出这种缺陷，溢出可能在程序一开始运行时就发生了，但真正暴露问题可能是在使用另外一个变量的时候。如果我们不能快速找到第一现场，也就是缓冲区溢出发生的地方，则可能要浪费大量的时间和精力去调试其他没有问题的代码。另外，通过厘清现象和缺陷的内在联系，我们必须找到缺陷的必显路径，将原先表现为偶然发生的缺陷变成必然发生的缺陷。如此才算真正修复了这一缺陷。这相当于收集证据，复原现场，并形成完整、自洽且在逻辑上无懈可击的证据链。在此过程中，相信大部分程序员的编程水平会自然而然地得到提高。

最后，要避免使用低效的调试手段。有人曾问过自由软件基金会创始人 Stallman 一个问题："您是如何调试程序的？" Stallman 说："尽管 GDB 最早的代码是我写的，但我只用 GDB 找出程序崩溃的地方，而从来不用 GDB 跟踪调试程序的执行。"过度依赖调试工具，比如使用 GDB 这样的调试器单步跟踪程序的执行，就是一种低效的调试手段。调试工具的作用主要是辅助我们找到缺陷的第一现场，而厘清代码的执行路径和逻辑关系，用眼睛阅读代码，用脑子分析代码就可以了，不必使用调试器跟踪代码的执行。

总之，调试程序时，如果能做到善用工具而不依赖工具，并做到不仅知其然，更知其所以然，则相信读者很快就能掌握高效调试程序的技巧和方法。

13.2　C 程序常见错误分类

C 程序常见的错误大致可以分为如下 4 种类型。

（1）算法或逻辑错误。此类问题的占比较大（20%左右），通常应通过严格的单元测试来复现并解决此类问题。有关单元测试的内容可参阅第 12 章的内容，本章不作重点讨论。

（2）编译、链接错误。此类问题的占比通常比较小（5%左右），也容易解决。大部分情况下，根据编译器和链接器给出的错误提示即可顺利解决。

（3）内存使用错误。此类问题在 C/C++等不具有内存使用安全性的编程语言中会频繁出现（70%左右），而且难以调试。正因为 C/C++编程语言的内存安全问题比较突出，一方面导致程序的鲁棒性受到影响，另一方面可能导致严重的安全漏洞，所以像 Rust 这类将内存安全作为编程语言特性之一的现代编程语言，正得到人们越来越多的关注。但由于使用广泛，在很长一段时间内，人们仍然需要使用 C/C++编程语言来编写各类系统软件，包括内核、数据库引擎、编译器、解释器等。

（4）疑难杂症。此类问题的占比虽然不大（5%左右），但可能需要开发者花费大量的时间去调试。出现这类问题的原因千奇百怪，但其中绝大部分是内存使用错误导致的。

本节接下来将简单探讨编译、链接错误以及一些常见的疑难杂症。由于内存使用问题在 C 程序中占比最大，且最容易导致疑难杂症的出现，故而本章将在 13.3 节中专门阐述各类内存使用错误的表象以及如何调试和解决此类问题。

13.2.1　编译、链接错误

在解决编译错误时，最常遇到的情况是编译器给出一长串的错误提示，但其实可能只是因为遗漏了一个头文件。编译器输出的一长串错误提示可能会让初学者无从下手，而解决此类问题的最重要原则便是始终解决编译器汇报的第一个错误。为此，我们可以利用编译器的命令行选项来限制编译输出的最大错误数量，当超过这一数量时停止编译。比如在使用 GCC 时，可以通过 -fmax-errors=10 选项来限制编译单个源文件时最多报告 10 个错误。

另外，正确理解编译器给出的错误描述也很重要。初学者经常会因为看不懂编译错误的描述信息而感到无从下手。此时，在互联网上搜索编译器给出的错误提示，通常可以获得关于这一错误的详细描述信息。

程序在链接时遇到的问题，通常表现为两种情况：找不到符号（symbol）和符号重复。这里的符号指的是全局变量或外部函数的名称。

前者通常由如下 4 个原因导致。

（1）链接时未指定某个目标文件或函数库。

（2）函数库版本不匹配，导致某些定义在新版本中的符号在旧版本中找不到。

（3）某个符号仅被声明而未定义。比如程序要使用一个全局变量，因而在头文件中做了声明：`extern int a_global_var;`，但并没有在任何源文件中定义该变量。此时就要在某个源文件中定义这一变量：`int a_global_var;`，必要时赋予初值（全局变量和静态变量默认为 0）。

（4）在和 C++ 源文件混合编译链接时，未在头文件中使用 `extern "C"` 声明 C 程序定义的全局变量或外部函数，导致 C++ 代码找不到对应的符号；或者在 C 源文件中引用定义在 C++ 源文件中的全局变量或外部函数。

后者通常由如下 3 个原因导致。

❑ 在链接器的命令行中重复多次指定某个目标文件或函数库。

❑ 在不同的源文件中定义了两个相同的全局变量或外部函数。

❑ 在头文件中未使用 `extern` 关键词声明全局变量，而该头文件被多个源文件包含。

在进行静态链接时，会出现尽管指定了所有依赖的函数库，但链接器仍然可能报告找不到符号的情形。这和链接器查找符号的方式有关。比如某个程序要用到两个符号，它们分别为 foo 和 bar，foo 定义在函数库 foo.a 中，而 bar 定义在函数库 bar.a 中，但 bar.a 中的 bar 又引用了定义在 foo.a 中的 foobar 这一符号。此时，如果链接器的命令行按 -lfoo -lbar 的方式指定函数库的链接顺序，则链接器可从 foo.a 中搜索到 foo，而从 bar.a 中搜索到 bar；但由于 bar 又引用了 foobar 这一定义在 foo.a 中的符号，链接器不会回溯到 foo.a 函数库去搜索 foobar，而默认从 bar.a 中搜索这一符号，从而导致找不到 foobar 这一符号。此种情况下，需要调整函数库的链接顺序，始终后置被依赖的函数库：-lbar -lfoo。

13.2.2　疑难杂症

大部分疑难杂症由错误的内存使用导致，比如越界访问、非法指针等。这类内存使用错误会导致其他数据被意外篡改，从而引发程序不能按照预期工作。因此，当遇到疑难杂症时，首先要排除内存使用错误。由于内存使用错误在 C 程序中极易出现，13.3 节将专门讲述内存使用问题导致的现象以及如何使用内存检测工具来诊断、调试和解决这些问题。

其他疑难杂症往往由如下 3 种情况导致。

（1）命名污染。命名污染是指在链接生成可执行程序或者装载运行可执行程序时，链接器或装载器不能有效判断存在重复符号的情形。这可能导致错误使用某个全局变量或者错误调用某个外部函数，结果便会出现不可预期的程序运行行为。正因为如此，我们在第 1 章中强调使用统一的命名规则来防止命名污染情况的发生，比如为全局变量或外部函数添加某个前缀，避免使用简短的外部函数名、全局变量名等，以防止和 C 标准函数库以及其他第三方库中的符号发生冲突。

（2）整数溢出。整数运算中极有可能出现溢出的情形。如果循环中出现整数溢出，则会导致程序进入死循环，此时使用调试器便可快速定位问题所在。但在其他情况下，整数溢出问题往往会延后表现，从而导致这类问题难以在第一时间被发现。针对此类问题，应通过严格的单元测试以及覆盖足够边界条件的测试用例来防备。

（3）多任务（多进程或多线程）竞态（race condition）。比如在 UNIX 系统的信号处理器中访问某个全局变量，或者在多线程、多进程编程中由于未使用有效的互斥和同步机制而导致竞态的出现。这类问题常常表现为偶然出现的缺陷，比如运行成千上万次才可能出现一次死锁或异常，而大部分情况下程序的运行表现正常。由于这类问题很难复现，因此一方面加大了测试的难度，另一方面也加大了解决的难度。多任务（多进程或多线程）竞态问题的分析和解决超出了本书的讨论范围，有兴趣的读者可阅读其他相关资料。

13.3 内存使用错误

如前所述，内存使用错误在 C/C++ 程序中最为常见。这是因为 C/C++ 这类编程语言没有针对内存安全做特别的设计——程序员需要小心使用内存，以防止越界访问、内存泄漏、非法指针等带来的程序问题。

下面是常见内存使用问题的分类及其术语。

❑ 释放后使用（use-after-free）。

❑ 返回后使用（use-after-return），具体指的是将某个函数定义的局部变量的地址返回给调用者使用的情形。

❑ 超范围使用（use-after-scope），具体指的是将某个定义在局部范围内的局部变量的地址赋值给该局部范围外的指针使用的情形。

❑ 全局缓冲区上溢/全局缓冲区下溢（global-buffer-overflow/global-buffer-underflow）。

❑ 堆缓冲区上溢/堆缓冲区下溢（heap-buffer-overflow/heap-buffer-underflow）。

❑ 栈缓冲区上溢/栈缓冲区下溢（stack-buffer-overflow/stack-buffer-underflow）。

❑ 重复释放（double-free）。

❑ 内存泄漏（memory-leak）。

❑ 读取未初始化内存（uninitialized-memory-read）。

本节将举例分析全局缓冲区上溢、堆缓冲区上溢、栈缓冲区上溢导致的不同错误现象，为读者理解并高效调试解决这些问题打下基础。

13.3.1 静态数据使用错误

这里的静态数据指全局变量或者定义在函数中的静态变量所对应的数据。静态数据使用错误往往由越界访问引起，最终可能因为收到段故障（segement fault）信号而终止，也可能因为数据被意外篡改而产生逻辑错误。

我们首先来看看静态数据布局不同所致的不同错误现象。

程序清单 13.1 定义了两个静态字符数组 buff1 和 buff2，长度均为 8。access_out_of_range() 函数按照给定的参数长度修改 buff1 的内容。显然，当 range 参数的值大于 8 时，用于修改 buff1 内容的 memset() 函数将越界访问 buff1。main() 函数循环调用 access_out_ of_range() 函数，依次传入 8、16、32 等数值作为 range 参数的值。在调用 access_out_of_range() 函数之前，main() 函数通过 strcpy() 函数将 buff2 的内容修改成了 hello。

程序清单 13.1   越界修改静态缓冲区

```
static char buff1[8];
static char buff2[8];

static void access_out_of_range(unsigned int range)
{
    printf("Going to set %d bytes to `$` in buff1\n", range);
    memset(buff1, '$', range);

    puts("Content in buff1");
    for (int i = 0; i < 8; i++) {
        putchar(buff1[i]);
    }
    puts("");

    puts("Content in buff2");
    for (int i = 0; i < 8; i++) {
        putchar(buff2[i]);
    }
    puts("");
}

int main(void)
{
    unsigned int range = 8;

    printf("buff1(%p), buff2(%p)\n", buff1, buff2);

    strcpy(buff2, "hello");
    for (; range < UINT_MAX; range *= 2) {
        access_out_of_range(range);
    }

    return EXIT_SUCCESS;
}
```

配套示例程序

13A

static-data-
1.c

下面是程序清单 13.1 在 Linux 平台上执行后的输出结果：

```
buff1(0x55f3374df018), buff2(0x55f3374df020)
Going to set 8 bytes to `$` in buff1
Content in buff1
$$$$$$$$
Content in buff2
hello
```

```
Going to set 16 bytes to `$` in buff1
Content in buff1
$$$$$$$$
Content in buff2
$$$$$$$$
Going to set 32 bytes to `$` in buff1
Content in buff1
$$$$$$$$
Content in buff2
$$$$$$$$
Going to set 64 bytes to `$` in buff1
Content in buff1
$$$$$$$$
Content in buff2
$$$$$$$$
Going to set 128 bytes to `$` in buff1
Content in buff1
$$$$$$$$
Content in buff2
$$$$$$$$
Going to set 256 bytes to `$` in buff1
Content in buff1
$$$$$$$$
Content in buff2
$$$$$$$$
Going to set 512 bytes to `$` in buff1
Content in buff1
$$$$$$$$
Content in buff2
$$$$$$$$
Going to set 1024 bytes to `$` in buff1
Content in buff1
$$$$$$$$
Content in buff2
$$$$$$$$
Going to set 2048 bytes to `$` in buff1
Content in buff1
$$$$$$$$
Content in buff2
$$$$$$$$
Going to set 4096 bytes to `$` in buff1
Segmentation fault (core dumped)
```

可以看到，当 range 参数的值为 16 时，buff2 的内容变成了$$$$$$$$$。显然，对 buff1 调用 memset() 的同时也修改了 buff2 的内容。这很容易理解，因为编译器将 buff1 和 buff2 对应的内存区域放在了一起。对 buff1 的越界写入，将导致 buff2 的内容发生变化。但程序并未立即崩溃，而是当 range 参数的值变为 4096 时，也就是尝试向 buff1 写入 4096 个$时，程序由于收到段故障信号而终止，最终吐核（core dumped）退出。这是因为在 Linux 系统中，物理内存的分配是以内存页为单位进行的，通常一个内存页的大小为 4KB（4096 字节）。也就是说，尽管 buff1 和 buff2 只占用 16 字节的空间，但 Linux 内核仍然会为程序的静态数据区至少分配一个内存页的空间。对这一内存页的访问不会造成段故障，而只会导致数据被意外篡改或者读取到非预期的内容；而对超出这一内存页范围的访问，则会导致段故障。

另外，在 UNIX 类操作系统中，未初始化的静态数据和初始化的静态数据会被分开存放。我们知道，未初始化的静态数据默认为 0，在加载程序时，内核加载器会将这些静态数据所占的内存区域用 0 填满，因此在编译后的二进制程序映像文件中，只要记录这些内存区域的大小即可。相反，被显式赋值的静态数据，所对应的初始化数据则需要保存到编译后的二进制程序映像文件中。

假如我们修改程序清单 13.1 中的代码，使用字符串常量初始化其中的一个字符数组：

```
static char buff1[8];
static char buff2[8] = "hello";
```

配套示例程序

13B

static-data-
2.c

同时移除 main() 函数中的下面这行代码：

```
    strcpy(buff2, "hello");
```

再次编译运行程序清单 13.1，就会看到不同的输出结果：

```
buff1(0x55b6ee358020), buff2(0x55b6ee358010)
Going to set 8 bytes to `$` in buff1
Content in buff1
$$$$$$$$
Content in buff2
hello
Going to set 16 bytes to `$` in buff1
Content in buff1
$$$$$$$$
Content in buff2
hello
Going to set 32 bytes to `$` in buff1
Content in buff1
$$$$$$$$
Content in buff2
hello
Going to set 64 bytes to `$` in buff1
Content in buff1
$$$$$$$$
Content in buff2
hello
Going to set 128 bytes to `$` in buff1
Content in buff1
$$$$$$$$
```

```
Content in buff2
hello
Going to set 256 bytes to `$` in buff1
Content in buff1
$$$$$$$$
Content in buff2
hello
Going to set 512 bytes to `$` in buff1
Content in buff1
$$$$$$$$
Content in buff2
hello
Going to set 1024 bytes to `$` in buff1
Content in buff1
$$$$$$$$
Content in buff2
hello
Going to set 2048 bytes to `$` in buff1
Content in buff1
$$$$$$$$
Content in buff2
hello
Going to set 4096 bytes to `$` in buff1
Segmentation fault (core dumped)
```

我们很容易注意到程序清单 13.1 修改前后的不同。

❑ 修改前，buff1 的指针值比 buff2 的指针值小，从指针值上看，这两个缓冲区是连续的；修改后，buff1 的指针值比 buff2 的指针值大，buff2 并没有指向 buff1 之后的内存。

❑ 在修改后的版本中，buff2 的内容始终未发生变化。

然而，程序依然会在 range 参数的值达到 4096 时遇到段故障。显然，当我们使用"hello"这个字符串常量初始化 buff2 之后，buff2 将被视作初始化的静态数据而单独存放到另外一个内存区域中。因此，对 buff1 的越界写入并不会影响 buff2 的内容。

在 UNIX 系统中，用于存放未初始化的静态数据的内存空间有一个专用名称——"BSS"区，BSS 是 Block Started by Symbol（符号定义的块）的缩写。这一术语来自早期的汇编语言指令，其字面含义已无法准确表达其作用。对应地，用于存放被显式初始化的静态数据的内存区域，则称为数据区（data section）。另外，C 程序中定义的字符串常量，或者使用 const 修饰的静态变量，会被视作常数而存储到另外一块只读的内存区域中，称为只读数据区（read-only data section）。对只读数据区的任何写入访问都将触发段故障，如下面的代码所示：

```
/* p 指向 "hello" 字符串常量，该字符串常量被存放在只读数据区，
    对只读数据区的任何写入访问都将触发段故障。*/
const char *p = "hello";
p[0] = 'H';                    // 触发段故障。
```

```c
/* array 是一个常量数组, 它被存放在只读数据区,
   对只读数据区的任何写入访问都将触发段故障。*/
static const int array[] = { 2, 3, 4 };
array[0] = 3;                      // 触发段故障。
```

13.3.2 堆使用错误

在 C 程序中, 通过 malloc() 系列函数可在堆中分配指定大小的内存区域。在现代操作系统中, 通过和内核配合, C 程序可以动态分配需要的内存空间并在不需要的时候释放这些内存空间。但错误使用堆导致的问题比错误使用静态数据导致的问题复杂得多。这些错误大致可以分为如下 5 类。

（1）越界访问。这可能导致意外修改其他数据从而引起逻辑错误, 也可能触发段故障从而导致程序终止。

（2）使用无效的地址值, 比如空指针、野指针（wild pointer）或者已释放的指针。这种错误导致的问题和越界访问类似; 在通过无效的指针访问一个不对齐的内存区域时, 会因为总线错误（bus error）而使程序终止。这里的不对齐出现在访问 2 字节、4 字节或 8 字节的整型或浮点型数据时, 如果对应的地址值不是 2、4、8 的倍数, 则会出现地址不对齐的情形。在 UNIX 类操作系统中, 程序会收到总线错误信号。

（3）内存泄漏。程序在使用某个动态分配的内存区域后忘记释放, 而多次执行内存分配的同一代码段将导致程序不停分配新的内存空间, 并最终因为物理内存被消耗殆尽或者达到程序可使用的内存上限而触发段故障或者被内核强制终止。

（4）重复释放。从堆中分配空间或释放空间, 都需要修改 C 标准库内部维护的一个复杂数据结构。出于性能方面的考虑, free() 函数并不会检查给定的指针是不是合法的动态分配地址。重复释放一个动态分配的地址, 将破坏用于维护堆的内部数据结构, 最终导致程序因段故障或总线错误而终止。

（5）释放非动态分配的地址。和重复释放类似, 为 free() 函数传递一个并非由 malloc() 等函数返回的地址, 比如指向静态数据的指针或者从栈中分配的内存地址, 在这些地址处执行堆管理算法以释放对应的空间, 而由于这些地址处并没有正常地用来维护堆的数据, 结果便会导致 free() 函数操作一些无效的地址, 从而导致程序因段故障或总线错误而终止。

总之, 堆使用错误将导致数据被意外篡改从而出现逻辑错误, 并最终因为段故障、总线错误等原因使程序终止。但在分析堆使用错误的时候, 我们需要意识到不同的堆管理算法可能对错误现象产生明显的影响。

如程序清单 13.2 所示, 使用 malloc() 函数从堆中分配 4 字节的空间, 然后尝试使用大于 4 的 range 参数值重置该内存空间的内容。

程序清单 13.2　越界修改动态分配的内存空间

```c
#define CSTR_HELLO  "hello, world!"

static void access_out_of_range(unsigned int range)
```

```
{
    const char *hello = CSTR_HELLO;
    char *buff;

    buff = malloc(sizeof(char) * 4);

    if (range > sizeof(CSTR_HELLO)) {
        printf("Going to memset %d bytes\n", range);
        memset(buff, 0, range);
    }
    else {
        for (int i = 0; i < range; i++) {
            buff[i] = hello[i];
        }

        for (int i = 0; i < range; i++) {
            putchar(buff[i]);
        }
        puts("");
    }

    free(buff);
}


int main(void)
{
    unsigned int range = 8;

    for (; range < UINT_MAX; range *= 2) {
        access_out_of_range(range);
    }

    return EXIT_SUCCESS;
}
```

在 Linux 平台上执行程序清单 13.2，得到的输出如下：

配套示例程序

13C

malloc-1.c

```
hello, w
Going to memset 16 bytes
Going to memset 32 bytes
Going to memset 64 bytes
Going to memset 128 bytes
Going to memset 256 bytes
Going to memset 512 bytes
Going to memset 1024 bytes
Going to memset 2048 bytes
Going to memset 4096 bytes
```

```
Going to memset 8192 bytes
Going to memset 16384 bytes
Going to memset 32768 bytes
Going to memset 65536 bytes
Going to memset 131072 bytes
Going to memset 262144 bytes
Segmentation fault (core dumped)
```

注意，尽管只分配了 4 字节的空间，但只有当我们为 memset() 函数传入 262 144 这个值时，程序才会遇到段故障。这不能表明程序越界访问动态分配的内存是安全的，而只是因为通过 malloc() 函数返回的地址，我们可以合法访问的内存空间大于 4 字节。这本质上是因为操作系统为这个内核分配的堆空间要远远大于 4 字节；在这个案例中，该程序拥有的堆空间大小至少为 131 072 字节。

如果对 access_out_of_range() 函数稍做修改，分配两块内存，每块 4 字节，然后越界操作这两块内存，你将很快看到程序因为段故障而终止，如程序清单 13.3 所示。

程序清单 13.3　越界访问动态分配的内存空间（两块内存）

```
static void access_out_of_range(unsigned int range)
{
    char *buff1, *buff2;

    buff1 = calloc(sizeof(char),  4);
    buff2 = calloc(sizeof(char),  4);

    printf("Going to set %d bytes to `$` in buff1 (%p)\n", range, buff1);
    memset(buff1, '$', range);

    printf("Going to set %d bytes to `^` in buff2 (%p)\n", range, buff2);
    memset(buff2, '^', range);

    puts("Content in buff1");
    for (int i = 0; i < 4; i++) {
        putchar(buff1[i]);
    }
    puts("");

    puts("Content in buff2");
    for (int i = 0; i < 4; i++) {
        putchar(buff2[i]);
    }
    puts("");

    free(buff1);
    free(buff2);
```

```
}

int main(void)
{
    unsigned int range = 8;

    for (; range < UINT_MAX; range *= 2) {
        access_out_of_range(range);
    }

    return EXIT_SUCCESS;
}
```

在 Linux 平台上执行程序清单 13.3，得到的输出如下：

```
Going to set 8 bytes to `$` in buff1 (0x56425fc582a0)
Going to set 8 bytes to `^` in buff2 (0x56425fc582c0)
Content in buff1
$$$$
Content in buff2
^^^^
Going to set 16 bytes to `$` in buff1 (0x56425fc586f0)
Going to set 16 bytes to `^` in buff2 (0x56425fc58710)
Content in buff1
$$$$
Content in buff2
^^^^
Going to set 32 bytes to `$` in buff1 (0x56425fc58730)
Going to set 32 bytes to `^` in buff2 (0x56425fc58750)
Content in buff1
$$$$
Content in buff2
^^^^
Segmentation fault (core dumped)
```

这一次，当 range 参数的值超过 32 时，程序在调用 calloc() 时因段故障而终止了。这一结果和程序清单 13.2 给出的结果明显不同。区别在于，程序清单 13.2 仅分配了一个内存空间，然后释放并重复了这一操作；而程序清单 13.3 分配了两块内存，然后释放并重复这一操作。我们可以合理推断，当分配两块内存时，大概率会从堆中返回两个连续的地址，而程序输出的地址值也验证了这一推断——这两个地址的差为 0x20（32）。此时，我们有两个猜想。首先，我们通过 calloc()分配了 4 字节的内存空间，但我们实际拿到的内存空间可能大于 4 字节。这是因为任何的堆分配算法都会设定一个最小的分配单元尺寸，否则管理成本将大大增加。其次，前后两次分配获得的地址之差为 32，考虑到用于维护堆的内部数据结构需要存储一些额外的信息，比如当前分配的内存空间的大小、用于链接已分配内存空间的指针或偏移量等。综合以上猜想，我们可以得到一个合理的结论：当前这个堆的最小内存分配单元尺寸为 16 字节，每个已分配的内存空间会有额外 16 字节用于堆的管理。

因此，当 range 参数的值达到 32 时，对 buff1 的越界操作就会影响 buff2，从而破坏用于管理堆的内部数据结构。当程序再次调用 calloc() 分配内存时，就会因为堆的内部数据结构被破坏而触发段故障。

接下来重载 C 标准库的 malloc() 系列函数，使用 Linux 系统的匿名内存映射函数 mmap() 来分配内存空间，见程序清单 13.4。

程序清单 13.4   使用匿名内存映射函数分配内存并进行越界访问

```
#include <sys/mman.h>

void *malloc(size_t size)
{
    return mmap(NULL, size, PROT_READ | PROT_WRITE,
            MAP_PRIVATE | MAP_ANONYMOUS, -1, 0);
}

void free(void *ptr)
{
    munmap(ptr, 0);
}

void *realloc(void *ptr, size_t size)
{
    assert(0);
    return NULL;
}

void *calloc(size_t nelem, size_t elsize)
{
    size_t sz = nelem * elsize;
    void *p = malloc (sz);
    memset(p, 0, sz);
    return p;
}

static void access_out_of_range(unsigned int range)
{
    char *buff1, *buff2;

    buff1 = calloc(sizeof(char),  4);
    buff2 = calloc(sizeof(char),  4);

    printf("Going to set %d bytes to `$` in buff1 (%p)\n", range, buff1);
```

```
    memset(buff1, '$', range);

    printf("Going to set %d bytes to `^` in buff2 (%p)\n", range, buff2);
    memset(buff2, '^', range);

    puts("Content in buff1");
    for (int i = 0; i < 4; i++) {
        putchar(buff1[i]);
    }
    puts("");

    puts("Content in buff2");
    for (int i = 0; i < 4; i++) {
        putchar(buff2[i]);
    }
    puts("");

    free(buff1);
    free(buff2);
}


int main(void)
{
    unsigned int range = 8;

    for (; range < UINT_MAX; range *= 2) {
        access_out_of_range(range);
    }

    return EXIT_SUCCESS;
}
```

在 Linux 平台上执行程序清单 13.4，得到的输出如下：

```
Going to set 8 bytes to `$` in buff1 (0x7fb3234fe000)
Going to set 8 bytes to `^` in buff2 (0x7fb3234d1000)
Content in buff1
$$$$
Content in buff2
^^^^
Going to set 16 bytes to `$` in buff1 (0x7fb3234cf000)
Going to set 16 bytes to `^` in buff2 (0x7fb3234ce000)
Content in buff1
$$$$
Content in buff2
^^^^
Going to set 32 bytes to `$` in buff1 (0x7fb3234cd000)
Going to set 32 bytes to `^` in buff2 (0x7fb3234cc000)
```

```
Content in buff1
$$$$
Content in buff2
^^^^
Going to set 64 bytes to `$` in buff1 (0x7fb3234cb000)
Going to set 64 bytes to `^` in buff2 (0x7fb3234ca000)
Content in buff1
$$$$
Content in buff2
^^^^
Going to set 128 bytes to `$` in buff1 (0x7fb3234c9000)
Going to set 128 bytes to `^` in buff2 (0x7fb3234c8000)
Content in buff1
$$$$
Content in buff2
^^^^
Going to set 256 bytes to `$` in buff1 (0x7fb3234c7000)
Going to set 256 bytes to `^` in buff2 (0x7fb3234c6000)
Content in buff1
$$$$
Content in buff2
^^^^
Going to set 512 bytes to `$` in buff1 (0x7fb3234c5000)
Going to set 512 bytes to `^` in buff2 (0x7fb3234c4000)
Content in buff1
$$$$
Content in buff2
^^^^
Going to set 1024 bytes to `$` in buff1 (0x7fb3234c3000)
Going to set 1024 bytes to `^` in buff2 (0x7fb3234c2000)
Content in buff1
$$$$
Content in buff2
^^^^
Going to set 2048 bytes to `$` in buff1 (0x7fb3234c1000)
Going to set 2048 bytes to `^` in buff2 (0x7fb3234c0000)
Content in buff1
$$$$
Content in buff2
^^^^
Going to set 4096 bytes to `$` in buff1 (0x7fb3234bf000)
Going to set 4096 bytes to `^` in buff2 (0x7fb3234be000)
Content in buff1
$$$$
Content in buff2
^^^^
```

```
Going to set 8192 bytes to `$` in buff1 (0x7fb3234bd000)
Going to set 8192 bytes to `^` in buff2 (0x7fb3234bc000)
Content in buff1
^^^^
Content in buff2
^^^^
Going to set 16384 bytes to `$` in buff1 (0x7fb3234bb000)
Going to set 16384 bytes to `^` in buff2 (0x7fb3234ba000)
Content in buff1
^^^^
Content in buff2
^^^^
Going to set 32768 bytes to `$` in buff1 (0x7fb3234b9000)
Going to set 32768 bytes to `^` in buff2 (0x7fb3234b8000)
Content in buff1
^^^^
Content in buff2
^^^^
Going to set 65536 bytes to `$` in buff1 (0x7fb3234b7000)
Going to set 65536 bytes to `^` in buff2 (0x7fb3232c2000)
Segmentation fault (core dumped)
```

程序清单 13.4 的输出有如下明显的不同。

❏ 当 range 参数为 8192 时，buff1 的内容被针对 buff2 的操作覆盖——两个缓冲区中的内容均为^^^^。在此之前，并没有出现覆盖的情形。

❏ 当 range 参数为 65 536 时，对 buff2 指向的地址执行内容重置操作［memset()］，引发段故障。

之所以出现第一个现象，是因为在使用 mmap() 的匿名映射能力分配内存时，我们得到了以内存页为单位的内存空间。也就是说，尽管只分配了 4 字节，但 mmap() 返回的内存至少有 4KB 是可用的。因此，当 range 参数小于或等于 4096 时，并不会因为越界访问而使其他数据被篡改。当然，这只是实验。如果每次分配内存都以内存页为单位返回对应的内存空间，则系统内存很快就会被耗尽。这也是我们需要用堆管理算法来管理小块内存的动态分配和释放的原因。

那么，为什么直到 range 参数为 65 535 时，对 buff2 调用 memset() 才导致段故障呢？这和 mmap() 返回的虚拟地址空间的不确定性有关。注意观察每次分配两块内存时对应的地址值。大部分情况下，buff1 比 buff2 大，而最后一次得到的 buff1 比 buff2 小。如果恰好两个内存区域之外有合法的虚拟地址，则越界访问并不会导致段故障，反之才会导致段故障。

总之，不同的堆管理方法和内存使用方法会导致不同的错误。这给我们定位堆的内存使用问题带来了诸多麻烦。

13.3.3　栈使用错误

栈的内存管理策略和堆有所不同，所以表现也不尽相同。我们知道，函数定义的局部变量所对应的内存是从栈中分配的。当越界访问一个函数内的局部数据时，向上溢出大概率会导致段故障，而向下溢出时，则因为函数的嵌套调用关系，大概率会篡改前置栈帧中的数据，而不会立即导致段故障。如果恰好修改了前置栈帧中用于记录函数返回地址的数据，则最终会导致在返回到对应的函数时出现"跑飞"的情形，此时才会遇到总线错误或段故障。

另一种常见的栈使用错误是栈溢出。通常，内核为程序的运行动态分配栈空间，调用函数时执行压栈操作，此时会分配一个新的栈帧（stack frame），函数返回时释放栈帧。一个进程或线程的栈尺寸通常会有一个限制，当超过这个限制时，会导致无法分配新的栈帧，最终触发段故障。栈溢出的情形通常发生在调用递归函数时，或者发生在函数的嵌套调用过多且大量分配局部变量时（比如定义一个很长的局部数组）。

总之，栈使用错误会导致数据被意外篡改，程序出现运行逻辑错误，或者程序跑飞，并最终会因为段故障或总线错误而终止。

接下来看看常见的栈使用错误导致的问题，见程序清单 13.5。

程序清单 13.5　越界访问局部变量导致的问题

```c
static void access_out_of_range(unsigned int range)
{
    char buff[4];

    memset(buff, '$', range);
    printf("After setting %d bytes to `$` in buff (%p)\n", range, buff);

    puts("Content in buff");
    for (int i = 0; i < 4; i++) {
        putchar(buff[i]);
    }
    puts("");
}


int main(void)
{
    unsigned int range = 4;

    for (; range < UINT_MAX; range *= 2) {
        printf("Going to call access_out_of_range(%u)\n", range);
        access_out_of_range(range);
    }

    return EXIT_SUCCESS;
}
```

在 Linux 平台上执行程序清单 13.5，得到的输出如下：

```
Going to call access_out_of_range(4)
After setting 4 bytes to `$` in buff (0x7fff3d81c274)
Content in buff
$$$$
Going to call access_out_of_range(8)
After setting 8 bytes to `$` in buff (0x7fff3d81c274)
Content in buff
$$$$
*** stack smashing detected ***: terminated
Aborted (core dumped)
```

当 range 参数为 8 时调用 access_out_of_range() 函数，程序很快就会因为栈使用错误而终止。这次系统给出了一个提示 stack smashing detected，这表示系统检测到栈帧被破坏，从而直接调用 abort() 函数终止了程序的执行。和堆使用错误不同，操作系统常常会在栈中设置一些保护用的数据，并通过检测这些数据来判断栈帧是否被破坏。在发现栈帧被破坏的情况下，程序将立即终止而不会继续运行。而堆使用错误往往会最终因为段故障而使程序终止。

本节通过一些示例程序向读者展示了常见内存使用错误导致的各种现象。读者还可以修改这些示例程序以观察其他的内存使用错误导致的现象，比如下溢（underflow）的情形，并通过分析出现的现象来加深理解。

13.4 内存诊断工具

本节介绍若干常用于 Linux 操作系统的 C 程序内存诊断工具。

13.4.1 Efence

Efence 的全称是"Electric Fence Malloc Debugger"，即"电子篱笆 Malloc 调试器"。Efence 是早期出现的一种内存诊断工具，主要用于诊断堆缓冲区上溢或下溢、重复释放等问题。Efence 的工作原理是使用 mmap() 的匿名映射功能来分配内存，重载了 C 标准库的 malloc()、calloc()、free() 等函数。Efence 会在分配得到的内存页之后或之前添加不可访问的内存页，从而可在出现堆缓冲区溢出、重复释放等情形时，利用操作系统提供的内存保护机制触发段故障，帮助程序员快速定位问题所在。基于该工作原理，Efence 不太适合大型软件的内存诊断，也不能用于检测全局缓冲区溢出、栈缓冲区溢出等问题，因此主要用在一些小型软件中。

使用 Efence 时，在编译命令行指定链接 efence 函数库即可。比如，要调试程序清单 13.3 中的代码（源文件名称为 malloc-2.c），使用如下命令行即可：

```
$ gcc -Wall -g malloc-2.c /usr/lib/libefence.a
```

之后运行程序，程序将很快因为堆缓冲区上溢而触发段故障：

```
$ ./a.out
  Electric Fence 2.2 Copyright (C) 1987-1999 Bruce Perens <bruce@perens.com>
```

```
Going to set 8 bytes to `$` in buff1 (0x7efd596c3ffc)
Segmentation fault (core dumped)
```

此时使用 gdb 便可迅速定位问题所在：

```
$ gdb -q ./a.out
Reading symbols from ./a.out...
(gdb) r
Starting program: /srv/devel/courses/best-practices-of-c/source/samples/a.out
[Thread debugging using libthread_db enabled]
Using host libthread_db library "/lib/x86_64-linux-gnu/libthread_db.so.1".

  Electric Fence 2.2 Copyright (C) 1987-1999 Bruce Perens <bruce@perens.com>
Going to set 8 bytes to `$` in buff1 (0x7ffff7e9dffc)

Program received signal SIGSEGV, Segmentation fault.
__memset_avx2_unaligned_erms () at ../sysdeps/x86_64/multiarch/memset-vec-unaligned-erms.S:402
402 ../sysdeps/x86_64/multiarch/memset-vec-unaligned-erms.S: No such file or directory.
(gdb) bt
#0  __memset_avx2_unaligned_erms () at ../sysdeps/x86_64/multiarch/memset-vec-unaligned-
erms.S:402
#1  0x000055555555543f in access_out_of_range (range=8) at malloc-2.c:40
#2  0x0000555555555540 in main () at malloc-2.c:66
(gdb)
```

使用 gdb 的 bt 命令，可清晰看到在调用 access_out_of_range()函数并传入 range=8
时出现了段故障，对应的源代码位置为 malloc-2.c 的第 40 行。这一行调用了 memset()函数：

```
    memset(buff1, '$', range);
```

注意，gdb 给出的栈回溯并没有显示调用了 memset()函数，实际调用的是 __memset_avx2_
unaligned_erms()函数。这是编译器优化导致的结果。

根据 Efence 的工作原理，每次执行链接有 efence 函数库的程序时，只能检测堆缓冲区上溢或下溢，
而不能同时检测这两种情况。当需要检测堆缓冲区下溢时，可通过环境变量（EF_PROTECT_BELOW）
来控制其行为：

```
$ EF_PROTECT_BELOW=1 ./a.out

Electric Fence 2.2 Copyright (C) 1987-1999 Bruce Perens <bruce@perens.com>
Going to set 8 bytes to `$` in buff1 (0x7f761ff32000)
Going to set 8 bytes to `^` in buff2 (0x7f761ff34000)
Content in buff1
$$$$
Content in buff2
^^^^
Going to set 16 bytes to `$` in buff1 (0x7f761ff32000)
Going to set 16 bytes to `^` in buff2 (0x7f761ff34000)
```

```
Content in buff1
$$$$
Content in buff2
^^^^
Going to set 32 bytes to `$` in buff1 (0x7f761ff32000)
Going to set 32 bytes to `^` in buff2 (0x7f761ff34000)
Content in buff1
$$$$
Content in buff2
^^^^
Going to set 64 bytes to `$` in buff1 (0x7f761ff32000)
Going to set 64 bytes to `^` in buff2 (0x7f761ff34000)
Content in buff1
$$$$
Content in buff2
^^^^
Going to set 128 bytes to `$` in buff1 (0x7f761ff32000)
Going to set 128 bytes to `^` in buff2 (0x7f761ff34000)
Content in buff1
$$$$
Content in buff2
^^^^
Going to set 256 bytes to `$` in buff1 (0x7f761ff32000)
Going to set 256 bytes to `^` in buff2 (0x7f761ff34000)
Content in buff1
$$$$
Content in buff2
^^^^
Going to set 512 bytes to `$` in buff1 (0x7f761ff32000)
Going to set 512 bytes to `^` in buff2 (0x7f761ff34000)
Content in buff1
$$$$
Content in buff2
^^^^
Going to set 1024 bytes to `$` in buff1 (0x7f761ff32000)
Going to set 1024 bytes to `^` in buff2 (0x7f761ff34000)
Content in buff1
$$$$
Content in buff2
^^^^
Going to set 2048 bytes to `$` in buff1 (0x7f761ff32000)
Going to set 2048 bytes to `^` in buff2 (0x7f761ff34000)
Content in buff1
$$$$
Content in buff2
^^^^
```

```
Going to set 4096 bytes to `$` in buff1 (0x7f761ff32000)
Going to set 4096 bytes to `^` in buff2 (0x7f761ff34000)
Content in buff1
$$$$
Content in buff2
^^^^
Going to set 8192 bytes to `$` in buff1 (0x7f761ff32000)
Segmentation fault (core dumped)
```

从以上输出可以看出，由于 malloc-2.c 中并没有出现堆缓冲区下溢的情形，故而 Efence 无法给出及时的诊断。

Efence 由于使用不便，且会导致分配大量额外的内存，故而不适合调试大型程序。我们在实践中已经很少使用 Efence 了。

13.4.2 ASAN

ASAN 是 "Address Sanitizer" 的简称，直译为 "内存消毒剂"。ASAN 是 Google 提出的一种内存地址错误检查器，由于性能表现优异，而且可定位几乎所有的内存问题，ASAN 目前已经被集成到各大编译器中。使用时，指定对应的编译器命令行选项即可。

和 Efence 不同，ASAN 的工作原理更为精巧。ASAN 使用影子内存（shadow memory）记录所有内存块的可用性，并记录这些内存块的分配和释放过程。影子内存对应用程序来讲是透明的，无法被应用程序直接访问，但最终生成的代码会将普通内存的访问封装为先访问影子内存以判断内存的可用性，再访问普通内存的操作，故而需要编译器的支持才能实现。

在使用 GCC 时，指定 -fsanitize=address 选项编译源文件即可。比如编译程序清单 13.3 给出的 malloc-2.c 文件：

```
$ gcc -Wall -g -fsanitize=address malloc-2.c -lasan
```

之后使用 LD_PRELOAD 环境变量指定要预先装载 ASAN 库，然后运行程序，ASAN 将报告问题并给出检测到问题时的栈回溯（backtrace）信息：

```
$ LD_PRELOAD=/usr/lib/x86_64-linux-gnu/libasan.so.8 ./a.out
Going to set 8 bytes to `$` in buff1 (0x602000000030)
=================================================================
==28367==ERROR: AddressSanitizer: heap-buffer-overflow on address 0x602000000034 at
pc 0x7ffae45b7912 bp 0x7ffe23d44520 sp 0x7ffe23d43cc8
WRITE of size 8 at 0x602000000034 thread T0
    #0 0x7ffae45b7911 in __interceptor_memset ../../../../src/libsanitizer/sanitizer_common/
sanitizer_common_interceptors.inc:871
    #1 0x563dea3182ee in access_out_of_range /srv/devel/courses/best-practices-of-c/
source/samples/malloc-2.c:40
    #2 0x563dea318459 in main /srv/devel/courses/best-practices-of-c/source/samples/
malloc-2.c:66
    #3 0x7ffae4001d8f in __libc_start_call_main ../sysdeps/nptl/libc_start_call_main.h:58
    #4 0x7ffae4001e3f in __libc_start_main_impl ../csu/libc-start.c:392
```

```
    #5 0x563dea3181c4 in _start (/srv/devel/courses/best-practices-of-c/source/samples/
a.out+0x11c4) (BuildId: a8f0d133b4d01206ba6b54ce194b7dffd4dc2607)

0x602000000034 is located 0 bytes after 4-byte region [0x602000000030,0x602000000034)
allocated by thread T0 here:
    #0 0x7ffae463a997 in __interceptor_calloc ../../../../src/libsanitizer/asan/asan_
malloc_linux.cpp:77
    #1 0x563dea3182a6 in access_out_of_range /srv/devel/courses/best-practices-of-c/
source/samples/malloc-2.c:36
    #2 0x563dea318459 in main /srv/devel/courses/best-practices-of-c/source/samples/
malloc-2.c:66
    #3 0x7ffae4001d8f in __libc_start_call_main ../sysdeps/nptl/libc_start_call_main.h:58

SUMMARY: AddressSanitizer: heap-buffer-overflow ../../../../src/libsanitizer/sanitizer_
common/sanitizer_common_interceptors.inc:871 in __interceptor_memset
Shadow bytes around the buggy address:
  0x601fffffd80: 00 00 00 00 00 00 00 00 00 00 00 00 00 00 00 00
  0x601fffffe00: 00 00 00 00 00 00 00 00 00 00 00 00 00 00 00 00
  0x601fffffe80: 00 00 00 00 00 00 00 00 00 00 00 00 00 00 00 00
  0x601fffffff00: 00 00 00 00 00 00 00 00 00 00 00 00 00 00 00 00
  0x601fffffff80: 00 00 00 00 00 00 00 00 00 00 00 00 00 00 00 00
=>0x602000000000: fa fa 06 fa fa fa[04]fa fa fa 04 fa fa fa fa fa
  0x602000000080: fa fa fa fa fa fa fa fa fa fa fa fa fa fa fa fa
  0x602000000100: fa fa fa fa fa fa fa fa fa fa fa fa fa fa fa fa
  0x602000000180: fa fa fa fa fa fa fa fa fa fa fa fa fa fa fa fa
  0x602000000200: fa fa fa fa fa fa fa fa fa fa fa fa fa fa fa fa
  0x602000000280: fa fa fa fa fa fa fa fa fa fa fa fa fa fa fa fa
Shadow byte legend (one shadow byte represents 8 application bytes):
  Addressable:           00
  Partially addressable: 01 02 03 04 05 06 07
  Heap left redzone:       fa
  Freed heap region:       fd
  Stack left redzone:      f1
  Stack mid redzone:       f2
  Stack right redzone:     f3
  Stack after return:      f5
  Stack use after scope:   f8
  Global redzone:          f9
  Global init order:       f6
  Poisoned by user:        f7
  Container overflow:      fc
  Array cookie:            ac
  Intra object redzone:    bb
  ASan internal:           fe
  Left alloca redzone:     ca
```

```
    Right alloca redzone:    cb
==28367==ABORTING
```

和 Efence 不同，ASAN 不会通过段故障等操作系统级别的功能来终止程序，而是报告错误、输出栈回溯信息以及与影子内存相关的信息，然后主动终止程序的运行。这样我们不需要 gdb 便可以迅速定位问题所在。另外，ASAN 还会给出出现问题的内存缓冲区的来源信息：

```
0x602000000034 is located 0 bytes after 4-byte region [0x602000000030,0x602000000034)
allocated by thread T0 here:
    #0 0x7ffae463a997 in __interceptor_calloc ../../../../src/libsanitizer/asan/asan_
malloc_linux.cpp:77
    #1 0x563dea3182a6 in access_out_of_range /srv/devel/courses/best-practices-of-c/
source/samples/malloc-2.c:36
    #2 0x563dea318459 in main /srv/devel/courses/best-practices-of-c/source/samples/
malloc-2.c:66
    #3 0x7ffae4001d8f in __libc_start_call_main ../sysdeps/nptl/libc_start_call_main.h:58
```

这里清晰地给出了该内存缓冲区是在 malloc-2.c 文件的第 36 行分配的——这将给我们迅速定位问题所在带来极大的便利。

13.4.3 Valgrind

除 ASAN 之外，另一个在 Linux 平台上广泛使用的内存诊断工具是 Valgrind。Valgrind 可以检测几乎所有的内存使用问题，但 Valgrind 和 Efence、ASAN 的工作方式不同，我们不需要在编译时指定某个编译选项或者链接某个函数库；正常编译程序，然后使用 valgrind 命令执行程序即可。

使用 valgrind 命令执行程序清单 13.3，对应的输出如下：

```
$ gcc -Wall -g malloc-2.c
$ valgrind ./a.out
==29114== Memcheck, a memory error detector
==29114== Copyright (C) 2002-2017, and GNU GPL'd, by Julian Seward et al.
==29114== Using Valgrind-3.18.1 and LibVEX; rerun with -h for copyright info
==29114== Command: ./a.out
==29114==
Going to set 8 bytes to `$` in buff1 (0x4e2e2f0)
==29114== Invalid write of size 8
==29114==    at 0x4852824: memset (in /usr/libexec/valgrind/vgpreload_memcheck-amd64-
linux.so)
==29114==    by 0x10924E: access_out_of_range (malloc-2.c:40)
==29114==    by 0x10934F: main (malloc-2.c:66)
==29114==  Address 0x4e2e2f0 is 0 bytes inside a block of size 4 alloc'd
==29114==    at 0x484DA83: calloc (in /usr/libexec/valgrind/vgpreload_memcheck-amd64-
linux.so)
==29114==    by 0x109206: access_out_of_range (malloc-2.c:36)
==29114==    by 0x10934F: main (malloc-2.c:66)
==29114==
```

```
Going to set 8 bytes to `^` in buff2 (0x4e2e340)
==29114== Invalid write of size 8
==29114==    at 0x4852824: memset (in /usr/libexec/valgrind/vgpreload_memcheck-amd64-
linux.so)
==29114==    by 0x10927F: access_out_of_range (malloc-2.c:43)
==29114==    by 0x10934F: main (malloc-2.c:66)
==29114==  Address 0x4e2e340 is 0 bytes inside a block of size 4 alloc'd
==29114==    at 0x484DA83: calloc (in /usr/libexec/valgrind/vgpreload_memcheck-amd64-
linux.so)
==29114==    by 0x109219: access_out_of_range (malloc-2.c:37)
==29114==    by 0x10934F: main (malloc-2.c:66)
==29114==
Content in buff1
$$$$
Content in buff2
^^^^
Going to set 16 bytes to `$` in buff1 (0x4e2e7d0)
==29114== Invalid write of size 8
==29114==    at 0x4852840: memset (in /usr/libexec/valgrind/vgpreload_memcheck-amd64-
linux.so)
==29114==    by 0x10924E: access_out_of_range (malloc-2.c:40)
==29114==    by 0x10934F: main (malloc-2.c:66)
==29114==  Address 0x4e2e7d8 is 4 bytes after a block of size 4 alloc'd
==29114==    at 0x484DA83: calloc (in /usr/libexec/valgrind/vgpreload_memcheck-amd64-
linux.so)
==29114==    by 0x109206: access_out_of_range (malloc-2.c:36)
==29114==    by 0x10934F: main (malloc-2.c:66)
==29114==
Going to set 16 bytes to `^` in buff2 (0x4e2e820)
==29114== Invalid write of size 8
==29114==    at 0x4852840: memset (in /usr/libexec/valgrind/vgpreload_memcheck-amd64-
linux.so)
==29114==    by 0x10927F: access_out_of_range (malloc-2.c:43)
==29114==    by 0x10934F: main (malloc-2.c:66)
==29114==  Address 0x4e2e828 is 4 bytes after a block of size 4 alloc'd
==29114==    at 0x484DA83: calloc (in /usr/libexec/valgrind/vgpreload_memcheck-amd64-
linux.so)
==29114==    by 0x109219: access_out_of_range (malloc-2.c:37)
==29114==    by 0x10934F: main (malloc-2.c:66)
==29114==
Content in buff1
$$$$
Content in buff2
^^^^
Going to set 32 bytes to `$` in buff1 (0x4e2e870)
==29114== Invalid write of size 8
```

```
==29114==    at 0x48527ED: memset (in /usr/libexec/valgrind/vgpreload_memcheck-amd64-
linux.so)
==29114==    by 0x10924E: access_out_of_range (malloc-2.c:40)
==29114==    by 0x10934F: main (malloc-2.c:66)
==29114== Address 0x4e2e870 is 0 bytes inside a block of size 4 alloc'd
==29114==    at 0x484DA83: calloc (in /usr/libexec/valgrind/vgpreload_memcheck-amd64-
linux.so)
==29114==    by 0x109206: access_out_of_range (malloc-2.c:36)
==29114==    by 0x10934F: main (malloc-2.c:66)
==29114==
==29114== Invalid write of size 8
==29114==    at 0x48527F7: memset (in /usr/libexec/valgrind/vgpreload_memcheck-amd64-
linux.so)
==29114==    by 0x10924E: access_out_of_range (malloc-2.c:40)
==29114==    by 0x10934F: main (malloc-2.c:66)
==29114== Address 0x4e2e878 is 4 bytes after a block of size 4 alloc'd
==29114==    at 0x484DA83: calloc (in /usr/libexec/valgrind/vgpreload_memcheck-amd64-
linux.so)
==29114==    by 0x109206: access_out_of_range (malloc-2.c:36)
==29114==    by 0x10934F: main (malloc-2.c:66)
==29114==
==29114== Invalid write of size 8
==29114==    at 0x48527FB: memset (in /usr/libexec/valgrind/vgpreload_memcheck-amd64-
linux.so)
==29114==    by 0x10924E: access_out_of_range (malloc-2.c:40)
==29114==    by 0x10934F: main (malloc-2.c:66)
==29114== Address 0x4e2e880 is 12 bytes after a block of size 4 alloc'd
==29114==    at 0x484DA83: calloc (in /usr/libexec/valgrind/vgpreload_memcheck-amd64-
linux.so)
==29114==    by 0x109206: access_out_of_range (malloc-2.c:36)
==29114==    by 0x10934F: main (malloc-2.c:66)
==29114==
==29114== Invalid write of size 8
==29114==    at 0x48527FF: memset (in /usr/libexec/valgrind/vgpreload_memcheck-amd64-
linux.so)
==29114==    by 0x10924E: access_out_of_range (malloc-2.c:40)
==29114==    by 0x10934F: main (malloc-2.c:66)
==29114== Address 0x4e2e888 is 20 bytes after a block of size 4 alloc'd
==29114==    at 0x484DA83: calloc (in /usr/libexec/valgrind/vgpreload_memcheck-amd64-
linux.so)
==29114==    by 0x109206: access_out_of_range (malloc-2.c:36)
==29114==    by 0x10934F: main (malloc-2.c:66)
==29114==
Going to set 32 bytes to `^` in buff2 (0x4e2e8c0)
==29114== Invalid write of size 8
==29114==    at 0x48527ED: memset (in /usr/libexec/valgrind/vgpreload_memcheck-amd64-
```

```
linux.so)
==29114==    by 0x10927F: access_out_of_range (malloc-2.c:43)
==29114==    by 0x10934F: main (malloc-2.c:66)
==29114==  Address 0x4e2e8c0 is 0 bytes inside a block of size 4 alloc'd
==29114==    at 0x484DA83: calloc (in /usr/libexec/valgrind/vgpreload_memcheck-amd64-
linux.so)
==29114==    by 0x109219: access_out_of_range (malloc-2.c:37)
==29114==    by 0x10934F: main (malloc-2.c:66)
==29114==
==29114== Invalid write of size 8
==29114==    at 0x48527F7: memset (in /usr/libexec/valgrind/vgpreload_memcheck-amd64-
linux.so)
==29114==    by 0x10927F: access_out_of_range (malloc-2.c:43)
==29114==    by 0x10934F: main (malloc-2.c:66)
==29114==  Address 0x4e2e8c8 is 4 bytes after a block of size 4 alloc'd
==29114==    at 0x484DA83: calloc (in /usr/libexec/valgrind/vgpreload_memcheck-amd64-
linux.so)
==29114==    by 0x109219: access_out_of_range (malloc-2.c:37)
==29114==    by 0x10934F: main (malloc-2.c:66)
==29114==
==29114== Invalid write of size 8
==29114==    at 0x48527FB: memset (in /usr/libexec/valgrind/vgpreload_memcheck-amd64-
linux.so)
==29114==    by 0x10927F: access_out_of_range (malloc-2.c:43)
==29114==    by 0x10934F: main (malloc-2.c:66)
==29114==  Address 0x4e2e8d0 is 12 bytes after a block of size 4 alloc'd
==29114==    at 0x484DA83: calloc (in /usr/libexec/valgrind/vgpreload_memcheck-amd64-
linux.so)
==29114==    by 0x109219: access_out_of_range (malloc-2.c:37)
==29114==    by 0x10934F: main (malloc-2.c:66)
==29114==
==29114== Invalid write of size 8
==29114==    at 0x48527FF: memset (in /usr/libexec/valgrind/vgpreload_memcheck-amd64-
linux.so)
==29114==    by 0x10927F: access_out_of_range (malloc-2.c:43)
==29114==    by 0x10934F: main (malloc-2.c:66)
==29114==  Address 0x4e2e8d8 is 20 bytes after a block of size 4 alloc'd
==29114==    at 0x484DA83: calloc (in /usr/libexec/valgrind/vgpreload_memcheck-amd64-
linux.so)
==29114==    by 0x109219: access_out_of_range (malloc-2.c:37)
==29114==    by 0x10934F: main (malloc-2.c:66)
==29114==
Content in buff1
$$$$
Content in buff2
^^^^
```

```
Going to set 64 bytes to `$` in buff1 (0x4e2e910)
==29114== Invalid write of size 8
==29114==    at 0x48527F4: memset (in /usr/libexec/valgrind/vgpreload_memcheck-amd64-
linux.so)
==29114==    by 0x10924E: access_out_of_range (malloc-2.c:40)
==29114==    by 0x10934F: main (malloc-2.c:66)
==29114==  Address 0x4e2e930 is 16 bytes after a block of size 16 in arena "client"
==29114==
Going to set 64 bytes to `^` in buff2 (0x4e2e960)

valgrind: m_mallocfree.c:303 (get_bszB_as_is): Assertion 'bszB_lo == bszB_hi' failed.
valgrind: Heap block lo/hi size mismatch: lo = 80, hi = 2604246222170760228.
This is probably caused by your program erroneously writing past the
end of a heap block and corrupting heap metadata.  If you fix any
invalid writes reported by Memcheck, this assertion failure will
probably go away.  Please try that before reporting this as a bug.


host stacktrace:
==29114==    at 0x5804284A: ??? (in /usr/libexec/valgrind/memcheck-amd64-linux)
==29114==    by 0x58042977: ??? (in /usr/libexec/valgrind/memcheck-amd64-linux)
==29114==    by 0x58042B1B: ??? (in /usr/libexec/valgrind/memcheck-amd64-linux)
==29114==    by 0x5804C8CF: ??? (in /usr/libexec/valgrind/memcheck-amd64-linux)
==29114==    by 0x5803AE9A: ??? (in /usr/libexec/valgrind/memcheck-amd64-linux)
==29114==    by 0x580395B7: ??? (in /usr/libexec/valgrind/memcheck-amd64-linux)
==29114==    by 0x5803DF3D: ??? (in /usr/libexec/valgrind/memcheck-amd64-linux)
==29114==    by 0x58038868: ??? (in /usr/libexec/valgrind/memcheck-amd64-linux)
==29114==    by 0x1002DD510A: ???
==29114==    by 0x1002CA9F2F: ???
==29114==    by 0x581FCD83: ??? (in /usr/libexec/valgrind/memcheck-amd64-linux)
==29114==    by 0x1002CA9F17: ???
==29114==    by 0x1002CA9F2F: ???


sched status:
  running_tid=1


Thread 1: status = VgTs_Runnable (lwpid 29114)
==29114==    at 0x48527F4: memset (in /usr/libexec/valgrind/vgpreload_memcheck-amd64-
linux.so)
==29114==    by 0x10927F: access_out_of_range (malloc-2.c:43)
==29114==    by 0x10934F: main (malloc-2.c:66)
client stack range: [0x1FFEFFD000 0x1FFF000FFF] client SP: 0x1FFEFFFD18
valgrind stack range: [0x1002BAA000 0x1002CA9FFF] top usage: 18744 of 1048576
```

和 ASAN 不同，Valgrind 默认不会在检测到内存使用错误时终止程序的运行，而是详细记录所有的异常访问情形，直到出现严重错误。比如，`malloc-2.c` 最终会在 Valgrind 本身的一个断言失败时终止运行：

```
valgrind: m_mallocfree.c:303 (get_bszB_as_is): Assertion 'bszB_lo == bszB_hi' failed.
valgrind: Heap block lo/hi size mismatch: lo = 80, hi = 2604246222170760228.
This is probably caused by your program erroneously writing past the
end of a heap block and corrupting heap metadata.  ...
```

其后的解释说明 `malloc-2.c` 中的代码最终破坏了堆的元数据（metadata），也就是用于维护堆的数据结构。这和 Valgrind 的工作原理有关。

本质上，Valgrind 会创建一个虚拟环境，然后让等待调试的程序运行在这个虚拟环境中，但其内存检测原理和 ASAN 类似（均使用类似影子内存的机制来记录内存的分配、释放和访问），只是不需要编译器的配合即可完成内存的检测。Valgrind 功能强大，不仅可以用来检测内存的使用问题，还可以用来检测缓存使用、多线程竞态问题等。也因为如此，Valgrind 被誉为"内存检测王者之剑"。

13.5　日志

除了使用调试器以及内存诊断工具，通过输出程序运行时的一些信息来判断程序可能的异常，也是 C 程序员常用的调试手段。这一手段称为"日志"（log），俗称"打桩"。

开发者通常在开发阶段使用调试器或内存诊断工具来定位和解决问题。尽管认真负责的开发者总会试着将潜在的问题和缺陷都解决掉，但"智者千虑，必有一失"，生产环境中总会暴露出其他一些未被覆盖的问题。此时，日志可以帮助我们进行事后分析。当然，在日常的开发中，开发者也经常会使用日志来确认程序的功能是否符合预期。

但使用日志需要避免日志泛滥的问题。一方面过多的输出信息会拖慢程序的执行速度，另一方面过多的日志消息可能塞满磁盘空间，从而带来更严重的问题。当然在调试时，过多的日志消息也会干扰程序员的视线。因此，稍有规模的 C/C++ 项目，都会采用一种符合惯例的模式来管理项目中的日志消息。这一模式要求我们考虑如下要点。

（1）在日志消息的头部添加模块名称信息，这样可以方便地通过模块名称来过滤日志消息。

（2）使用消息级别管理日志，并通过环境变量来控制运行时的日志输出级别，高于设置级别的日志消息才会被记录到日志文件中，否则会被丢弃。

（3）提供接口来设置日志的实际输出设施（facility），比如在 Linux 平台上，可以通过 syslog 服务将日志内容记录到系统日志中，也可以输出到指定的日志文件中。

（4）根据是否定义 `NDEBUG` 宏（这个宏通常用于区分调试版本和发布版本）来区别日志内容的详细程度。通常在调试版本下，日志接口应该记录更多的内容，比如源文件名称和代码行号等。

（5）捕获重要信号，将收到段故障、总线错误等致命信号时的栈回溯信息记录到日志中。

（6）定义若干方便使用的宏供开发者使用。

接下来看看 HVML 开源解释器 PurC 定义的日志接口，见程序清单 13.6。

程序清单 13.6　PurC 定义的日志接口

```
#define PURC_ENVV_LOG_ENABLE            "PURC_LOG_ENABLE"
#define PURC_ENVV_LOG_SYSLOG            "PURC_LOG_SYSLOG"


#define PURC_LOG_FILE_PATH_FORMAT    "/var/tmp/purc-%s-%s.log"

// TODO for Windows:
// #define LOG_FILE_PATH_FORMAT     "C:\\tmp\\purc-%s\\%s.log"

/* 用于记录日志消息的设施：文件、标准输出、标准错误和 syslog。 */
typedef enum {
    PURC_LOG_FACILITY_FILE = 0,
    PURC_LOG_FACILITY_STDOUT,
    PURC_LOG_FACILITY_STDERR,
    PURC_LOG_FACILITY_SYSLOG,
} purc_log_facility_k;


/* 日志消息的级别，从高到低分别如下：
   紧急（EMRG）、警报（ALRT）、关键（CRIT）、错误（ERRO）、警告（WARN）、
   通告（NOTI）、信息（INFO）、调试（DEBG）。 */
typedef enum {
    PURC_LOG_first = 0,

#define PURC_LOG_LEVEL_EMERG     "EMRG"
    PURC_LOG_EMERG = PURC_LOG_first,     /* system is unusable */
#define PURC_LOG_LEVEL_ALERT     "ALRT"
    PURC_LOG_ALERT,                      /* action must be taken immediately */
#define PURC_LOG_LEVEL_CRIT      "CRIT"
    PURC_LOG_CRIT,                       /* critical conditions */
#define PURC_LOG_LEVEL_ERR       "ERRO"
    PURC_LOG_ERR,                        /* error conditions */
#define PURC_LOG_LEVEL_WARNING   "WARN"
    PURC_LOG_WARNING,                    /* warning conditions */
#define PURC_LOG_LEVEL_NOTICE    "NOTI"
    PURC_LOG_NOTICE,                     /* normal, but significant, condition */
#define PURC_LOG_LEVEL_INFO      "INFO"
    PURC_LOG_INFO,                       /* informational message */
#define PURC_LOG_LEVEL_DEBUG     "DEBG"
    PURC_LOG_DEBUG,                      /* debug-level message */

    /* XXX: change this if you append a new type. */
    PURC_LOG_last = PURC_LOG_DEBUG,
} purc_log_level_k;


#define PURC_LOG_LEVEL_nr   (PURC_LOG_last - PURC_LOG_first + 1)
```

```
/* 可用于指定级别掩码。通过级别掩码，可以精确控制输出日志时，
   过滤掉哪些日志级别的消息。 */
#define PURC_LOG_MASK_EMERG         (0x01 << PURC_LOG_EMERG)
#define PURC_LOG_MASK_ALERT         (0x01 << PURC_LOG_ALERT)
#define PURC_LOG_MASK_CRIT          (0x01 << PURC_LOG_CRIT)
#define PURC_LOG_MASK_ERR           (0x01 << PURC_LOG_ERR)
#define PURC_LOG_MASK_WARNING       (0x01 << PURC_LOG_WARNING)
#define PURC_LOG_MASK_NOTICE        (0x01 << PURC_LOG_NOTICE)
#define PURC_LOG_MASK_INFO          (0x01 << PURC_LOG_INFO)
#define PURC_LOG_MASK_DEBUG         (0x01 << PURC_LOG_DEBUG)

/* 默认情况下，仅输出紧急、警报、错误、警告和通告类日志消息，而信息和调试
   类日志消息将被过滤掉。 */
#define PURC_LOG_MASK_DEFAULT       (                             \
                                    PURC_LOG_MASK_EMERG     |     \
                                    PURC_LOG_MASK_ALERT     |     \
                                    PURC_LOG_MASK_ERR       |     \
                                    PURC_LOG_MASK_WARNING   |     \
                                    PURC_LOG_MASK_NOTICE    |     \
                                    0)

#define PURC_LOG_MASK_ALL           ((unsigned)-1)

/* 在开启日志的同时指定打开的日志级别以及日志设施。 */
PCA_EXPORT bool
purc_enable_log_ex(unsigned levels, purc_log_facility_k facility);

/* 返回当前实例的日志级别。 */
PCA_EXPORT unsigned
purc_get_log_levels(void);

/* 记录一条指定日志级别的消息。 */
PCA_EXPORT void
purc_log_with_level(purc_log_level_k level, const char *msg, va_list ap)
    PCA_ATTRIBUTE_PRINTF(2, 0);

/* 记录一条指定日志级别以及标签的消息。 */
PCA_EXPORT void
purc_log_with_tag(purc_log_level_k level, const char* tag,
        const char *msg, va_list ap)
    PCA_ATTRIBUTE_PRINTF(3, 0);
```

从程序清单 13.6 给出的接口声明中可以看出，PurC 定义了 4 种日志设施和 8 种日志级别。在初始化时，可以通过调用 purc_enable_log_ex() 函数指定日志级别以及日志设施：

```
#ifndef NDEBUG
    /* 调试版本。开启所有日志级别，并使用标准错误作为日志设施。*/
    purc_enable_log_ex(PURC_LOG_MASK_ALL, PURC_LOG_FACILITY_STDERR);
#else
    /* 发布版本。根据命令行参数设置不同的日志级别，并使用文件或 syslog 作为日志设施。*/
    if (opts->verbose) {
        /* 用户在命令行中指定了 verbose 选项，要求记录详细信息。 */
        purc_enable_log_ex(PURC_LOG_MASK_DEFAULT | PURC_LOG_MASK_INFO,
                PURC_LOG_FACILITY_SYSLOG);
    }
    else {
        purc_enable_log_ex(PURC_LOG_MASK_DEFAULT, PURC_LOG_FACILITY_SYSLOG);
    }
#endif
```

上面的代码通过 NDEBUG 宏来判断构建的是调试版本还是发布版本。若是调试版本，则开启所有的日志级别，并使用标准错误作为日志设施，从而方便调试；若是发布版本，则使用 syslog 作为日志设施，从而方便事后分析。

在开启日志之后，便可以调用 purc_log_with_level() 或 purc_log_with_tag() 来记录日志消息。为方便程序使用，PurC 还定义了一些内联接口，如 purc_log_debug()：

```
PCA_ATTRIBUTE_PRINTF(1, 2)
static inline void
purc_log_debug(const char *msg, ...)
{
    va_list ap;
    va_start(ap, msg);
    purc_log_with_level(PURC_LOG_DEBUG, msg, ap);
    va_end(ap);
}
```

purc_log_debug() 将以调试级别记录一条日志消息，还可以传入类似 sprintf() 那样的格式化字符串，例如：

```
purc_log_debbug("Got a request message: %s (handler: %p)\n",
    purc_variant_get_string_const(msg->operation), handler);
```

以上接口的实现并不复杂，可参阅 PurC 中的 log.c 源文件。

另外，为了方便在调试时输出更多的信息，比如源文件的名称和行号，还可以额外定义一些调试专用的宏，如程序清单 13.7 所示。

参考资料

13G

log.c

程序清单 13.7   自定义调试宏

```
#ifndef __STRING
#define __STRING(x) #x
#endif


#ifdef NDEBUG
```

```
#define PC_ASSERT(cond)                                          \
    do {                                                         \
        if (!(cond)) {                                           \
            purc_log_error("PurC assert failed.\n");             \
            abort();                                             \
        }                                                        \
    } while (0)

#define PC_DEBUG(x, ...)       \
    purc_log_debug(x, ##__VA_ARGS__)

#else /* define NDEBUG */

#define PC_ASSERT(cond)                                          \
    do {                                                         \
        if (!(cond)) {                                           \
            purc_log_error("PurC assert failure %s:%d: condition \""   \
                    __STRING(cond) " failed\n",                  \
                    __FILE__, __LINE__);                         \
            assert(0);                                           \
        }                                                        \
    } while (0)

#define PC_DEBUG(x, ...)       \
    purc_log_debug("%s:%d >>" x, __FILE__, __LINE__, ##__VA_ARGS__)

#endif /* not defined NDEBUG */
```

程序清单 13.7 使用条件编译定义了两个宏 PC_ASSERT 和 PC_DEBUG。显然，当未定义 NDEBUG 宏（构建调试版本）时，将输出包括源文件名称和行号在内的更多信息。

后　记

本书内容来自本人于 2021 年在视频号上所做的 "C 语言最佳实践" 公益直播课程。起先，出版社邀请了一位老师来整理我的直播课程内容，本书第 1 章的内容就基于这位老师的整理修订而来。然而从第 2 章开始，整理的进展就变得艰难而缓慢了起来。2023 年年初，我决定自行整理，于是花费了整整一年的时间编撰本书，并于 2023 年年底完成初稿交付出版社。在撰写过程中，我适当补充了一些内容，使得本书的内容更加饱满，脉络更加清晰。

2024 年春节后，本书的责任编辑郭泳泽告诉我他已经拿到了排版后的纸版初稿——看来再有几个月本书就可以出现在货架上了。一想到自己多年的实践经验很快就可以帮到更多的程序员，有效地提升他们驾驭 C 语言的能力，我便备感欣慰。

读者一定有体会，编程工作虽然在本质上是脑力劳动，但也是一份极其辛苦的体力活儿。

20 世纪 90 年代，我就读于清华大学期间，有幸以本科生的身份在精仪系的机器人实验室参与了一些科研工作。那时候，人工智能的第二波浪潮正风靡全球科研界，我所在的课题组在博士生贾同学的带领下，正在尝试使用那时流行的人工智能技术——人工神经网络——来识别机床上的刀具磨损情况。我和一名高年级的本科毕业生李同学一起完成了项目的主要编码工作。我负责上位机 Windows 平台上的程序开发，他负责下位机 DOS 平台上的程序开发；下位机收集数据并上传上位机，上位机用反向传播算法训练人工神经网络并实时计算刀具的磨损情况，而上位机和下位机之间使用串口来传输数据。当时，Windows 平台上的程序开发在国内鲜有人掌握，且资料匮乏。我用勤工俭学得来的钱买了微软公司出版的《Win32 编程指南》和《Win32 API 参考手册》的中文版，一套共 3 册，100 多块钱。然而由于当时译者水平有限，中文版的内容晦涩难懂，只得一边看示例代码，一边用 Visual Studio 调试程序来理解程序的结构和代码，但始终不能理解何谓消息循环（message loop）、何谓窗口过程（window procedure）。那时候，同课题组的硕士生付同学，经常调侃我的头发一绺一绺的，大概是因为长时间调试程序出了不少脑油且顾不上洗澡造成的。在熬过一段痛苦的混沌时光之后，有一天我突然 "顿悟" 了消息循环机制。从此，我看任何 Windows 程序的代码都得心应手，游刃有余。

本科毕业后，我在清华大学精仪系的机器人实验室继续研究生学业，参与并联机器人（也叫虚拟轴机床）的研制。本科期间，我曾模仿 Win32 API，为 DOS 操作系统开发了一个简单的 GUI 支持库。研究生阶段，我便将该 GUI 支持库用于并联机器人控制系统的开发，以便用图形化的方式展现人机界面。1998 年，我研究生毕业后留校工作，和几名在读研究生以及本科生用 Linux 替代 DOS，重构了整个并联机床的控制系统，并开发了后来广为流行的嵌入式图形界面支持系统

MiniGUI。时至今日，使用 MiniGUI 开发的并联机器人控制系统仍然运行在"中国天眼"FAST（Five-hundred-meter Aperture Spherical radio Telescope，500 米口径球面射电望远镜）中，用来控制射电望远镜镜面的角度。1999 年，我在水木清华 BBS 上开源发布了 MiniGUI，而 MiniGUI 也因此成为国内最早的几个开源项目之一。MiniGUI 后来被广泛应用于各种嵌入式设备，备受业内褒奖。20 多年后的今天，MiniGUI 仍然在功能手机、安防监控、智能家居等领域占据牢固的市场地位。

2000 年，我离开学习和工作了 10 年之久的清华园，先后在深圳蓝点、北京红旗等 Linux 相关的软件公司工作，之后于 2002 年创立了北京飞漫软件技术有限公司。在 20 多年的创业生涯中，除 MiniGUI 之外，我也曾在移动互联网、智能硬件等领域开发软件或硬件产品。因此，我在互联网服务器、智能手机应用、嵌入式系统、智能硬件等领域积累了大量的开发经验，掌握了 C/C++、PHP、Python、JavaScript 等多种编程语言。这些经历为我从更高的层面审视编程这项工作打下了坚实的基础。

2018 年以后，为适应新的市场需求，我独自完成了 MiniGUI 4.0 以及后续 MiniGUI 5.0 的开发，将 Unicode、GPU 加速以及窗口合成器的能力带入 MiniGUI，并发起了 HybridOS（合璧操作系统）开源项目。2020 年，我提出了 HVML 编程语言，并在 2021 年开始开发。之后，我还带领团队开发了 HVML 解释器 PurC 和渲染器 xGUI +Pro，尝试为跨平台的 GUI 应用开发提供一套全新的软件栈。2022 年 7 月，我带领团队开源发布了 HVML 解释器 PurC 和渲染器 xGUI Pro。缘于新颖的设计以及创新的思想，HVML 项目在 2022 年年底获得 CSDN "年度开源影响力项目"称号，在 2023 年 12 月入选国际测试委员会（Bench Council）年度世界开源成果 Top 100 榜。目前，我正在带领团队自研一款跨平台的 HVML 渲染器——xGUI，这和重写一个浏览器渲染引擎的工作量相当；HVML 渲染器 xGUI Pro 使用的是开源的浏览器渲染引擎 WebKit，存在体系太过臃肿、跨平台特性不佳等问题。

本书的内容主要来自我在开发 MiniGUI 4.0/5.0，合璧操作系统组件 HBDBus、HBDInetd，以及带领团队开发 HVML 解释器 PurC 和渲染器 xGUI Pro 过程中的实践经验；这些软件的全部代码行数已超过 1000 万行。回顾我的编程生涯，MiniGUI 4.0 之前主要以模仿其他软件为主，而从 MiniGUI 4.0/5.0 以及 HybridOS、HVML 开始，我的设计能力和编程水平有了质的飞跃——尽管产出没有 20 年前那么多，毕竟那时候最高的纪录是一天写 3000 行 C 代码——但我的接口设计能力，对软件架构的把握能力以及代码质量等方面，都有了极大的提升。这主要体现在如下 3 个方面。

首先，我会有意识地运用一些编程范式（又称"设计模式"）来提升软件的可扩展性和可维护性，解耦代码和数据，消除模块间的耦合。

其次，我不再因为追求编码速度或者尽快实现某个功能而使用简化的实现方案或者编写一些"凑合能用"的函数，而是积极寻求以合适的数据结构、算法或者周全的代码来实现相应的功能。简言之，就是"将代码一次写到位"。

最后，我强制要求自己及团队成员通过便于实现持续集成的单元测试框架以及完备的单元测试用例来保证代码的质量，始终贯彻"程序员是代码质量的第一责任人"这一原则。

以上提升带给我最直接的感受是，若审视自己在 2018 年以前编写的一些代码，会发现很多考虑不周甚至刻意简化的情形——很容易看到自己的不足，这说明自己的确成长了。另一个直接的感受是，我不再依赖调试器来跟踪或调试代码，不再花费大量的时间来解决某个"奇怪"的问题；

换句话说，任何一项软件开发任务，只要需求是明确的，将头脑中的设想一步步实现出来就只是时间的问题。未知的或者不确定的黑箱，在我这里是不存在的。

然而，达到这一自认为"顶尖"的软件设计和编程水平，我整整花了 20 年的时间！试想，若没有人指点，一名普通的程序员若要达到我现在这样的水平，怕是也要经过漫长的过程来积累经验和总结教训——何况大部分程序员并没有我这样的运气，可以自行决定开发什么样的软件，尤其是需要较高设计能力和编程水平的系统软件。于是，我便有了将这些实践经验以及阅读大量优秀的开源代码所获得的知识总结出来的冲动——这既是我们这一代程序员的责任，也是我们的荣幸，于是最终便有了开头提到的直播课程和这本书。

我希望读者在读完本书内容之后，可以达到跟我一样的境界：不再依赖调试器来跟踪或调试代码，也不再花费大量的时间来解决某个"奇怪"的问题。自此，"胸中有丘壑，挥手著山河"，编程工作将成为一种轻松的精神享受而非痛苦的肉体折磨。

当然，一名程序员设计能力和编程水平的提高，来自 3 个方面。其一，对所使用的编程语言及其编程范式的深刻理解；其二，对操作系统等基础设施所提供功能及其原理的系统、全面且清晰的认知；其三，对常见数据结构和算法的掌握。本书的内容只涉及第一个方面，而第二个和第三个方面也一样重要。为此，我计划在视频号"清华老魏信息学"上开设更多的课程（比如"Linux 环境高级编程"），撰写更多专业图书，希望能够在其他方面对从事系统软件开发的程序员有所帮助。

最后，衷心祝愿本书读者在编程的道路上越走越远！相信我，35 岁不是程序员尤其是系统程序员职业生涯的终点，而是乘风飞翔的起点！

魏永明
2024 年 2 月于北京